架构师书库

Solutions Architect's Handbook
Second Edition

解决方案架构师修炼之道

（原书第2版）

[印] 所罗伯·斯里瓦斯塔瓦（Saurabh Shrivastava） 内拉贾利·斯里瓦斯塔夫（Neelanjali Srivastav）◎著
曲哲 靳卓学 陈铮 杨凌云 万学凡◎译

Saurabh Shrivastava, Neelanjali Srivastav: *Solutions Architect's Handbook, Second Edition* (ISBN: 978-1-80181-661-8).

Copyright © 2022 Packt Publishing. First published in the English language under the title "Solutions Architect's Handbook, Second Edition".

All rights reserved.

Chinese simplified language edition published by China Machine Press.

Copyright © 2025 by China Machine Press.

本书中文简体字版由 Packt Publishing 授权机械工业出版社独家出版。未经出版者书面许可，不得以任何方式复制或抄袭本书内容。

北京市版权局著作权合同登记　图字：01-2022-3130 号。

图书在版编目（CIP）数据

解决方案架构师修炼之道：原书第 2 版 /（印）所罗伯·斯里瓦斯塔瓦（Saurabh Shrivastava），（印）内拉贾利·斯里瓦斯塔夫（Neelanjali Srivastav）著；曲哲等译. -- 北京：机械工业出版社，2024.11.（架构师书库）. -- ISBN 978-7-111-76789-3

Ⅰ. TP311.5

中国国家版本馆 CIP 数据核字第 2024DM7906 号

机械工业出版社（北京市百万庄大街 22 号　邮政编码 100037）
策划编辑：王春华　　　　　　　　　　责任编辑：王春华
责任校对：甘慧彤　杨　霞　景　飞　　责任印制：常天培
北京机工印刷厂有限公司印刷
2025 年 4 月第 1 版第 1 次印刷
186mm×240mm・25 印张・543 千字
标准书号：ISBN 978-7-111-76789-3
定价：139.00 元

电话服务　　　　　　　　　　网络服务
客服电话：010-88361066　　　机　工　官　网：www.cmpbook.com
　　　　　010-88379833　　　机　工　官　博：weibo.com/cmp1952
　　　　　010-68326294　　　金　　书　　网：www.golden-book.com
封底无防伪标均为盗版　　　机工教育服务网：www.cmpedu.com

献给我们亲爱的女儿 Sanvi，她让我们的生活充满了幸福和快乐。

本书赞誉 Praise

回顾整个职业生涯，我一直在世界 500 强跨国企业从事 IT 相关的管理和运营工作，目睹并深入参与了 IT 部门从企业成本中心转向运营中心，从运营中心转向战略决策中心的全过程。尤其在当今这个数字化浪潮席卷而来的时代，我们的业务部门越来越依赖于高速发展的 IT 技术，以满足快速变化的业务需求并实现企业的变革与创新。

解决方案架构师可以说是企业 IT 部门最核心的岗位之一，该岗位不仅需要掌握深厚的技术知识，还需要拥有前瞻性的视野和创新思维，并且掌握很好的沟通能力以使技术能够更好地落地，为客户设计并构建满足当下和未来需求的信息系统和数字化解决方案。

本书既有高度又有深度，既有战略方面的指引也有具体的落地实践，可以很好地帮助解决方案架构师、信息技术部门、数据部门管理层和致力于企业数字化转型的业务部门深入探索、设计和实施信息系统解决方案，探讨如何理解业务需求、分析技术趋势、设计优化架构以及了解最佳实践。希望本书可以成为你职业发展、优化业务、改善管理的灯塔，照亮你前行的道路。

李馨（Lincoln Li），费森尤斯数字技术亚太地区 ITD

解决方案架构师需要在充分理解业务需求的前提下，合理定义非功能性需求，并能够基于企业内部或行业共识的设计原则设计解决方案架构。一个完整的系统解决方案往往是立体复杂的，需要考虑的方面既包括应用架构、部署架构、数据架构、集成架构、架构安全模型等静态设计，也包括使用合适的迭代方式进行持续集成和持续部署、设计可运营的方案来满足系统的业务连续性要求。在当前追求云原生设计的潮流之下，解决方案架构师还需要对云计算提供的各种服务及其优劣有充分的了解。不合理地使用云计算服务有可能会在业务运营或者 IT 开销控制上给管理者带来一场灾难。

在技术和工具都快速变化的当下，好的解决方案架构和架构师都是相对的。然而架构设计的经验和模式却是非常宝贵的财富，也是鉴别架构师设计水平的镜子。我很欣喜看到本书的出版。书中讲述的许多方法、解决方案设计的考虑范围、针对具体问题的实施策略，都是我过往在解决方案架构师岗位上实实在在用得上的。期待本书能够帮助更多的解决方案架构师更系统、完整地完成设计并部署业务系统，也让更多希望走上这个关键岗位的IT从业人员可以清晰地看到修炼之路。

潘家铭，阿迪达斯中国科技中心架构高级总监

过去几年，数字化转型作为一个高频热词，时常出现在各个行业的新闻及论坛上，数字化技术作为赋能器在组织的发展及转型过程中起着不可或缺的作用。解决方案架构师作为组织数字化转型过程中一个特别的角色和职位，受到越来越多的关注，正如本书所表达的，解决方案架构师不是单纯地从某一方面追求最优，而是在法律法规、组织文化、预算及成本、应用的功能性及非功能性设计、卓越运维等因素中追求平衡，设计出组织适用的可行解决方案。解决方案架构师不仅要有扎实的网络及基础架构能力、应用架构设计能力，还需要有深厚的行业领域知识积累，更重要的是要有解决问题和结果导向的内驱力。本书深入浅出，从各个维度阐述一位优秀的解决方案架构师应该具备的思想、设计原则及实践，是一本全面的解决方案架构师手册。

刘旺中，PVH集团数字解决方案总监

云厂商中的解决方案架构师和企业业务侧解决方案架构师的职责和领域有所不同，云厂商中的解决方案架构师是链接B端客户和各个内部云产品的桥梁。对外部客户，解决方案架构师需要获取用户实际的需求，并转换为总体架构设计和功能定义；对内部产品，解决方案架构师需要详细了解内部各个云产品的特性以及实现框架。解决方案架构师还需要组织和协调内部产品，以形成一套完整的解决方案并输出给客户，满足客户的业务需求。由于现在云产品种类的爆炸性增长，因此对解决方案架构师的内功提出了更高的要求。能够快速深入理解产品架构和实现原理，通过功能需求进行合理的选型搭配，同时保证整体架构的性能、稳定性和扩展性，是解决方案架构师的核心竞争力。通过这本书，读者可以管窥见豹，对解决方案架构师的核心素养有更深的认知和理解，同时更合理地进行架构设计和方案规划，推荐大家阅读学习。

汤文军，腾讯云边缘容器平台负责人

译 者 序 The Translator's Words

在我们日常生活的方方面面,无论是烹饪一道美食、规划一次旅行路线,还是处理家庭琐事、解决工作难题,都可以发现人们运用某种形式的"解决方案架构"思维。举个简单的例子,当我们计划举办一场成功的家庭聚会时,就需要从场地布置、菜单设计、活动安排等方面着手,这就如同解决方案架构师预先规划好整个项目的蓝图,细致入微地考虑每个环节的相互配合与影响,从而达到预期的效果。这样的过程体现了架构思维的本质:系统性地识别问题、设计解决方案,并确保执行过程的顺畅与高效。

然而,当我们步入更加复杂、充满挑战的 IT 领域时,解决方案架构师的角色变得更加关键。在这个瞬息万变的世界里,技术迭代迅速、业务需求多样化,使得 IT 系统的构建与优化成为高难度的艺术。解决方案架构师就如同 IT 界的建筑师,必须熟练掌握各类技术栈,洞悉业务流程,以便在庞杂的信息海洋中构建稳固而灵活的架构大厦,满足甚至超越客户与市场的期待。

本书是一部深度解读并实践这一角色的综合性指南。书中详尽地阐述了解决方案架构师在不同层次的任务和责任——从技术架构设计的基本原则,到实际项目中的难点突破,再到面对新兴技术挑战时的应对手段。同时,作者并未忽视那些在架构设计之外同样至关重要的软技能,如沟通协调、团队领导力、创新能力,以及对于行业趋势的敏锐度等,这些都是决定解决方案架构师能否在实践中游刃有余、脱颖而出的关键品质。

相较于第 1 版,本书与时俱进地更新了大量前沿内容,特别是针对当前热门的 IT 趋势(如大数据架构、人工智能架构、物联网架构等)进行了深度探讨和案例解析。值得一提的是,本书还前瞻性地涉足了量子计算这一尖端领域,让读者有机会接触未来可能重塑 IT 行业的关键技术趋势,为职业发展铺设更为宽广的道路。

很荣幸能参与本书的翻译工作。在翻译的过程中,我和同伴靳卓学、陈铮、杨凌云、万学凡共同历经艰辛,但亦收获了成长与喜悦。我们致力于将原著的精髓与智慧以最贴近我国读者的语言习惯呈现出来,以便更多人从中受益。同时,我也要特别感谢凯捷中国数字化团队在翻译过程中提供的大力支持与协助。

我们相信知识的力量。每一次阅读,都将是一次深入思考与技艺磨砺之旅,我们期待你在翻阅本书的过程中,不仅能汲取知识的力量,也能感受这份专业热情和不懈追求。愿每位读者都能在书中找到属于自己的解决方案架构师之路,开启一段精彩纷呈的IT生涯新篇章。让我们一起砥砺前行,共同见证数字化时代的繁荣与发展。

曲哲,凯捷中国数字化团队解决方案与交付总监

序 一 Foreword

解决方案架构师需要具备一套具有技术广度和深度的独特技能，以及将该套技能与业务联系起来并获得投资回报的能力。随着云应用的加速，企业正在寻找解决方案架构师以完成数字化之旅，将云作为战略核心。云与本地系统具有非常不同的价值主张，并附带多种工具和服务，取代了昂贵的第三方许可软件。你可以在几分钟内在云中实现所需的可靠性和可伸缩性，以捕获高增长和季节性指标，也可以使用云原生服务来构建高性能应用程序，同时保持低成本。根据我在 IT 行业构建复杂且高度可伸缩应用程序超过 25 年的经验，我坚信正确的架构选择能够使客户从云战略中获得最大收益。

本书通过云架构的视角提供架构最佳实践，填补了技能空白。本书首先阐明了解决方案架构师的角色和职责，然后通过详细演示架构的设计原则来帮助你建立坚实的基础。本书以云战略为核心，涵盖向云迁移、设计云原生解决方案架构等的广泛主题。本书很好地阐述了 30 多种核心应用程序开发架构设计模式，并提供了可视化的参考架构。解决方案架构师需要了解应用程序设计的各个方面，本书深入探讨了这些方面，以优化架构，并实现安全性、可靠性、性能、成本和卓越运维。

在本书中，我最喜欢的部分是增加了新的架构模式和最新的技术趋势。书中详细讨论了数据湖、湖屋和数据网格等大数据设计模式，涵盖了参考架构和最佳实践。本书详细介绍了各种流媒体技术，这是即将到来的行业趋势，可以更快地洞察业务。此外，本书还提供了有关机器学习架构、将 ML 模型投入生产的 MLOps、量子计算和工业物联网的详细信息。

我经常看到人们希望提升技能或改变职业道路，成为解决方案架构师。Saurabh 将他多年的经验融入了这本书，使人们很容易在当前角色中提升技能或探索未来技术。本书首先介绍了功能和角色，然后介绍了设计模式和迁移策略，最后介绍了技术和趋势。对于希望在云时代保持技能敏锐的新解决方案架构师或现有解决方案架构师来说，本书涵盖了所有关键领域。

Rajesh Sheth

AWS 消息传递和流媒体总经理

序 二 Foreword

过去两年,数字化转型和云技术的采用正在加速。解决方案架构师必须适应这些变化,不仅要迁移到云,还要构建基于微服务的云原生架构。他们面临着与扩展、运营弹性、灾难恢复和业务连续性相关的独特挑战,需要构建洞察力和自动化流程以应对这些变化。我们看到,构建分布式应用程序的思维方式正在发生转变,云原生技术也在迅速普及。本书涵盖了这些新的设计模式,以及一些反模式。

本书所涵盖的更广泛的技术领域着实让我感到惊讶。从云迁移和现代化到物联网/边缘计算,再到机器学习,相关的架构和设计模式非常引人入胜。从包括大型机在内的传统现代化到量子计算等新兴技术,本书主题的广度为希望将其应用于解决方案架构师角色的每个人提供了对趋势和最佳实践的深刻见解。

本书是了解云计算时代各种功能的首选指南,内容涵盖功能架构、集成、可扩展性、可重用性、可用性、可访问性、成本、安全性等。我从未见过如此全面地分享最佳实践和模式的方法。Saurabh 和 Neel 利用他们的经验撰写了这本书,有抱负和经验丰富的解决方案架构师都应该参考这本书。

Rohan Karmarkar
AWS 解决方案架构总监

Foreword 序 三

一直以来,技术领域都在日新月异地飞速发展。IT专业人员为了保持自身的职业发展,就必须与时俱进地掌握新技能。然而,在过去的十年中,云计算已经成为"新常态"。如今,几乎每天都有云供应商发布新的公告、功能和服务更新,因此,有必要建立持续学习的文化。与此同时,开发人员、数据库管理员、安全专业人员、构建/发布工程师等常规角色之间的典型界限逐渐变得模糊,这也导致了新角色的出现,这些角色需要着眼于全局和把握端到端所有权。其中一个角色就是"解决方案架构师",它从"应用程序架构师"和"IT架构师"等角色演变而来,现在已经成为主流。由于专业方向不同,这个角色也有不同的变化。最常见的是"云解决方案架构师"。

通常,IT专业人员希望能转换角色,但是他们缺乏在这条道路上取得成功的指导。本书正是从现有的IT角色向解决方案架构师角色的有效转换方面展开,并以一种非常合理的方式说明了开启这段旅程的步骤。首先,它从一个简单的、非常贴切的解释开始,说明这个角色需要什么,以及它与其他类似的角色有什么不同。然后,介绍成为一名成功的解决方案架构师所需要具备的技术技能和知识。本书先介绍基本的设计理念和架构原则(包括高可用性、可靠性、性能、安全性和成本优化),然后深入探讨每一项。本书还涵盖了云原生架构、DevOps、数据工程和机器学习领域的一些关键概念,这些都是现代架构的基石。在本书中,Saurabh和Neelanjali还添加了有关机器学习/MLOps、物联网架构、数据架构最佳实践和量子计算方面非常有见地的细节。这些领域正慢慢成为企业IT领域的关键,因此,解决方案架构师必须了解这些领域,在学习曲线上保持领先。

我个人经历了从开发团队负责人变为解决方案架构师的历程,Saurabh也是如此,我们当年一直希望有一本书能够指导我们的工作。因此,为了填补这个重大空白,Saurabh撰写了这本非常详细的书。这本书融合了作者的个人经验和所学知识，对于不同背景的人来说，它都是一本非常有亲和力的读物。我强烈建议你阅读这本书，并把它作为一份便利的参考资料一直留存，因为书中涵盖非常重要的知识点，会帮助你成为成功的解决方案架构师，并开启一个充满无限可能的新世界！

Kamal Arora

AWS 解决方案架构高级经理

Preface 前　　言

本书通过学习云环境下解决方案架构和下一代架构设计的不同方面，引导读者创建一个健壮、可伸缩、高可用且容错的解决方案。本书首先阐述对解决方案架构的理解，以及它如何适应敏捷企业环境。然后通过介绍关于现代软件的设计理念、高级设计模式、反模式和云原生方面的详细知识，带领读者完成解决方案架构设计的历程。读者将进一步深入了解解决方案设计的性能优化、安全性、合规性、可靠性、成本优化和卓越运维。之后，本书深入探讨安全性、基础设施、DevOps、灾难恢复和解决方案架构文档的自动化，并阐释数据工程、机器学习、物联网和量子计算方面的内容，以让读者更好地理解面向未来的架构设计。最后，本书还将提供软技能方面的知识，帮助你提升解决方案架构技能和持续学习技术。

目标读者

本书适用于 IT 行业的软件开发人员、系统工程师、DevOps 工程师、架构师和团队负责人，他们有志于成为解决方案架构师，并热衷于设计安全、可靠、高性能和高性价比的架构。

本书内容

第 1 章定义解决方案架构并解释其重要性。该章诠释了采用解决方案架构的各种好处，并探讨了在公有云上进行架构设计。

第 2 章讲述不同类型的解决方案架构师角色，以及他们如何融入组织结构。该章详细探讨了解决方案架构师的各种职责，进一步说明解决方案架构师在敏捷组织中的作用及如何与敏捷流程相适应。

第 3 章揭示解决方案架构的各种属性，如可伸缩性、弹性、灾难恢复、可访问性、可用性、安全性、成本优化与预算等。该章解释了这些架构属性的共存和使用原则，以创建一个高效的解决方案设计。

第 4 章讲述创建可伸缩、弹性和高性能架构的设计原则。该章通过应用安全措施、克服约束、应用变更以及测试和自动化方法，解释了什么是有效的架构设计，还探讨了使用面向服务的架构和采取数据驱动方法的架构原则。

第 5 章解释云的优势和设计云原生架构的方法，并阐述对于不同的云迁移策略和迁移步骤的理解。该章讨论了混合云设计，探讨了流行的公有云供应商。

第 6 章通过实例探讨各种架构设计模式，如分层、微服务、事件驱动、基于队列、无服务器、基于缓存和面向服务等模式。该章展示了解决方案架构属性和原则的适用性，以根据业务需求设计最佳架构。

第 7 章提供提高架构性能的设计原则，如减少延迟、提高吞吐量、处理并发和使用缓存。该章解释了在多层架构（如计算、存储、数据库和网络）中提高性能的各种技术选型，以及性能监控。

第 8 章讨论适用于保护工作负载安全的各种设计原则。安全性需要应用于架构的每一层和每一个组件。该章有助于读者了解正确的技术选型，以确保架构的每一层都是安全的。此外，该章还探讨了适用于架构设计的行业合规性准则，并通过共享安全责任模型解释了云中的安全问题。

第 9 章讨论促使架构可靠的设计原则。该章探讨了用于确保应用程序高可用性的各种灾难恢复技术，以及用于业务流程连续性的数据复制方法，解释了最佳实践和云在实现应用程序可靠性方面的作用。

第 10 章论述在应用程序中实现卓越运营的各种流程和方法。该章解释了适用于应用程序设计、实施和后期生产全流程的最佳实践和技术选型，以提高应用程序的可操作性，还探讨了云工作负载的卓越运营。

第 11 章讨论在不影响业务敏捷性的情况下优化成本的各种技术。该章解释了用于成本监控和成本控制治理的多种方法，有助于读者理解云服务的成本优化。

第 12 章解释 DevOps 在应用程序部署、测试和安全性方面的重要性。该章探讨了 DevSecOps 及其应用程序的持续部署和交付流程中的作用，讲述了 DevOps 的最佳实践以及实现这些实践的工具和技术。

第 13 章讲述如何设计大数据和分析架构。该章概述了创建大数据流水线的步骤，包括数据摄取、存储、处理和分析，以及可视化。这有助于读者理解不同的大数据架构，例如，数据湖、数据网格和湖屋、流数据，以及大数据架构最佳实践。

第 14 章探索有关机器学习和模型评估技术的详细信息，并概述各种机器学习算法。该章讨论了具有云平台上参考架构的机器学习架构模式。该章通过最佳实践和深度学习技术进一步解释了 MLOps 概念。

第15章解释物联网和物联网架构的各种组件。该章讨论了工业物联网和数字孪生概念，并深入分析了大规模物联网数据和物联网设备管理。

第16章解释量子计算机在现实生活用例中的工作原理。该章提供了有关量子计算构建块以及量子计算机如何以非常简化的方式工作的详细信息，讨论了量子门、量子电路和各种类型的量子计算以及它们在云平台上的可用性。

第17章讨论遗留系统面临的各种挑战和现代化改造。该章解释了对遗留系统进行现代化改造的策略和技术，因为公有云正在成为许多组织的首选战略，还探讨了遗留系统的云迁移，以及有关大型机迁移和现代化的详细信息。

第18章讨论解决方案架构文档及其结构，以及文档中需要容纳的各种详细信息。该章探讨了各种经由解决方案架构师参与提供反馈的IT采购文档，如RFP、RFI和RFQ。

第19章讲述解决方案架构师所必需的各种软技能。这有助于读者了解获得战略技能的方法（如售前技能、与高管沟通的技能）、培养设计思维和个人领导技能（如大局观和自主权意识）。该章还探讨了将自己打造成领导者并不断拓展自己技能的技巧。

充分利用本书

如果读者有软件架构设计经验将有助于阅读本书。如果对流行的公有云提供商（如AWS）有基本的了解会很好，然而理解本书并没有特定的先决条件。各章提供了所有示例和相关说明。本书将带读者了解解决方案架构设计的深层概念，并且读者不需要具备任何特定编程语言、框架或工具的知识。

排版约定

本书中使用的排版约定如下：

代码体：表示文本中的代码、数据库表名称、文件夹名、文件名、文件扩展名、路径名、虚拟URL、用户输入和Twitter句柄。例如，"物联网平台需要支持`SigV4`、`X.509`和自定义身份认证，同时通过物联网策略提供精细到MQTT主题级别的访问控制"。

代码块设置如下：

```
<message name="GetOrderInfo">
    <part name="body" element="xsd1:GetOrderRequest"/>
</message>
```

 表示警告或重要说明。

 表示提示和技巧。

作者简介 About the Author

所罗伯·斯里瓦斯塔瓦（Saurabh Shrivastava）是一位技术领导者、作家、发明家和公开演说家，在 IT 行业拥有超过 18 年的工作经验。他目前在 Amazon Web Services（AWS）担任全球解决方案架构师团队负责人，并帮助全球咨询合作伙伴和企业客户展开云计算之旅。他还牵头了 AWS 全球技术伙伴的合作，设定了团队的愿景和执行模式，并培育了多项新的战略计划。

Saurabh 撰写了各种博客和白皮书，涉及大数据、物联网、机器学习和云计算等各种技术。他对最新的技术创新及其对我们社会和日常生活的影响充满热情。他拥有云平台自动化领域的专利。在加入 AWS 之前，他曾在《财富》50 强企业、初创企业以及全球产品和咨询组织中担任企业解决方案架构师、软件架构师和软件工程经理。

内拉贾利·斯里瓦斯塔夫（Neelanjali Srivastav）是一位技术领导者、产品经理、敏捷教练和云计算从业者，在软件行业拥有超过 16 年的工作经验。她目前在 AWS 担任高级产品经理，为全球客户提供数据上云服务。她向 AWS 客户和合作伙伴宣传 AWS 数据库、分析和机器学习服务并提供支持。她擅长设定产品愿景和培育孵化新产品。

在加入 AWS 之前，Neelanjali 领导软件工程师、解决方案架构师和系统分析师团队，对 IT 系统进行现代化改造，并为大型企业开发创新的软件解决方案。她在 IT 服务行业和研发部门担任过多个职务，专注于企业应用程序管理、云服务管理和编排工作。

About the Translator 审校者简介

Kamesh Ganesan 是一位云计算的布道者、经验丰富的技术专家、作家和领导者，在所有主要的云技术（包括 AWS、Azure、GCP、Oracle 和阿里云）方面拥有超过 24 年的 IT 从业经验。他拥有 50 多项 IT 认证，其中包括许多云认证。他设计并交付了关键任务和创新技术解决方案，帮助企业、商业和政府客户取得了巨大的成功。他撰写了关于 AWS 和 Azure 的书籍，并审查了许多 IT/ 云技术书籍和课程。

我非常感谢我生命中所拥有的一切。我要特别感谢我的妻子 Hemalatha，感谢她对我所有追求的激励和持续支持；还要感谢我的孩子 Sachin 和 Arjun，感谢他们无条件的爱。我非常感谢我的父亲 Ganesan 和母亲 Kasthuri，感谢他们对我坚定不移的鼓励。

目录 Contents

本书赞誉
译者序
序一
序二
序三
前言
作者简介
审校者简介

第1章 解决方案架构的含义 1
1.1 什么是解决方案架构 1
1.2 解决方案架构的演进 4
1.3 解决方案架构为何如此重要 5
1.4 解决方案架构的好处 6
    1.4.1 满足业务需求和交付质量要求 7
    1.4.2 选择最佳技术平台 7
    1.4.3 处理解决方案的约束和问题 8
    1.4.4 协助资源和成本管理 8
    1.4.5 管理解决方案交付和项目生命周期 8
    1.4.6 解决非功能性需求 9

1.5 公有云中的解决方案架构 10
    1.5.1 什么是公有云 10
    1.5.2 公有云、私有云和混合云 10
    1.5.3 公有云架构 11
    1.5.4 思考云原生架构 12
    1.5.5 公有云供应商和云服务产品 13
1.6 小结 14

第2章 组织中的解决方案架构师 15
2.1 解决方案架构师的角色类型 16
    2.1.1 通用型解决方案架构师角色 17
    2.1.2 专业型解决方案架构师角色 19
2.2 解决方案架构师的职责 23
    2.2.1 分析功能性需求 24
    2.2.2 定义非功能性需求 24
    2.2.3 了解并接触利益相关者 26
    2.2.4 明确约束 27
    2.2.5 技术选型 28
    2.2.6 概念验证和原型开发 28
    2.2.7 设计解决方案并持续交付 29
    2.2.8 对解决方案进行扩展 30
    2.2.9 担任技术布道者 31

2.3 敏捷组织中的解决方案架构师······31
   2.3.1 为什么选择敏捷方法论·········31
   2.3.2 敏捷宣言····················32
   2.3.3 敏捷流程和术语··············33
2.4 小结·······························36

第 3 章 解决方案架构的属性······37

3.1 可伸缩性与弹性·····················37
   3.1.1 容量伸缩困境················38
   3.1.2 架构伸缩····················39
   3.1.3 静态内容伸缩················40
   3.1.4 服务器集群弹性··············40
   3.1.5 数据库伸缩··················41
3.2 高可用性和韧性·····················41
3.3 容错与冗余·························43
3.4 灾难恢复与业务连续性···············44
3.5 可扩展性与可重用性·················45
3.6 易用性与可访问性···················46
3.7 可移植性与互操作性·················47
3.8 卓越运维与可维护性·················48
3.9 安全性与合规性·····················49
   3.9.1 身份认证与授权··············50
   3.9.2 Web 安全···················50
   3.9.3 网络安全····················50
   3.9.4 基础设施安全················50
   3.9.5 数据安全····················51
3.10 成本优化与预算····················51
3.11 小结······························52

第 4 章 解决方案架构的设计原则······53

4.1 可伸缩的工作负载···················53

   4.1.1 预测性伸缩··················54
   4.1.2 被动伸缩····················56
4.2 构建有韧性的架构···················57
4.3 性能设计···························59
4.4 使用可替换资源·····················60
4.5 考虑松耦合·························61
4.6 考虑服务而非服务器·················63
4.7 根据合理的需求选择合适的存储·······64
4.8 考虑数据驱动的设计·················66
4.9 克服架构约束·······················67
4.10 采用 MVP 的方法···················67
4.11 安全无处不在······················68
4.12 尽可能自动化······················69
4.13 小结······························70

第 5 章 云迁移和混合云架构设计······71

5.1 云原生架构的好处···················72
5.2 流行的公有云选择···················73
5.3 创建云迁移策略·····················74
   5.3.1 直接搬迁上云················75
   5.3.2 云原生方法··················77
   5.3.3 保留或淘汰策略··············78
5.4 选择云迁移策略·····················79
5.5 云迁移的步骤·······················80
   5.5.1 发现工作负载················81
   5.5.2 分析信息····················83
   5.5.3 制定迁移计划················84
   5.5.4 设计应用程序················86
   5.5.5 执行应用程序迁移上云········89
   5.5.6 集成、验证和切换············92

5.5.7 运维云应用程序 …… 93	6.9.1 三层 Web 架构中的缓存分发模式 …… 123
5.5.8 优化云上应用程序 …… 95	6.9.2 重命名分发模式 …… 124
5.6 创建混合云架构 …… 96	6.9.3 缓存代理模式 …… 125
5.7 采用多云方式 …… 97	6.9.4 重写代理模式 …… 126
5.8 设计云原生架构 …… 98	6.9.5 应用缓存模式 …… 127
5.9 小结 …… 99	6.10 理解断路器模式 …… 128
5.10 进一步阅读 …… 100	6.11 实现隔板模式 …… 129

第 6 章 解决方案架构设计模式 …… 101

- 6.12 构建浮动 IP 模式 …… 130
- 6.13 使用容器部署应用程序 …… 131
  - 6.13.1 容器的好处 …… 132
  - 6.13.2 容器部署 …… 133
- 6.1 构建 N 层架构 …… 101
  - 6.1.1 Web 层 …… 102
  - 6.1.2 应用层 …… 103
  - 6.1.3 数据库层 …… 103
- 6.14 构建基于容器的架构 …… 134
- 6.15 应用程序架构中的数据库处理 …… 135
- 6.2 创建基于 SaaS 的多租户架构 …… 104
- 6.3 构建无状态架构和有状态架构 …… 105
- 6.16 避免解决方案架构中的反模式 …… 138
- 6.17 小结 …… 139
- 6.4 理解 SOA …… 107
  - 6.4.1 基于 SOAP 的 Web 服务架构 …… 107
  - 6.4.2 RESTful Web 服务架构 …… 111
  - 6.4.3 构建基于 SOA 的电子商务网站架构 …… 112

第 7 章 性能考量 …… 141

- 7.1 架构性能的设计原则 …… 141
  - 7.1.1 减少延迟 …… 142
  - 7.1.2 提高吞吐量 …… 143
  - 7.1.3 处理并发 …… 144
  - 7.1.4 使用缓存 …… 145
- 6.5 构建无服务器架构 …… 113
- 6.6 创建微服务架构 …… 115
- 6.7 构建基于队列的架构 …… 117
  - 6.7.1 队列链表模式 …… 117
  - 6.7.2 作业观察者模式 …… 119
- 7.2 性能优化的技术选型 …… 145
  - 7.2.1 计算能力选型 …… 146
  - 7.2.2 选择存储 …… 151
  - 7.2.3 选择数据库 …… 153
  - 7.2.4 提高网络性能 …… 156
- 6.8 创建事件驱动架构 …… 120
  - 6.8.1 发布者/订阅者模型 …… 120
  - 6.8.2 事件流模型 …… 121
- 6.9 构建基于缓存的架构 …… 122

7.3	性能监控管理 ·················· 159	9.2.2	数据复制 ················· 194
7.4	小结 ························ 160	9.2.3	规划灾难恢复 ············· 196
		9.2.4	灾难恢复的最佳实践 ········ 203

第 8 章 安全考量 ························ 161

- 8.1 架构安全的设计原则 ············ 161
  - 8.1.1 实现认证和授权控制 ······ 162
  - 8.1.2 安全无处不在 ··········· 162
  - 8.1.3 缩小爆炸半径 ··········· 163
  - 8.1.4 时刻监控和审计一切 ······ 163
  - 8.1.5 自动化一切 ············· 163
  - 8.1.6 数据保护 ··············· 163
  - 8.1.7 事件响应准备 ··········· 164
- 8.2 架构安全技术选型 ·············· 164
  - 8.2.1 用户身份和访问管理 ······ 164
  - 8.2.2 处理 Web 安全问题 ······· 172
  - 8.2.3 保护应用程序及其基础设施 ················· 177
  - 8.2.4 数据安全 ··············· 181
- 8.3 安全认证和合规性认证 ·········· 186
- 8.4 云的共享安全责任模型 ·········· 187
- 8.5 小结 ························ 188

第 9 章 架构可靠性考量 ················ 190

- 9.1 架构可靠性的设计原则 ·········· 190
  - 9.1.1 使系统自愈 ············· 191
  - 9.1.2 应用自动化 ············· 191
  - 9.1.3 创建分布式系统 ········· 191
  - 9.1.4 容量监控 ··············· 192
  - 9.1.5 执行恢复验证 ··········· 192
- 9.2 架构可靠性的技术选型 ·········· 193
  - 9.2.1 规划 RTO 和 RPO ········ 193

- 9.3 利用云来提高可靠性 ············ 204
- 9.4 小结 ························ 205

第 10 章 卓越运维考量 ··················· 206

- 10.1 卓越运维的设计原则 ············ 206
  - 10.1.1 自动化运维 ············· 207
  - 10.1.2 进行增量和可逆的变更 ··· 207
  - 10.1.3 预测并响应故障 ········· 208
  - 10.1.4 从错误中学习并改进 ····· 208
  - 10.1.5 持续更新运维手册 ······· 208
- 10.2 卓越运维的技术选型 ············ 209
  - 10.2.1 卓越运维的规划阶段 ····· 209
  - 10.2.2 卓越运维的执行阶段 ····· 212
  - 10.2.3 卓越运维的改进阶段 ····· 219
- 10.3 在公有云中实现卓越运维 ········ 222
- 10.4 小结 ························ 223

第 11 章 成本考量 ····················· 224

- 11.1 成本优化的设计原则 ············ 224
  - 11.1.1 计算总拥有成本 ········· 225
  - 11.1.2 规划预算和预测 ········· 226
  - 11.1.3 管理需求和服务目录 ····· 227
  - 11.1.4 跟踪支出 ··············· 228
  - 11.1.5 持续成本优化 ··········· 228
- 11.2 成本优化的技术选型 ············ 229
  - 11.2.1 降低架构复杂度 ········· 229
  - 11.2.2 提高 IT 效率 ··········· 231
  - 11.2.3 实施标准化和架构治理 ··· 232

| 11.2.4   成本监控和报告 ……………… 234
11.3   公有云上的成本优化 ……………… 238
11.4   小结 ………………………………… 239

第 12 章   DevOps 和解决方案架构框架 …………………………… 240

12.1   DevOps 的介绍 …………………… 240
12.2   DevOps 的好处 …………………… 241
12.3   DevOps 的组成部分 ……………… 242
| 12.3.1   CI/CD ……………………… 242
| 12.3.2   持续监控和改进 …………… 244
| 12.3.3   基础设施即代码 …………… 245
| 12.3.4   配置管理 …………………… 247
12.4   什么是 DevSecOps ………………… 248
12.5   结合 DevSecOps 和 CI/CD ……… 249
12.6   实施 CD 策略 ……………………… 251
| 12.6.1   就地部署 …………………… 251
| 12.6.2   滚动部署 …………………… 251
| 12.6.3   蓝绿部署 …………………… 251
| 12.6.4   红黑部署 …………………… 252
| 12.6.5   不可变部署 ………………… 253
12.7   在 CI/CD 流水线中实施持续
| 测试 ………………………………… 253
12.8   CI/CD 的 DevOps 工具 …………… 255
| 12.8.1   代码编辑器 ………………… 255
| 12.8.2   源代码管理 ………………… 255
| 12.8.3   CI 服务器 …………………… 256
| 12.8.4   代码部署 …………………… 257
| 12.8.5   代码流水线 ………………… 259
12.9   实施 DevOps 的最佳实践 ………… 259

12.10 在云中构建 DevOps 和
| DevSecOps ………………………… 261
12.11 小结 ………………………………… 263

第 13 章   解决方案架构的数据工程 …… 264

13.1   什么是大数据架构 ………………… 265
13.2   大数据处理流水线设计 …………… 266
13.3   数据摄取 …………………………… 268
| 13.3.1   数据摄取的技术选型 ……… 269
| 13.3.2   数据摄取上云 ……………… 269
13.4   数据存储 …………………………… 270
13.5   数据处理和分析 …………………… 277
13.6   数据可视化 ………………………… 281
13.7   设计大数据架构 …………………… 282
| 13.7.1   数据湖架构 ………………… 283
| 13.7.2   湖屋架构 …………………… 287
| 13.7.3   数据网格架构 ……………… 288
| 13.7.4   流数据架构 ………………… 291
13.8   大数据架构的最佳实践 …………… 292
13.9   小结 ………………………………… 295

第 14 章   机器学习架构 ………………… 296

14.1   什么是机器学习 …………………… 296
14.2   使用数据科学和机器学习 ………… 298
| 14.2.1   评估机器学习模型
| ——过拟合与欠拟合 …… 300
| 14.2.2   监督学习算法和无监督
| 学习算法 …………………… 300
14.3   云上机器学习 ……………………… 302
14.4   构建机器学习架构 ………………… 302

		14.4.1	准备和标注 ················ 303

- 14.4.1 准备和标注 ················ 303
- 14.4.2 选择和构建 ················ 303
- 14.4.3 训练和调优 ················ 304
- 14.4.4 部署和管理 ················ 304

14.5 机器学习参考架构 ················ 305

14.6 机器学习运维 ······················ 307
- 14.6.1 MLOps 原则 ················ 307
- 14.6.2 MLOps 最佳实践 ········ 308

14.7 深度学习 ······························ 309

14.8 小结 ····································· 311

第 15 章 物联网架构 ················ 312

15.1 什么是物联网 ······················ 312

15.2 物联网架构组件 ·················· 314
- 15.2.1 管理物联网设备 ············ 314
- 15.2.2 连接和控制物联网设备 ··· 317
- 15.2.3 对物联网数据进行分析 ··· 318

15.3 云上物联网 ·························· 319

15.4 构建工业物联网解决方案 ···· 321
- 15.4.1 互联工厂物联网架构 ····· 322
- 15.4.2 实现数字孪生 ················ 324

15.5 小结 ····································· 325

第 16 章 量子计算 ····················· 327

16.1 量子计算机的组成部分 ······· 327
- 16.1.1 量子位 ·························· 328
- 16.1.2 叠加 ····························· 328
- 16.1.3 纠缠 ····························· 329

16.2 量子计算机的工作机制 ······· 329
- 16.2.1 量子门 ·························· 330
- 16.2.2 量子电路 ······················ 332

16.3 量子计算机的类型 ··············· 333

16.4 现实生活中的量子计算 ······· 334

16.5 云中的量子计算 ·················· 335

16.6 小结 ····································· 336

第 17 章 重构遗留系统 ············· 337

17.1 遗留系统面临的挑战 ··········· 338
- 17.1.1 难以满足用户需求 ········ 339
- 17.1.2 维护和更新费用较高 ···· 339
- 17.1.3 缺乏技能和文档 ············ 340
- 17.1.4 存在安全风险 ················ 340
- 17.1.5 无法兼容其他系统 ········ 341

17.2 遗留系统现代化改造的好处 ···· 341

17.3 遗留系统现代化改造策略 ···· 343
- 17.3.1 遗留系统的评估 ············ 343
- 17.3.2 现代化改造方法 ············ 344

17.4 遗留系统现代化改造技术 ···· 345
- 17.4.1 封装、重新托管和更换平台 ······························ 346
- 17.4.2 重构和重新架构 ············ 346
- 17.4.3 重新设计和替换 ············ 347

17.5 遗留系统的云迁移策略 ······· 348

17.6 使用公有云进行大型机迁移 ···· 349
- 17.6.1 迁移独立应用程序 ········ 350
- 17.6.2 迁移具有共享代码的应用程序 ······························ 351

17.7 小结 ····································· 353

第 18 章 解决方案架构文档 ····· 354

18.1 解决方案架构文档的目的 ···· 354

18.2 解决方案架构文档的视图 ···· 355

18.3 解决方案架构文档的结构 ……… 357
    18.3.1 解决方案概述 ……………… 358
    18.3.2 业务上下文 ………………… 359
    18.3.3 概念解决方案概述 ………… 360
    18.3.4 解决方案架构 ……………… 360
    18.3.5 解决方案实施 ……………… 363
    18.3.6 解决方案管理 ……………… 364
    18.3.7 附录 ………………………… 364
18.4 解决方案架构的 IT 采购文档 …… 364
18.5 小结 …………………………………… 365

第 19 章 学习软技能，成为更优秀的解决方案架构师 ……… 366

19.1 掌握售前技能 ……………………… 366
19.2 向 C 级高管汇报 …………………… 367
19.3 掌握自主权并承担责任 …………… 369
19.4 用目标和关键结果来定义战略执行 …………………………………… 369
19.5 着眼于大局 ………………………… 370
19.6 灵活性和适应性 …………………… 370
19.7 设计思维 …………………………… 371
19.8 做一个动手写代码的程序员 ……………………………… 373
19.9 持续学习，不断进步 ……………… 373
19.10 成为他人的导师 …………………… 375
19.11 成为技术布道者和思想领袖 …………………………………… 375
19.12 小结 ………………………………… 376

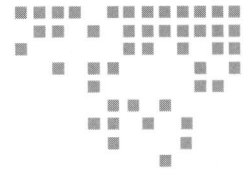

第 1 章　Chapter 1

解决方案架构的含义

这本书将是你踏进解决方案架构世界的第一步，它将作为全面的指南来系统化讲解关于解决方案架构的知识，并帮助你成为一名专业的解决方案架构师。在本章中，我们将探讨解决方案架构的含义，以及它如何成为组织中解决方案开发的基础。一个稳健的解决方案架构设计有助于在一个复杂的组织中成功开发软件应用程序，它涵盖了从IT基础设施、应用程序安全性和可靠性到生产运维的所有方面。

为了开发出正确的应用程序，首先应该确定解决方案架构，解决方案架构为应用程序的实现奠定了基础并规划了健全的基础构件。解决方案架构不仅要考虑业务需求，还要处理重要的非功能性需求，如可伸缩性、高可用性、可维护性、性能和安全性等。

解决方案架构师的职责是通过与各利益相关者合作来设计解决方案架构。他们既要分析功能性需求，还要定义非功能性需求，以涵盖解决方案的方方面面，并规避风险。每个解决方案都有多种约束，如成本、预算、时间表、法规监管等，因此，解决方案架构师在进行应用程序设计以解决给定的业务问题时，所做出的技术选择应考虑以上因素。

解决方案架构师需要进行概念验证和原型开发，以评估各种技术平台，然后采取最佳的策略来实现解决方案。他们会在整个解决方案开发过程中对团队进行指导，并提供上线后的指导方针，以维护和扩展最终产品。

1.1　什么是解决方案架构

如果你向周围的人询问他们对于解决方案架构的定义，可能会得到十几种不同的答案，而且这些答案可能都是正确的，因为他们所处的组织结构不同。每个组织都会根据其业务需求、组织层次和解决方案的复杂程度,从不同的视角来看待解决方案架构。

简而言之,解决方案架构从战略性和事务性的视角,对业务解决方案的多个维度进行定义和展望。"战略性"意味着解决方案架构师为软件应用程序定义一个长期愿景,以确保无论将来发生什么变化,它都能与时俱进,并可能进行扩展,以满足不断增长的用户负载和额外的功能需求。"事务性"意味着应用程序应该能处理当前的客户工作负载,并不出差错地处理日常业务挑战。

解决方案架构不仅是软件解决方案,还涵盖系统的方方面面,包括但不限于系统基础设施、网络、安全、合规性要求、系统运维、成本和可靠性。图 1-1 展示了解决方案架构师可能需要解决的不同方面的问题。

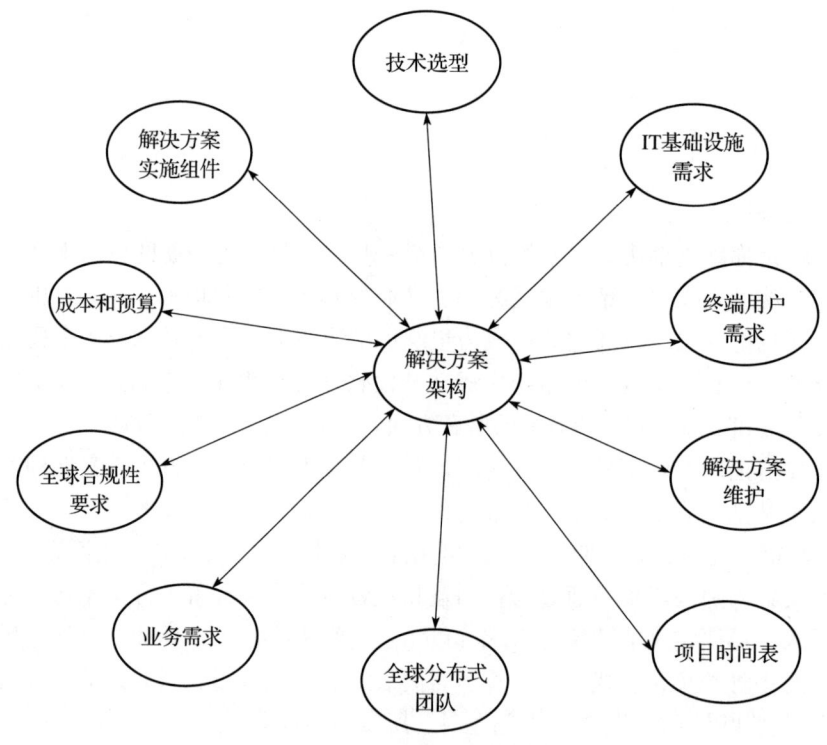

图 1-1　解决方案架构环形图

一位好的解决方案架构师可以解决组织中关于解决方案最常见的问题。

1)**全球分布式团队**。在这个全球化的时代,几乎每个产品都会有分布在全球各地的用户,以及为满足客户需求的利益相关者团队。通常,软件开发团队会采用在岸 – 离岸模式,团队在不同的时区工作,以提高工作效率并优化项目成本。解决方案设计需要考虑全球分布式团队的结构。这意味着解决方案的开发和运维不应该依赖于人,而应该无论团队成员的工作地点和时区在哪,都可利用工具来扩展和协作。

2）**全球合规性要求**。当你在全球范围内部署解决方案时，每个国家和地区都有其法律和合规制度，这些都是解决方案需要遵守的。例如：

- 美国的联邦风险与授权管理计划（FedRAMP）和美国国防部云计算安全要求指南（DoD SRG）。
- 欧洲的通用数据保护条例（GDPR）。
- 澳大利亚的信息安全注册评估师计划（IRAP）。
- 日本金融业信息系统中心（FISC）。
- 新加坡的多层云安全（MTCS）标准。
- 英国的 G-Cloud。
- 德国的 IT-Grundschutz。
- 中国的网络安全等级保护制度（MLPS）3.0。

3）不同的行业有不同的合规要求，例如**国际标准化组织（ISO）9001**（主要针对医疗、生命科学、医疗器械以及汽车和航空航天行业）、针对金融行业的**支付卡行业数据安全标准（PCI-DSS）**、针对医疗行业的**健康保险携带和责任法案（HIPAA）**等。解决方案架构在设计阶段就需要考虑这些合规性。第 8 章将介绍更多关于合规性的内容。

4）**成本和预算**。解决方案架构能够很好地估计项目的总体成本，这有助于确定预算，包括资本支出（CapEx），即前期成本，以及运营支出（OpEx），即持续成本。它帮助管理层为人力资源、基础设施资源以及其他与许可相关的成本制定整体预算。

5）**解决方案实施组件**。解决方案架构预先提供了产品不同实施组件的高层次概述，这有助于计划的执行。

6）**业务需求**。解决方案架构考虑了所有的业务需求，包括功能性需求和非功能性需求。它确保业务需求是兼容的，因此可以将它们转化到技术实施阶段，并在利益相关者之间取得平衡。

7）**IT 基础设施需求**。解决方案架构决定了项目执行所需要的 IT 基础设施，包括计算、存储、网络等。这有助于更有效地规划 IT 资源。

8）**技术选型**。在解决方案设计过程中，解决方案架构师会进行概念验证和原型开发，考虑企业的需求，然后推荐合适的技术和工具来实施。解决方案架构的目标是通过内部自建而不是向第三方采购工具来定义整个组织的软件标准。

9）**终端用户需求**。解决方案架构特别关注终端用户的需求，因为他们将是产品的实际消费者。这有助于发现因产品经理缺乏技术细节而无法捕获的隐藏需求。在实施和发布的过程中，解决方案架构师会提供标准文档和标准的语言结构，以确保所有的要求都已满足用户需求。

10）**解决方案维护**。解决方案架构不仅涉及解决方案的设计与实施，还需要负责生产发布上线后的活动，如解决方案的可伸缩性、灾难恢复、卓越运维等。

11）**项目时间表**。解决方案架构根据每个组件的复杂性设计其布局细节，通过提供资源估算和相关风险，进一步帮助确定项目里程碑和时间表。

行业标准和明确定义的解决方案架构可以在技术解决方案中解决所有业务需求，并确保交付预期的结果，以满足利益相关者对解决方案的质量、可用性、可维护性和可伸缩性的期望。

解决方案架构的初始设计可以在售前环节的早期进行构思，比如需求建议书（RFP）或信息请求（RFI），然后创建原型或进行概念验证，以发现解决方案存在的任何风险。解决方案架构师还需要确定是构建解决方案还是采购解决方案。这有助于确定技术选型，同时也要牢记组织内关键的安全性和合规性要求。

创建解决方案架构有两种主要情况：

- 第一种情况是，增强现有应用程序的技术，这可能包括硬件更新或软件重构。
- 第二种情况是，从头创建一个新的解决方案，这样可以更加灵活地选择最适合的技术来满足业务需求。

然而，在重构现有解决方案的同时，还需要考虑最小化影响范围，创建最适合当前环境的解决方案。如果现有的解决方案不值得重构，解决方案架构师可以决定完全重建，以提供更好的解决方案。

简而言之，解决方案架构就是要考虑系统的方方面面，勾画出技术愿景，从而提供实现业务需求的步骤。通过将所有与数据、基础设施、网络和软件应用程序相关的不同部分整合在一起，解决方案架构可以为复杂的环境中的一个或一组项目定义实施方案。一个好的解决方案架构不仅要满足功能性需求和非功能性需求，还要能解决系统的可伸缩性和长期维护的问题。

我们已简要介绍了解决方案架构的作用及其不同方面。在下一节中，我们将研究解决方案架构的演进。

1.2 解决方案架构的演进

解决方案架构随着技术的现代化而演进。今天，随着互联网的广泛应用、高带宽网络的出现、存储成本的降低，以及计算机的普及，解决方案架构设计与几十年前相比发生了天翻地覆的变化。

早在互联网时代之前，大多数解决方案设计都专注于提供一个胖桌面客户端，当系统无法连接到互联网时，它能够在低带宽的情况下运行并离线工作。

这项技术在过去 20 年不断演进。**面向服务的架构**（Service-Oriented Architecture，SOA）开始形成分布式设计，应用程序开始从单体转向现代的 N 层架构，其中前端服务器、应用服务器和数据库都运行于其独立的计算机和存储之上。SOA 主要是通过一种基于 XML（可扩展标记语言）的消息传递协议来实现的，这种协议被称为简单对象访问协议（Simple Object Access Protocol，SOAP）。它的一个主要部分便是遵循客户端–服务器模式来创建服务。

在当今数字化的时代，你会看到基于微服务的解决方案设计越来越流行，它基于 **JavaScript 对象符号**（JavaScript Object Notation，JSON）的消息传递和**表示层状态转移**（Representational State Transfer，REST）服务。这些 Web API 不需要基于 XML 的 SOAP 来支持其接口，而是依赖于基于 Web 的 HTTP 协议，如 POST、GET、UPDATE、DELETE 等。第 6 章将详细介绍不同的架构模式。

微服务架构解决了敏捷环境中不断变化的需求。在敏捷环境中，任何解决方案的变化都需要快速地适应和部署。组织必须敏捷才能够在竞争中保持领先地位。这迫使解决方案架构必须更加灵活（与项目发布周期较长的瀑布模型相比）。

基于 Web 的微服务架构是由几乎无限的资源所推动的，这种资源可以从云供应商那里获得，并且可以在几分钟甚至几秒钟内进行伸缩。创新、实验和变革变得越来越容易，因为解决方案架构师和开发人员即使失败也不会对业务功能造成影响。

1.3 解决方案架构为何如此重要

解决方案架构是整个企业软件解决方案的一个基础组成部分，用于解决特定的问题和需求。随着项目规模的扩大，团队分布在全球各地。为了奠定长期、可持续的坚实基础，企业需要有一个解决方案架构。

解决方案架构可以解决各种解决方案需求，保持业务上下文的完整性。它指定并记录了技术平台、应用程序组件、数据需求、资源需求以及许多重要的非功能性需求，如伸缩性、可靠性、性能、吞吐量、可用性、安全性和可维护性。

解决方案架构对于任何使用软件应用程序解决业务问题的行业都是至关重要的。在没有解决方案架构的情况下，软件开发很可能会面临失败，项目可能会延迟、超出预算，并且不能提供足够的功能。通过创建解决方案架构并运用经验和知识可以极大地改善这种情况，而所有这一切都是由解决方案架构师来提供的。它有助于让所有领域的利益相关者达成共识（从非技术性的业务功能到技术开发），从而避免混乱，确保项目的进度和时间不脱离正轨，并有助于获得最大的**投资回报率**（ROI）。

通常，解决方案架构师需要与客户合作才能更好地理解需求规格。在解决方案架构师的角色中，架构师需要具备从技术负责人及专家到业务分析师和项目经理等角色的多种技能。更多关于解决方案架构师角色的内容，请见第 2 章。

好的解决方案架构会将需求规格落实到定义明确的解决方案中，这有助于我们交付并完成最终的产品，并在产品上线后实现顺畅的可维护性。

一个问题可以有多种解决方案，每个解决方案都有其约束。解决方案架构会考虑所有的解决方案，并通过创建能够适应所有业务和技术限制的概念验证来找到最佳方案。

让我们详细了解解决方案架构的各种好处。

1.4　解决方案架构的好处

上一节详细介绍了解决方案架构的重要性，本节将详细介绍解决方案架构在组织各个方面的好处。图 1-2 展示了在业务中使用解决方案架构师角色时赋予组织的潜在好处。

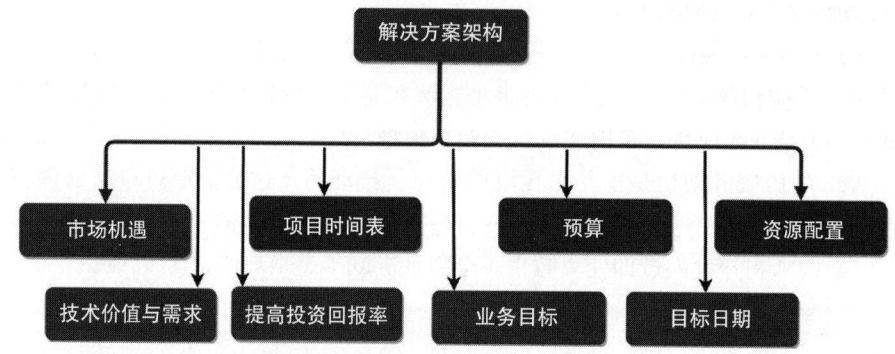

图 1-2　解决方案架构的好处属性

从图 1-2 可以看出，好的解决方案架构具有以下属性：
- **技术价值与需求**：解决方案架构决定了投资回报率、特定技术选择可以获得的解决方案以及市场趋势。解决方案架构师评估组织或项目应该采用哪种技术，以实现长期可持续性、可维护性和团队舒适度。
- **业务目标**：解决方案架构设计的主要任务是满足利益相关者的需求，并适应他们的需求变更。解决方案架构通过分析市场趋势和实施最佳实践，将业务目标转化为技术愿景。解决方案架构需要足够灵活，以满足新的、具有挑战性的、苛刻的和快速变化的业务需求。
- **目标日期**：解决方案架构师与所有的利益相关者（包括业务团队、客户和开发团队）持续合作。解决方案架构师定义了流程标准，并为解决方案的开发提供指导。他们确保整体解决方案与业务目标和发布时间表保持一致，以最大限度地降低目标日期延期的可能。
- **提高投资回报率**：解决方案架构决定了投资回报率，并且有助于衡量项目成败。解决方案架构迫使企业思考如何通过应用自动化来降低成本并消除过程中的浪费，以提高整体投资回报率。
- **市场机遇**：解决方案架构涉及分析和持续评估市场最新趋势的过程。它还有助于支持和推广新产品。
- **预算和资源配置**：为了获得更好的预算，我们一般建议在估算方面进行适当的投资。定义明确的解决方案架构有助于了解完成项目所需的资源数量。这有助于制定更好的预算预测和资源规划。

- **项目时间表**：定义准确的项目时间表对于解决方案的实施非常关键。解决方案架构师在设计阶段就确定了所需的资源和工作量，这将有助于定义时间表。

现在，你已经对解决方案架构及其好处有了一定的了解。接下来让我们深入了解解决方案架构的日常方面。

1.4.1 满足业务需求和交付质量要求

在产品开发的生命周期中，最具挑战性的阶段是确定需求的本质，特别是当所有要素竞相作为高优先级处理并且正在迅速变化时。当不同的利益相关者对同一需求有不同的看法时，这种挑战就变得更加严峻。例如，业务人员从用户的角度分析页面设计，而开发人员则从实现的可行性和加载延迟的角度来分析。这就可能造成业务人员和开发人员之间的需求冲突和误解。在这种情况下，解决方案架构有助于消除分歧，并定义一个所有成员都能理解的标准。

功能性需求是用于满足用户需求并解决给定业务问题的主要需求的产品特性。当用户与软件应用程序交互时，他们直接与功能性需求交互。例如，在电子商务应用程序中，功能性需求的示例是用户查看其订单历史记录、搜索商品并将其添加到购物车以及使用首选付款方式进行付款。虽然功能性需求集合的主要责任人是产品经理，但解决方案架构师要确保其设计和实现方式能使其可以根据用户需求进行扩展并应对未来的变化。

解决方案架构定义了标准文档，它可以向非技术的利益相关者解释技术方面的内容，并定期进行更新。由于解决方案架构的设计横跨组织和不同的团队，它可以帮助发现隐藏的需求。解决方案架构师能确保开发团队了解需求，并保持进度周期。

一个好的解决方案架构不仅定义了解决方案设计，还以定性和定量产出的形式定义了成功标准，以确保交付质量。定性产出可以从用户的反馈中收集，比如用户的情绪分析；而定量产出可以包括技术端的延迟、性能、加载时间，以及业务端的销售数字。获得持续的反馈，并根据反馈进行调整，这是高质量交付的关键，应该在解决方案设计和开发的所有阶段予以遵循。

1.4.2 选择最佳技术平台

在快速发展和竞争激烈的市场中，我们所面临的最大挑战是一直保持使用最好的技术。如今，当你在全球拥有众多可选资源时，就必须非常谨慎地选择某种技术。解决方案架构设计过程可以有效解决这个问题。

技术栈的选型对于团队高效地实现解决方案起着重要作用。在解决方案架构中，我们应该采取不同的策略来选用各种平台、技术和工具。解决方案架构师应该对所有的需求进行仔细的验证，然后通过以原型的形式创建产品的工作模型，用多个参数对结果进行评估和研究，以找到最适合产品开发的方案。好的解决方案架构通过调查所有可能的架构策略，基于混合用例、技术、工具和代码复用，来解决不同工具和技术的深度问题，而这一切都来自多年的经验。最好的平台可以简化这个实施过程,然而,正确的技术选型至关重要。我们可以根据业务需求评估,以及该应用程序的敏捷性、速度和安全性来构建原型,从而选择最佳技术平台。

1.4.3 处理解决方案的约束和问题

任何解决方案都会受到各种约束的制约,并且可能因为复杂性或不可预见的风险而遇到问题。解决方案架构需要平衡多种制约因素,如资源、技术、成本、质量、上市时间、频繁变化的需求等。

每个项目都有其特定的目标、需求、预算和时间表。解决方案架构评估所有可能的关键路径,并分享最佳实践,从而在给定的时间和预算范围内实现项目目标。这是一种系统化的方法,所有的任务都与其之前的任务相互依存,为了成功实现项目,所有的任务都需要按顺序执行。一项任务的延迟可能会影响整个项目的时间表,并有可能导致组织失去发布产品的市场窗口。

如果在项目开发过程中出现问题,项目被延期的概率就会很高。有时,遇到的问题是技术或解决方案环境的局限性造成的。对于一个经过深思熟虑的解决方案架构来说,最常见的问题一般与非功能性需求有关:资源和预算可以缓解产品开发生命周期中遇到的问题。

解决方案架构师通过深入研究项目的每个组件来推动项目。他们想到了一个开箱即用的想法,以避免项目出现不可预见的问题,如灾难恢复中涉及的问题,并准备一个备用计划,以防主计划出现问题。他们通过选择最佳实践和平衡约束来评估执行项目的最佳可能方式。

1.4.4 协助资源和成本管理

在解决方案的实施过程中,总是存在着风险和不确定性。要了解开发人员将花费多少时间来修复一个故障是非常烦琐的。好的解决方案架构通过在优先级、不同的通信服务和每个组件的细节方面为开发人员提供所需的指导,从而控制成本和预算并减少不确定性。

解决方案架构还创建了用于使系统保持更新的文档,以及部署图、软件补丁、版本,并通过施行运行手册来解决经常出现的问题和业务连续性流程。它还通过考虑可扩展性、可伸缩性以及其他对开发环境有重要影响的外部因素,来解决间接影响解决方案构建成本的问题。

1.4.5 管理解决方案交付和项目生命周期

在解决方案架构的初始阶段需要进行大量的规划。解决方案架构从战略角度出发,在逐步推进解决方案实施的过程中,提供更多的技术实现投入。

解决方案架构确保了端到端的解决方案交付,并影响到整个项目的生命周期。它为项目生命周期的不同阶段定义了一系列流程和标准，并确保它在整个组织中得到应用，以便在实施推进过程中处理其他依赖关系。

解决方案架构考虑的是站在项目的整体视角不断同步其他依赖项，如安全性、合规性、基础设施、项目管理和支持，以便根据需要将它们纳入生命周期的不同阶段。

1.4.6 解决非功能性需求

在通常情况下，解决方案架构师必须处理应用程序中的**非功能性需求**（NFR）。为了项目的成功，解决它们是非常必要的，因为它们对整个项目和解决方案具有更广泛的影响。这些 NFR 可以决定用户群的成败，并处理解决方案中非常关键的方面，如安全性、可用性、延迟问题、维护、日志、隐藏机密信息、性能考量、可靠性、可维护性、可伸缩性和可用性。如果不及时考虑这些问题，就会影响项目的交付。

图 1-3 显示了一些最常见的 NFR。

如图 1-3 所示，NFR 包括解决方案架构的以下属性（根据项目的不同，可以有更多的 NFR）：

- **灾难恢复**：确保在任何意外事件发生时，解决方案能够正常启动、运行。
- **安全性与合规性**：为解决方案设置安全网，使其免受外部攻击，如病毒、恶意软件等。同时，通过满足合规性要求来确保解决方案符合当地和行业法规。
- **高可用性**：确保解决方案始终处于运行状态。
- **可伸缩性**：确保解决方案能够在需求增加的情况下处理额外的负载。
- **应用程序性能**：确保应用程序按照用户的期望加载，并且没有太多的延迟。
- **网络和请求响应延迟**：在应用程序上执行的任何活动都应在适当的时间内完成，并且不应超时。

第 3 章将更深入地介绍以上这些属性。解决方案架构定义了产品开发的初始框架和解决方案的基础构件。在建立解决方案的同时，架构、质量和客户满意度始终是重点。解决方案架构需要通过概念验证来持续构建，并不断地进行探索和测试，直到达到预期的质量。

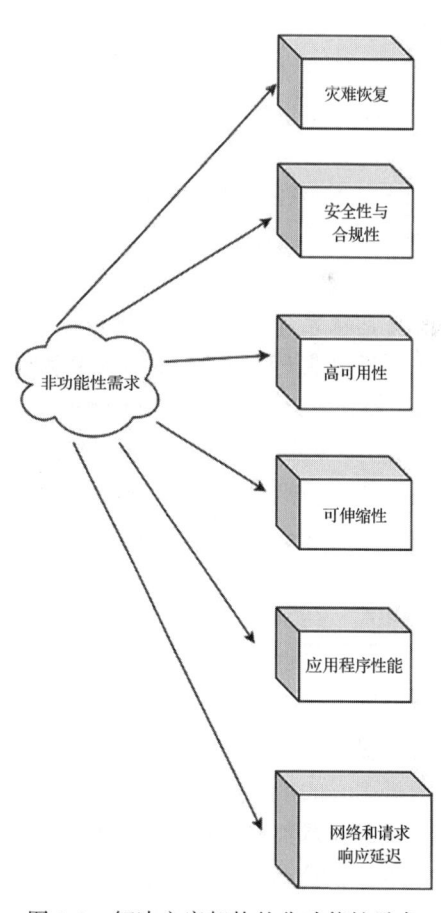

图 1-3 解决方案架构的非功能性需求

1.5 公有云中的解决方案架构

如今，云上的解决方案架构变得越来越重要，并且正在成为"新常态"，因为越来越多的企业选择将工作负载迁移到其中。公有云一直是推动初创企业发展的关键因素，因为它不需要巨大的前期投资。它为组织提供了灵活性，可以作为实验运行，使其具有敏捷性和创新性。

云计算架构最大的优势在于，可以端到端查看所有的架构组件，包括前端平台、应用程序开发平台、服务器、存储、数据库、自动化、交付，以及管理整个解决方案环境所需的网络。在进入云上的解决方案架构之前，让我们先来了解一下公有云，以及它是如何成为一个更加重要、更有驱动力的技术平台的。

1.5.1 什么是公有云

公有云是基于标准的计算模式，其中服务提供商通过互联网向客户提供虚拟机、应用程序、存储等资源。公有云服务提供的是一种按需付费模式。

在云计算模式中，公有云供应商按需提供服务器、数据库、网络、存储等IT资源，企业可以通过基于Web的安全界面，或是通过互联网上的应用程序来使用这些资源。在大多数情况下，客户只需为使用期间所申请的服务付费，这样通过优化IT资源，减少闲置时间，就可以为客户节约成本。

可以用供电模式来解释公有云的概念：打开灯，只需要按单位用电量付电费，只要关上灯，就无须支付电费。这种模式将你从复杂的发电过程中解脱出来，不必使用涡轮机，不用考虑维护设施的资源、大型基础设施设置，就可以以一种简化的方式使用整个服务。

除成本效益外，Amazon Web Services（AWS）、Google Cloud Platform（GCP）和Microsoft Azure等主要公有云提供商还通过在云上扩展其技术平台，来帮助创新。这些公有云提供商通过全面的机器学习和分析，掌握了可伸缩性和面向未来的架构。借助公有云，可以访问一些尖端技术，并可以选择考虑使用它们来推进架构演进。

1.5.2 公有云、私有云和混合云

在这一小节中，你将了解不同类型的云计算部署模型的高度概述。更多细节将在第5章中进行讨论。

私有云（或者说是**本地环境**）归属于拥有并访问它的单一组织。私有云可看作公司现有数据中心的副本或扩展。通常情况下，**公有云**有一个共享租约，这意味着来自多个客户的虚拟服务器共享同一台物理服务器，但是，出于许可或合规性的需要，它们会向客户提供专用的物理服务器。公有云（如AWS、Microsoft Azure或GCP）利用了庞大的IT基础设施，可以通过互联网以按需付费模式访问。

混合云通常用于那些将工作负载从企业内部转移到云上的大型企业，它们可能仍然有

一些遗留应用程序无法直接迁移上云，或者它们有需要留在本地的特许应用程序，又或者由于合规性，而需要保护本地的数据安全。在这种情况下，混合模式就会很有帮助，企业必须在本地维护部分环境，并将其他应用程序迁移到公有云。有时，企业会将测试和开发环境移至公有云，并将生产环境保留在本地。混合模式可以根据组织的云战略而有所不同。

由于市场上有多个公有云提供商，你可能会看到多云融合的趋势。企业选择在不同的公有云供应商之间分配工作负载，以充分利用各种云技术，或者根据团队的技能组合提供不同的选项。

1.5.3 公有云架构

按照典型的定义，公有云是完全虚拟化的环境，它既可以通过互联网也可以通过私有网络访问。然而，最近一段时间，公有云供应商也开始提供本地物理基础设施，以便更好地采用混合云。公有云提供了一种多租户模式，在这种模式下，存储和计算等IT基础设施由多个客户共享，但是，它们在软件和逻辑网络层面上是隔离的，并且不会相互干扰对方的工作负载。在公有云中，通过建立网络层面的隔离，企业可以拥有自己的虚拟私有云（VPC），这相当于逻辑数据中心。考虑到组织的监管需求，公有云还提供了专用的物理实例，然而，这些实例也可以通过Web访问，但这是一个不太常见的选择。

公有云存储通过使用多个数据中心创建冗余模型，以及强大的数据副本，实现了高持久性和高可用性。这使得它们实现了架构的弹性并易于扩展。云计算模式主要有三种类型，如图1-4所示。

图1-4　云计算模式的类型

从图 1-4 中可以看到本地环境下的客户责任与云计算服务模式下的客户责任之间的对比。在本地环境下，客户必须管理一切，而在云计算服务模式下，客户可以将责任转移给供应商，从而专注于自己的业务需求。以下是不同云计算模式提供的高级服务：

- **基础设施即服务**（Infrastructure as a Service，IaaS）。云供应商以托管服务的方式提供基础设施资源，如计算服务器、网络组件和数据存储空间。它帮助客户使用 IT 资源，而不用担心处理数据中心的开销，如加热和冷却、机架和堆叠、物理安全等。
- **平台即服务**（Platform as a Service，PaaS）。PaaS 模式增加了一层服务，供应商负责开发平台所需的资源，如操作系统、软件维护、补丁等，以及基础设施资源。PaaS 模式通过代替客户承担所有的平台维护负担，让你的团队专注于编写业务逻辑和处理数据。
- **软件即服务**（Software as a Service，SaaS）。SaaS 模式在 PaaS 和 IaaS 模式的基础上又增加了一层抽象概念，即供应商提供现成的软件，而你为服务付费。例如，你使用 Gmail、雅虎邮箱、AOL 等电子邮件服务，在这些服务中，你可以获得自己的电子邮件空间，而不必考虑底层应用程序和基础设施。

第四种新兴的模式是**函数即服务**（Function as a Service，FaaS）模式，它在使用包括 AWS Lambda 在内的服务构建无服务器架构的过程中逐渐流行起来。在第 6 章中我们将了解到更多关于无服务器架构的细节。

由于公有云功能和成本模型非常不同，我们需要了解如何开发云原生的架构设计方法。

1.5.4 思考云原生架构

随着云的日益普及，云原生架构是一个即将到来的趋势，它将优化系统架构以实现云功能。典型的本地架构通常是为固定基础架构构建的，因为添加新的 IT 资源（如服务器和计算能力）会增加大量的时间、成本和工作量。然而，云是根据使用情况收费的，并通过自动化提供便利性，如按需上下扩展服务器，无须担心长的采购周期。云原生架构主要侧重于实现按需扩展、分布式设计和更换故障组件，而不是修复它们。

公有云不仅是基础设施，大多数公有云提供商都提供广泛的托管服务，允许用户忽略底层基础设施和运营维护。例如，AWS 提供了 Lambda，这是一个无服务器计算平台，可以用来运行代码，而无须管理服务器或运行时环境。类似地，Amazon DynamoDB 数据库具有高度可扩展性，可以创建表并存储数据，而无须管理数据库服务器。托管服务使快速开发可扩展应用程序变得容易。

在云原生架构中，可以使用持续集成、部署和基础设施自动化的云功能，持续创建自动化操作，以实现恢复、可扩展性、自我修复和高可用性。它鼓励在成本和性能方面不断优化应用程序，使用每天发布和改进的新云功能。

1.5.5 公有云供应商和云服务产品

IT 行业有多个公有云供应商，其中的主要参与者有 AWS、GCP、Microsoft Azure 和阿里云。这些供应商提供了一系列的服务，从计算、存储、网络、数据库、应用程序开发到分析学和机器学习。

图 1-5 是 AWS 控制台的屏幕截图，我们可以看到它在多个领域提供的一系列服务。突出显示的 EC2 服务，即 Amazon Elastic Cloud Compute，可以让你在几分钟内在 AWS 云中启动虚拟机。

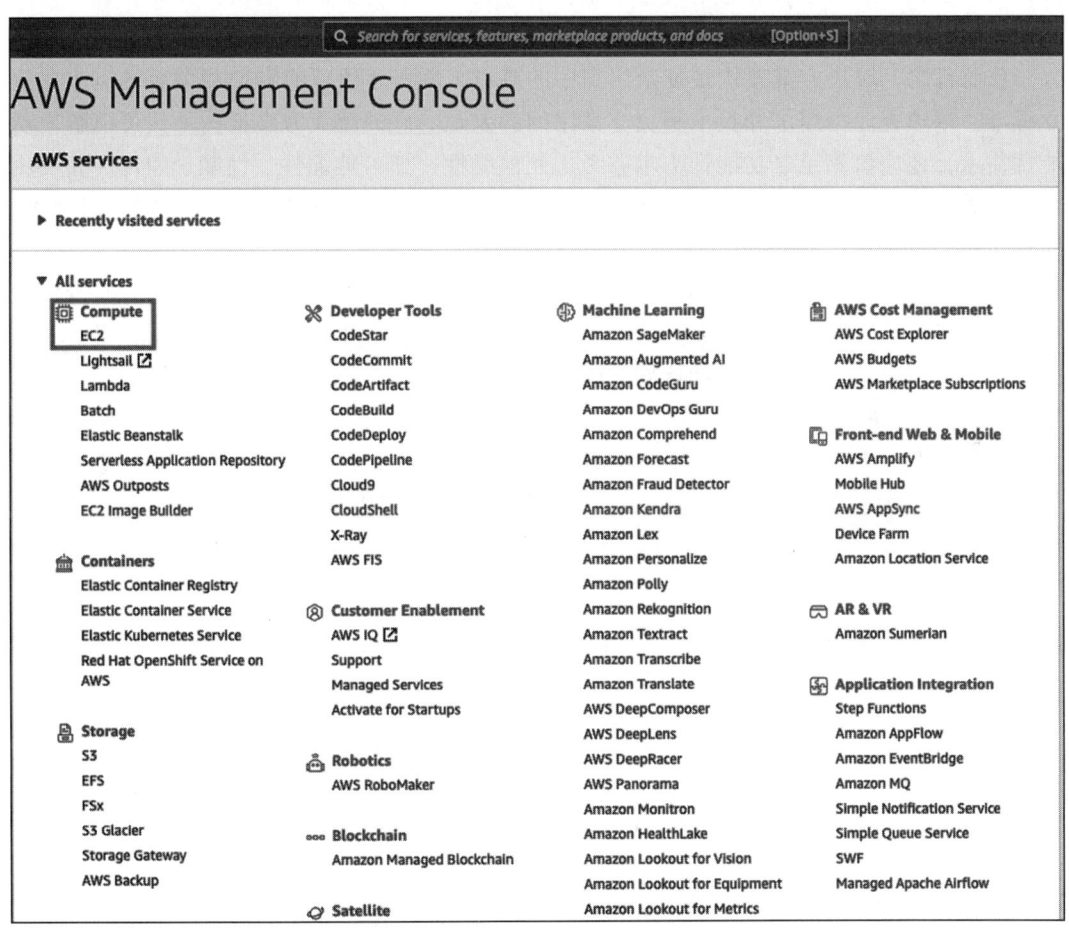

图 1-5　AWS 控制台和服务项目

公有云供应商提供基础设施，并促进各个领域的一系列服务，如数据分析、机器学习、区块链、机器人技术、应用程序开发、电子邮件、安全性、监控和告警。借助公有云，开发团队可以更轻松地使用不同的技术功能，这有助于推动创新并缩短产品发布的时间。

公有云供应商提供了遍布全球的基础设施，这有助于在全球范围内的用户群附近扩展应用程序。为了促进采用，所有云服务都提供免费试用服务，其中包含大量学习资源，这样你就可以亲自尝试并提升对这些服务的了解。

1.6 小结

在本章中，我们以行业标准和更简化的方式对解决方案架构的定义有了一定的了解，认识到了解决方案架构的重要性，以及它如何帮助组织取得更显著的成果，并使其投资回报最大。本章帮助你了解拥有解决方案架构的好处，以及它如何在解决方案设计和实施的不同方面提供帮助。

总而言之，解决方案架构是复杂组织中的基石，用于解决所有利益相关者的需求并建立标准，以填补业务需求和技术解决方案之间的差距。好的解决方案架构不仅可以解决功能性需求，还应该满足非功能性需求并考虑到前瞻性，如可伸缩性、性能、弹性、高可用性、灾难恢复。解决方案架构的目的是通过寻求一种最优解来适应成本、资源、时间表、安全性和合规性等方面的限制。

我们还探讨了云计算的基础知识、云环境中的解决方案架构，以及重要的公有云供应商及其服务产品。这也有助于获得对于不同的云计算模式（如 IaaS、PaaS、SaaS 等）以及公有云、私有云和混合云的云计算部署模式的高层次概述。最后，本章简要介绍了解决方案架构设计的发展。

在下一章中，我们将详细介绍解决方案架构师的相关角色——不同类型的解决方案架构师及其在解决方案架构方面的职责，以及他们如何适应组织结构和敏捷环境。

第 2 章

组织中的解决方案架构师

作为团队的一员，解决方案架构师了解组织的需求和目标，所有利益相关者、流程、团队和组织的管理层都会影响解决方案架构师的角色及其工作。在本章中，你将学习和理解解决方案架构师的角色以及他们如何融入组织。接下来，你将了解各种类型的解决方案架构师，以及他们如何在组织内共存。组织可能需要一个通用型解决方案架构师，以及依据项目复杂性所需要的专业型解决方案架构师。

本章将详细介绍解决方案架构师的职责以及他们如何影响组织的成功。解决方案架构师身兼数职，业务管理层在很大程度上依赖于他们的经验和决策来理解技术愿景。

在过去的几十年里，解决方案和软件开发方法已经发生了巨大的变化，从瀑布式方法发展到敏捷方法，这正是解决方案架构师需要采用的方法。本章将详细介绍敏捷方法论与迭代方法，解决方案架构师应该采取这些方法以实现解决方案交付的持续改进。敏捷思维对于解决方案架构师来说是非常重要的。

除了解决方案设计，解决方案架构师还需要处理各种约束，以及评估风险并规划缓解策略。另外，质量管理也起着不容忽视的重要作用。在整个解决方案的生命周期（从需求收集、解决方案设计、解决方案实施到测试，再到发布）中，解决方案架构师都扮演着至关重要的角色。

在应用程序发布后，解决方案架构师也需要定期参与相关事务，以确保解决方案的可伸缩性、高可用性和可维护性。对于更广泛的消费类产品，解决方案架构师还需要与销售团队合作，通过在各种论坛上发布内容和公开演讲，成为产品的技术布道者。

2.1 解决方案架构师的角色类型

在第 1 章中,我们学习了解决方案架构以及各种利益相关者如何影响解决方案策略。现在,让我们来了解一下解决方案架构师的角色。根据项目的规模大小,软件解决方案的开发可以不需要解决方案架构师,但对于大型项目,应该配有专门的解决方案架构师。方案的成败就取决于解决方案架构师。

始终需要有一个人能够为团队做架构决策,并推动团队与利益相关者的合作。有时候,根据项目的规模,需要在团队中配备多个解决方案架构师。图 2-1 描述了不同类型的解决方案架构师,展示了他们在组织中的不同职责。

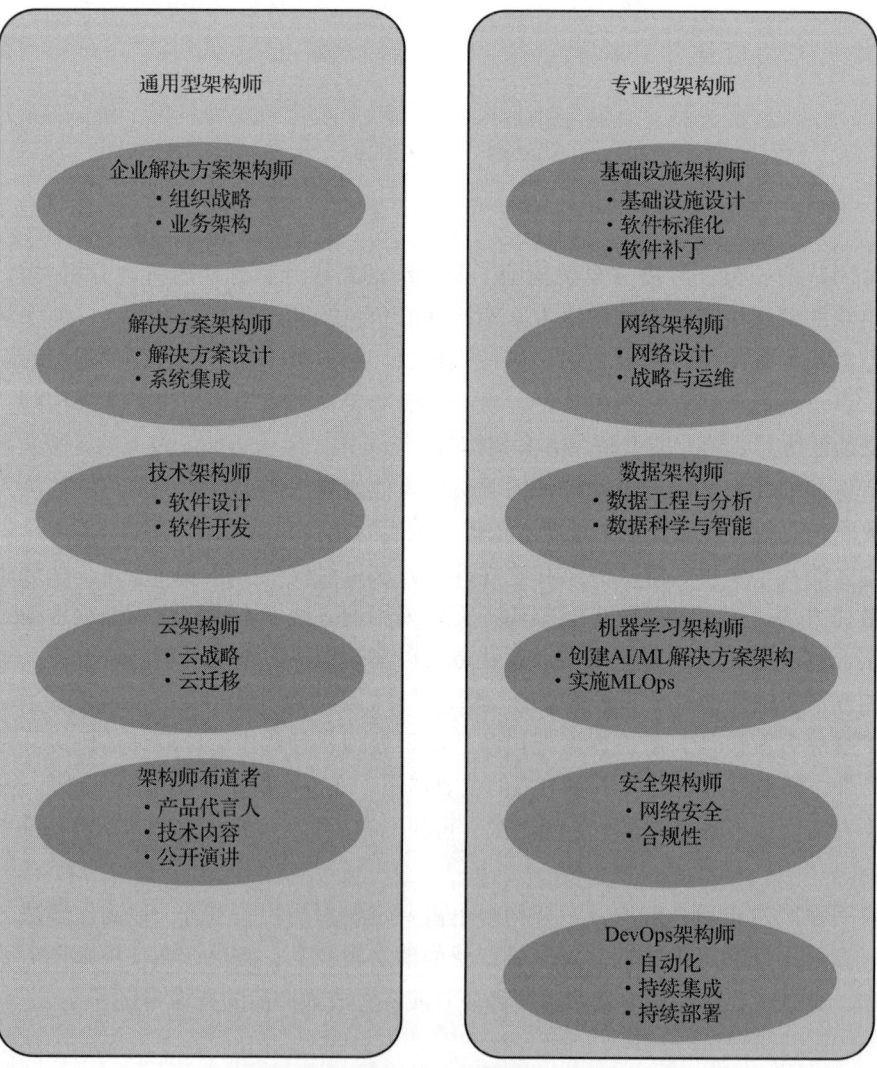

图 2-1 解决方案架构师的类型

一个组织可以有多种类型的解决方案架构师。解决方案架构师可以分为**通用型**与**专业型**。通用型解决方案架构师具有来自多个技术领域的广度。专业型解决方案架构师在其专业领域有非常深入的知识，如大数据、安全性和网络。通用型解决方案架构师需要与专业型解决方案架构师合作，以符合项目的需求和复杂性。

2.1.1 通用型解决方案架构师角色

解决方案架构师的角色因组织而异，有各种与解决方案架构师相关的职位名称，最常见的是通用型解决方案架构师角色。

有关解决方案架构师类型的详细信息，请参阅以下各小节。

1. 企业解决方案架构师

你是否考虑过 IT 行业的产品是如何推出的？这就是企业解决方案架构师的作用——他们定义了最佳实践、文化和合适的技术。企业解决方案架构师与利益相关者、主题专家及管理层密切合作，制定组织的 IT 战略，并确保 IT 战略和业务战略保持一致。

企业解决方案架构师负责整个组织的解决方案设计，他们与股东和领导层一起制定长期计划和解决方案。其中最重要的一个方面是确立公司应该使用哪些技术，并确保公司使用这些技术的一致性和完整性。

企业解决方案架构师的另一个重要方面是定义业务架构。在某些组织中可能会将业务架构师作为一种职位头衔。业务架构填补了组织战略与战略成功实施之间的空白。它有助于将战略转化为可落地的行动项，并将其上升到可执行的战术层面。

总体而言，为了成功实现企业愿景，企业架构师在定义整个组织的标准时，需要与公司的愿景和使命保持一致。

2. 解决方案架构师

本书以一种比较通用的方式来探讨解决方案架构师的角色。然而，根据组织的结构，解决方案架构师往往会有不同的头衔，如企业解决方案架构师、软件架构师或技术架构师。在本小节中，会研究一些与不同头衔相关的独特属性。然而，解决方案架构师的职责是重叠的，这取决于组织的结构。

关于如何组织和交付解决方案，解决方案架构师在其中发挥着至关重要的作用。

解决方案架构师设计整体系统，以及确定不同的系统如何在不同的分组中集成。解决方案架构师通过与业务利益相关者合作来定义预期的结果，并帮助技术团队对交付目标达成清晰的理解。

解决方案架构师将整个组织的点连接起来，并确保不同团队达成一致，以避免在开发过程后期可能出现的问题；他们参与整个项目生命周期，并定义监控和告警机制，以确保产品发布后的平稳运行。解决方案架构师在项目管理中也扮演着重要的角色，他们提供相关资源、成本和时间表估算的建议。

总的来说，与企业解决方案架构师相比，解决方案架构师可以在更具战术性的层面上参与进来。有时，如果需要更具有战略性的参与，解决方案架构师就会充当企业解决方案架构师的角色。

3. 技术架构师

技术架构师也可以称为应用程序架构师或软件架构师。技术架构师负责软件的设计和开发。技术架构师在工程方面与组织合作，更侧重于在团队中定义软件开发的技术细节。他们跨组织工作，以了解系统集成如何与软件模块的其他部分一起工作，而这些可能是由其他团队负责的。

技术架构师可以管理API（应用程序编程接口）设计细节，并定义API的性能和可伸缩性。他们确保软件开发符合组织标准，并且可以轻松地与其他软件应用的组件集成。

技术架构师是与工程团队相关的技术问题的联络人，并能够根据需要对系统进行故障排除。小型的软件开发项目可能不会专门配备技术架构师的角色，因为高级工程师可能会担任这个角色，以从事软件架构设计。

技术架构师指导并支持软件工程团队，与他们紧密合作，解决由于跨团队集成或业务需求所产生的任何阻碍。

4. 云架构师

云架构师角色在过去十年才出现，但随着企业对云计算采用率的提高，这是一个需求量很大的角色。

云架构师规划和设计云环境，并负责部署和管理公司的云计算策略。云架构师为云服务提供广度和深度，并可以定义云原生设计。

正如1.5节所讲述的，现在云的使用非常流行，并且组织迁移到公有云已成为常态。主要的云提供商（如AWS、微软Azure和谷歌云平台）正在通过软件即服务（SaaS）、平台即服务（PaaS）和基础设施即服务（IaaS）等产品帮助客户以指数级速度采用云平台。更多关于云架构的内容见第5章。

很多企业都希望将现有的工作负载迁移到云上，以利用其伸缩性、易操作性和价格优势。云架构师能够制定云迁移策略，并开发混合云架构。云架构师可以建议内部应用程序如何连接到云，以及不同的传统产品如何适应云环境。

对于初创企业和刚涉足云领域的企业，云架构师可以帮助它们设计云原生架构，该架构针对云进行了更多优化，并使用了云提供的全部功能。云原生架构往往是建立在按需付费的模式上，以优化成本并利用云上的自动化能力。

现在，云已经成为企业战略的重要组成部分，如果公司想要在如今的时代取得成功并跟上创新和自动化的步伐，则云架构师是必备的。

5. 架构师布道者

架构师布道者（也称为技术布道者）是一个相对较新的角色，该角色为营销提供了新的范式，特别是在越来越多地采用复杂的解决方案平台时。人们总是希望听取具有深厚知识并且有能力回答各种疑问的专家的意见，以便他们可以做出明智的决定。在这种情况下，架构师布道者引起了人们的注意，因为他们正在作为领域专家在竞争激烈的环境中工作。

架构师布道者可以根据客户需求设计架构，从而解决客户的痛点，帮助客户获得成功。布道者可以成为客户和合作伙伴值得信赖的顾问。架构师布道者对架构问题、概念和市场趋势有着非常深刻的理解，有助于确保平台采用率，并通过占领市场来显示收入增长。

为了提高整体目标受众的平台采用率，架构师布道者会撰写公共内容，如博客、白皮书和文章。他们在公共平台上发表演讲，无论是行业峰会、技术会谈还是会议。他们举办技术研讨会并发布教程，以传播给定产品的相关信息。这使得解决方案架构师具有出色的书面和口头沟通能力，常见的情况是解决方案架构师将技术传播作为额外的责任。

2.1.2 专业型解决方案架构师角色

可能还有其他类型的专业型解决方案架构师，如迁移架构师、存储架构师和机器学习架构师。这取决于组织的结构。根据项目和组织的复杂性，一个解决方案架构师可以承担多种角色，或者不同的解决方案架构师可以承担多种责任。

1. 基础设施架构师

基础设施架构师是专业型解决方案架构师，主要致力于企业 IT 基础设施设计、安全防护和数据中心运维。他们与解决方案架构师紧密合作，以确保组织的基础设施战略与其整体业务需求相一致，并通过分析系统需求和现有环境来规划适当的资源能力，以满足需求。他们有助于减少用于运维的资本支出，从而提高组织效率和投资回报率。

基础设施架构师是组织的骨干，因为他们定义和规划整个 IT 资源，从存储服务器到个人工作空间。基础设施架构师为采购和建立 IT 基础设施制定详细计划。他们定义软件标准、补丁，并计划整个组织的系统更新。基础设施架构师处理基础设施的安全问题，并确保所有环境免受不必要的病毒攻击。他们还计划灾难恢复和系统备份，以确保业务运营始终在运行。

在大多数电子商务企业中，基础设施架构师的工作变得颇具挑战性，因为他们需要为销售旺季做好计划，大多数消费者会在这个时候开始购物。基础设施架构师需要准备足够的服务器和存储容量来应对旺季，因为旺季的工作量可能是平时的 10 倍，这样就会增加成本。但是旺季过后，系统将在一年中的大部分时间里处于闲置状态。

基础设施架构师需要为成本优化和更好的用户体验进行规划，这也是他们会使用云来实现额外容量和按需伸缩以降低成本的另一个原因。他们需要确保系统在支撑新的专业能力时被有效利用。

总的来说，基础设施架构师需要对数据中心的运维和所涉及的组件（如加热、冷却、安全、机架和堆叠、服务器、存储、备份、软件安装和补丁、负载均衡器和虚拟化）有充分的理解。

2. 网络架构师

你是否考虑过如何将拥有多个办公地点或商店的大型企业连接在一起？这时候，网络架构师的作用就体现出来了，他们负责协调组织的网络通信策略，建立 IT 资源之间的通信，从而为 IT 基础设施赋予活力。

网络架构师负责设计计算机网络、**局域网**（Local Area Network，LAN）、**广域网**（Wide Area Network，WAN）、互联网、内部网和其他通信系统。他们管理组织信息和网络系统，确保为用户提供低延迟和高性能的网络，以提高他们的生产力。他们使用**虚拟专用网**（Virtual Private Network，VPN）连接，在用户工作区和内部网络之间建立安全连接。

网络架构师与基础设施架构师密切合作（有时你会发现这两个角色是重叠的），以确保所有 IT 基础设施都相互连接。他们与安全团队合作，设计组织的防火墙，以防止非法攻击。他们负责通过数据包监控、端口扫描以及**入侵检测系统**（Intrusion Detection System，IDS）和**入侵防御系统**（Intrusion Prevention System，IPS）来监控和保护网络。第 8 章中将讲述更多关于 IDS/IPS 系统的内容。

总体而言，网络架构师需要对网络策略、网络运维、使用 VPN 的安全连接、防火墙配置、网络拓扑、负载均衡配置、DNS（域名系统）路由、IT 基础设施连接等有非常深入的了解。

3. 数据架构师

任何解决方案的设计都是围绕数据展开的，并且通常都涉及数据的存储、更新和访问，无论这些数据是关于客户的还是关于产品的。在过去的十年里，数据的增长呈指数级上升，不久前，千兆字节的数据就被认为是大数据，但现在，即便 100TB 的数据都司空见惯，一个平常的计算机硬盘就是 1TB 的。

传统上，数据通常以关系型的结构化方式存储。现在，大多数数据都是以非结构化的格式存储，这些数据通常来源于社交媒体、**物联网**（Internet of Things，IoT）和应用程序日志等。企业需要存储、处理和分析数据以获得有用的见解，这时数据架构师的角色就应运而生了。

数据架构师定义了一套规则、策略、标准和模型，用于管理组织数据库中使用和收集的数据类型。他们设计、创建和管理组织中的数据架构。数据架构师开发数据模型和设计数据湖，以捕获业务的**关键性能指标**（Key Performance Indicator，KPI）并实现数据转换。他们确保整个组织的数据性能和数据质量保持一致。

数据架构师的主要客户如下：

- 使用**商业智能**（BI）工具进行数据可视化的业务主管。
- 使用数据仓库以获得更多数据洞见的业务分析师。
- 使用**提取、转换和加载**（ETL）进行数据处理的数据工程师。
- 使用机器学习的数据科学家。

- 管理应用程序数据的开发团队。

为了满足组织需求，数据架构师负责以下内容：
- 数据库技术选型。
- 结构化和非结构化数据存储的选择。
- 流式数据处理和批量数据处理。
- 作为中心化数据存储的数据湖。
- 用于应用开发的关系型数据库模式。
- 用于数据分析和 BI 工具的数据仓库。
- 数据集市的设计。
- 数据安全和加密。
- 数据合规性。

我们将在第 13 章中了解更多关于数据架构的知识。总而言之，数据架构师需要了解不同的数据库技术、BI 工具、数据安全性和加密技术，才能做出正确的选择。随着机器学习在企业中变得越来越突出，机器学习架构师这一角色也随之出现。

4. 机器学习架构师

众所周知，**人工智能**（Artificial Intelligence，AI）和**机器学习**（ML）成为一个热门话题已经有一段时间了，越来越多的公司正在转向在其企业解决方案库中实施机器学习。公有云通过易于访问的基础架构和工具加速了组织对机器学习的采用。机器学习以多种方式帮助解决客户问题，包括个性化开发、提供预测和检测欺诈。除此之外，机器学习还可以为 IT 领导者、软件架构师和解决方案架构师解决许多日常遇到的挑战，如安全自动化、基础架构、灾难恢复和解决方案监控。这导致了机器学习架构师角色的兴起，该角色在非常高的级别上承担了以下职责：

- 运用系统思维，在企业软件栈中实施 / 采用 ML。
- 用于实施 ML 和 AI 的识别和分析工具。
- 为 ML 构建信息 / 数据架构。
- 修改当前的软件栈和工具，为 ML 集成开路。
- 运行持续监控和持续改进的机器学习。

ML 架构师通过运用最佳架构实践来创建 AI/ML 解决方案架构，同时考虑 AI/ML 解决方案设计的性能优化、安全性、合规性、可靠性、成本优化和卓越运维。并不是每个问题都可以用 AI/ML 解决，ML 架构师应该了解 ML 解决方案如何适应敏捷的企业环境。他们必须通过提供对设计原则、高级设计模式、反模式，以及现代 AI/ML 技术栈设计的云原生方面的详细理解，将它们与 AI/ML 架构设计放在一起。我们将在第 14 章中了解有关机器学习的更多信息。

5. 安全架构师

安全应当是任何组织的头等大事。我们经常看到一些久负盛誉的大型组织因为安全漏洞而导致破产。安全事故不仅会让组织失去客户的信任，而且会因此遭遇法律纠纷。各种行业合规性认证都是为了确保组织和客户数据的安全而制定的，如**组织安全**（SOC2）、**金融数据**（PCI）和医疗保健数据（HIPPA），公司必须根据其应用程序的性质来遵守这些规定。

考虑到安全的关键本质，组织需要为其项目研究和设计最强大的安全架构，这就需要安全架构师。安全架构师与组织内的所有团队和外部供应商密切合作，以确保安全是重中之重。安全架构师的职责包括以下内容：

- 对组织中的网络和计算机安全进行设计并部署实施。
- 了解公司的技术和信息系统，保障组织中计算机的安全。
- 通过各种设置，以保障公司网络和网站的安全。
- 规划漏洞测试、风险分析和安全审核。
- 检查并审核防火墙、VPN 和路由器的安装，并对服务器进行扫描。
- 测试最终的安全流程，并确保其按预期工作。
- 为安全团队提供技术指导。
- 确保应用程序符合所需的行业标准。
- 通过必要的可访问性和加密控制确保数据的安全性。

安全架构师需要使用各种工具和技术来了解、设计并指导与数据、网络、基础设施和应用程序安全相关的各个方面。第 8 章中会有更多关于安全性和合规性的内容。

6. DevOps 架构师

当系统变得越来越复杂时，人为错误的可能性越来越大，这可能导致需要额外的努力、增加成本，甚至降低质量。自动化是避免故障并提高系统整体效率的最佳方式。如今，自动化已经不是一个可有可无的选择，如果你想变得敏捷且行动更快，自动化是不可或缺的。

自动化可以应用在任何地方，无论是测试和部署应用程序，还是启动基础设施，甚至是确保安全性。自动化起着至关重要的作用，DevOps 架构师可以让所有的一切都实现自动化。DevOps 是实践和工具的组合，有助于以更快的速度交付应用程序。

这样可以使组织更好地服务于客户，并在竞争中保持领先。

在 DevOps 中，开发团队和运维团队并行工作。对于软件应用，DevOps 架构师定义了**持续集成和持续部署**（Continuous Integration and Continuous Deployment，CI/CD）。在开发团队将其代码变更合并到中央仓库之前，CI 将进行自动构建并执行测试。CD 扩展了持续集成，它在构建和测试阶段之后将所有代码更改部署到生产环境中。

DevOps 架构师将基础设施的部署实现自动化，即所谓的**基础设施即代码**，这在云环境中非常普遍。DevOps 架构师可以利用 Chef 和 Puppet 等工具进行指令性自动化，如果工作负载在云环境中，则可以使用云原生工具。他们可能选择使用 Ansible 和 Terraform 等脚本自动化基础设施。基础设施自动化为开发团队的实验提供了极好的灵活性，并使得运营团队能够创建副本环境。

为了平稳的运维，DevOps 架构师规划了监控和告警机制，并在出现问题或任何重大变更时，进行自动化的通信。任何安全事件、部署失败或基础设施故障都可以被自动监控，并且在需要时通过移动设备或电子邮件向相应团队发出告警。

DevOps 架构师还为灾难恢复规划了不同的部署方式。组织**恢复点目标**（Recovery Point Objective，RPO）是指组织可以容忍的数据丢失量。**恢复时间目标**（Recovery Time Objective，RTO）表明应用程序能够花费多少时间来恢复并重新开始运行。在第 12 章中可以了解到更多关于 DevOps 的内容。

2.2 解决方案架构师的职责

上一节介绍了解决方案架构师的各种角色，接下来我们将详细了解解决方案架构师的职责。

解决方案架构师既是技术领导者，也是面向客户的角色，它承担了许多责任。解决方案架构师的主要职责是将组织的业务愿景转化为技术解决方案，并作为企业和技术利益相关者之间的联络人。解决方案架构师利用广泛的技术专长和业务经验来确保解决方案的成功交付。

根据组织的性质，解决方案架构师的职责可能略有不同。通常情况下，在咨询机构中，解决方案架构师可能专门负责特定的项目和客户，而在产品型机构中，解决方案架构师可能会与多个客户合作，对他们进行产品培训，并审查他们的解决方案设计。

解决方案架构师在应用程序开发周期的不同阶段承担着各种责任，甚至在项目开始之前就承担了。在项目孵化阶段，解决方案架构师与业务利益相关者合作，准备和评估**响应请求**（RFR）文档。项目启动后，解决方案架构师将分析需求，以决定技术实现的可行性，同时定义非功能性需求，如可伸缩性、高可用性、性能和安全性。解决方案架构师了解各种项目约束，并通过开发概念验证来进行技术选型。开发开始后，解决方案架构师将指导开发团队，并调整技术和业务需求。应用程序启动后，解决方案架构师确保应用程序按照定义的非功能性需求执行，并根据用户反馈确定下一个迭代。

在本节中，你将了解有关产品开发生命周期各个阶段的解决方案架构师角色的更多信息。总体而言，解决方案架构师主要承担的职责如图 2-2 所示。

如图 2-2 所示，解决方案架构师承担着各种重要的职责。接下来，我们将详细了解解决方案架构师职责的各个方面。

图 2-2　解决方案架构师的职责模型

2.2.1　分析功能性需求

业务需求是任何解决方案设计的核心，并且在项目启动时，它们就以原始术语进行定义。一开始就必须让不同的团队参与进来，其中就包括识别需求技术能力的团队。业务利益相关者定义了需求，当涉及技术演进路线时，还需要进行多次调整。为了节省工作量，在定义用户需求文档的同时，有必要让解决方案架构师参与进来。

解决方案架构师设计的应用程序可能会影响整体的业务产出。这使得需求分析成为解决方案架构师应该具备的关键技能。一个好的解决方案架构师需要具备业务分析师的技能以及与不同利益相关者合作的能力。

解决方案架构师带来了广泛的业务经验。他们不仅是技术专家，而且对业务领域也有很深入的理解。他们与产品经理和其他业务利益相关者紧密合作，以了解需求的所有方面。优秀的解决方案架构师可以帮助产品团队发现隐藏的需求，这些需求可能是非技术利益相关者没有从整体解决方案的角度考虑过的。

2.2.2　定义非功能性需求

对用户和客户来说，**非功能性需求**（Non-functional requirement，NFR）可能并不直观，但它们的缺失可能对整体的用户体验产生负面影响，并阻碍业务的发展。NFR 包括系统的关键方面，如性能、延迟、可伸缩性、高可用性和灾难恢复。最常见的非功能性需求如图 2-3 所示。

第 2 章 组织中的解决方案架构师 25

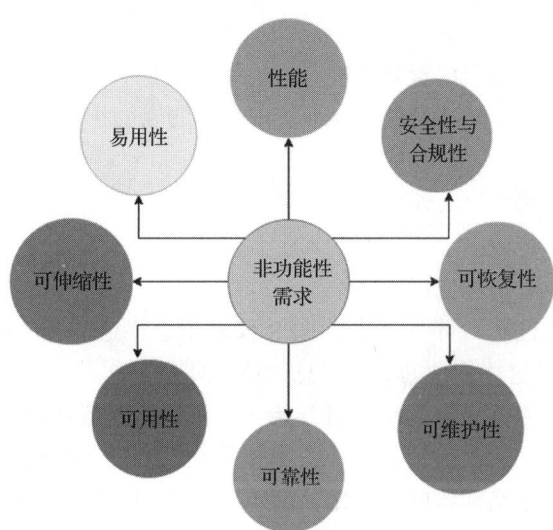

图 2-3 解决方案设计中的 NFR

考虑以下 NFR：

1）性能：
- 用户的应用程序加载时间是多少？
- 我们如何处理网络延迟？

2）安全性与合规性：
- 我们如何保护应用程序免受未经授权的访问，
- 保护应用程序免受恶意攻击，
- 并遵守当地法律和审计要求？

3）可恢复性：
- 我们如何从中断中恢复应用程序，
- 并在中断时最大限度地缩短恢复时间？
- 我们如何恢复丢失的数据？

4）可维护性：
- 我们如何确保应用程序监控和告警？
- 我们如何确保应用程序支持？

5）可靠性：
- 我们如何确保应用程序执行一致，
- 检查并纠正故障？

6）可用性：
- 我们如何确保应用程序的高可用性，
- 使应用程序具有容错性？

7）可伸缩性：
- 我们如何满足日益增长的资源需求？
- 我们如何在利用率突然飙升的情况下实现良好的规模？

8）易用性：
- 我们如何简化应用程序的使用，
- 实现无缝的用户体验，
- 让不同的用户可以访问应用程序？

然而，根据项目的性质，可能有某些 NFR 仅适用于特定项目（例如，呼叫中心解决方案的语音清晰度）。有关这些属性的更多信息，请参见第 3 章。

解决方案架构师从非常早期的阶段就开始参与项目，这意味着他们需要通过衡量组织中各个团队的需求来设计解决方案。解决方案架构师需要确保跨系统组件和需求的解决方案设计保持一致。解决方案架构师负责定义跨组织的不同组件的 NFR，因为他们要确保解决方案的易用性得到全面实现。

NFR 是解决方案设计中不可或缺的重要方面，当团队过于关注业务需求时，NFR 往往会被忽略，这可能会影响用户体验。好的解决方案架构师的主要责任是传达 NFR 的重要性，并确保它们作为解决方案交付的一部分得以实施。

2.2.3 了解并接触利益相关者

利益相关者可以是对项目有直接或间接利益的任何人。除客户和用户外，还可能是开发团队、销售团队、市场营销团队、基础设施团队、网络团队、支持团队或项目出资团队。利益相关者可以在项目的内部或外部。内部利益相关者包括项目团队、赞助商、员工和高级管理人员。外部利益相关者包括客户、供应商、生产商、合作伙伴、股东、审计人员和政府。

通常情况下，利益相关者根据其所处环境对同一业务问题会有不同的理解，他们从自身出发看问题，例如，开发人员可能会从编码的角度来看待业务需求，而审计师可能会从合规性和安全性的角度来看待业务需求。解决方案架构师需要与所有技术和非技术利益相关者合作。

解决方案架构师拥有出色的沟通技术和谈判技巧，这有助于找出解决方案的最佳路径，同时让每个人都参与其中。解决方案架构师作为技术资源和非技术资源之间的联络人，填补了沟通上的空白。通常，业务人员和技术团队之间的沟通差距会成为失败的原因。业务人员试图更多地从特性和功能的角度来看问题，而开发团队则努力构建一个技术上更兼容的解决方案，有时可能会倾向于项目的非功能性方面。

解决方案架构师需要确保两个团队的观点一致，同时确保其所建议的特性与技术方案的兼容性。他们根据需要对技术团队进行指导和引导，并将自己的观点用简单的语言表达出来，让大家都可以轻松理解。

2.2.4 明确约束

架构约束是解决方案设计中最具挑战性的属性之一。解决方案架构师需要仔细管理架构约束,并能够在它们之间进行协商以找到最佳解决方案。通常,这些约束是相互依赖的,强调某种约束可能会放大其他约束。最常见的约束如图 2-4 所示。

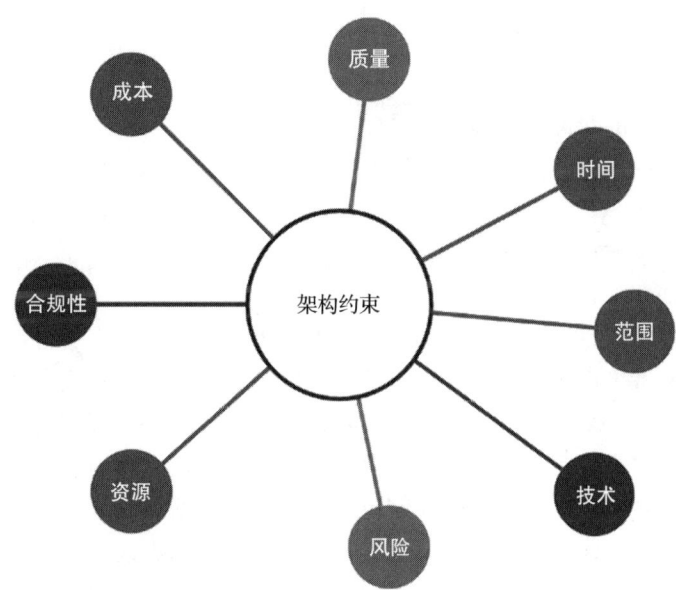

图 2-4 解决方案设计中的架构约束

如图 2-4 所示,解决方案设计可以帮助我们了解应用程序的以下属性:

1)成本:
- 有多少资金可以用于解决方案的实施?
- 预期的投资回报率(ROI)是多少?

2)质量:
- 结果与功能性及非功能性需求的匹配程度如何?
- 如何确保和跟踪解决方案的质量?

3)时间:
- 什么时候应当交付产出?
- 时间上是否有灵活性?

4)范围:
- 确切的期望值是什么?
- 需求差距需要如何处理和适应?

5)技术:
- 可以利用什么技术?

- 对比传统技术，使用新技术能提供什么灵活性？
- 应该由公司自建还是从供应商那里采购？

6）风险：
- 什么地方可能出问题？
- 如何降低风险？
- 利益相关者的风险容忍度是多少？

7）资源：
- 完成解决方案的交付需要哪些资源？
- 谁将负责解决方案的实施？

8）合规性：
- 可能影响解决方案的当地法律要求是什么？
- 审计和认证要求是什么？

可能会有更多与项目相关的具体约束，比如，由于政府监管需要将数据存储在某一区域，或者出于安全考虑而选择自建。处理约束可能会非常棘手。解决方案架构师需要平衡约束并分析每个约束的权衡，例如，通过减少资源来节省成本可能会影响交付时间。

在资源有限的情况下实现进度可能会影响质量，而质量又会因为不需要的故障修复而增加成本。所以，在成本、质量、时间和范围之间找到平衡点是非常重要的。**范围蔓延**是最具挑战性的情况之一，因为它会对所有其他约束产生负面影响，并增加解决方案交付的风险。

解决方案架构师必须了解每个约束的所有方面，并能够识别任何由此而产生的风险，这一点非常重要。他们必须将风险缓解计划落实到位，并在两者之间找到平衡。处理范围蔓延会对项目的按时交付有很大帮助。

2.2.5 技术选型

技术选型最能体现解决方案架构师角色的关键性和复杂性。现在可用的技术种类繁多，解决方案架构师需要为解决方案确定适合的技术。解决方案架构师需要对技术有广度和深度的了解才能做出最佳决策，因为所选的技术栈会影响产品的整体交付。

每个问题都可能有多种解决方案和可用的技术范围。为了做出正确的选择，解决方案架构师需要牢记功能需求和NFR，并在创建技术决策时定义选择标准。所选择的技术需要考虑不同的维度，无论目标是能够与其他框架和API集成，还是能够满足性能要求和安全要求。

解决方案架构师应该选择不仅能满足当前需求，还能根据未来需求进行扩展的技术。

2.2.6 概念验证和原型开发

创建原型可能是作为解决方案架构师最有趣的部分。为了选择一个经过验证的技术，解决方案架构师需要在各种技术栈中开发**概念验证**（POC），以分析它们是否适合解决方案的功能性和非功能性需求。解决方案设计 POC 是指解决方案架构师试图找出解决方案的构件。

开发 POC 的思路是实现关键功能的一部分来评估技术，这可以帮助我们根据其能力来决定技术栈。它的生命周期很短，并且仅限于由团队或组织内的专家进行评审。

在使用 POC 评估多个平台后，解决方案架构师可以继续对技术栈进行原型设计。开发原型是出于演示的目的，将其呈现给客户，以便可以获得资金。POC 和原型设计绝不是可以投入生产的。解决方案架构师构建的功能有限，但足以验证解决方案开发中具有挑战性的某个方面。

2.2.7 设计解决方案并持续交付

解决方案架构师在了解功能性需求、NFR、解决方案约束和技术选型等不同方面后，着手进行解决方案设计。在敏捷环境中，这是一种迭代的方法，其中的需求可能会随着时间的推移而发生变化，并且需要适应解决方案设计。

解决方案架构师需要设计经得起未来考验的解决方案，该解决方案应具有强大的基础构件，并且足够灵活，可以适应由于用户需求或技术增强而可能发生的变化。例如，如果用户需求增加了十倍，则应用程序应该能够扩展并适应用户需求，而无须对架构进行重大更改。同样，如果引入新技术（如 ML 或区块链）来解决问题，你的架构应该能够适应它们，例如，使用 AI 在电子商务应用程序的现有数据之上构建推荐系统。

然而，解决方案架构师需要谨慎对待需求的剧烈变化，并实施风险缓解计划。对于面向未来的设计，可以参考基于 RESTful API 的松耦合微服务架构。这类架构可以通过扩展来满足新的需求，并且更易于集成。第 6 章中会有更多关于不同架构设计的内容。

图 2-5 显示了解决方案交付的生命周期。解决方案架构师参与了解决方案设计和交付的所有阶段。

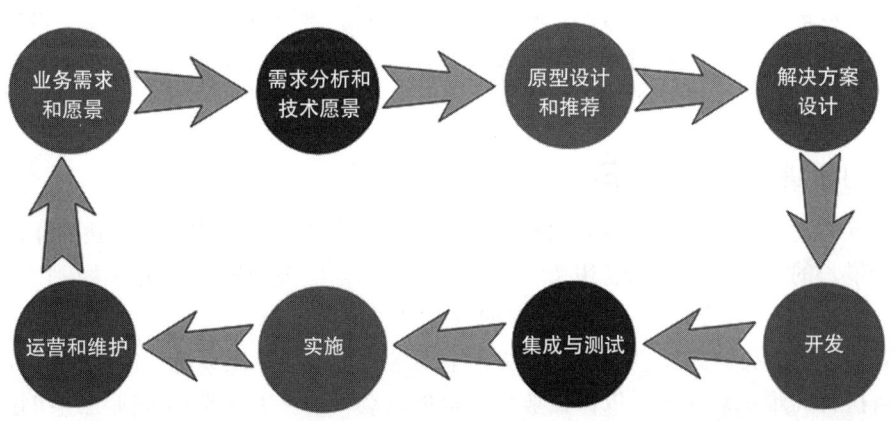

图 2-5　解决方案交付生命周期

如图 2-5 所示，解决方案交付生命周期包括以下内容：

- **业务需求和愿景**。解决方案架构师与业务利益相关者合作，以理解他们的愿景。
- **需求分析和技术愿景**。分析需求，定义技术愿景以执行业务战略。
- **原型设计和推荐**。通过开发 POC 和展示原型进行技术选型。
- **解决方案设计**。解决方案架构师根据组织的标准，与其他相关团体协作设计解决方案。
- **开发**。与开发团队合作开发解决方案，并作为桥梁连接业务和技术团队。
- **集成与测试**。确保最终的解决方案在所有功能性需求和非功能性的需求下按照预期工作。
- **实施**。与开发和部署团队合作，以确保方案顺利地实施，并在团队遇到障碍时提供指导。
- **运营和维护**。确保日志和监控到位，并根据需要指导团队进行扩展和灾难恢复。

整个生命周期是一个迭代的过程。一旦应用程序投入生产，客户开始使用，就可能会从客户反馈中发现更多的需求，这将推动产品愿景的长远优化。解决方案架构师在解决方案设计过程中拥有主导权，他们可以执行以下操作：

- 记录解决方案标准。
- 定义高层设计。
- 定义跨系统集成。
- 定义解决方案的不同阶段。
- 定义实施方案。
- 定义监控与告警的方案。
- 记录设计选型的利弊。
- 记录审计与合规性要求。

解决方案架构师不仅负责解决方案的设计，还帮助项目经理进行资源和成本估算，定义项目的时间表和里程碑、项目的发布及其支持计划。解决方案架构师的工作贯穿解决方案生命周期的不同阶段，从设计到交付及发布。解决方案架构师通过提供专业知识和对项目广泛的了解，帮助开发团队克服重重障碍和壁垒。

2.2.8 对解决方案进行扩展

解决方案发布后，解决方案架构师会在产品可操作性方面发挥不可或缺的作用。为了应对不断增长的用户群和资源利用率，解决方案架构师应该知道如何在不影响用户体验的前提下，对产品进行伸展以满足需求，同时确保高可用性。

在诸如停机之类的突发事件中，解决方案架构师将指导基础设施、IT 支持和软件部署团队如何执行灾难恢复计划，以保证业务流程的延续。解决方案架构师满足组织**恢复点目标**（RPO）和**恢复时间目标**（RTO）。RPO 是指组织能够容忍的数据丢失量，即在停机间隔期间丢失的数据量，例如，15min 的数据丢失。RTO 定义了系统恢复正常运行所需的时间。我们将在第 12 章中了解更多关于 RTO 和 RPO 的信息。

在因需求增长而导致性能问题时，解决方案架构师会通过水平伸展系统以缓解应用程序瓶颈，或通过垂直伸展以缓解数据库瓶颈。在第 9 章中可以了解更多关于不同扩展机制和自我修复的信息。

解决方案架构师会计划让现有产品能够适应因使用模式或其他原因而产生的任何新需求。他们可以根据监控到的用户行为，对非功能性需求进行修改，例如，如果加载时间超过 3s，用户就会跳出页面。通过这些工作，解决方案架构师会指导团队处理发布后可能出现的问题。

2.2.9 担任技术布道者

布道者是解决方案架构师角色中最激动人心的部分，他们在这部分的职责就是作为技术布道者来工作。解决方案架构师通过在公共论坛上广为宣传来增加产品和平台的采用率。他们撰写有关解决方案实施的博客，并举办研讨会，以展示技术平台的潜在优势和应用。

他们为技术建立大规模的支持，并帮助创建标准。解决方案架构师应该对技术充满热情。他们应当是优秀的公众演说家，并拥有卓越的写作技巧，才能担任技术布道者的角色。

2.3 敏捷组织中的解决方案架构师

在过去的五年中，**敏捷方法论**被迅速地采用。在这个竞争激烈的市场中，组织需要积极主动地应对快速变化，并为客户带来极为快速的产出。只有当组织能够快速适应并更快地响应变化以适应用户需求时，快速创新和发布才有可能实现，这意味着组织和解决方案架构的每个部分都必须具有灵活性。

要想在敏捷环境中取得成功，解决方案架构师需要有敏捷的思维方式，并且必须采用快速交付的方法，不断与利益相关者合作以满足他们的需求。首先，让我们进一步了解敏捷方法论。这是一个庞大的主题，在本节中，我们将对其进行高层次的概述。

2.3.1 为什么选择敏捷方法论

敏捷可以在快速变化的商业环境中创建并应对变化，从而获得利润。在当今竞争激烈的环境中，技术发展日新月异（这就导致了高概率的变化和客户需求），敏捷正是应对这种情况并获得竞争优势的答案。

如今，所有成功的组织都是以客户为导向的。这些组织经常从终端用户那里获取其对产品的反馈，并利用这些反馈来扩大它们的用户群。敏捷有助于收集用户反馈，以不断基于反馈来调整新的软件版本，并且在大多数情况下，一切都具有很高的优先级。为了应对这种情况，就需要敏捷。

执行管理层提供资金并寻求透明度。他们要求高效的产出以提高投资回报率，而解决方案架构师想要通过展示产品的增量开发来赢得他们的信心。要为项目创造透明度并跟踪其预算和交付时间表，就需要敏捷。当我们不断希望通过向利益相关者展示产品演示来吸引他们，而且需要在开发的同时对产品进行测试时，就会需要敏捷方法论。

上述方案是需要敏捷方法论的情况，以通过强大的交付和客户反馈保持组织的领先地位。

敏捷能够以一种时间盒的方式快速移动，这意味着可以将活动限定在较短的周期内，并采取迭代的方式进行产品开发，而不是在整个产品上进行一次性开发和交付。敏捷方法论主张通过保持客户和利益相关者密切参与来寻求持续的反馈，让他们参与到产品开发的每一个阶段，将反馈调整为需求，评估市场趋势，并与他们一起确定利益相关者的优先级。然后，开发团队处理优先需求，进行技术分析、设计、开发、测试和交付。

每个人都像团队一样朝着一个目标努力，打破了孤岛思维定式。敏捷思维可以帮助技术团队从客户的角度理解需求，并快速高效地响应变化。这就是大多数公司想要采用敏捷的原因。敏捷方法论是快速和容易采用的，可以使用市场上的许多工具，如 JIRA、VersionOne 和 Rally。在发展敏捷思维的同时，可能会面临一些初期的挑战，但其好处远远超过组织在不采用敏捷方法论时可能面临的所有挑战。

2.3.2 敏捷宣言

应用任何形式的敏捷都需要清楚地理解敏捷宣言中陈述的四个价值观。

- **个体与交互胜过流程与工具**。流程与工具总是有助于完成项目。项目利益相关者作为项目的一部分，明白如何实施计划，以及如何在项目交付工具的帮助下交付成功的结果。但是项目交付的主要责任是人员和人员之间的协作。
- **可工作的软件胜过详尽的文档**。对于任何产品的开发来说，文档始终是必不可少的过程。过去，许多团队只专注于收集和创建文档库，如高层设计、详细设计和设计变更等，这些文档以后会有助于实现对产品的定性和定量描述。

使用敏捷方法论，可以专注于可交付的产品。因此，根据这条宣言，我们需要文档。但是，还需要定义有多少文档对产品的持续交付至关重要。最主要的是，团队应该专注于在产品的整个生命周期中逐步交付软件。

- **客户合作胜过合同谈判**。此前，当组织启动一个固定总价或时间和材料项目时，客户总是在软件生命周期的第一个阶段和最后一个阶段出现。他们是不参与产品开发的局外人。当他们在产品发布后终于有机会看到产品时，市场趋势已经发生了改变，他们失去了市场。

敏捷方法论认为，客户对产品的发布负有同等责任，他们应该参与开发的每一步。他们是演示的一部分，需要根据新的市场趋势或消费者需求给予反馈。由于业务现在是开发周期的一部分，因此可以通过敏捷和持续的客户协作来实现这些变化。

- **响应变化胜过遵循计划**。在当前快节奏的市场中,客户的需求随着新的市场趋势而不断变化,业务也不断变化。由于迭代周期从 1 周到 3 周不等,所以确保在频繁地改变需求与敏捷地拥抱变化之间取得平衡是至关重要的。响应变化意味着,如果规范有任何改变,开发团队将接受改变,并在迭代演示中展示可交付成果,以此不断赢得客户的信任。这条宣言有助于团队理解拥抱变化的价值。

敏捷宣言是一种工具,用来建立采用敏捷方法论的基本准则。这些宣言是所有敏捷技术的核心。下面让我们更详细地了解敏捷流程。

2.3.3 敏捷流程和术语

让我们来熟悉一下最常见的敏捷术语,以及它们是如何结合在一起的。首先是被广泛采用的敏捷 Scrum 流程。敏捷 Scrum 流程会有一个 1～3 周的小迭代周期,这取决于项目的稳定性,但是最常见的是 2 周的迭代周期,被称为开发周期。

这些迭代就是开发周期,团队将分析、开发、测试和交付可工作的功能特性。团队采用迭代的方式,随着项目的进展,每个迭代都会创建产品的工作构件。每个需求都会被写成用户故事,以牢记客户角色,并使需求清晰可见。

敏捷 Scrum 团队有不同的角色。让我们来了解一下最常见的角色,以及解决方案架构师如何与他们协作:

Scrum 团队:由 Scrum 专家、产品经理和开发团队组成。分析师、技术架构师、软件工程师、软件测试人员和部署工程师都是开发团队的成员。

- **Scrum 专家**:担任此角色的人负责促进所有 Scrum 仪式,保持团队的积极性,并为团队消除障碍。Scrum 专家与解决方案架构师合作,消除任何技术障碍,并获得业务需求的技术澄清。
- **产品经理**:产品经理是业务人员,是客户的代言人。产品经理了解市场趋势,并且能够定义业务内的优先级。解决方案架构师与产品经理一起了解业务的愿景,并使其与技术视图保持一致。
- **开发团队**:他们负责产品实施,并负责项目的交付。他们是一个跨职能的团队,致力于持续和增量交付。解决方案架构师需要与开发团队紧密合作,以保证产品实施和交付的顺利进行。

1. Scrum 仪式

迭代周期包括为管理开发而进行的多个活动,这些活动通常被称为 Scrum 仪式。这些 Scrum 仪式如下:

- **待办事项梳理**:一般是限定时间的会议形式,产品负责人、解决方案架构师和业务人员在会议上共同讨论待办用户故事,确定它们的优先级,并对迭代交付物达成共识。

- **迭代计划**：在迭代计划中，Scrum 专家会根据团队的能力，将梳理好的故事分配给 Scrum 团队。
- **迭代每日站会**：每日站会是一种非常高效的协作方式，所有团队成员在一个地方开会，讨论前一天的工作、当天有什么计划、是否面临什么问题。这个会议要简短而直接，时间控制在 15min 左右。站会是解决方案架构师与开发团队协作的平台。
- **迭代演示**：在演示过程中，所有的利益相关者聚集在一起，回顾团队在迭代阶段所做的工作。在此基础上，利益相关者接受或者拒绝这些故事。解决方案架构师确保功能性需求和非功能性需求已经得到满足。在这种会议中，团队会收集产品负责人和解决方案架构师的反馈，并查看做了哪些更改。
- **迭代回顾**：回顾在每个迭代周期结束时进行，是团队检查和采用最佳实践的方式。团队会确定哪些事情进展顺利、哪些应该继续实践，以及在下一个迭代中可以做得更好的事情。迭代回顾有助于组织在交付过程中进行持续改进。

2. 敏捷工具和术语

让我们了解一些有助于推动团队指标和项目进度的敏捷工具：

- **计划扑克**：计划扑克是敏捷方法论中最流行的估点技巧之一，当一个迭代开始时，Scrum 专家会用卡牌游戏来评估用户故事。在这个活动中，将根据每个用户故事的复杂性进行评估。团队成员通过对比分析来给出每个用户故事的故事点，这有助于团队了解完成用户故事需要做多少工作。
- **燃尽图**：燃尽图用于监控迭代进度，并帮助团队了解有多少工作有待完成。Scrum 专家和团队始终遵循燃尽图，以确保迭代中没有风险，并再次使用这些信息以改进下一次的估点。
- **产品待办列表**：产品待办列表包含了用户故事和史诗故事（Epic）的需求集合。在迭代梳理过程中，产品经理会持续更新待办列表，并对需求进行优先级排序。Epic 是一个高层次的需求，产品经理编写用户故事来完善它们。开发团队将这些用户故事分解成一个一个的任务，也就是一个个可执行的操作项。
- **迭代看板**：迭代看板包含了当前迭代的用户故事集合。迭代看板提供了透明度，因为任何人都可以查看该特定迭代周期的项目进度。团队每天都会参考看板来确定整体的工作进度，并消除任何障碍。
- **完成标准**：这意味着所有的用户故事都应该达到解决方案架构师和产品经理与利益相关者合作制定的"完成"标准。其中一些标准如下：
  - 代码必须经过同行评审。
  - 代码应该进行单元测试。
  - 已经生成了足够的文档来解释代码流程和 API 设计。
  - 代码质量达到团队和组织定义的可接受标准。

- 代码编写达到团队和组织定义的可接受标准。

3. 敏捷方法与瀑布式方法

瀑布式开发是组织过去遵循的最古老、最传统的软件开发方法论之一。接下来，我们将了解瀑布式方法与敏捷方法之间的区别，以及为什么组织需要转向敏捷。我们不会去讨论瀑布过程的细节，相反，我们将指出关键的区别。

- 敏捷方法论有助于将思维方式从传统方法转变为敏捷思维方式。这样做的动机是从瀑布式方法转向敏捷方法，从而实现最大的业务价值并赢得客户的信任。这使得敏捷在每一步都倡导客户合作，并提供透明度。瀑布式方法往往更多的是以项目和文档为中心，客户在最后阶段才参与进来。
- 对于需求明确并且可交付成果的顺序也已知的项目来说，瀑布式方法更有帮助，这有助于消除任何不可预测性，因为需求是非常直接的。敏捷方法论对于那些想要紧跟市场趋势，并且来自客户的压力越来越大的公司很有帮助。它们需要尽早发布产品，并且必须适应需求的变化。
- 敏捷项目以小规模迭代的方式交付，具有最高的质量并实现业务价值。许多敏捷团队在整个迭代期间并行工作，在每一个迭代周期的末端为产品提供可交付的解决方案。由于每个迭代都有一个小的可交付成果，并在此基础上不断构建，因此客户能不断地看到产品的工作模型。瀑布的周期很长，利益相关者直到最后才能看到最终产品，这意味着没有太多的空间来适应变化。
- 敏捷过程通过在每个迭代周期设置检查点，确保团队朝着目标前进，并且项目能够按时完成。在传统的瀑布式方法中，没有频繁的检查点来确保团队走在正确的道路上，也不能验证项目是否可以按时完成，这就可能会造成不确定性。
- 在敏捷方法论中，客户始终与产品经理和团队合作。这种合作确保他们对小的、可交付的产品进行观察及审查。敏捷还确保工作正在进行，并向利益相关者展示进度。然而，在瀑布式方法中，在项目结束之前都不会有这样的客户交互。

敏捷是最具适应性的方法论，因为快速发展的技术和业务变得如此不可预测，需要更高的团队生产力。敏捷支持检查和适应周期，这样就在需求和控制之间建立了平衡。

4. 敏捷架构

在说起敏捷模型中的解决方案架构师时，你会想到什么？人们会有很多误解，比如，人们认为解决方案架构是一项非常复杂的活动，而使用敏捷会被要求立即或在下一个迭代周期提交设计。另外还有误解认为，敏捷架构无法应用于架构设计和开发，无法进行测试。

敏捷环境下的解决方案架构师需要通过检查和调整的方式来遵循迭代的重新架构理念。这涉及选择适合企业的解决方案，进行良好沟通，获得持续反馈，以及以敏捷的方式进行建模。开发团队需要一个坚实的基础和适应不断变化的需求的能力，他们需要来自解决方案架构师的引领和指导。

敏捷架构的基础应该是降低变更的成本，通过质疑来减少不必要的需求，并创建一个可以快速扭转不正确需求的框架。敏捷架构师构建原型来将风险降到最低，并通过对变化的理解来制定变更计划。他们在设计原型的同时平衡所有利益相关者的需求，并创建一个可以轻松与其他模块集成的松耦合架构。

敏捷架构提倡设计解耦和可扩展的接口、自动化、快速部署和监控。解决方案架构师可以使用微服务架构构建解耦设计，并使用具有持续部署管道的测试框架自动化来快速部署。有关各种松散耦合架构模式的更多信息见第 6 章。

2.4 小结

在本章中，我们了解了解决方案架构师如何融入组织，以及不同类型的解决方案架构师角色如何共存。有通用型解决方案架构师角色，如企业解决方案架构师、解决方案架构师、技术架构师、云架构师和架构师布道者。

通用型解决方案架构师具备广泛的技术知识，并且可以在某一特定领域形成深入的专业知识。专业型解决方案架构师则在项目的其他所需领域进行深度挖掘。专业型解决方案架构师对其专业领域拥有深入的了解，最常见的专业型解决方案架构师角色有基础设施架构师、网络架构师、数据架构师、安全架构师和 DevOps 架构师等。

我们对解决方案架构师的职责也有了详细的了解。解决方案架构师身兼数职，他们与整个组织的利益相关者合作，分析功能性需求并定义非功能性需求。解决方案架构师确保整个组织的一致性和标准，并提供技术建议和解决方案原型。解决方案架构师处理各种项目约束，如成本、质量、范围和资源，并在它们之间找到平衡。

解决方案架构师帮助项目经理估算成本和资源，确定时间表，并贯穿项目从设计到发布的全过程。在项目实施过程中，解决方案架构师确保满足利益相关者的期望，并担任技术团队与业务团队之间的联络人。解决方案架构师参与发布后的应用程序监控、告警、安全性、灾难恢复和扩展的工作。

本章最后介绍了敏捷流程的优势。我们简要概述了敏捷方法论，探索了其角色、工具、术语以及敏捷方法与传统瀑布式方法的不同之处，说明了敏捷架构的特点以及解决方案架构师应该如何使他们的架构更加灵活和敏捷。

在下一章中，我们将讲述在设计解决方案时应该考虑的解决方案架构的不同属性。这些属性包括可伸缩性与弹性、高可用性和韧性、容错与冗余、灾难恢复与业务连续性、可扩展性与可重用性、易用性与可访问性、可移植性与互操作性、卓越运维与可维护性、安全性与合规性、成本优化与预算。

第 3 章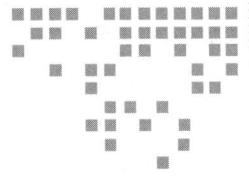

解决方案架构的属性

解决方案架构需要充分考虑解决方案的多重属性来设计应用程序。解决方案设计可能会对组织中的多个项目产生不同程度的影响,因此,在设计解决方案时需要仔细评估架构的各种属性,并试图在它们之间找到平衡。本章将帮助大家建立对每个属性的全面理解,以及它们在解决方案设计中是如何相互关联和并存的。

一般而言,解决方案的复杂度越高,需要被考虑到的属性越多。本章将为你介绍解决方案设计时需要考虑的大多数常见属性。你也可以将它们视为非功能性需求,这也是实现解决方案设计的重要方面。解决方案架构师有责任关注解决方案的所有属性,并确保它们能满足需求并符合客户预期。

3.1 可伸缩性与弹性

在设计解决方案时,可伸缩性(Scalability)向来是需要考虑的主要因素。如果你向任何一家企业了解它们现有和新的解决方案,大多数时候它们都会在可伸缩性方面提前做好规划。**可伸缩性**意味着赋予系统处理不断增长的工作负载的能力,并且可以应用于架构的多个层次,如应用服务器、Web 应用程序和数据库。

由于当今主流的应用程序都是基于 Web 的,因此我们先来探讨弹性(Elasticity)。弹性不仅是指通过增加更多的功能来扩展系统,还需要考虑如何通过缩减不必要的开支以节省成本。尤其是随着公有云的推广应用,企业可以轻松地快速增减工作负载,因此"弹性"正在取代"可伸缩性"一词。传统意义的伸缩模式有以下两种:

- **水平伸缩**。在过去十年中,计算机产品的价格下降,水平伸缩开始越来越流行。在这种模式下，团队可以通过添加更多服务器来处理不断增加的工作负载。

举个例子，如图 3-1 所示，假设你的应用程序能够通过两个实例每秒处理 1000 个请求。随着用户基数的增长，应用程序开始每秒接收 2000 个请求，这意味着你可能需要将应用程序实例增加一倍，即增加至 4 个，以处理增加的工作负载。

- **垂直伸缩**。垂直伸缩也已存在很长时间。在这种模式下，团队可以向同一实例增加更多的存储空间和内存，以处理不断增加的工作负载。如图 3-2 所示，通过垂直伸缩可以获得更大的实例，而不是添加更多的新实例来处理增加的工作负载。

图 3-1　水平伸缩　　　　　　　　　图 3-2　垂直伸缩

垂直伸缩模式可能不具备成本效益。当购买具有更高计算能力和内存容量的硬件时，成本会呈指数级增长。通常应该避免通过设置某个阈值来进行垂直扩展，仅在明确且可预见的工作负载增加时进行。垂直伸缩最常用于扩展关系数据库服务器。但这里仍需考虑数据库分片。如果单个服务器已达到垂直伸缩的极限，那么更多的计算能力的提升和内存容量的增长也不能让其性能得到提升。

3.1.1　容量伸缩困境

大多数企业都有一个用户最活跃的旺季，应用程序必须处理额外的负载来满足需求。以电子商务网站为例，它销售各种各样的产品，如布料、杂货、电子类产品等。这些电子商务网站全年流量稳定，但在购物旺季的访问量会比日常增加 10～20 倍，如美国的"黑色星期五"和"网络星期一"，或英国的"节礼日"等。垂直伸缩模式为电子商务系统的容量规划带来了一个实际问题，即工作负载在日常趋近平稳，但仅在某几个月（旺季活动）里急剧增加。

在传统的本地部署数据中心模式下，购买新的硬件可能需要 4～6 个月的时间，这意味着解决方案架构师必须对容量尽早进行规划。过多的容量意味着企业的 IT 基础设施资源将在一年中的大部分时间处于闲置状态，而容量不足意味着在重大销售活动期间影响用户体验，从而对整体业务产生重大影响。因此，解决方案架构师需要解决这一问题，规划弹性工作负载，使其根据业务活动需要扩容和收缩。而公有云使这一切变得简单可行，在这里，企业可以根据业务情况的变化，快速获取更多的资源，如计算机存储容量等。

3.1.2 架构伸缩

让我们继续以电子商务网站为例,考虑一个现代的三层架构,看看我们如何在应用程序不同层实现弹性。这里我们只关注架构设计的弹性和可伸缩性两个方面。其他方面将在第 6 章中进一步阐述。图 3-3 展示了 AWS Cloud 技术栈的三层架构。

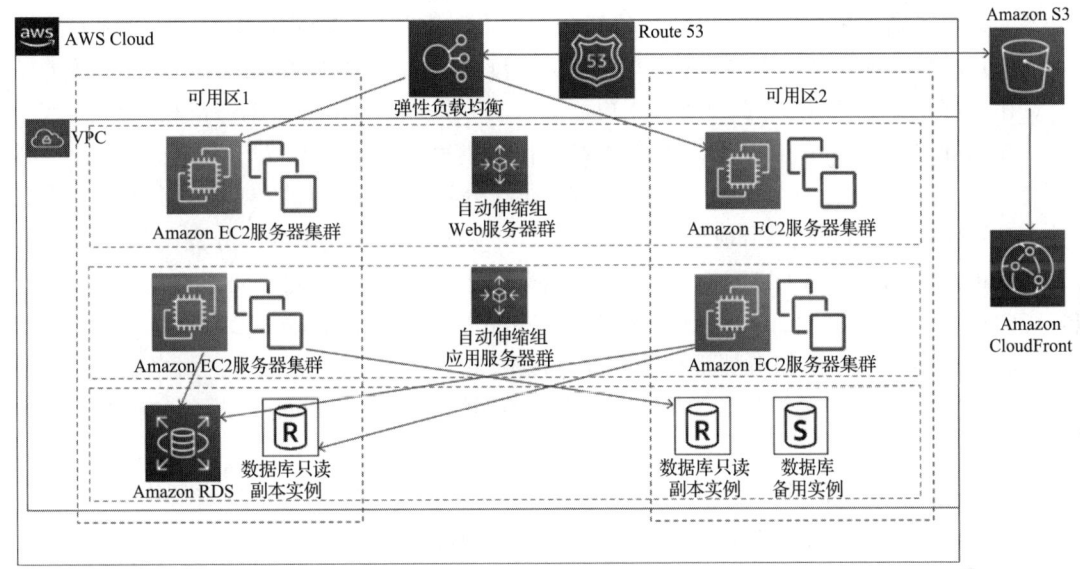

图 3-3　三层可伸缩技术架构

从图 3-3 中可以看到很多组件,例如:
- 虚拟服务器(Amazon EC2)。
- 数据库(Amazon RDS)。
- 负载均衡器(Amazon 弹性负载均衡器)。
- DNS 服务器(Amazon Route 53)。
- CDN 服务(Amazon CloudFront)。
- 网络边界[虚拟私有云(Virtual Private Cloud,VPC)]和对象存储(Amazon S3)。

如图 3-3 所示,负载均衡器后面有一组 Web 服务器和应用服务器。在这种架构模式下,用户向负载均衡器发送应用请求,负载均衡器将请求分配到 Web 服务器。随着用户访问量的增加,自动扩展机制会在 Web 和应用程序中添加更多的服务器。当用户访问请求减少时,它会自动释放额外的服务器。这种自动伸缩机制可以根据 CPU(中央处理器)利用率和内存利用率的度量组合来自动增加和释放服务器,例如,管理员用户可以在 CPU 利用率超过 60% 时,增加三个新服务器;当低于 30% 时,则从现有服务器中释放两台。

除服务器外,由于数据流的规模不断增长,可扩展的存储也成为解决方案架构师需要考虑的另一个重要方面，尤其是对于容量需求快速增长的静态内容（如图像和视频），这需要架构师比以往任何时候都更加关注存储容量的可伸缩性。

3.1.3　静态内容伸缩

三层架构体系中的 Web 层主要负责数据的显示和收集，并将数据传输给应用层进一步处理。以电子商务网站为例，每个产品都会有多张图片以及视频来做展示，这意味着网站会有大量的静态内容需要维护并要处理繁重的"读"（Read）请求负载，因为在大多数情况下，用户都在浏览产品。除此之外，用户还可以上传多个图片和视频对产品进行评论。

在 Web 服务器中存储静态内容意味着消耗大量存储空间，随着产品列表的增长，必须考虑可扩展性。另一个问题是静态内容（如高分辨率的图像和视频）大多是大尺寸文件，这可能会导致用户端出现严重的负载延迟，Web 层需要利用**内容分发网络**（Content Distribution Network，CDN）通过在边缘节点应用内容缓存来解决这个问题。

CDN 提供商（如 Akamai、Amazon CloudFront、Microsoft Azure CDN 和 Google CDN）可以将静态内容从 Web 服务器缓存到其部署在全球范围内的边缘节点中，用户从其最靠近（指与最终接入的用户之间具有最少中间环节）的网络节点中读取可用的视频和图像，并减少延迟。

如果要扩展存储容量，建议使用对象存储（如 Amazon S3 或者内部自建服务）方式，它们可以在内存和计算能力之外独立扩展。同时，当前流行的对象存储服务，如 Amazon S3，可以独立扩展存储空间，帮助企业降低成本。这些存储解决方案可以保存静态 HTML（超文本标记语言）页面，以减少 Web 服务器的负载，并通过减少 CDN 延迟来增强用户体验。

3.1.4　服务器集群弹性

应用层从 Web 层获取用户请求，然后执行繁重的业务逻辑计算并与数据库交互。应用层应在用户请求增长时扩展，并在请求减少时收缩。在这种情况下，用户的操作被绑定到会话中，因为用户可能从移动设备浏览产品，然后从台式计算机上下单购买。

在不考虑用户会话的情况下执行水平伸缩会导致用户的购物进度被重置，从而带来糟糕的用户体验。

这时，首先要做的是将用户会话与应用服务器实例解耦，并维护好会话数据，这意味着解决方案架构师应该考虑在一个独立层级（如 NoSQL 数据库）中维护用户会话。这类数据库是"键值对存储"库，可以在其中存储半结构化数据。NoSQL 数据库最适合存储这类数据条目模式各不相同的半结构化数据。例如，某一用户可以在设置用户配置文件时输入他的姓名和地址。相比之下，另一个用户除姓名和地址外，还可以输入更多的属性，如电话号码、性别、婚姻状况。由于两个用户都有不同的属性集，所以 NoSQL 数据库可以适应它们并提供更快的搜索。如 Amazon DynamoDB 这样的键值数据库高度可分区，并且可以做到其他类型的数据库无法实现的水平伸缩。

将用户会话存储在 Amazon DynamoDB 或 MongoDB 等 NoSQL 数据库之后，应用服务器就可以在不影响用户体验的情况下进行水平伸缩。同时可以在一组应用服务器上增加一个负载均衡器，它可以在多个实例之间分配负载；在自动伸缩机制的帮助下，可以按需自动增加和释放实例。

3.1.5 数据库伸缩

大多数应用程序都会使用关系数据库存储其事务数据。关系型数据库的主要问题是它们无法水平扩展，除非你计划使用其他技术（如分片）并相应地修改你的应用程序。而且在这种情况下需要完成大量工作才能实现。

对于数据库来说，最好采取预防措施并减少其负载。使用混合存储方式，例如，将用户会话存储在单独的 NoSQL 数据库中，并将静态内容存储在对象存储中，同时增加外部缓存，这些措施有助于减轻主数据库的负载。最好让主数据库节点只用于写入和更新数据，并使用只读副本来处理所有的"读"请求。

Amazon RDS 引擎为关系型数据库提供了多达 6 个只读副本，通过 Oracle 插件可以在两个节点之间实时同步数据。只读副本在与主数据库同步时可能会有毫秒级的延迟，因此在设计应用程序时需要提前考虑到这一点。在此建议使用 Memcached 或 Redis 之类的缓存引擎来缓存频繁的查询请求，从而减少主节点的负载。

如果数据库容量已经不足，那么就需要重新设计数据库并通过分区策略将其划分为分片。这样每个分片都可以独立增长，同时，应用程序则需要根据分片请求的分区键来确定请求将流向哪个分区。举例来说，假设分区键是 user_name，那么从 A 到 E 的用户名可以存储在一个分片中，从 F 到 I 的用户名可以存储在第二个分区中，以此类推。应用程序可以根据用户名称的首字母将用户记录定向到正确的分区。

综上所述，可伸缩性是设计解决方案架构时的重要考虑因素之一，如果设计不当，将严重影响项目预算和用户体验。解决方案架构师在设计应用程序和优化工作负载时需要将弹性伸缩置于首位，从而获得最佳性能和成本效应。

解决方案架构师需要评估不同的选项，例如，用于静态内容扩展的 CDN、负载均衡和用于服务器扩展的自动扩展选项，以及用于缓存、对象存储、NoSQL 存储、只读副本和分片的各种数据存储选项。

本节介绍了各种伸缩机制以及如何为架构的不同层级注入弹性。可伸缩性是确保应用程序具有高可用性和韧性的关键因素。下一节也将介绍高可用性和韧性的相关内容。

3.2 高可用性和韧性

企业最不想看到的场景之一就是宕机。应用程序宕机将导致业务和用户信任的损失，这也使得高可用性成为设计解决方案架构时主要考虑的因素之一。不同应用程序的正常运行时间的要求各不相同。

如果企业有一个面向外部且拥有大量用户的应用程序，如电子商务网站或社交媒体，那么 100% 的正常运行时间就变得至关重要。而对于内部应用程序（由员工访问，如人力资源系统或内部公司）或者博客系统来说，则可以接受短暂的系统暂停。实现高可用性与成本直接相关，因此，解决方案架构师始终需要根据应用程序需求规划高可用性，以避免过度设计。

要实现高可用性（High Availability）架构，最好在数据中心的隔离物理位置规划工作负载，这样，如果在一个区域发生故障，应用程序副本仍可以使用另一个位置保证正常工作。

如图 3-4 中的架构图所示，Web 服务器集群和应用服务器集群分散在两个单独的可用区域（数据中心的不同物理位置）中。

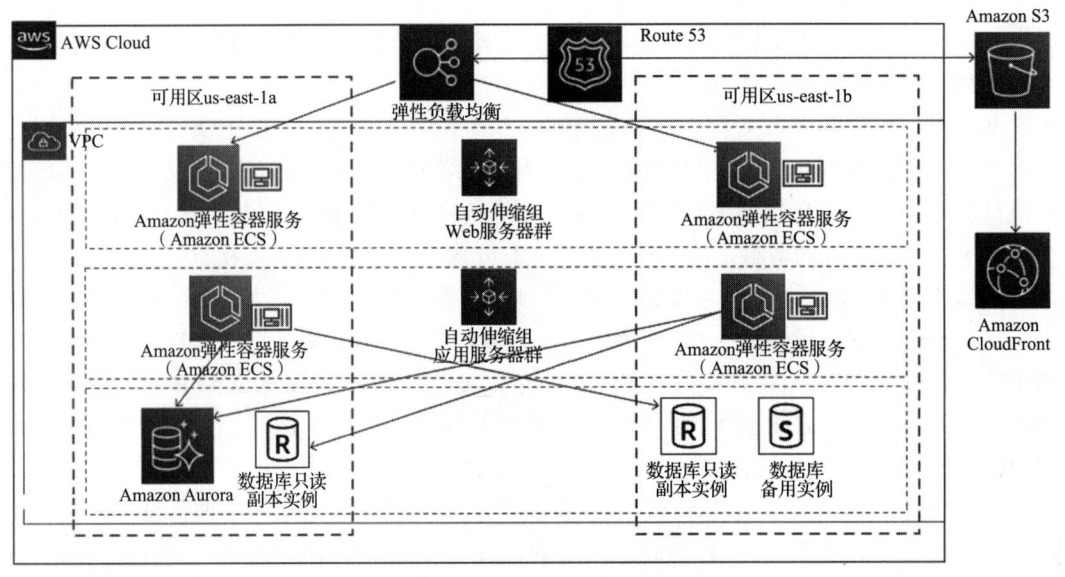

图 3-4 高可用性和韧性架构

负载均衡器可以在两个可用区域之间分配工作负载，当可用区域 1 因电源或网络中断而停机时，可用区域 2 可以继续处理用户流量，应用程序仍然可以正常工作。

而对于数据库而言，可用区域 2 中有一个备用实例，当可用区域 1 出现故障时，它将进行故障转移并切换为主要实例。主要实例和备用实例都持续同步数据。

另一个需要考虑的重要因素是架构的韧性。当应用程序出现故障或者发生间接性的问题时，可以应用自愈原则，这意味着应用程序应该能够在没有人工干预的情况下自行恢复。

对于架构而言，可以通过监控工作负载并采取主动干预措施来实现架构韧性。如图 3-4 所示，负载均衡器将监视实例的运行状况。如果出现任一实例停止接收请求的情况，负载均衡器可以从服务器群中将其识别出来，从服务器集群中驱逐该实例，并通知自动伸缩程序启动新的服务器进行替换。另外也可以通过监控所有实例（例如，CPU 和内存利用率，并在工作实例开始达到设定阈值时立即启动新实例）的运行状况进行主动干预，例如，当 CPU 利用率高于 70% 或内存利用率高于 80% 时。

高可用性和韧性可以通过实现弹性来帮助企业降低成本。例如，在服务器利用率较低时释放一些实例，从而节省为冗余容量支付的成本。

高可用性架构与自愈机制紧密结合，确保应用程序可以正常运行。同时应用程序还需要快速恢复的能力，使用户保持良好的体验。

虽然高可用性确保你的系统正常运行并可供用户使用，但在容错发挥作用时保持性能也很重要。下一节我们将探讨容错与冗余。

3.3 容错与冗余

高可用性意味着应用程序对用户可用，但应用程序的性能可能会降低。假设某应用程序需要四台服务器来处理用户访问流量，为此我们在两个数据中心的隔离物理位置分别部署了两台服务器。如果一个数据中心发生故障，那么另一个数据中心仍可以处理用户访问流量。只是现在只有两个可用服务器，这意味着此时的可用容量只有原来的 50%，用户可能会遇到性能问题。在此场景中，应用程序具有 100% 的高可用性，但只有 50% 的容错能力。

容错能力是指在发生中断时能够继续处理工作负载容量而不影响系统性能的能力。然而必须注意，100% 的容错架构会由于冗余度增加导致高额的成本。因此，容错能力的规划取决于应用程序的重要性，即用户在应用程序恢复期间可以承受多大程度的性能下降。

如图 3-5 所示，应用程序需要四台服务器来处理全部的工作负载，它们被分配到了两个不同的区域。这两种方案都保持了 100% 的高可用性。但为了实现 100% 的容错能力，你需要完全冗余并维护双倍的服务器数量，以便用户在一个区域发生服务中断时不会遇到性能问题。而如果保持四台服务器数量并分别部署在两个不同区域，则应用程序只有 50% 的容错能力。

在设计应用程序架构时，解决方案架构师需要根据应用程序用户群的性质来判断是否需要 100% 的容错能力，以减小成本变化带来的影响。例如，电子商务网站可能需要 100% 的容错能力，因为

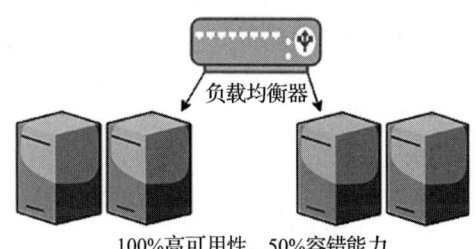

100%高可用性，50%容错能力

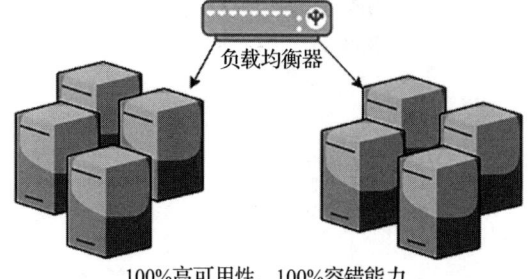

100%高可用性，100%容错能力

图 3-5 容错架构

性能下降会直接影响业务收入。而员工在月末查看工资单时使用的内部薪酬系统则可以容忍短期的性能下降。

为了实现业务连续性，需要预判可能导致系统宕机并妨碍应用程序整体可用性的场景并规划防御措施。灾难恢复机制通过确保系统在不可预见的事件中仍保持可用来帮助降低这种风险。下一节我们将探讨有关灾难恢复计划的更多信息。

3.4 灾难恢复与业务连续性

在上一节中，我们了解了如何使用高可用性和容错来保障应用程序正常运行。本节开始前，我们假设一种意外情况的出现，即数据中心所在的整个区域由于大规模的电网中断、地震或洪水而出现故障，但企业的全球业务需要确保继续运行。在这种情况下，必须制定灾难恢复计划，通过在不同的地区准备足够的 IT 资源来规划业务连续性。

在规划灾难恢复机制时，解决方案架构师必须了解组织的**恢复时间目标**（Recovery Time Objective，RTO）和**恢复点目标**（Recovery Point Objective，RPO）。RTO 用来衡量企业可以接受的对业务不会造成重大影响的停机时间。RPO 表示企业可以容忍多少数据丢失。越低的 RTO 和 RPO 设定意味着越高的成本，因此，了解业务是否关键及其需要的最小 RTO 和 RPO 至关重要。例如，股票交易应用程序不能丢失任何一个数据点；为了保障乘客的安全，铁路信号应用程序也不能出现停机。

图 3-6 展示了一个混合多站点灾难恢复架构，其中主数据中心位于欧洲的爱尔兰，而

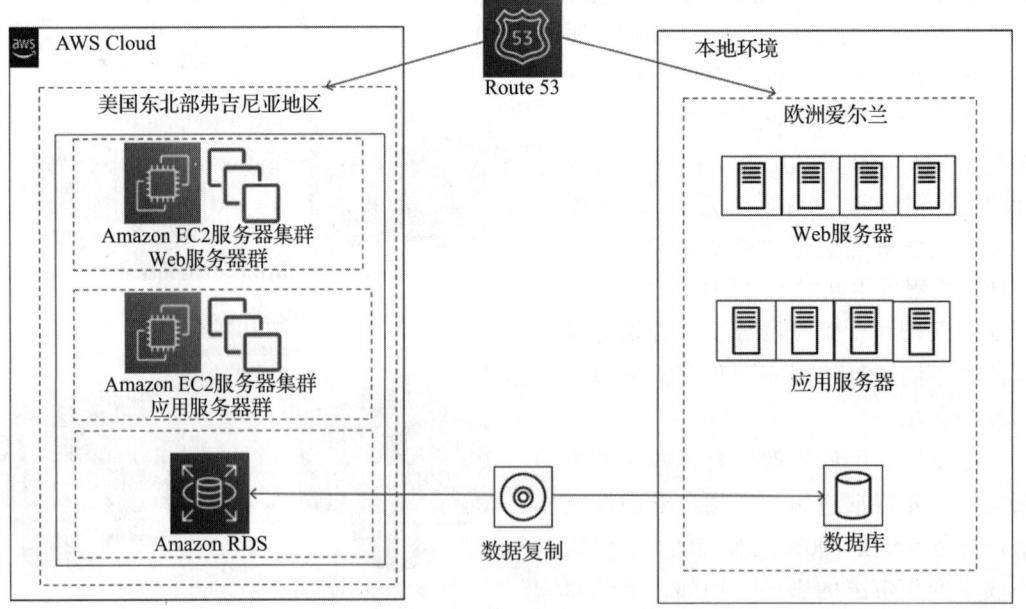

图 3-6　混合多站点灾难恢复架构

灾难恢复站点位于美国的弗吉尼亚州，托管在 AWS 公有云上。在这种情况下，即使整个欧洲地区或公有云出现故障，企业也可以继续运营。事实上，灾难恢复计划是基于多站点模型来实现最小的 RTO 和 RPO，这意味着中断的可能性被最小化甚至不会出现中断，也没有数据丢失。

以下是几种最常见的灾难恢复方案，我们也将在第 12 章进行更深入的探讨。

- **备份和存储**。该方案成本最低，但 RTO 和 RPO 最大。在该方案中，所有服务器镜像和数据库快照都应该存储在灾难恢复站点中。一旦发生灾难，团队就将尝试从备份中恢复灾难站点。
- **Pilot Lite（通常用于描述 DR 场景，表示存在最小化版本的应用环境始终在云中运行）**。在该方案中，所有服务器镜像都作为备份存储，在灾难恢复站点中维护一个小型数据库服务器，并从主站点持续进行数据同步。其他关键服务，如活动目录（Active Directory），可能正在小型实例中运行。一旦发生灾难，团队将尝试从备份镜像启动服务器并扩展数据库。Pilot Lite 成本略高，但相应的 RTO 和 RPO 比"备份和存储"方案要小。
- **热备份**。在此方案中，灾难恢复站点中运行着所有应用服务器和数据库服务器（低容量运行）实例，并保持与主站点同步。一旦发生灾难，团队就将尝试扩展所有服务器和数据库。热备份比 Pilot Lite 方案成本更高，但 RTO 和 RPO 更小。
- **多站点**。这种方案成本最高，但 RTO 和 RPO 几乎为零。在此方案中，灾难恢复站点维护了与主站点相同容量的副本，并主动为用户流量提供服务。当灾难发生时，所有流量都会被路由到灾难恢复站点。

通常，企业或组织会选择成本较低的灾难恢复方案，但是定期执行测试，以确保故障转移能够正常运行至关重要。团队应将卓越运维作为例行检查点，以确保在灾难恢复时具有业务连续性。

3.5 可扩展性与可重用性

随着业务的增长，业务也在不断发展，其中的应用程序不仅可以扩展以处理不断增加的用户增长，而且还不断添加更多功能以保持领先地位并获得竞争优势。解决方案设计需要具有可扩展性和足够的灵活性，以便修改现有特性或添加新功能。为了模块化应用程序，组织通常希望构建一个带有一组特性的平台，并将它作为单独的应用程序启动。这只能通过可重复使用的设计来实现。

为了实现解决方案的可扩展性，解决方案架构师需要尽可能地使用松耦合的架构。比较好的做法是创建基于 RESTful 或队列的架构，这将有助于不同模块之间或跨应用程序的松耦合通信。我们将在第 6 章中了解更多其他类型的架构。在本节中，我们将通过一个简单的示例来阐述架构灵活性的理念。

图 3-7 展示了一个基于 API 架构设计的电子商务应用程序。它有一系列独立服务，例

如，产品目录、订购、支付和发货，终端用户应用程序按需调用这些服务。客户使用移动端和浏览器在线下单。这些应用程序需要使用产品类目服务在 Web 上展示产品，需要使用订购服务来进行下单，以及需要使用支付服务来进行付款。

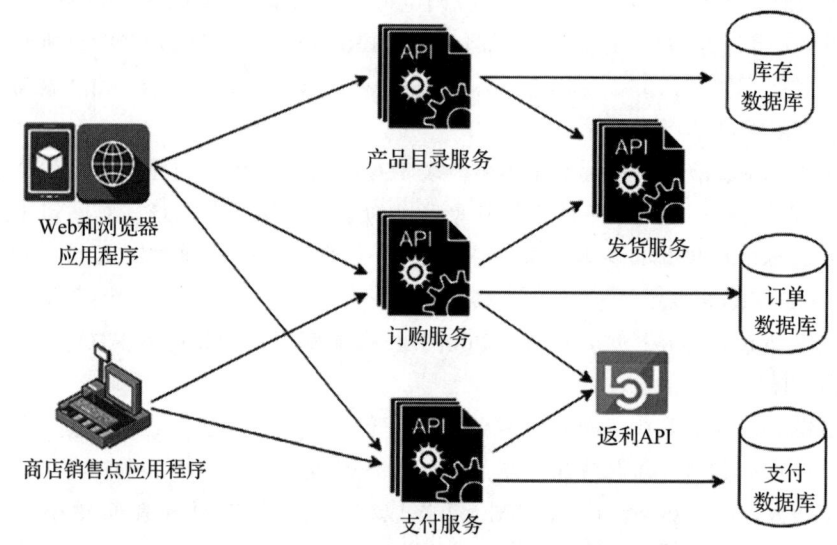

图 3-7 基于 API 的可扩展架构

产品类目服务和订购服务又会与发货服务进行沟通，将订购的商品配送到客户手中。另一方面，实体店则会使用销售点系统（POS），由客户代表通过扫描条形码下单并收款。在这个过程中，不需要使用发货服务，因为客户直接在店内取货。

从图 3-7 中可以看到用于第三方 API 集成的返利 API。这样的架构便于对现有的设计进行扩展，通过集成返利 API 来维系客户，并通过购买产品时提供优惠来吸引新客户。同时，我们可以理解线上订单和实体店订购如何重用支付服务。如果企业要对礼品卡、餐饮等服务扩展收款功能，同样可以重用支付服务。

可扩展性和可重用性并不局限于服务设计，它还可以深入实际的 API 框架设计，软件架构师应该使用**面向对象的分析和设计**（Object-Oriented Analysis and Design，OOAD）概念（如继承和容器等）来搭建 API 框架。这使得框架可以被扩展和重用，为服务添加更多的特性。

有时候我们设计了一个功能完备的应用程序，但可能没有好的浏览导航或者友好的交互界面而使得推广极为困难。因此，应用程序的易用性与可访问性也是架构设计的重要考虑因素之一，这点在下一节中进一步阐述。

3.6　易用性与可访问性

我们希望用户在浏览应用程序时能拥有无缝的体验，它应该流畅到连用户自己也觉察不到他们可以如此轻而易举地找到想要的东西。我们可以通过提高应用程序的高易用性来实现这一点。在设计满足用户体验的易用性时，用户调研和用户测试是必不可少的两个方面。

易用性是指用户在第一次使用应用程序时学习导航逻辑的速度。它还反映了用户在出现错误操作时有多快的回退，以及用户能否高效地完成操作。应用程序如果不能被有效地使用，那么即便它的逻辑再复杂，功能再丰富，也没有任何意义。

通常，在设计应用程序时，我们会希望目标用户来自全球或重要的地理区域。用户群中存在着多样化的技术设施和不同的身体机能。我们希望每个用户都可以访问这个应用程序，即便他们可能网速很慢、设备陈旧，甚至存在物理限制或身体障碍。

可访问性是指应用程序能够被所有用户使用的特性。在设计应用程序时，解决方案架构师需要确保它可以通过低速互联网连接访问，并兼容各种设备。有时可能需要为应用程序创建不同版本才能实现这一点。

可访问性设计应包括诸如语音识别和基于语音的系统导航、屏幕放大镜以及内容朗读等组件。本地化（Localization）有助于为使用不同语言（如西班牙语、汉语、德语、印度语或日语）的地区提供便利。

如图 3-8 所示，用户满意度是易用性和可访问性的一个组成部分。我们必须充分了解用户才能实现易用性与可访问性。可访问性也是易用性的一个组成部分，因为它们是相辅相成的。在设计解决方案之前，解决方案架构师应该与产品负责人一起参与用户调研，并通过原型设计收集用户反馈。你需要了解用户的局限性，并在应用程序开发期间为他们提供支持功能。

当产品发布时，团队应将一小部分用户导流到新功能来进行 A/B 测试并了解用户的反馈。A/B 测试是一种比较应用程序的两个版本以确定哪个版本更为有效的方法。在产品发布之后，应用程序也必须具备持续收集反馈的机制（通过提供反馈表或启动客户支持）以改进设计。

一个系统不可能长期独立使用。要使应用程序具有丰富的特性并简化用户操作，解决方案架构师还需要考虑它与其他应用程序的可交互性。让我们在下一节中了解可移植性和互操作性。

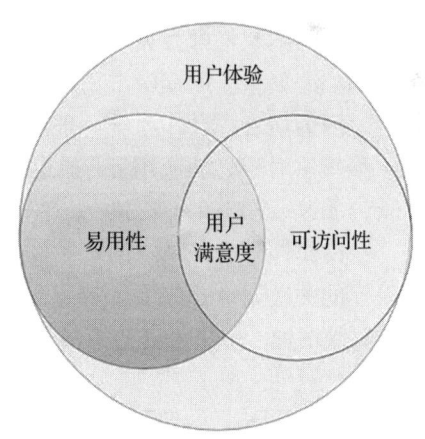

图 3-8　用户满意度与易用性和可访问性之间的关系

3.7　可移植性与互操作性

互操作性是指应用程序通过标准格式或协议与其他应用程序协作的能力。通常，应用程序需要与各种上游系统通信以获取数据，并与下游系统通信以提供数据，因此系统之间建立无缝的通信连接非常重要。

例如，电子商务应用程序需要与供应链管理系统中的其他应用程序协同工作，包括 ERP（Enterprise Resource Planning，企业资源计划）系统等，以保存所有事务，如物流全链路管理、航运公司、订单管理、仓库管理和劳务管理的记录。

所有应用程序都应该能够无缝交换数据，以实现从客户订单到配送交付的端到端功能。无论是医疗保健应用程序、生产制造应用程序，还是电信应用程序，都会有类似的场景。

解决方案架构师应在设计的过程中考虑应用程序互操作性，识别和处理各种系统依赖关系。可互操作的应用程序可以节省大量成本，因为它们依赖于可以以相同格式进行通信而无须进行任何数据消息传递工作的系统。每个行业都有其需要了解和遵守的数据交换标准。

通常，架构师在进行软件设计时可以选择一种主流的格式，如 JSON 或 XML，作为不同应用程序之间的数据交换格式，以便它们之间互相通信。在现代流行的 RESTful API 设计和微服务架构中，这两种格式都可以开箱即用。

可移植性使得应用程序可以在不同的环境中运行，而无须进行任何更改，或只需进行最少的变更。任何软件应用程序，只有当它们能够在各种操作系统和硬件上工作时，才能实现更高的易用性。由于技术发展日新月异，我们经常会看到新的软件语言、开发平台或操作系统发布上市。如今，移动应用程序已经成为任何系统设计中不可或缺的一部分，不仅如此，移动应用程序还需要与主流的移动操作系统平台（如 iOS、Android、Windows 等）兼容。

解决方案架构师在设计过程中，需要选择一种能够实现应用程序所需的可移植性的技术。例如，如果应用程序需要跨操作系统部署，那么如 Java 之类的编程语言会是比较好的选择，因为所有的操作系统一般都会支持 Java，并且应用程序可以运行在不同的平台上而无须移植。对于移动应用程序来说，架构师可以选择支持跨平台开发的框架，比如，选择 React Native 或 Flutter 来支持跨平台的移动应用程序开发。

互操作性丰富了系统的可扩展性，而可移植性提升了应用程序的易用性。两者都是架构设计的关键属性，如果在解决方案设计阶段没有对这两者考虑周全，后续可能会导致成本指数级增加。解决方案架构师应根据行业特性和系统依赖关系对其仔细斟酌。

3.8 卓越运维与可维护性

卓越运维可以为应用程序带来巨大的差异化优势，实现以最小的停机时间为客户提供高质量的同等服务。运营支持和工程团队通过卓越运维提高生产效率。可维护性与卓越运维息息相关、密不可分。易于维护的应用程序也有助于降低成本、避免错误，使企业获得竞争优势。

解决方案架构师需要针对系统运维进行设计，这意味着设计阶段应该从长远考虑如何对工作负载进行部署、更新和运维。对日志、监控和告警进行规划，通过捕获所有事件并快速响应以获取最佳用户体验,这一点至关重要。无论是基础设施部署还是应用程序代码变更,都应尽可能地实现自动化,以避免人为错误。

在设计阶段考虑部署方法和自动化策略是非常重要的,这可以在不影响现有运维的情况下加快变更和发布的速度。卓越运维计划应考虑安全性和合规性因素,而且合规性需求可能会随着时间的推移而变化,应用程序必须遵守这些要求才能运行。

系统维护可以主动或被动进行,例如,当操作系统有新版本可用时,我们可以立即升级应用程序并切换到新平台,也可以监视系统运行状况,直到软件生命周期结束时再进行变更。无论采取哪种策略,变更都应该以小步增量进行,并且需要考虑回滚策略。你可以通过设置 CI/CD 流水线来自动化整个变更过程,还可以通过 A/B 部署或蓝绿部署进行上线。

关于运维的准备工作,架构设计应包含适当的文档和知识共享机制,例如,通过创建和维护运行手册对日常活动进行文档化,或编写手册以通过问题来引导团队了解系统流程。这将帮助团队在事故发生时迅速采取行动。事故发生后应进行根因分析来确定问题发生的原因,并确保该类事故不会再次发生。

卓越运维和提升可维护性是一项日常工作,每一次运维事故和故障都是学习的机会。通过学习来改进运维。因此,必须对运维活动和故障进行分析,进行更多的试验并改进。更多关于卓越运维的探讨参见第 10 章。

3.9 安全性与合规性

安全性是解决方案设计中最基本的属性之一。许多组织或企业由于安全漏洞的出现导致客户信任的损失,使企业声誉受到损害,造成了不可挽回的业务损失。行业规范标准,如金融业的**支付卡行业数据安全标准(PCI DSS)**、**医疗保健行业的健康保险可携性和责任法案(HIPAA)**、**欧盟的通用数据保护条例(GDPR)**和安全运营中心(SOC)合规要求等,在向组织提供标准指导的同时,要求强制执行安全保障措施以保护消费者数据。组织或企业必须遵守所在行业和地区的法律及合规性要求。

应用程序的安全性需要遵从解决方案设计的几个方面,如图 3-9 所示。

接下来让我们看看了解的安全性设计的不同方面。同时我们将在第 8 章中深入探讨每个组件。

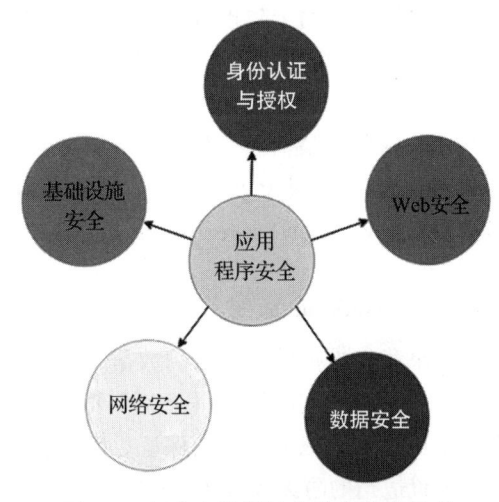

图 3-9 解决方案设计中的安全性考虑

3.9.1 身份认证与授权

身份认证是指谁可以访问系统，而**授权**则是指用户进入系统或应用程序后可以被允许执行哪些操作。解决方案架构师在设计解决方案时必须考虑适当的身份认证和授权机制。应始终遵循最小特权原则，根据用户角色提供进一步的访问权限控制。

如果应用程序用于公司内部使用，我们可能会希望用户可以通过统一的用户管理组件（如 Active Directory、SAML 2.0 或 LDAP）进行访问。如果应用程序针对的是诸如社交媒体网站或游戏应用之类的大众用户群体，则可以允许他们通过 OAuth 2.0 和 OpenID 进行身份认证，这样用户就可以使用其他的 ID（如 Facebook、Google、Amazon 和 Twitter）进行访问。

识别所有未授权的访问并立即采取措施以降低安全威胁非常重要，这需要通过持续监控和审计访问管理系统来保证。

3.9.2 Web 安全

Web 应用程序通常暴露于互联网中，并且更容易受到外部攻击，解决方案设计必须考虑如何预防攻击，如**跨站脚本编制**（XSS）和 **SQL 注入**等行为。如今，**分布式拒绝服务**（Distributed Denial of Service，DDoS）攻击方式正在给组织或企业带来麻烦。为避免这些攻击，组织或企业需要选取适当的工具并制订好事件响应计划。

解决方案架构师应规划 Web **应用程序防火墙**（WAF）来阻止恶意软件和 SQL 注入攻击。WAF 阻止来自恶意 IP 地址或者没有用户群的国家或区域的流量。将 WAF **与内容分发网络**（Content Distribution Network，CDN）联合使用可以帮助预防和处理 DDoS 攻击。

3.9.3 网络安全

网络安全有助于防止组织和应用程序内部的 IT 资源向外部用户开放。解决方案设计必须规划如何保护网络安全，帮助防止未经授权的系统访问、主机漏洞和端口扫描。

解决方案架构师应通过将所有内容部署在公司防火墙后并尽可能地避免互联网访问来将系统暴露降至最低。例如，Web 服务器不应该暴露在互联网中，只有负载均衡器才能与互联网通信。为了确保网络安全，**入侵检测系统**（Intrusion Detection System，IDS）**和入侵防御系统**（Intrusion Prevention System，IPS）应该纳入规划并置于网络流量的前端。

3.9.4 基础设施安全

如果我们维护的是自己的数据中心，为了确保不会被未经授权的用户物理访问，保护基础设施的物理安全就显得至关重要。但是如果我们租用数据中心或使用私有云，那么物理安全可以由第三方供应商保证。而对服务器的逻辑访问必须通过网络安全保护，这可以通过配置适当的防火墙策略来实现。

恶意攻击十分常见，它也是数据中心最常见的安全漏洞。因此，基础设施安全非常重要，它可确保数据访问安全并保护数据免受任何漏洞的攻击或损害。从承载数据中心的应用程序到公司人力资源系统和全球位置，你需要确保每一级 IT 基础设施都是安全的。我们需要确保每个层级的 IT 基础设施安全。

3.9.5 数据安全

数据是需要保护的关键部分之一。毕竟，在访问安全、Web 安全、应用程序和网络安全方面的层层防护都是为了保护数据安全。数据可以在两个系统之间交换，因此在传输过程中也必须确保数据安全，同时静态数据（位于数据库或某个存储单元中）也必须受到安全保护。

解决方案设计需要通过规划**安全套接层 / 传输层安全**（Secure Socket Layer/Transport Layer Security，SSL/TLS）和安全证书来保证数据传输的安全性。静态数据则应通过各种对称或非对称加密机制来保护。解决方案设计还应该根据应用程序的需要规划正确的密钥管理方法来保护加密密钥，这可以通过硬件安全模块或云供应商提供的密钥管理服务来实现。应使用标识和授权管理的最小特权规则来定义谁可以访问什么数据。

在确保安全性的同时，很有必要确立一套机制来立即识别发生的任何安全漏洞并采取相应的行动。为每一层添加自动化的安全违规监控并即时告警是解决方案设计中不可或缺的一部分。在软件开发生命周期中，DevSecOps 将最佳实践应用于实现安全需求与安全响应的自动化，它也因此被越来越多的组织采用。我们也将在第 12 章对 DevSecOps 进行深入探讨。

为了遵守相关法规，解决方案设计应包含审计机制。例如，在金融领域，必须严格遵守诸如**支付卡行业数据安全标准**（Payment Card Industry Data Security Standard，PCI DSS）等法规，以获得系统中每笔交易的日志轨迹，这意味着需要记录所有活动并在需要时发送给审计人员。任何**个人身份信息**（Personal Identifiable Information，PII）**数据**，如客户的电子邮件 ID、电话号码和信用卡号码等都需要加密，同时对存有 PII 数据的应用程序进行加密和访问权限控制。

在本地部署环境中，企业或组织要负责确保基础设施和应用程序的安全并获得相关的合规性认证。然而，在公有云中，如 AWS 之类的环境会帮助企业减轻这种负担，因为基础设施的安全性和合规性由云供应商负责。企业或组织对应用程序安全负责，并通过完成所需的审计来确保其合规性。

3.10 成本优化与预算

每个解决方案都受到预算的限制，投资者都在寻求最大的投资回报率（ROI）。解决方案架构师在架构设计期间需要考虑如何节省成本。从试点创建到方案实施和发布的整个过程都要考虑成本优化。成本优化是一项旷日持久的工作，和其他约束一样，节省成本也需要权衡和取舍，具体取决于其他因素，如交付速度和性能等是否更为关键。

通常，成本上升的原因是资源过度配置或者忽略了采购成本。解决方案架构师需要规划最佳资源配置，以避免资源浪费。在组织层面，应该有一个自动检测"幽灵"资源的机制，比如，团队成员可以创建开发或测试环境，但在任务完成后将其闲置。这些"幽灵"资源通常会被忽视并导致成本超支。企业或组织需要通过自动化应用来识别并发现这些资源，从而确保所有 IT 资源的运行状况和健康状况都被监控跟踪并记录到数据库中。

在技术选型过程中，自建与采购成本的对比评估至关重要。有时，当组织缺乏专业知识并且自建成本过高时，最好使用第三方产品，例如，通过采购日志分析和商业智能分析工具节省成本。此外，在选择解决方案实施的技术实现方向时，我们需要确定学习的难易程度和实施的复杂性。从 IT 基础架构的角度来看，需要评估资本支出与运营支出，因为维护数据中心需要先期投入大量资本以满足不可预见的扩展需求。解决方案架构师可以有多种选择，如公有云、私有云和混合云方案。

与其他属性一样，成本控制也需要自动化，并且要对预算消耗设置告警。需要规划成本并将其分摊到组织单元和工作负载上，以便所有的团队都可以分担责任。随着越来越多的历史数据被收集，团队需要通过优化运维支持和工作负载来持续关注成本优化。

3.11　小结

本章介绍了在进行解决方案设计时需要考虑的各种解决方案架构属性，还介绍了垂直伸缩和水平伸缩两种模式，以及如何对架构的不同层进行伸缩，包括 Web 层，应用服务器层和数据库层。

此外，也介绍了如何通过自动伸缩来实现弹性，以便工作负载可以按需扩展和收缩。本章提供了关于如何设计韧性架构和高可用性架构的方法。这有助于我们了解容错与冗余，从而可以根据用户的期望提高应用程序的性能，并就不可预见突发事件规划灾难恢复计划，以确保业务连续性。

然后，我们探讨了架构可扩展性和可访问性的重要性，以及架构的可移植性与互操作性如何帮助降低成本并提高应用程序的采用率。本章最后解释了实现卓越运维和安全性的方法，以及如何从解决方案设计过程开始就考虑这些属性。本书后续章节将对每个属性进行更加详细的介绍。

下一章将介绍解决方案架构设计的原则，并重点讲解如何设计解决方案架构。请牢记本章介绍的各种属性。

第 4 章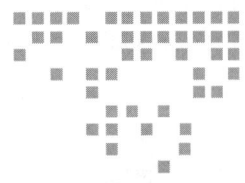

解决方案架构的设计原则

上一章我们介绍了解决方案架构的各种属性,这些属性都是解决方案架构师在进行解决方案设计时需要牢记的基本属性。本章将介绍解决方案架构的设计原则,这些原则涉及各种不同的属性。

本章将重点介绍最重要的和通用的设计原则。考虑到产品的复杂度和行业领域特性不尽相同,具体实践中可能会有更多的设计考量。当你按照本书的学习路径,在成为解决方案架构师的道路上前行时,你将进一步应用这些设计原则和属性来创建第 6 章中提及的各种设计模式。

在本章,你不仅将学习如何设计可伸缩、有韧性和高性能的架构,你还将学习如何通过应用安全性、克服约束、测试和自动化变更来维护架构。这些原则将通过使用数据驱动的方法来帮助你以正确的方式考虑架构设计。

4.1 可伸缩的工作负载

在 3.1 节中,我们学习了不同的伸缩模式以及如何扩展和收缩静态内容、服务器集群和数据库。现在,我们来了解用于处理工作负载峰值的各种伸缩类型。

在大多数情况下,如果了解工作负载的规律,那么其伸缩是可预测的。但是,当工作负载峰值突然出现或者出现以前从未处理过的高负载时,就只能被动地应对。

例如,图 4-1 的自动伸缩服务器集群最小有 3 个实例,最大可以扩展到 6 个实例。在常规用户流量期间,用 3 台服务器来处理工作负载即可满足日常需要,但如果要处理流量峰值,则服务器的数量可以根据需要扩展且可以达到 6 台。服务器集群将根据所定义的伸缩策略来调整实例数量。例如，当现有集群的服务器的 CPU 利用率超过 60% 时，可以选择添加 1 台服务器，但启动的服务器总数量不超过 6 台。

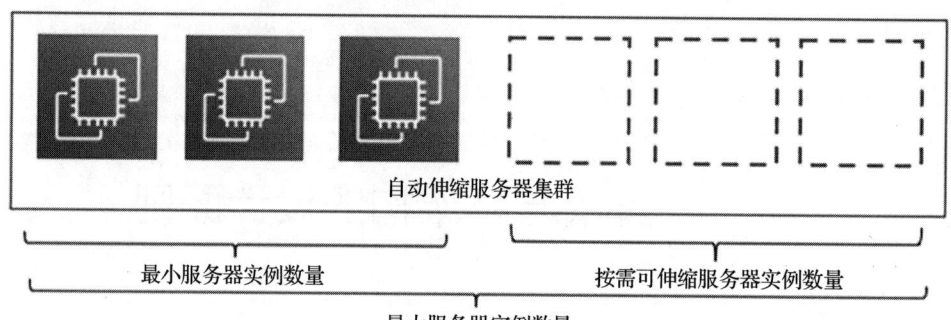

图 4-1　服务器自动伸缩

无论是预测性伸缩模式还是被动伸缩模式，都需要监控应用程序并采集数据，以便根据情况规划伸缩需求。接下来我们将深入研究这些设计模式。

4.1.1　预测性伸缩

预测性伸缩是任何组织都希望采用的理想方案。通常，可以采集应用程序工作负载的历史数据。诸如像亚马逊（Amazon）之类的电子商务网站可能有几个已知的流量峰值模式，在这种情况下可以通过预测性伸缩来避免任何延迟问题。这类电子商务网站的流量可能出现以下规律：

- 周末的流量是工作日的 3 倍。
- 白天的流量是晚上的 5 倍。
- 购物旺季或大促期间的客流量是平时的 20 倍。
- 一般情况下，小长假期间的流量是其他时段的 8～10 倍。

你可能已经在使用一些监控工具来监控用户流量，并通过这种方式采集到了历史流量数据，基于这些数据，你可以很好地对伸缩情况进行预测。可能的伸缩情况包括在工作负载增加时规划更多的服务器，或者添加额外的缓存。像电子商务这类工作负载可能会面临更高的复杂性，与此同时也提供了许多数据帮助我们理解整体上的设计问题。对于如此复杂的工作负载，预测性伸缩显得尤为重要。

预测性自动伸缩概念正在变得越来越流行，它可以将历史数据和变化趋势提供给预测算法，这样可以提前预测在某一给定时间预期的工作负载量，然后根据预期的结果配置应用程序的伸缩机制。

为了更好地理解预测性自动伸缩，请查看 AWS 预测性自动伸缩功能中的指标仪表盘（见图 4-2）。

如图 4-2 所示，预测系统采集了服务器的历史 CPU 利用率数据，并在此基础上提供了其预测的未来某个时段的 CPU 利用率。

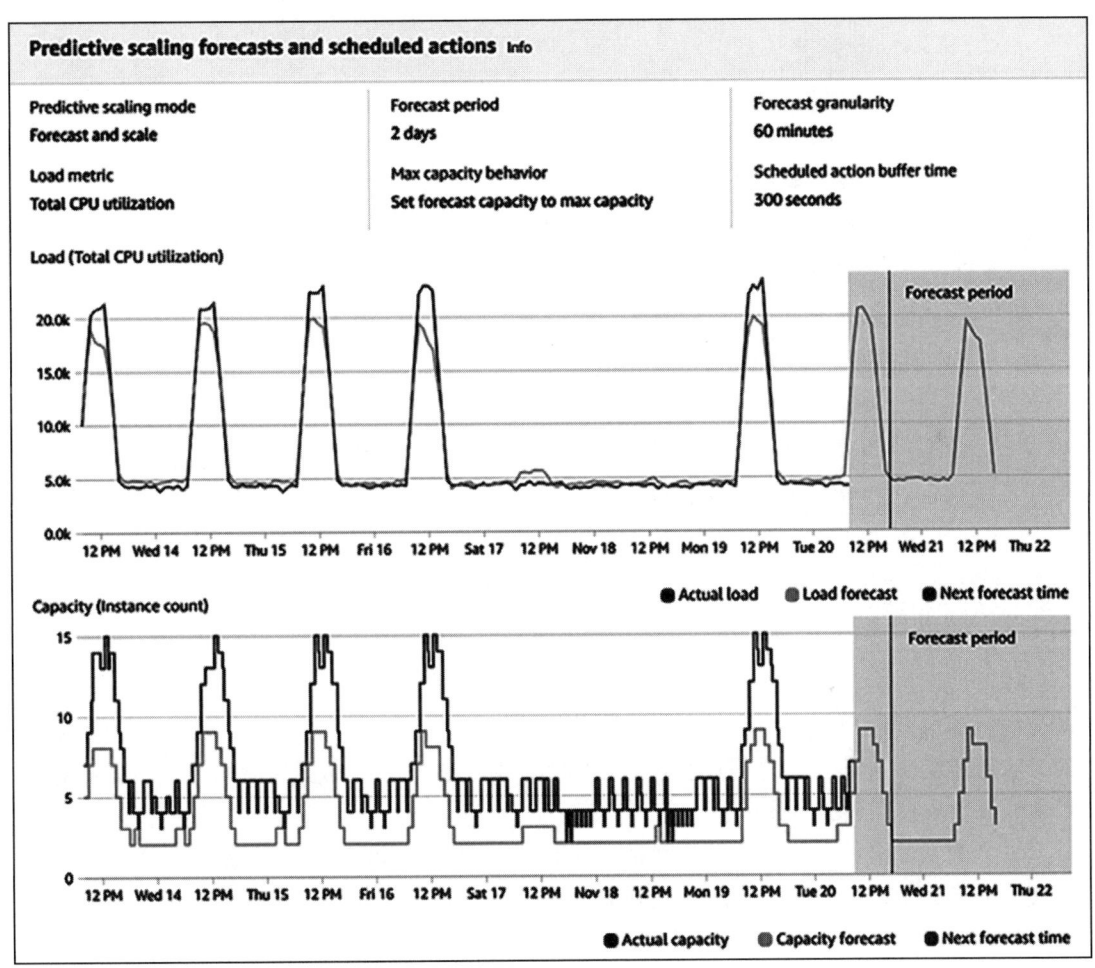

图 4-2　预测性自动伸缩预报

在图 4-3 中，算法会根据预测结果来建议应该规划多少容量以应对即将到来的用户流量。

我们可以看到一天中不同时间的最小容量存在差异。预测性伸缩可帮助我们基于预测结果优化工作负载，而预测性自动伸缩有助于减少延迟并避免中断，因为添加新资源可能需要一些前置时间。如果在处理网站流量高峰时不能及时地添加额外的资源，那么可能会导致请求过载和流量虚高，因为用户在速度变慢或中断时往往会重复发送请求。

本小节主要介绍了预测性自动伸缩机制，但有时也会由于工作负载突然增加而需要进行被动伸缩操作，接下来将对被动伸缩机制进行介绍。

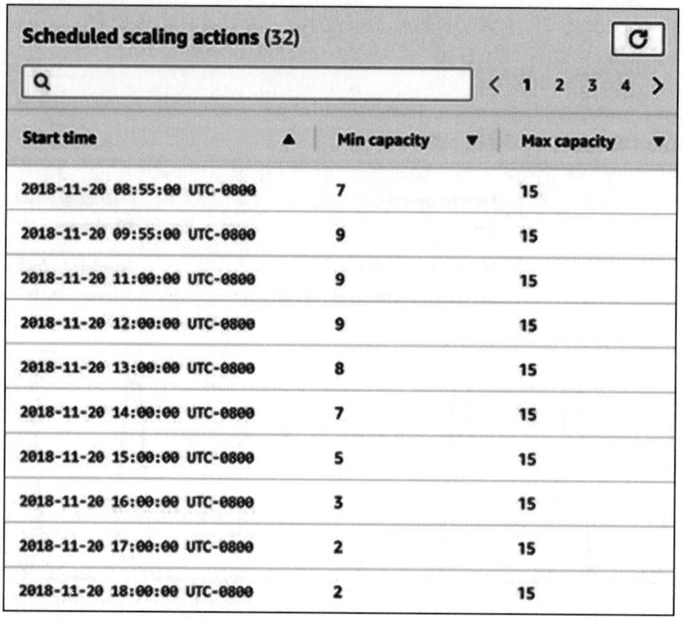
Scheduled scaling actions (32)
1 2 3 4
Start time
Min capacity
Max capacity
2018-11-20 08:55:00 UTC-0800 7 15
2018-11-20 09:55:00 UTC-0800 9 15
2018-11-20 11:00:00 UTC-0800 9 15
2018-11-20 12:00:00 UTC-0800 9 15
2018-11-20 13:00:00 UTC-0800 8 15
2018-11-20 14:00:00 UTC-0800 7 15
2018-11-20 15:00:00 UTC-0800 5 15
2018-11-20 16:00:00 UTC-0800 3 15
2018-11-20 17:00:00 UTC-0800 2 15
2018-11-20 18:00:00 UTC-0800 2 15

图 4-3 预测性自动伸缩容量规划

4.1.2 被动伸缩

通过使用机器学习算法，预测性伸缩机制可以越来越准确，但有时我们可能不得不借助被动伸缩机制处理突发的流量高峰。这种不可预期的流量高峰甚至可能是常规流量的 10 倍，这通常是由某种突发的需求引起的，例如，对于首发上线的促销活动，我们无法对其带来的流量规模进行准确预估。

举个例子，企业在其电子商务网站上发起了一次限时抢购活动，网站主页用户访问量将大幅上升，用户接着从主页跳转到限时特卖产品的指定页面，这其中有些用户可能想购买该产品，因此，他们会将其加入购物车并跳转至购物车页面。

在这种情况下，每个页面都有不同的流量模式，我们需要了解现有架构和流量模式以及对所需流量的估算，同时还需要了解网站的导航路径。例如，用户必须先登录才能购买产品，这可能会导致登录页面上的流量上升。

要规划用于流量处理的服务器资源，我们需要确定以下模式：

- 确定网页是只读并且可以缓存的。
- 哪些用户查询只需要读取该数据，而不需要写入或更新数据库中的任何内容？
- 某些用户查询操作是否会反复请求相同或重复的数据，如用户自己的个人资料？

一旦了解了这些模式，我们就可以从架构设计上做些文章，以处理更多的过载流量。要减轻 Web 层流量负载，可以将静态内容（如图像和视频）从 Web 服务器转移到内容分发网络（Content Distribution Network，CDN）。有关缓存分发模式的更多内容见第 6 章。

在服务器集群层面，我们需要使用负载均衡器来分配流量，并且通过自动伸缩机制来进行水平伸缩，自动地增加或者缩减服务器。

如果要降低数据库负载，则需要根据需求选择合适的数据库，例如，用于存储用户会话和商品评论的 NoSQL 数据库，用于存储事务数据的关系型数据库，以及用于存储频繁查询的缓存应用程序。

本节介绍了用于处理应用程序伸缩需求的方法，包括预测性伸缩和被动伸缩两种模式。在第 6 章中，我们将深入了解不同类型的设计模式，以及如何应用它们来扩展架构。

4.2 构建有韧性的架构

如果对故障进行容错设计，那么故障就不会发生。有韧性的架构意味着当发生故障时，应用程序仍然可供用户使用，并能从故障中恢复。实现有韧性的架构需要在各个方面都应用最佳实践，以使应用程序具备可恢复性。架构的各层都需要考虑韧性设计，包括基础设施、应用程序、数据库、安全和网络层。有韧性的架构应可以在遇到故障时在预期时间内恢复而不影响用户的体验。

为了使架构具有韧性，在定义故障恢复时需要考虑如下几点：

- 识别和规划所必需的冗余架构组件。
- 对故障恢复时间目标（RTO）和恢复点目标（RPO）有明确定义，并据此规划和实施备份与灾难恢复计划。
- 了解修复和更换系统组件的过程。例如，修复服务器故障可能比用镜像替换需要更长的时间。

安全性是应用程序韧性设计的重要考量之一。从安全角度来看，分布式拒绝服务（DDoS）攻击有可能影响服务和应用程序的可用性。DDoS 攻击通常会将伪造的流量提交到服务器并使其疲于应付，导致合法用户无法访问应用程序。这种攻击可能发生在网络层或应用层。有关 DDoS 攻击和缓解的更多信息见第 8 章。

采取积极主动的方法来防止 DDoS 攻击至关重要。第一条原则是将应用程序工作负载尽可能多地部署在专用网络内部，并且尽可能不将应用程序端点暴露给互联网。为了提前预防，必须了解流量的日常规律，并建立适当的机制，以便当应用层和网络层出现大量可疑流量时可以识别出来。

通过**内容分发网络**（CDN）来暴露应用程序并使其具备 CDN 内置的弹性能力，同时添加 Web 应用程序防火墙（WAF）规则有助于阻止非法流量。在 DDoS 攻击期间，伸缩（服务器）应该是你最后的选择，但是需要准备好自动伸缩机制，以便在必要时可以伸缩服务器。

为了在应用程序层实现韧性，首选的方案是冗余，它通过跨地理区域分散工作负载来使应用程序具有高可用性。为了实现冗余，可以在数据中心不同区域的不同机架上部署服务器集群副本（见图 4-4）。如果服务器分布在不同的物理位置，则可以在流量到达负载均衡器之前使用域名系统（DNS）服务器处理第一级流量路由。

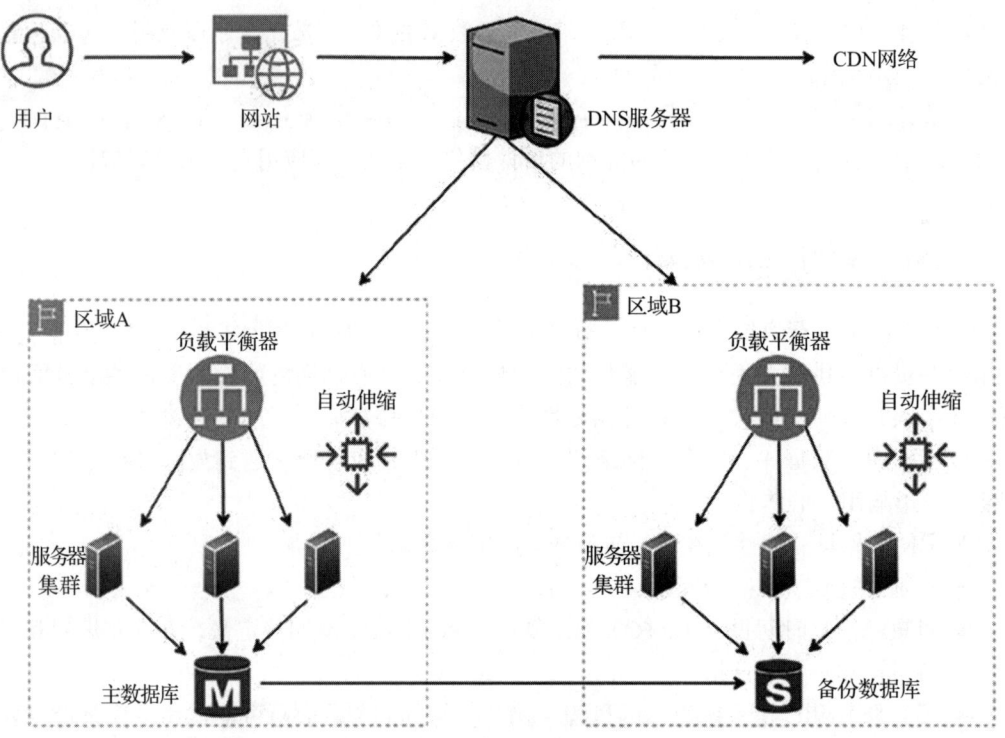

图 4-4　应用程序架构韧性

在上述架构中可以看到，我们需要在影响应用程序可用性的所有关键层中构建韧性，以实现容错设计。为了实现架构韧性，可以考虑通过以下最佳实践来创建冗余环境。

- 使用 DNS 服务器将流量路由到不同物理区域，以便当某个区域出现故障时应用程序仍可正常运行。
- 使用 CDN 来分发和缓存靠近用户边缘节点的静态内容，如视频、图像和静态网页，这样，当发生 DDoS 攻击或**本地入网点**（Point of Presence，PoP）故障时，应用程序仍然可用。
- 流量到达某个区域后，使用负载平衡器将流量路由到服务器集群，这样即使区域内的某个位置出现故障，应用程序仍然能够运行。
- 应用自动伸缩机制，按需增加或缩减服务器数量。这样应用程序不应受到单个服务器故障的影响。
- 创建备份数据库以保障数据库的高可用性，这意味着当数据库发生故障时应用程序仍然可用。

在上述架构中，如果任何组件发生故障，都应该有一个备份来恢复它们，以实现架构韧性。负载均衡器和 DNS 服务器上的路由器应通过健康状态检查来确保流量仅路由到健康的应用程序实例。你可以通过配置来进行浅层健康检查，以监控本机故障，或通过深层健康检查来检测依赖项是否存在故障，但是深层健康检查比浅层健康检查需要更多的时间，并且会占用更多资源。

而在应用程序层必须避免**级联故障**，因为其中一个组件的故障可能会导致整个系统瘫痪。避免级联故障的机制有很多，如应用超时机制、流量拒绝、实现幂等操作以及断路模式。我们将在第 6 章中了解有关这些模式的更多信息。

4.3 性能设计

随着高速互联网的普及，客户都在寻求加载时间最短的高性能应用程序。组织已经注意到，直接收入与应用程序性能成正比，性能设计欠佳的应用程序加载速度会显著影响客户的参与度。现代企业在性能方面设定了很高的期望，这导致高性能应用程序成为企业在市场竞争中的必备条件。

与韧性一样，解决方案架构师需要尝试在架构设计的每一层都考虑性能，团队需要进行监控以确保其有效运转并持续改进。性能越好意味着用户参与度和投资回报越高。应用程序高性能设计旨在处理由于外部因素（如互联网连接速度慢）导致的应用程序缓慢。例如，在网速良好的情况下，我们可能将博客网页的加载速度设计为 500ms 以内。但在网速较慢的情况下，我们可以在等待图像和视频加载的同时，先加载文本来吸引用户。

在理想环境中，随着应用程序工作负载的增加，自动伸缩机制负责处理额外的请求而不会影响应用程序性能。但在现实世界中，当伸缩生效时，应用程序延迟会持续一小段时间。在实践中，最好通过增加负载来测试应用程序的性能，确认是否可以实现所需的并发用户量和用户体验。

在服务器层，需要根据工作负载类型选择最匹配的服务器类型。例如，选择合适的内存和算力来处理工作负载，因为内存拥塞会降低应用程序性能，最终可能导致服务器崩溃。而对于存储，选择合理的 **IOPS**（Input/Output Per Second，每秒的输入输出量）十分重要。对于写密集型应用程序来说，需要较高的 IOPS 以减少延迟并提高磁盘写入速度。

要获得出色的性能，请在架构设计的每一层中使用缓存。缓存可以将数据保留在用户本地存储，或将数据保存在内存中以提供超快速响应。以下是为应用程序各层添加缓存时所需注意的事项：

- 使用用户系统的浏览器缓存来加载频繁请求的网页。
- 使用 DNS 缓存快速查询网站。
- 通过 CDN 在靠近用户的边缘节点缓存图像和视频等静态资源。
- 在服务器层，最大限度地利用内存缓存以满足用户请求。

- 使用 Redis 和 Memcached 等缓存引擎来处理缓存层的频繁查询。
- 使用数据库缓存来处理内存中的频繁查询。
- 注意每一层的缓存过期和缓存逐出情况。

综上所述，应用程序的性能是解决方案架构设计必不可少的因素之一，并且直接关系到组织的盈利能力。解决方案架构师在创建解决方案设计时需要考虑性能因素，并且应该坚持不懈地改善应用程序性能。在第 7 章中，我们将深入学习优化应用程序以获得更好性能的技术。

4.4 使用可替换资源

企业或组织在硬件上投入了大量的资金，并且开发了相应的工具或脚本来升级新版的应用程序和配置。随着时间的推移，这会导致不同的服务器以不同的配置运行，在这种情况下对其进行故障排查是一项非常烦琐的任务。有时还不得不继续维护一些不再需要的资源，因为不能确定应该关闭哪台服务器。

无法替换服务器会导致很难对服务器集群中的任何更新做部署和测试。但如果将服务器视为可替换资源，则可以解决这些问题，也可以更快地适应变化（如升级应用程序和底层软件）。

这就是为什么在设计应用程序时，总是要考虑不可变的基础设施。

创建不可变的基础设施

"不可变"意味着，在应用程序升级期间，不仅需要替换软件，还需要替换硬件。组织在硬件上投入了大量的资金，并且开发了相应的工具或脚本来升级新版的应用程序和配置。

要创建可替换的服务器，需要确保应用程序是无状态的，并避免对任何服务器 IP 或数据库 DNS 名称进行硬编码。从本质上来说，就是要将基础设施视为软件而非硬件，并且不要对运行中的系统进行更新。你应该始终从黄金镜像启动新的服务器实例，在该镜像中，所有必要的安全性配置和软件都已经就绪。

使用虚拟机创建不可变的基础设施变得可行，我们可以创建虚拟机的黄金镜像，并使用它来部署新版本，而不必尝试更新现有版本。这种部署策略也便于故障排查，可以关闭有问题的服务器并从黄金镜像启动新的服务器。

在关闭有问题的服务器之前，应该对日志进行备份以便进行根本原因分析。如果所有的环境都是通过相同的基准镜像创建的，那么可以确保整个环境的一致性。

"金丝雀测试"是一种常见的测试方法，用于确保所有变更在向用户推出之前能够在生产环境中按预期工作，接下来让我们了解更多有关"金丝雀测试"的内容。

金丝雀测试

"金丝雀测试"是用于应用滚动部署和不可变基础设施的常见方法之一。它可以帮助我们确保将旧版本的生产服务器安全地替换为新服务器，而不会影响最终用户。在金丝雀测试中，我们需要将软件更新部署在新服务器上，并将少量流量路由到新服务器。

如果一切顺利，可以添加更多新服务器并将更多的流量路由过来，同时关闭旧服务器。金丝雀部署为生产环境的实时部署更新提供了一种安全的方式。即便出现问题，也只会影响少量用户，并且可以通过将流量路由回旧的服务器进行即时恢复。

在使用可替换资源进行部署前，解决方案架构师需要提前考虑如何设计。他们需要提前规划好会话管理并避免服务器对硬编码资源的依赖。应该始终将资源视为可替换的，并设计应用程序以支持硬件更改。

解决方案架构师需要设置一个标准来使用各种滚动部署策略，如 A/B 测试或蓝绿部署。应将服务器视作牛马，而不是宠物，基于这个原则对出现问题的 IT 资源进行替换可以确保快速恢复故障，并减少故障排查时间。

4.5　考虑松耦合

传统的应用程序通常会构建一个紧密集成的服务器集群，其中每台服务器各司其职，应用程序依赖于其他服务器来实现功能的完整性。

如图 4-5 所示，在紧耦合的应用程序中，Web 服务器集群直接依赖于所有应用服务器，反之亦然。

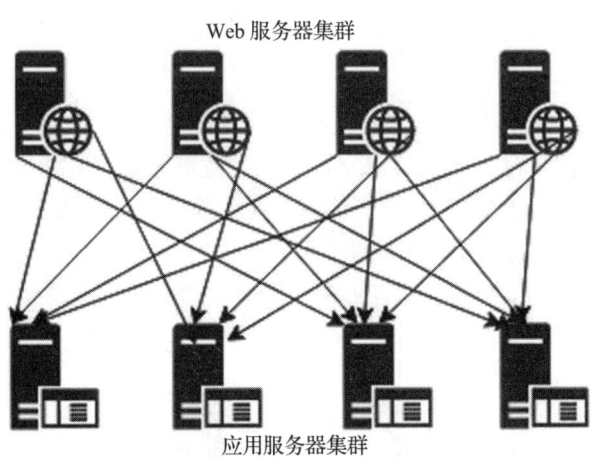

图 4-5　紧耦合架构

在上述架构中，如果一台应用服务器出现故障，那么所有 Web 服务器都会接收到错误，因为请求也可能会被路由到一个出现故障的应用服务器而导致整个系统故障。在这种情况下，如果想通过添加和缩减服务器来进行伸缩，将需要进行大量的工作以确保所有连接都设置正确。

而在松耦合架构中，我们可以添加一个中间层（如负载均衡器或队列），它们会自动帮助我们处理故障或伸缩。

在图 4-6 中，Web 服务器集群和应用服务器集群之间有一个负载平衡器，它可以确保用户请求始终由运行良好的应用服务器提供服务。

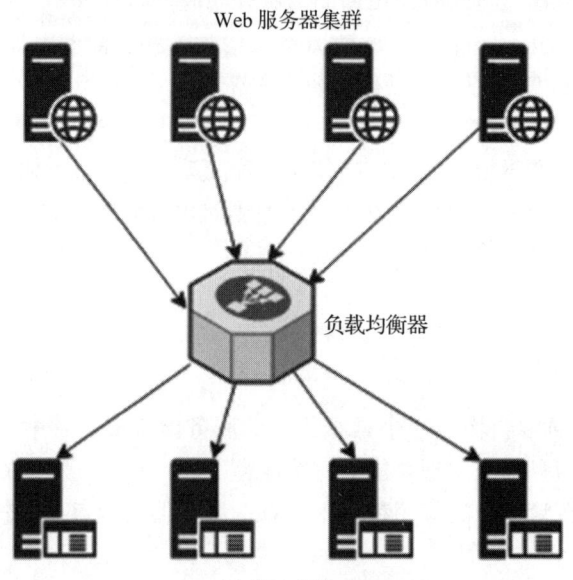

图 4-6　基于负载均衡器的松耦合架构

如果其中一台应用服务器出现故障，负载均衡器就会自动将所有流量路由到其他三台正常运行的服务器。松耦合架构还可以帮助我们独立扩展服务器并优雅地替换故障实例。由于错误半径仅限于单个实例，松耦合架构将使应用程序具备更高的容错能力。

对于基于队列的松耦合架构来说，图像处理网站是一个很好的例子。其中，我们需要先存储图像，然后对其进行编码、压缩和版权保护。图 4-7 所示的架构是基于队列的松耦合架构。可以通过在系统之间使用队列传递作业消息来实现系统的松耦合。

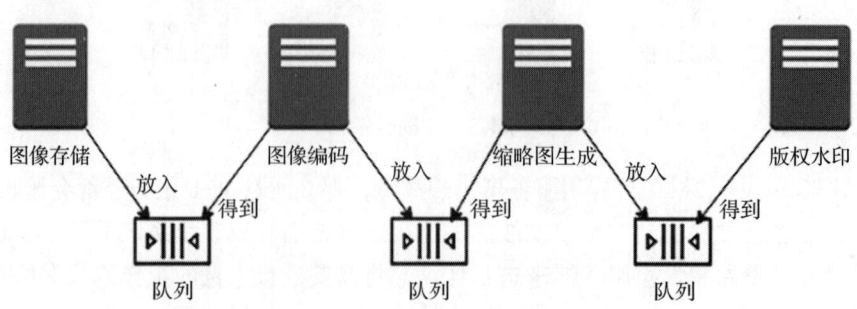

图 4-7　基于队列的松耦合架构

基于队列的解耦实现了系统任务的异步编排，其中一台服务器不等待另一台服务器的响应，而是独立工作。此方法允许增加并行接收和处理消息的虚拟服务器的数量。如果没有要处理的图像，则可以配置自动伸缩来关闭多余的服务器。

在复杂系统中，松耦合架构是通过搭建**面向服务的架构**（Service-Oriented Architecture，SOA）来实现的，其中，每个独立的服务都包含一组完整的功能，并通过标准协议互相通信。在现代的架构设计中，微服务架构越来越流行，促进了应用程序组件间的解耦。松耦合设计具备可伸缩性、高可用性，以及易于集成等诸多优势。

下一节将介绍更多关于 SOA 的内容，我们也将在第 6 章中继续深入探讨该主题。

4.6 考虑服务而非服务器

在上一节中，你了解了松耦合以及保持松耦合架构对于可伸缩性和容错的重要性。面向服务的思想将有助于实现松耦合架构（与之相反的是面向服务器的设计，后者可能导致硬件依赖和紧耦合架构）。SOA 帮助我们简化了解决方案的部署和维护。

当谈到面向服务的思想时，解决方案架构师总是倾向于采用 SOA。两种最流行的 SOA 分别是基于**简单对象访问协议**（SOAP）服务和**基于表述性状态转移**（RESTful）服务。在基于 SOAP 的架构中，可以使用 XML 来格式化消息，并使用基于 HTTP 之上的 SOAP 通过互联网发送消息。

在 RESTful 架构中，可以使用 XML、JSON 或纯文本来格式化消息，然后通过简单的 HTTP 进行发送。RESTful 架构相对来说更受欢迎，因为它非常轻量级，并且比 SOAP 架构更简单。

现如今当谈到 SOA 时，微服务架构越来越流行。微服务可以独立伸缩，这使得应用程序中的单个组件可以在不影响其他组件的情况下更容易地扩展或收缩。

如图 4-8 所示，在单体架构中，所有组件都构建在同一台服务器中并与单个数据库绑定在一起，这会产生强依赖。而在微服务架构中，每个组件都具备独立的框架和数据库，这使得它们可以独立伸缩。

图 4-8 是一个电子商务网站的示例，客户可以登录该网站并通过向购物车添加商品（假设网站上有他们想要的商品）来进行下单。如果要将单体架构转换为微服务架构，可以创建一个由相互独立的小型组件组成的应用程序，这些组件可以组合成应用程序的不同部件并独立迭代。

采用模块化方法意味着降低成本、规模和变更风险。在上述示例中，每个组件都是作为独立服务而创建的。其中，**登录服务**可以独立伸缩以处理更多流量，因为客户可能会频繁登录以浏览产品目录和订购状态，而**订购服务**和**购物车服务**流量可能相对较少，因为客户可能不会频繁下单。

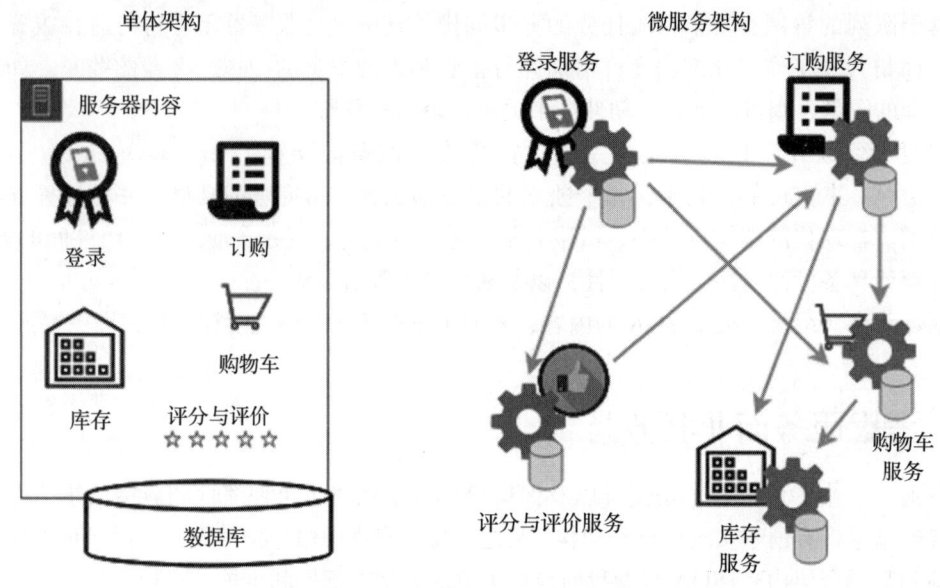

图 4-8　单体架构与微服务架构

解决方案架构师在设计解决方案时需要考虑微服务架构。服务化的明显优势是需要维护的代码表面积较小，并且服务是独立的。在没有外部依赖项的情况下就可以构建它们。所有依赖都被收敛在服务内部，这样就能够实现松耦合、可伸缩功能并在发生故障时缩小爆炸半径。

4.7　根据合理的需求选择合适的存储

数十年来，企业或组织一直在使用传统的关系型数据库，并试图将所有内容都放入其中，无论它是基于键/值对的用户会话数据、非结构化的日志数据，还是数据仓库的分析数据。但事实上，虽然关系型数据库适用于存储事务数据，但不适用于存储其他数据类型，就像瑞士军刀一样，它虽然有多种工具，但是毕竟能力有限。如果要盖房子，螺丝刀是无法像起重机那样工作的。同样，对于特定的数据需求，应该选择正确的工具，该工具不但可以胜任繁重的工作，还可以在不影响性能的前提下进行伸缩。

解决方案架构师在进行数据存储选型时需要考虑众多因素，以满足相应的技术要求。以下是一些重要的考虑因素：

- **耐久性要求**：应如何存储数据以防止数据损坏？
- **数据可用性**：可以使用哪个数据存储系统来传递数据？
- **延迟要求**：数据应该在多短的时间内返回？
- **数据吞吐量**：数据读写的需求是什么？

- **数据大小**：数据存储的需求是什么？
- **数据负载**：需要支持多少并发用户？
- **数据完整性**：如何保持数据的准确性和一致性？
- **数据查询**：数据查询的特征是什么？

表 4-1 列出了不同的数据类型及其示例，以及适用的存储类型。你需要根据存储类型来做出相应的技术决策。

表 4-1 不同的数据类型及其示例

数据类型	数据示例	存储类型	存储示例
事务数据，结构化数据	用户订单数据、财务交易	关系型数据库	Amazon RDS、Oracle、MySQL、Amazon Aurora、PostgreSQL、MariaDB、Microsoft SQL Server
键/值对，半结构化数据，非结构化数据	用户会话数据、应用程序日志、审查、评论	NoSQL	Amazon DynamoDB、MongoDB、Apache HBase、Apache Cassandra、Azure Tables
分析数据	销售数据、供应链智能分析、业务流程	数据仓库	IBM Netezza、Amazon Redshift、Teradata、Greenplum、Google BigQuery
内存数据	用户主页数据、通用仪表盘页面	缓存	Redis cache、Amazon ElastiCache、Memcached
对象存储	图像、视频	基于文件的存储	SAN、Amazon S3、Azure Blob Storage、Google Storage
块数据	可安装的软件	基于块的存储	NAS、Amazon EBS、Amazon EFS、Azure Disk Storage
流式数据	物联网传感器数据、点击流数据（一般用于用户行为分析）	流式数据的临时存储	Apache Kafka、Amazon Kinesis、Spark Streaming、Apache Flink
归档数据	任何类型的数据	存档	Amazon Glacier、magnetic tape storage、virtual tape library storage
Web 存储	静态网站内容，如图像、视频、HTML 页面	CDN	Amazon CloudFront、Akamai CDN、Azure CDN、Google CDN、Cloudflare
搜索型数据	产品目录搜索、内容搜索	搜索索引存储和查询	Amazon Elastic Search、Apache Solr、Apache Lucene
数据目录	数据表元数据、数据的元数据	元数据存储	AWS Glue、Hive metastore、Informatica data catalog、Collibra data catalog
监控数据	系统日志、网络日志、审计日志	监控仪表盘与告警	Splunk、Amazon CloudWatch、SumoLogic、Loggly

表 4-1 所示的数据有多种属性，如结构化、半结构化、非结构化、键/值对和流式等属性。选择正确的存储不仅有助于提高应用程序的性能，还有助于提高其可伸缩性。例如，可以将用户会话数据存储在 NoSQL 数据库中，这将允许应用程序服务器水平伸缩的同时维

护用户会话。

在选择存储时，需要考虑数据温度（数据根据访问频次可以分为热数据、温数据和冷数据）。

- 对于热数据（如半年以内的数据，或股票交易和实时产品推荐数据等），必须使用缓存并且延迟达到亚毫秒级的缓存数据存储。
- 对于温数据（如财务报表编制或产品性能报告数据），可以承受一定的延迟（从几秒到几分钟），应该使用数据仓库或关系型数据库。
- 对于冷数据（不经常访问的数据，如出于审计需要而存储 3 年的财务记录），可以计划以小时为单位的延迟，并将其存储在存档中。

根据数据温度选择合适的存储，除实现性能 SLA（Service Level Agreement，服务等级协议）外，还可以节省成本。由于任何解决方案设计都围绕数据处理展开，因此解决方案架构师始终需要彻底了解其数据，然后选择正确的技术。

在本节中，我们对数据的各个方面进行了高阶审视，以便根据数据特性选择恰当的存储。我们将在第 13 章中了解有关数据工程的更多信息。使用合适的工具完成正确的作业有助于节省成本并提高性能，因此，必须根据合理的需求选择合适的数据存储。

4.8 考虑数据驱动的设计

所有软件解决方案都围绕数据的收集和管理而展开。以电子商务网站为例，该应用程序旨在在网站上展示产品数据，并吸引客户购买。当用户注册登录、添加付款方式时，系统就开始收集客户数据了，然后存储订单交易数据，并在产品卖出后维护产品库存数据。另一个例子是银行应用程序，它存储客户的财务信息，并按照完整性和一致性要求处理所有财务交易数据。对任何应用程序来说，最重要的就是合理地处理、存储和保护好数据。

在上一节中，我们了解了不同类型的数据以及存储需求，这将有助于在设计中应用数据思维。解决方案设计在很大程度上会受到数据的影响，因此牢记数据有助于设计正确的解决方案。如果应用程序需要超低延迟，那么在设计解决方案时就需要使用诸如 Redis 和 Memcached 之类的缓存。如果网站需要缩短炫酷的高清图像加载时间，那么需要使用诸如 Amazon CloudFront 或 Akamai 之类的 CDN 在靠近用户的**边缘节点**存储数据。同样，为了提高应用程序性能，你需要了解数据库是读密集型（如博客网站）还是写密集型（如收集调查问卷结果），并进行相应的规划设计。

不仅是应用程序设计，运维和业务决策也是围绕数据展开的。我们需要添加监控功能，以确保应用程序以及业务正常运行。对于应用程序监控，我们可以从服务器收集日志数据并创建仪表盘来可视化指标。

持续监控数据并在出现问题时发送告警，通过触发自动修复机制帮助应用程序从故障中快速恢复。从业务角度来看，采集销售数据有助于更好地开展市场营销活动以增加整体营收。分析评论和感想数据有助于改善客户体验并留住更多客户，这对所有企业都至关重要。采集全面的订单数据并将其提供给机器学习算法可帮助企业预测未来的订单增长并维持所需的库存。

作为解决方案架构师，不仅要考虑应用程序设计，还要考虑整体的业务价值定位。它与应用程序的其他因素息息相关，有助于提高客户满意度并最大化投资回报率。数据就是黄金资产，深入了解数据可以极大地提升组织的盈利能力。

4.9　克服架构约束

在第 2 章中，我们已经了解了解决方案架构需要处理和平衡的各种约束。主要约束包括成本、时间、预算、范围、进度和资源。克服这些约束是设计解决方案时需要考虑的重要因素之一。我们应该将限制视为可以克服的挑战，而不是障碍，因为从正面来讲，挑战总是将我们推向创新的极限。

解决方案架构师需要在考虑各方面约束时做出适当的权衡。例如，当你需要在多层架构中添加额外的缓存时，高性能应用程序会导致更多成本。但是，有时成本比性能更重要，例如，如果内部员工使用系统，那么性能稍低不会直接影响企业营收。有时，快速的市场响应比推出功能齐全的产品更重要，这时候就需要在范围与速度之间进行权衡。在这种情况下，我们可以采取**最小可行产品**（Minimum Viable Product，MVP）方法。下一节将介绍有关此内容的更多详细信息。

在大型组织中，技术约束更加显而易见，因为跨数百个系统进行变更极具挑战。在设计应用程序时，需要在整个组织中使用有助于消除日常挑战的常用技术，还需要使用可确保应用程序日后可升级的创新技术，使其可嵌入其他平台的组件中。

当团队可以自由选择任何技术进行开发时，RESTful 服务模型非常受欢迎。唯一需要提供的是一个可以访问其服务的 URL。即使是大型机等遗留系统也可以通过 API 包装器集成到新系统中，从而克服技术难题。

在本书中，我们可以了解到有关处理各种架构约束的更多信息。采用敏捷方法可以帮助我们克服约束并构建以客户为中心的产品。在设计原则中，应将一切约束视为挑战而非障碍，并为之寻找解决方案。

4.10　采用 MVP 的方法

成功的解决方案应该始终将客户放在首位，同时还要兼顾架构约束。回顾客户的需求，确定哪些方面对他们来说是至关重要的，并按照敏捷的方式交付解决方案。MoSCoW 是一种流行的需求优先级排序法，它可以将客户的需求分为以下几类：

- Mo（Must have，必须具备）：对客户来说至关重要，没有的话产品将无法发布。

- S（Should have，应该具备）：一旦客户开始使用该应用程序，它们就是客户最想要的需求。
- Co（Could have，可能具备）：锦上添花的需求，没有它们也不会影响应用程序。
- W（Won't have，不会具备）：即便没有也不会引起客户关注的需求。

我们需要为客户规划包含必要需求的最小可行产品，然后在接下来的迭代中交付应有需求。使用这种分阶段交付的方式，我们可以充分利用各种资源并克服时间、预算、范围和资源方面的挑战。MVP方法可以帮助我们更好地确定客户需求。在没有确定所构建的功能是否为客户带来附加价值的情况下，一般不会尝试实现所有功能。这种以客户为中心的方法有助于合理地利用资源并减少资源浪费。

从图4-9中可以看到卡车制造交付的演进过程，客户想要一辆送货卡车，在第一版交付后我们可以根据客户的需求进行演进。

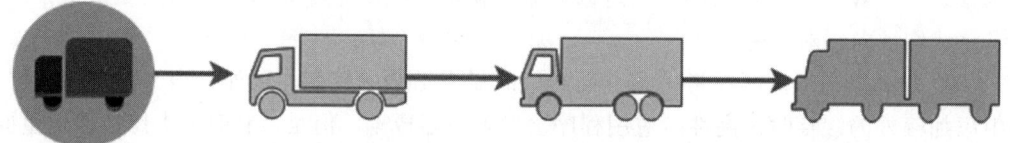

图4-9 使用MVP方法构建解决方案

一旦客户获得功能完备的第一辆送货卡车，他们就可以确定是否需要更大的载重，并且基于此，制造商可以陆续制造6轮、10轮、18轮的卡车拖车。这种循序渐进的方式为客户提供了满足基本使用需求的可用产品，并且团队可以根据客户的需求在产品上进行迭代与演进。

我们可以看到MVP方法是如何高效地利用有限的资源的，这有助于节省时间并快速明确需求范围，例如，与第一次迭代就使用18轮卡车的方法相比，结果发现我们只需要一辆6轮卡车。此外，当将可工作的产品及早交付给客户时，我们可以知道应该在哪里进行投资。由于应用程序已经开始产生收入，我们可以根据实际需要提供用例来请求更多的所需资源。

4.11 安全无处不在

安全是解决方案设计不可或缺的重要方面。任何安全漏洞都可能对业务和组织的未来产生毁灭性影响。

安全因素会对解决方案设计产生重大影响，因此在开始应用程序设计之前，需要充分了解安全性需求。安全性需求被包含在硬件级别的平台基础设施准备中和软件级别的应用程序开发中。以下是设计阶段需要考虑的安全因素：

- **数据中心的物理安全**。数据中心的所有IT资源都应受到保护，以防未经授权的访问。

- **网络安全**。网络应该是安全的，以防止未经授权的服务器访问。
- **身份和访问管理**（Identity and Access Management，IAM）。只有经过身份验证的用户才能访问应用程序，用户可以根据自己的授权进行相应的操作。
- **数据传输安全**。通过网络或互联网进行数据传输时，数据应该是安全的。
- **静态数据安全**。存储在数据库或任何其他存储中的数据应该是安全的。
- **安全监控**。任何安全突发事件都应该被捕获，并提醒团队采取行动。

应用程序设计需要平衡安全需求（如加密）以及其他因素（如性能和延迟等）。数据加密总会对性能产生影响，因为它增加了一层额外的处理，需要解密才能使用。应用程序需要在不影响整体性能的情况下接受加密处理的额外开销。因此，在设计应用程序时，请考虑在哪些场景下确实需要加密。如果数据不是机密的，则无须加密。

应用程序设计要考虑的另一个方面是满足合规性要求，以遵守当地法律法规。如果应用程序属于受监管的行业，例如，医疗保健、金融等，则合规性至关重要。每项法规都有其要求，通常包括数据保护和为审计目的记录每项活动的操作日志。应用程序设计应建立全面的日志记录，并通过监控来确保其满足审计要求。

在本节中，我们学习了在解决方案设计过程中考虑安全并时刻牢记合规性需求。安全自动化是另一个因素，在设计中应该从始至终实现安全自动化，以减少和减轻任何安全事故。这里只对其进行概述，我们将在第 8 章中了解更多详细信息。

4.12　尽可能自动化

在实际工作中，大多数事故是由于人为错误而导致的，而这可以通过自动化来规避。自动化不仅可以高效地处理工作，还可以提高生产力并节省成本。所有可重复执行的任务都应该被自动化，以释放宝贵的人力资源，这样团队成员可以将时间花在更令人兴奋的工作上，并专注于解决实际问题。这也有助于提高团队士气。

在设计解决方案时需要思考什么可以被自动化。要考虑对可重复执行的任务进行自动化，并考虑在解决方案中自动化如下组件：

- **应用程序测试**。应用程序的每次更新都需要进行测试，以确保没有任何功能被影响。此外，人工测试非常耗时并且需要大量资源。最好考虑对可重复的测试用例进行自动化，以加快产品部署和发布的速度。应对生产环境的伸缩进行自动化测试，并使用滚动部署技术（如金丝雀测试和 A/B 测试）来发布变更。
- **IT 基础设施**。可以通过使用基础设施即代码（Infrastructure as Code）脚本（如 Ansible、Terraform 和 Amazon CloudFormation）来实现基础设施的自动化。基础设施的自动化能够在数分钟（而非数天）内完成环境的搭建。采用基础设施即代码的自动化策略还有助于避免配置错误以及副本环境的搭建。
- **日志、监控和告警**。监控是系统的重要组件，我们希望每时每刻都能监控到所有内容。我们还希望基于监控来采取自动化措施，例如，系统的自动伸缩或自动提醒团队采取行动。对于大型系统来说，只能通过自动化来进行监控。所有的活动监控和日志都需要被自动化，以确保应用程序能够平稳地正常运行。
- **部署自动化**。部署是一项可重复的任务，非常耗时，并且在很多应急场景下，都是部署问题导致了上线紧急关头的延迟。通过应用**持续集成和持续部署**（CI/CD）来搭建自动化的部署流水线会有助于实现敏捷，并通过频繁地部署来快速迭代产品功能。CI/CD 可以帮助你对应用程序进行小步的增量变更。
- **安全自动化**。在自动化一切的同时，不要忘记为安全添加自动化。如果有人试图侵入应用程序，你肯定想要立即知道并迅速采取行动。自动监控系统边界上的流入流量和流出流量，以便采取预防措施，并在可疑活动发生时得到告警。

自动化通过确保产品正常运行而让我们高枕无忧。在设计应用程序时，始终从自动化的视角进行思考，并将其视为关键组件。我们将在接下来的章节中了解更多有关自动化的详细内容。

4.13 小结

本章介绍了在进行解决方案设计时需要应用的各种原则。这些原则可以帮助我们从多个方面审视架构，并思考哪些是应用程序获得成功的重要因素。

本章首先介绍了预测性伸缩和被动伸缩两种模式及其具体方法与优势，然后介绍了如何构建能够承受故障的韧性架构，使其可以在不影响用户体验的情况下快速恢复。

设计灵活的架构是所有设计原则的核心，我们也学习了如何在架构中实现松耦合设计。SOA 有助于构建易于伸缩和集成的架构。我们还学习了微服务架构，以及它与传统单体架构的区别和它的优势。

然后，我们了解了以数据为中心的设计原则（因为几乎所有应用程序都围绕数据展开），还通过存储和相关技术的示例了解了不同的数据类型。最后，我们学习了安全和自动化的设计原则，它们适用于任何地方和所有组件。

随着基于云的服务和架构逐渐成为标准，在下一章中，我们将了解云原生架构、如何进行面向云的架构设计、不同的云迁移策略，以及如何搭建有效的混合云。同时还将了解流行的公有云供应商，我们可以通过它们进一步探索云技术。

第 5 章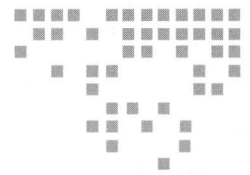

云迁移和混合云架构设计

当今的数字化技术日新月异，如何面对不断增长和变化的用户需求，对每一家企业或组织来讲都是不可逃避的挑战。要解决这个问题，企业需要快速扩展以支持数百万个客户或者根据需要缩减规模。组织需要不断地获得新客户，同时在激烈的竞争环境中提升客户满意度。云迁移可能是实现敏捷性和提升响应速度的最佳方式。它可以支持应用程序的频繁发布，并通过应用自动化和数据中心整合降低成本。

目前为止，我们已经了解了解决方案架构的各个方面、架构属性和架构设计原则。如今，每个人都在谈论云计算，企业或组织都希望将它们的工作负载转移到云上，从而优化运营成本。公有云（如 Amazon Web Services（AWS）、Microsoft Azure 和 Google Cloud Platform（GCP））正在成为应用程序的主要宿主之一，因此请不要忽视上云的前置准备和方法，这一点非常重要。本章将介绍云的各个方面，以及如何开发云计算思维，这将帮助我们更好地理解接下来的章节。

正如第 1 章中所述，云计算指的是通过 Web 按需交付 IT 资源，按资源使用量付费。公有云帮助我们按需获取计算、存储、网络和数据库等技术资源，而不必购买和维护自己的数据中心。

有了云计算，云供应商可以在安全的环境中管理和维护技术基础设施，组织则可以通过 Web 访问这些资源并在上面开发和运行应用程序。组织还可以即时增加或减少 IT 资源的容量，并只需为使用的资源付费。

现在，云已成为企业战略规划中不可或缺的元素。几乎每个组织都通过使用公有云来减少支出，除节省成本外，它们还将前期资本支出转化为运营支出。在过去十年中诞生的许多初创公司都是从云上起步的，并借助云基础设施实现了快速增长。

对于正在迁移上云的企业，在迈向云原生之前，首先要关注云迁移策略和混合云架构。

学完本章内容后，我们将了解到云的好处，并具备设计云原生架构的能力。我们将了解不同的云迁移策略和步骤。还将了解混合云的设计和主流的公有云供应商。

5.1　云原生架构的好处

近年来，技术日新月异，很多新公司诞生于云上，它们颠覆了那些传统的企业或组织。与支付托管自有服务器的前期成本相比，组织在使用云时不需要前期投入。得益于云的按需付费（pay-as-you-go，也称为随用随付）模式，试验的风险也变得更小，这使得云的应用快速增长成为可能。

云原生方法有助于组织的员工开拓创新思维，而无须长时间等待基础设施完善就能够快速实现自己的想法。

有了云，客户不需要提前规划额外的容量来应对销售旺季（如零售商的节假日购物季）的高峰负载，具备了快速按需置备资源的弹性。这有助于组织降低成本并改善客户体验。任何组织要想在竞争中立于不败之地，就必须快速创新。

有了云，企业不仅能够在全球范围内快速获得基础设施，还可以使用前所未有的各种技术。其中包括使用以下各种尖端技术：

- 大数据和分析。
- 机器学习和人工智能。
- 机器人技术。
- 物联网（IoT）。
- 区块链。
- 量子计算。

此外，为了实现可伸缩性和弹性，以下可能是企业想要主动实施云迁移和混合云策略的原因：

- 数据中心需要技术升级。
- 数据中心租约即将到期。
- 数据中心的存储和计算容量耗尽。
- 应用程序的现代化。
- 引入尖端技术。
- 需要优化IT资源以节省运维成本。
- 灾难恢复规划和架构韧性规划。
- 网站使用CDN。
- 减少前期资本投入，并减少运维成本。
- 提高员工的工作效率和生产力。

- 提高业务敏捷性。

每个企业或组织的战略可能各有不同，关于云计算的选用，没有一个放之四海而皆准的标准。常见的情况是将开发和测试环境放在云端，让开发人员能够更加敏捷和迅速。随着 Web 应用程序的云托管变得越来越经济、越来越简单，组织通过将其网站和数字资产托管在云上来推进数字化转型。

为了实现应用程序的可访问性，不仅要在 Web 浏览器构建应用程序，而且要确保它可以通过智能手机和平板电脑进行访问。云技术正在帮助实现这种转变。数据处理和分析是企业利用云的另一个领域，因为基于云的数据采集、存储、分析和共享的成本更低。

基于云构建解决方案架构与为常规企业架构构建解决方案略有不同。在向云端迁移时，我们建立云思维模式并了解如何利用云的内置功能。在云计算思维下，将遵循按需付费模式。我们需要确保适当地优化工作负载，并只在需要时运行服务器。

你需要考虑如何通过提升工作负载（需要时），以及选择合适的策略并从始至终地执行，来优化成本。在使用云时，解决方案架构师需要全面了解每个组件的性能、可伸缩性、高可用性、灾难恢复、容错、安全以及自动化等各个方面。

云计算的其他优势还包括**云原生监控**和**告警机制**。我们可能不需要将现有的第三方工具从本地环境迁移到云端，因为我们可以更好地利用原生云监控，并摆脱昂贵的第三方许可软件。而且现在，我们可以在几分钟内在全球任何区域进行部署，而不用将自己限制在特定区域，并利用全球部署模型来构建更好的高可用性和灾难恢复机制。

云计算提供了出色的自动化处理，几乎可以自动化一切。自动化不仅减少了错误，加快了产品的上市时间，还通过高效利用人力资源节约了大量成本，使团队从乏味和重复的任务中解放出来。云工作基于职责共享模型，其中云供应商负责保护物理基础设施安全。应用程序及其数据的安全则完全由客户负责。因此，封锁环境并利用云原生工具进行监控、告警和自动化来进行安全规范非常重要。

在本书中，我们将从云的视角了解解决方案架构，并对云架构有一个深入的理解。在定义云策略之前，让我们了解一些流行的公有云选择。

5.2 流行的公有云选择

云已经成为构建解决方案的标准，市场上有许多提供尖端技术平台的云供应商，它们都拥有一定的市场份额。以下是主要的云供应商（撰写此书时）：

- **AWS**。AWS 是最早和最大的云供应商之一。AWS 采用按需付费的模式，通过互联网提供 IT 资源，如计算能力、存储、数据库和其他用户所需要的服务。AWS 不仅提供 IaaS 服务；同时也可以提供 PaaS 和 SaaS 服务。AWS 在机器学习、人工智能、区块链、物联网（IoT）领域提供多种尖端技术产品，并提供一条全面的重要数据服务功能。我们可以在 AWS 中托管几乎任何工作负载，并结合具体的服务来设计最佳解决方案。
- **Microsoft Azure**。它也被称为 Azure，与任何云供应商一样，它通过互联网向客户提供 IT 资源，如计算、网络、存储和数据库。与 AWS 一样，Azure 也提供基于云的 IaaS、PaaS 和 SaaS 服务，包括计算、存储、数据管理、内容分发网络、容器、大数据、机器学习和物联网等一系列服务。此外，微软也将 Microsoft Office、Microsoft Active Directory、Microsoft SharePoint、MS SQL Server 等受欢迎的产品包装为云服务。
- **Google Cloud Platform**（GCP）。GCP 是提供计算、存储、网络和机器学习领域的云产品，它拥有一个全球数据中心网络。与 AWS 和 Azure 一样，它通过互联网向用户提供 IT 资源服务。在云计算方面，GCP 为无服务器环境提供了 Google Cloud 函数，类似于 AWS 中的 AWS Lambda 函数和 Azure 中的 Azure 函数。GCP 也同样为基于容器的应用程序开发提供多种编程语言，以便用户可以容易部署应用程序工作负载。

市场上也有其他云供应商，如阿里云、腾讯云、Oracle 云和 IBM 云，但主要市场已经由上述几家云供应商占领。使用哪个云提供商取决于客户的选择，这受到客户要实现的功能的可用性，或基于他们与供应商的合作关系的影响。大型企业大多会选择多云策略。在下一节中将介绍云迁移的各种策略。

5.3　创建云迁移策略

正如我们在前一节中提到的，企业迁移上云可能有多种原因，这些原因在你的云迁移过程中扮演着至关重要的角色。它们将帮助我们确定云迁移策略和应用程序的优先级。除主营业务驱动因素外，还有很多其他理由来支持云迁移，如数据中心、业务、应用程序、团队以及工作负载等方面的原因。

企业选择上云不仅要选择平台、安全设计和操作，还需要考虑人员、流程和文化以及技术等方面。为了确保云迁移的成功，首先需要得到领导者的支持，并通过提高团队的技能来获得团队的承诺。同时还需要定义整个组织的愿景，以确保成功的云方案过渡。

通常，迁移工程采用多种策略并相应地使用不同的工具。迁移策略将影响迁移所需的时间以及为迁移过程的应用程序分组。图 5-1 展示了一些将现有应用程序迁移上云的常用策略。

如图 5-1 所示，你可以选择将服务器或应用程序从源环境**直接搬迁上云**（Lift and Shift）。只需要最小的更改就能让迁移的资源在云上工作。要采用更多**云原生**的方法，你可以重构应用程序以充分利用云原生功能，例如，将单体应用程序转换为微服务。

如果你的应用程序是技术陈旧的应用程序，不易迁移或与云不兼容，那我们可能会考虑将其淘汰，并使用云端的 SaaS 产品或第三方解决方案来替换它。

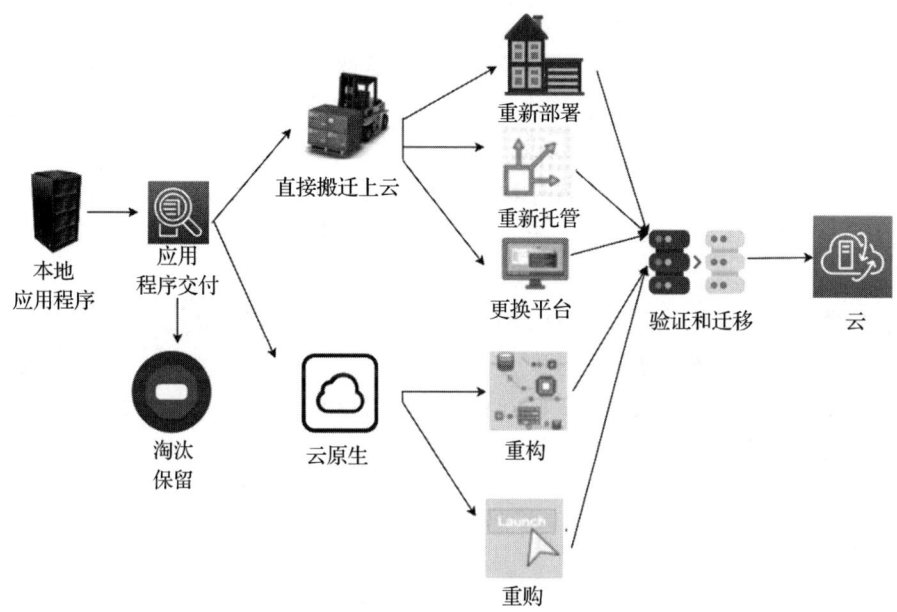

图 5-1　云迁移策略

组织可以混用多种迁移策略，例如，如果应用程序托管的操作系统即将到期，那么我们需要升级操作系统（OS）。此时就可以借此机会迁移上云，以获得更好的灵活性。在这种情况下，我们可以选择**更换平台**（Replatform）策略将代码重新编译来适配新版操作系统并测试所有功能，测试完成后就可以将应用程序迁移上云基础设施中托管的操作系统（OS）。如果我们想购买新的第三方平台，例如用 Salesforce 提供的基于 SaaS 的解决方案替换旧的 CRM 解决方案，你可以选择**淘汰与回购**（Retire and Repurchase）策略。如果我们考虑将应用程序从单体架构重建为微服务以增加敏捷性，那么我们可以采用**重构**（Refactor）策略。

业务目标决定了应用程序的迁移决策，并根据业务优先级来确定迁移策略。例如，当成本效率是主要驱动因素时，迁移策略通常会重点采用**直接搬迁上云**（Lift and Shift）**策略**来进行大规模迁移。但是，如果主要目标是实现敏捷和创新，那么云原生方法，如重新架构和重构（Rearchitecting and Refactoring）将在云迁移策略中发挥关键作用。下面将详细介绍每种策略。

5.3.1　直接搬迁上云

直接搬迁上云是最快的迁移方式，因为它只需要最小的工作量即可迁移应用程序。但是它没有利用云原生的优势。最常见的直接搬迁上云策略是**重新托管**（Rehost）、**更换平台**（Replatform）及**重新部署**（Relocate），它们通常只需要对应用程序进行最小的变更，就可以完成迁移。

1. 重新托管

重新托管快速、可预测、可重复且经济实用，这使其成为迁移上云的首选方法。重新托管是最快的云迁移策略之一，它将本地环境中的服务器或应用程序直接整体迁移上云。在迁移过程中，只需要对应用程序进行最小的更改。

客户经常使用重新托管将应用程序快速迁移上云，然后当资源在云上运行时专注于优化。这使得他们能够获得成本优势。通常，客户使用重新托管的常见原因如下：

- 临时的开发和测试环境。
- 服务器上运行的是套装软件，如 SAP 和 Microsoft SharePoint。
- 应用程序没有有效演进路线图。

重新托管是适用于套装软件的一种迁移策略，可以帮助我们快速迁移上云。但此过程中，我们可能需要升级应用程序底层平台（如操作系统）。在这种情况下，你可以使用更换平台的云迁移策略。

2. 更换平台

当操作系统、服务器或数据库的服务商终止服务时，可能会触发云迁移工程，例如，将 Web 服务器的操作系统从微软 Windows 2003 升级到微软 Windows 2008/2012/2016，或者对 Oracle 数据库引擎进行升级等。更换平台策略将平台升级作为云迁移工程的一部分，但不更改应用程序架构。我们可以决定是否在迁移过程中将操作系统或应用程序更新到较新版本。

使用更换平台策略时，可能需要在目标环境中重新安装应用程序，这可能会导致应用程序变更。因此需要在更换平台后对你的应用程序进行全面测试，以确保和验证应用程序迁移后的运维效率。

使用更换平台策略的常见原因如下：

- 操作系统由 32 位修改为 64 位。
- 修改数据库引擎。
- 更新应用程序的最新版本。
- 将操作系统从 Windows 2008 升级到 Windows 2012 或 2019。
- Oracle 数据库引擎从 Oracle 8 升级到 Oracle 19C/21C。
- 获得云供应商提供的托管服务（如托管存储、数据库、应用部署和监控工具）的好处。

更换平台帮助我们在迁移上云的同时升级应用程序的底层平台。如果应用程序部署在容器或 VMware（虚拟机）中，则只需要将其重新部署到云端即可。现在，让我们进一步了解重新部署（Relocate）策略。

3. 重新部署

我们可能会在本地数据中心中使用容器或 VMware 设备部署应用程序。此时可以使用重新部署策略将此类工作负载迁移上云。重新部署可以在几天内迁移数百个应用程序。你可以以最小的工作量和最简单的方式将基于 VMware 和容器技术的应用程序快速重新部署到云。

重新部署策略不需要大量的前期开发或昂贵的测试计划，因为它提供了企业期望的敏捷性和自动化。迁移过程中需要确定现有的配置，并使用 VMotion 或 Docker 将服务器重新部署到云。VMotion 以实时迁移（零停机）而闻名。它是 VMware 的一项技术，可以将虚拟实例从一台物理主机移动到另一台物理主机而不中断服务。

客户通常出于以下原因而使用重新部署策略：
- 工作负载已经部署在容器中。
- 应用程序已部署在 VMware 设备中。

AWS 上的 VMware Cloud（VMC）不仅可以迁移应用程序，还可以迁移数以千计的虚拟机，覆盖从单个应用程序到整个数据中心的迁移。在将应用程序迁移上云时，我们可能希望借此机会重建和重新架构整个应用程序，使其更具云原生性。

云原生方法允许我们充分利用云的全部功能，让我们进一步了解云原生方法。

5.3.2 云原生方法

当团队决定在短期内转向云原生时，听起来似乎需要更多的前期工作并会拖慢迁移上云的速度。转向云原生需要较高的成本，但从长远来看，当开始使用敏捷团队和云的所有优势进行创新时，这些投入都会带来回报。

在采用云原生方法后，随着时间的推移，成本会急剧下降，因为在按需付费的模式下，我们可以将工作负载优化到合理的价格水平，同时保持原有的性能。云原生包括通过将系统重构为微服务来对应用程序进行容器化或者选择完全无服务器的方法。

为满足业务需求，我们可能希望将整个产品替换为开箱即用的 SaaS 产品，例如，用 Salesforce 和 Workday SaaS 产品替换原有的销售和 HR 解决方案。让我们进一步了解重构（Refactor）和重新采购（Repurchase）两种云原生迁移策略。

1. 重构

重构是指在应用程序迁移上云之前，对应用程序进行重新架构和重写，使其成为云原生应用程序。云原生应用程序是指那些经过精心设计、架构和构建，能够在云环境中高效运行的应用程序。云的先天优势包括可伸缩性、安全性、敏捷和成本效益。将应用程序重构为微服务架构有助于组织创建小型独立团队并各司其职，从而加速创新。

重构需要更多的时间和资源来重写应用程序，并进行重新架构，然后才能迁移上云。具有丰富云经验或高级技术人员的组织通常使用这种方式。重构的替代方案是先将应用程序迁移上云，然后再对其进行优化。

重构的常见示例包括：

- 更改平台（例如从 AIX 到 UNIX）。
- 从传统数据库过渡到云数据库。
- 更换中间件产品。
- 将应用程序从单体架构重构为微服务架构。
- 重建应用程序架构，如使其容器化或使其无服务器化。
- 重新编码应用程序组件。

有时，我们会发现重新构建应用程序需要付出大量精力。作为一名架构师，我们应该评估购买 SaaS 产品是否有助于获得更好的投资回报率（ROI）。接下来让我们更详细地探讨重新采购策略。

2. 重新采购

当 IT 资源和项目迁移上云后，可能需要为某些服务器或应用程序购买与云兼容的许可证或发行版。例如，当应用程序迁移到云端后，其当前的本地许可证可能已经无效。

有关许可证的问题有多种解决方式。例如，可以购买新许可证并继续在云上使用，也可以删除现有的应用程序并将其替换为云上的其他应用程序。替换品可以是同一应用程序的 SaaS 产品。

重新采购的常见示例包括：

- 用 SaaS（如 Salesforce CRM 或 Workday HR）替换应用程序。
- 购买云兼容的许可证。

云可能无法解决所有问题，有时，我们可能会发现一些遗留应用程序无法从云迁移中受益，或者发现并淘汰一些很少使用的应用程序。下面我们将更详细地介绍保留或淘汰（Retain or Retire）策略。

5.3.3 保留或淘汰策略

在规划云迁移时，可能不需要迁移所有应用程序。由于技术限制，部分应用可能不得不维持现状，例如，与本地服务器紧密耦合的应用程序可能无法迁移。另外，我们可能想要淘汰某些应用程序并使用云原生功能进行替代，例如，第三方应用程序监视和告警系统。接下来让我们了解更多关于保留或淘汰策略的内容。

1. 保留

本地环境中可能会有一些应用程序至关重要，但它们由于技术原因不适合迁移（如云平台上不支持的某个操作系统/应用程序）。在这种情况下，可以让它们继续在本地环境中运行。

对于此类服务器和应用程序，可能只需要执行初步分析即可确定它们是否适合云迁移。但无论迁移与否，它们都与已经迁移上云的应用程序之间存在依赖关系。因此可能需要确保本地服务器与你的云环境的连接性。有关本地环境到云连接性的更多信息见 5.6 节。

适合保留的典型工作负载示例有：
- 客户看不到迁移上云的好处的某些遗留应用程序。
- 云不支持的操作系统或应用程序，如 AS400 和大型机应用程序等。

你可能希望将复杂的遗留系统先保留在本地环境并对它们进行优先级排序，以便后续将其迁移。但是在探索的过程中，组织经常会发现某些不再使用的应用程序，它们虽然已经闲置但仍在占用基础设施资源。此时我们可以选择淘汰此类应用程序。接下来我们继续探索淘汰（Retire）策略。

2. 淘汰

在迁移上云时，我们可能会发现以下情况：
- 应用程序很少使用。
- 应用程序消耗过多的服务器容量。
- 由于云不兼容，应用程序可能不再需要。

在这种情况下，我们可能希望淘汰现有的工作负载，并采用全新的、更加云原生的方法。

对于即将停用的主机和应用程序可以采用淘汰策略。淘汰策略同样适用于非必要的冗余主机和应用程序。根据业务需要，此类应用程序甚至可以在本地环境中直接停用，无须迁移上云。通常来说，适合淘汰策略的主机和应用程序包括：
- 用于灾难恢复目的的本地服务器和存储。
- 可以合并的冗余服务器。
- 企业并购导致的重用资源。
- 典型高可用性设计中的备用主机。
- 第三方许可工具，如工作负载监控和自动化工具，可以由云的内置功能代替。

大多数迁移项目都会采用多种策略，每种策略都有不同的工具。迁移策略将影响迁移所需的时间，以及如何在迁移过程中对应用程序进行分组。云迁移是对 IT 资源进行盘点并摆脱"幽灵"服务器（由开发人员自己维护、久而久之下落不明的服务器）的最好时机。在本节中，我们了解了各种云迁移策略，我们将在下一节对这几种策略进行简单比较。

5.4 选择云迁移策略

根据业务驱动来选择正确的云迁移策略非常关键。需要考虑各种约束条件，如财政、资源、时间和技能。我们可以在下表中比较上一节中提及的不同策略之间的时间和成本，以及优化机会。

迁移策略	描述	时间和成本	优化机会
重构	重新构建应用程序使之更模块化，如从单体架构到微服务架构		

（续）

迁移策略	描述	时间和成本	优化机会
更换平台	不改变原核心架构，把应用程序迁移到新的平台，比如从传统的数据库到云或更高版本的操作系统	■■■	■
重新采购	用基于云的方案替换原系统	■■	■
重新托管	快速将应用程序直接搬迁上云，不改变原架构	■■	▪
保留	保留应用程序在非云服务器上	■	NA
重新部署	快速地将应用程序重新部署到云环境中，但不做任何改变，比如基于容器的应用程序	■	NA
淘汰	识别并移除不再有用的应用程序	NA	NA

为降低云迁移风险，始终建议分阶段将应用程序逐步迁移上云。首先，优先考虑业务功能，然后优化应用程序，以实现在成本节约、性能提升和资源生产力方面的差异。举例来说，如果我们正在迁移一个使用 MS SQL 数据库的应用程序，并将其替换为 Amazon Aurora 等云原生数据库，那么最合适的方法是在第一阶段迁移应用程序，然后在第二阶段迁移数据库，同时监控风险和应用程序的稳定性。在后续步骤中我们可以通过使用 AWS Lambda 和 Amazon DynamoDB 等云原生无服务器技术栈来进一步优化应用程序。

应定义迁移策略，并通过可独立工作的团队来快速执行这些策略。云迁移策略会影响其他组织因素，比如，将工程构建能力保留在组织内部，而不是外包。我们可以通过代码测试自动化和部署流程等在组织中构建 DevOps 文化。

通常，客户在准备云迁移时，往往会注意到很多相比旧系统所带来的改进，如优化工作负载和加强安全性这些隐性优势。云迁移过程中会涉及多个阶段。在下一节中，你将了解云迁移的步骤。

5.5 云迁移的步骤

在上一节中，我们学习了不同的迁移策略，以及如何对应用程序进行分组并使用恰当的迁移技术。这些策略也被称为 7R（保留、淘汰、重新部署、重新托管、重新采购、更换平台和重构），这些策略都可能成为我们迁移上云之旅的一部分。

由于我们需要在云端运行和管理多个应用程序，因此最好建立一个云卓越中心（CoE），并通过云迁移工厂对迁移过程进行标准化。云卓越中心由组织中的各个 IT 和业务团队中经验丰富的人员组成，是组织的专用云团队，致力于加速企业云建设。云迁移工厂定义了迁移的过程和工具，以及所需的步骤，如图 5-2 所示。

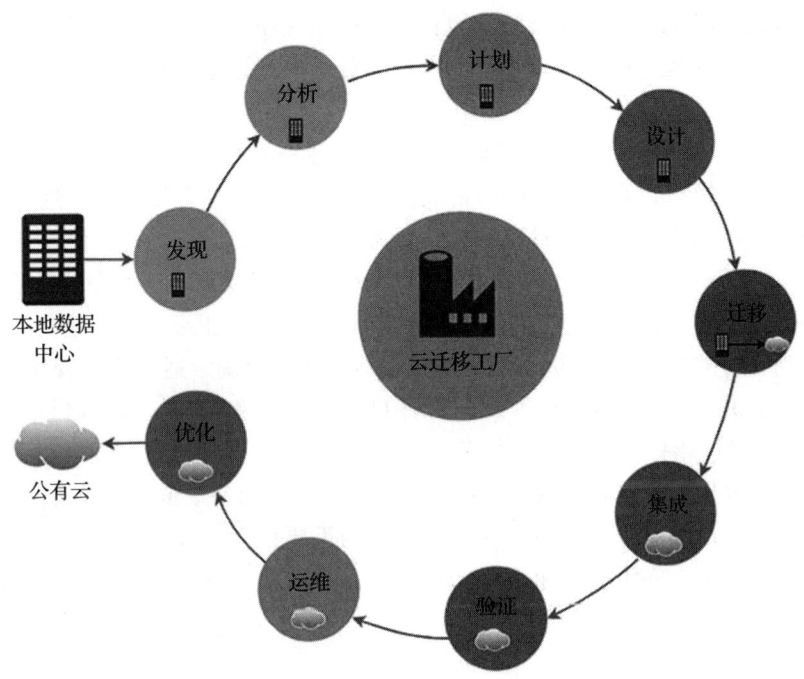

图 5-2 云迁移的步骤

如图 5-2 所示,云迁移步骤包括:
- 发现:探索云迁移的投资组合及本地工作负载。
- 分析:对发现的数据和工作负载进行分析。
- 计划:制定云迁移计划,并定义迁移策略。
- 设计:根据迁移策略设计应用程序。
- 迁移:执行迁移策略。
- 集成:与依赖关系进行集成。
- 验证:在迁移后验证功能。
- 运维:规划云上的运维。
- 优化:优化云上的工作负载。

云迁移项目的初始步骤之一是评估需要迁移的应用程序并确定其优先级。为此,需要获得环境中 IT 资产的完整清单,以确定哪些服务器、应用程序和业务单元适合迁移上云,然后确定迁移计划的优先级,并确定这些应用程序的迁移策略。接下来让我们深入研究迁移上云的每一个步骤。

5.5.1 发现工作负载

在云迁移项目的发现阶段,旨在发现并收集关于云迁移投资组合的详细数据,例如,迁移项目的范围。确定哪些服务器和应用程序应被纳入项目投资组合，以及它们之间的依赖关系和当前基准性能指标。除此之外，工作负载的发现过程中还需要很多相关信息，如了解现有存储、数据库与文件系统、网络配置、安全性与合规性需求、应用程序发布频率、DevOps 模型、升级路径、操作系统维护与补丁、许可要求及其他信息。

然后需要分析收集到的信息，以确定应用程序的连通性和容量需求，这对规划和构建目标云环境，并确定投资成本非常有帮助。要考虑所有因素，需要与其他业务部门（从 IT 到营销和程序管理）进行跨职能讨论，这有助于确认变更以便更好地推进云迁移流程。

详尽的探索还可以帮助识别应用程序当前的问题（在迁移上云之前，这些问题可能需要被解决或得到临时解决）。在分析所发现的数据时，还可以确定适合应用程序的迁移方法。**投资组合发现**是识别云迁移项目中涉及的所有 IT 资产的过程，包括服务器与应用程序、它们的依赖关系和性能指标。

我们还需要收集与资源有关的业务细节，例如，资源的**净现值**（NPV）、应用程序的更新周期、路线图，以及服务器或应用程序对业务的重要程度。这些细节将帮助你确定迁移策略并创建迁移计划。在大多数组织中，这些信息是由多个业务单元和团队所维护的。因此，在发现阶段，可能需要与各种团队（如业务、开发、数据中心、网络和财务等部门）协作。

发现的范围将取决于各种因素，这些因素包括：

- 哪些资源已经迁移上云了？
- 除资源和资产外，应用程序依赖项还有哪些？
- 云迁移的业务驱动因素是什么？
- 整个迁移项目的预估时间是多少？
- 迁移过程将要经历哪些阶段？

迁移项目的最大挑战之一是确定应用程序之间的依赖关系，尤其是它们在 I/O 操作和通信方面的依赖。随着组织的扩张（通过兼并、收购和发展等），云迁移变得愈加具有挑战性。组织通常没有以下 IT 资产的完整信息：

- 服务器的数量清单。
- 服务器规格，如操作系统类型和版本、内存、CPU、磁盘。
- 服务器利用率和性能指标。
- 服务器的依赖关系。
- 整体的网络拓扑细节。

进行全面的投资组合发现有助于回答以下的问题：

- 哪些应用程序、业务单元和数据中心是理想的迁移目标？
- 哪些应用程序适合迁移上云？
- 将应用程序迁移上云有哪些已知或未知的风险？
- 如何考虑应用程序的迁移优先级？

- 应用程序还依赖于其他哪些 IT 资产？
- 应用程序的最佳迁移策略是什么？
- 基于这些依赖关系和风险，让应用程序停用是否比执行实时迁移更好？

市面上有一些工具可以将发现过程自动化，并可以提供各种样式的详细信息。这些工具可以根据不同特性（如部署类型、运维、支持以及发现和报告的数据类型）进行分类。

大多数可用的解决方案大致可分为两类：

- **基于代理的解决方案**：要求在服务器上安装客户端软件，以采集必要的详细信息。
- **无代理解决方案**：无须安装任何其他软件就可以采集信息。

有些解决方案通过端口扫描来探测服务器或主机的开放端口，有些解决方案通过数据包扫描来捕获和分析网络数据包，以解码信息。根据所发现数据的粒度、存储类型和报告选项的不同，这些工具也会有所不同。例如，某些工具可以在网络之外提供更高层次的智能技术，甚至确定正在运行的应用程序的类型。

发现过程的复杂性取决于组织的工作负载以及是否已经有维护良好的资源清单。发现过程通常需要几周，以收集更全面的环境信息。一旦发掘完所有必要的信息，就需要对其进行分析。接下来将详细介绍分析步骤。

5.5.2 分析信息

通过分析主机上的网络连通性数据、端口连接、系统和进程等信息可以了解服务器和应用程序的依赖关系。根据工具的不同，我们可以将服务器的所有外部链接可视化，以识别其依赖关系，也可以通过查询列出所有在运行的特定进程、使用特定端口或与特定主机通信的所有服务器。

我们应将服务器和应用程序进行分组以便迁移调度，为此我们需要识别主机配置的模式。通常，服务器主机名中会嵌入一些前缀，以表示它们与特定的工作负载、业务单元、应用程序或需求相关联。也有些环境可能使用标记和其他元数据将主机与这类详细信息进行关联。

为了确定目标环境的合理规划，可以对服务器和应用程序的性能指标进行分析：

- 如果服务器的配置过剩，则可以合理地调整其配置规格。你可以通过提高服务器和应用程序的利用率而不是修改服务器规格来进行优化。
- 如果服务器配置不足，则可以为服务器分配更高的迁移优先级。

对于不同的环境，在发现过程中采集的数据类型可能会有所不同。迁移计划中的数据分析是为了确定目标网络的详细规划，例如，防火墙配置和工作负载分布，以及应用程序需要在哪个阶段进行迁移。

我们可以将这些洞察与资源的可用性和业务需求相结合，以确定工作负载的迁移优先级。这些洞察可以帮助我们确定云迁移的每个迭代中所包含的服务器数量。

通过对云迁移投资组合的发现和分析，可以为应用程序选择适当的云迁移策略。例如，对于不太复杂，并且在受支持的操作系统上运行的服务器和应用程序，可能适合直接搬迁上云策略。在不受支持的操作系统上运行的服务器或应用程序可能需要进一步分析,以确定适当的迁移策略。

在云迁移项目中,发现、分析和计划环环相扣。全面发现云迁移投资组合并进行数据分析,才能创建迁移计划。分析阶段结束后,根据分析结果和从相关负责人那里采集到的具体信息,我们应该能够对云迁移投资组合中的每个服务器/应用程序执行以下操作:

- 根据组织的上云策略,选择服务器或应用程序的迁移策略。可能只局限于几种特定策略:保留、淘汰、重新采购、重新托管、更换平台和重构。
- 确定其资源迁移上云的优先级。云迁移投资组合中的所有资源最终都可能被迁移,但是迁移优先级将决定对该资源进行迁移的紧迫性。在迁移计划中,优先级高的资源可能会被更早迁移。
- 将资源迁移上云的业务驱动因素记录下来,这将决定资源迁移上云的需求和优先级。

根据发现阶段采集的信息和对信息分析的结果来规划和创建一波波的迁移。每一波被迁移的资源归属为一个逻辑分组,可在上云过程中依次部署到云端的生产和开发/测试环境中。接下来我们进一步讨论迁移计划。

5.5.3 制定迁移计划

经过发现和分析阶段,迁移项目的下一个阶段是制定迁移计划。使用在投资组合发现阶段收集的信息来创建有效的迁移计划。在该阶段结束后,我们应该能够创建应用程序云迁移待办事项列表。

迁移计划阶段的主要目标包括:

- 选择迁移策略。
- 定义迁移的成功标准。
- 确定云资源的合理规格。
- 确定应用程序的迁移优先级。
- 确定迁移模式。
- 创建详细的迁移计划、检查表和时间表。
- 创建迁移 sprint 团队。
- 确定迁移工具。

在创建迁移计划之前要有充分准备,必须对云迁移投资组合中的所有 IT 资产进行详细的探索。此外,在计划阶段之前,云上的目标环境应该已经架构好。迁移计划包括确定云账户结构并为应用程序创建好网络架构。了解本地环境与目标云环境的混合连接也同样重要,它将有助于你对仍依赖本地资源的应用程序进行规划。

应用程序迁移的顺序可以通过三个步骤来确定:

(1)从多个业务和技术维度评估每一个与云迁移潜在相关的应用程序,以准确地量化环境。

（2）使用诸如锁定、紧耦合和松耦合之类的条件来标识每个应用程序的依赖关系，以识别所有基于依赖关系的排序约束。

（3）确定组织所需的优先级策略，以确定各个维度的合理权重。

应用程序或服务器迁移的启动取决于两个因素：

- 首先，取决于组织的优先级策略和应用程序优先级。组织可能会将重点放在某几个不同的维度上，如最大化 ROI、最小化风险、易于迁移或其他特定维度。
- 其次，取决于通过投资组合发现和分析阶段获得的洞见可以帮助我们识别与其策略相匹配的应用程序模式。

例如，如果组织策略是将风险降到最低，那么应用程序的业务关键性应该被赋予更高的权重。如果组织策略是易于迁移，那么可以使用重新托管进行迁移的应用程序将具有更高的优先级。计划的产出应该是一份排好序的应用程序清单，可以用它来安排云迁移的时间表。

以下是迁移计划需要关注的几个方面：

- 在迁移之前收集应用程序的基线性能指标。性能指标将有助于量化设计或优化云上的应用程序架构。我们可能已经在发现阶段采集了大部分的性能数据。
- 为应用程序创建测试计划和用户验收计划。这些计划将有助于确定迁移过程的结果（成功或失败）。
- 可能还需要准备切换策略和回滚计划，根据迁移的结果定义应用程序将如何以及在何处继续运行。
- 运维和管理计划将有助于在迁移期间和迁移后确定各应用程序的角色和职责。责任分配矩阵 RACI 可用来定义应用程序的角色和职责，这些角色和职责将贯穿云迁移的整个过程。
- 确定应用程序团队的对接人，以便在出现紧急上报时间时及时提供支持。各团队之间的紧密协作将确保每次迁移成功完成。

如果组织已经为现有的本地环境制定了一些流程文档，例如，变更控制过程、测试计划，以及用于运维和管理的运行手册，你可能会在迁移过程中利用它们。

对迁移前、迁移期间和迁移后的性能和成本进行比较，我们可能会发现目前没有获得足够的正确的**关键性能指标**（KPI）来支持这种分析。客户需要确定有效的 KPI 并开始获得相关数据，以便在迁移期间和迁移后有一个比较的基准。在迁移中使用 KPI 方法有两个目的：首先，它需要确定应用程序的现有能力；然后，将其与云基础设施进行比较。

当新产品被添加到产品目录中或者新的服务上线后，会带动公司的营收增长，这是公司的一项 KPI。IT 指标通常包括产品质量以及为应用程序上报的故障数量。**服务等级协议**（Service-Level Agreement，SLA）明确了因为修复严重故障而导致的系统停机时间，以及包括系统资源利用率的性能指标（如内存利用率、CPU 利用率、磁盘利用率和网络利用率）。

可以使用持续交付方法（如 Scrum）来将应用程序高效地迁移上云。借助 Scrum 方法，创建多个 sprint，并根据优先级将应用程序添加到 sprint 待办事项中。有时，可以将迁移策略相似并且可能彼此相关的多个应用程序进行组合。通常，让各个 sprint 保持固定的周期，并根据 sprint 团队的规模和应用程序复杂性等因素来变更 sprint 中的应用程序。

如果团队较小，并且对需要迁移的应用程序有着深入的了解，那么可以以周为单位划分 sprint，其中每个 sprint 都包括了发现/分析、计划/设计和迁移阶段，最终在 sprint 的最后一天切换上云。然而，随着 sprint 的持续迭代，每个 sprint 的工作量可能会逐步增加，因为团队已经在之前的迁移过程中获得了经验，并且可以吸收先前 sprint 的反馈，通过持续学习和适应来提高效率。

如果要迁移的应用程序非常复杂，还可以将整周时间用于计划/设计阶段，并在其他的 sprint 中执行其他阶段。每个 sprint 中执行的任务及其可交付成果可能会有所不同，具体取决于应用程序的复杂性和团队规模等因素。关键是要从 sprint 中获得价值。

同时，还可以组建多个团队来协助迁移，这取决于产品待办事项安排、迁移策略和组织结构等多种因素。有些客户会针对各项迁移策略创建专门的团队，如重新托管团队、重构团队和更换平台团队。此外，还可以设置一个专门优化云上应用程序架构的团队。对于需要将大量应用程序迁移上云的组织来说，多团队策略是首选模型。

团队可以分为以下几个部分：
- 首先，团队可以验证核心组件，以确保应用环境（包括开发、测试或产品）在正常运行，并得到了必要的维护和监控。
- 集成团队将确定应用程序配置，并找到依赖关系，这将有助于减少来自其他团队的浪费。
- 直接搬迁上云 sprint 团队将迁移不需要重构或更换平台的大型应用程序。该团队将在每个 sprint 中使用自动化工具小步交付增量价值。
- 更换平台 sprint 团队专注于应用程序架构变更，以便将应用程序迁移上云，例如，对应用程序进行微服务改造，或将操作系统更新到最新版本。
- 重构 sprint 团队负责管理各种迁移环境，如生产、测试和开发环境。该团队通过密切监控来确保所有环境都是可伸缩的并按照预期的功能要求运行的。
- 创新 sprint 团队与基础和转型团队等协作，共同开发可用于其他团队的一站式解决方案。

建议在计划和持续构建产品待办事项的同时启动一个试点迁移项目，以便将适应过程和经验教训整合到新的计划中。在试点阶段最好先针对非生产部分迁移组合。试点项目和 sprint 的成功将有助于确保利益相关者对云转型计划的支持。

5.5.4 设计应用程序

在设计阶段，重点应该是如何成功迁移应用程序，并确保应用程序在迁移上云后，其设计满足所需的最新成功标准。例如，如果将用户会话维护在本地应用服务器中（以便水平伸缩），就要确保在迁移上云后实现类似的架构，这就是成功的标准。

此阶段的主要目的是确保应用程序的设计能够满足云迁移的成功标准，理解这一点至关重要。我们需要识别出可以增强应用程序的机会，并在优化阶段完成实施。

对于迁移，首先需要完全了解组织的本地基础设施和云基础设施中的重要组件，其中包括：

- 用户账户。
- 网络配置。
- 网络连接。
- 安全。
- 治理。
- 监控。

了解这些组件将有助于为应用程序创建和维护新的架构。例如，如果应用程序需要处理敏感信息，例如**个人身份信息**（Personally Identifiable Information，PII），并且具备访问控制，这意味着架构需要特定的网络设置来满足合规性需求。

在设计阶段，需要识别架构可能存在的不足，并根据应用程序的实际要求来增强架构。当有多个账户时，每个账户之间可能具有某种程度的关系或依赖。例如，可以拥有一个安全账户，以确保所有资源都符合公司的安全准则。

在谈及应用程序的网络设计时，需要考虑以下因素：

- 流入应用程序的边界的网络数据包。
- 外部和内部流量路由。
- 用于网络防护的防火墙规则。
- 应用程序与互联网和其他内部应用程序的隔离。
- 总体网络合规性和治理。
- 网络日志和流量审计。
- 根据应用程序对数据暴露程度和用户群，划分应用程序的风险等级。
- DDoS 攻击防护。
- 生产和非生产环境的网络需求。
- 基于 SaaS 的多租户应用程序访问需求。
- 组织中业务单元级别的网络边界。
- 跨业务单元的共享服务模型的计费和实施。

根据连通性需求，可以考虑建立云上应用与本地系统混合连接。为了在云上构建和维护安全、可靠、高性能和低成本的架构，我们需要采用最佳实践。在迁移上云之前，要参考云最佳实践来审查云基础架构。

第 4 章重点介绍了在应用程序迁移上云时可以考虑的常见架构设计模式。设计阶段的主要目标是设计应用程序架构，使其满足计划阶段确定的迁移成功标准。我们可以在迁移项目的优化阶段进一步优化应用程序。

在迁移上云的过程中，你可以设计应用程序架构，使其从遍布全球的云基础设施中受益，并拉近与最终用户的距离，降低风险，提高安全性，并解决数据存储限制。随着时间推移而不断发展和更新的系统应该构建在可伸缩的架构之上，这样的架构可以在不降低性能的前提下支持用户、流量或数据的增长。

对于需要维护某些状态信息的应用程序，你可以使架构中的特定组件无状态。如果架构中每一层都需要有状态，那么可以利用诸如会话关联等技术来扩展此类组件。对于需要处理大量数据的应用程序，可以采用分布式处理方法。

降低运行应用程序运维复杂性的另一种方法是使用无服务器架构。这种架构可以降低成本，因为它不但不用为未充分利用的服务器付费，也不必提供冗余的基础设施来实现高可用性。我们将在第 6 章中学习更多关于无服务器架构的内容。

图 5-3 和图 5-4 展示了从本地站点到 AWS 云的迁移设计，其中本地架构映射如图 5-3 所示。

从本地环境到 AWS 云的架构映射如图 5-4 所示。

在图 5-4 中，作为云迁移策略的一部分，Web 服务器需要重新托管并引入自动伸缩机制，以帮助满足峰值期的流量需求。弹性负载均衡器来将传入的流量分发到多个 Web 服务器实例。应用服务器使用重构进行了迁移，数据库层从传统数据库迁移到了云原生的 Amazon RDS 平台。整个架构分布在多个可用区中，以提供高可用性，并且数据库复制到了第二个可用区中的实例备份。

作为设计阶段的产出，应该为云上的应用程序架构创建详细的设计文档。设计文档应包括各种详细信息，例如，应用程序必须迁移到的用户账户、网络配置，以及需要访问此应用程序数据的用户、组和其他应用程序列表。设计文档应明确阐明应用程序托管细节以及关于备份、许可证、监

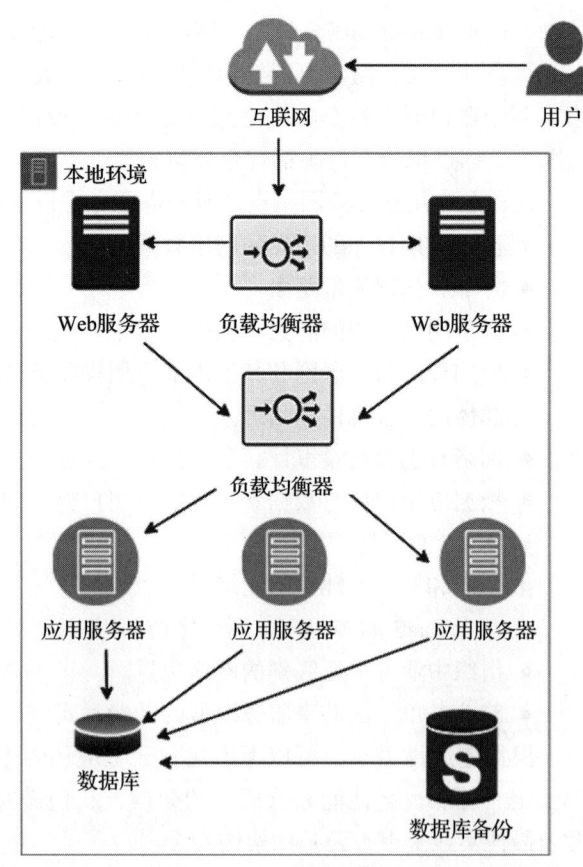

图 5-3　本地架构映射

控、安全、合规性、打补丁和维护等方面的特定需求。确保为每个应用程序创建一个设计文档。在迁移验证阶段可用它来执行基本的云功能检查和应用程序功能检查。

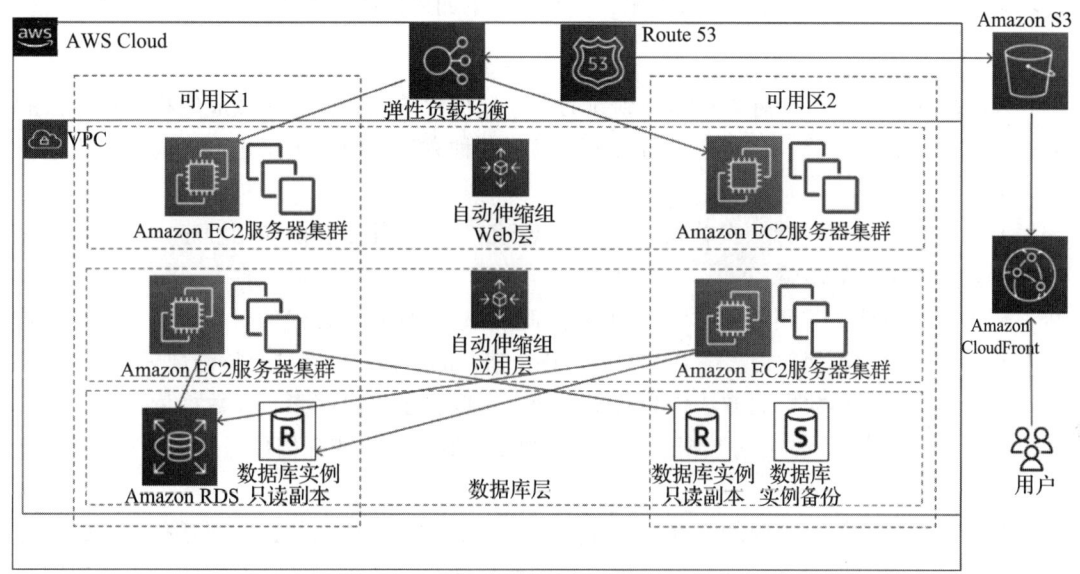

图 5-4 从本地迁移到 AWS 云架构映射

5.5.5 执行应用程序迁移上云

按照迁移步骤执行迁移是实现云迁移目标的重要阶段。在执行阶段，我们需要定义一组步骤和配置，因为你将在开发/测试和生产阶段重复它们。在执行迁移之前，应确保有已确认的迁移计划，并且已经确定了 sprint 团队、迁移周期和时间表，并向所有应用程序的利益相关者告知了迁移安排、时间表以及他们的角色和职责。

必须确保云上的目标环境已经搭建好了基础架构及核心服务。某些特定的应用程序可能还需要一些前置步骤，例如，在迁移之前执行备份或同步、关闭服务器或从服务器卸载磁盘和设备。确保已准备好基本组件，如网络和防火墙规则、身份验证和授权以及账户。所有这些都需要进行正确的配置。我们需要在基础设施上测试应用程序，以确保它们能够访问所需的服务器、负载均衡器、数据库、身份验证服务器等。为了实现高性能指标，我们需要特别注意应用程序日志记录和监控。

确保在迁移的过程中与云环境的网络连接畅通。考虑到带宽和网络连接等因素，提前对需要迁移的数据量进行合理的估算有助于正确预估数据迁移上云所需的时间。你还需要了解可以用于执行迁移的工具。考虑到市场上可获得的设备数量，你可能需要根据需求和其他限制因素来缩小选择范围。

重新托管通常是将应用程序迁移上云的最快方法。当应用程序在云上运行时，它还可以通过进一步优化以充分利用云提供的所有好处。通过将应用程序快速迁移上云，你可能会更快地意识到使用云在成本和敏捷性方面的好处。

根据迁移策略,我们通常迁移整个服务器,包括应用程序和运行应用程序的基础设施,或者只迁移应用程序中的数据。接下来,我们看一下如何迁移数据和服务器。

1. 数据迁移

云数据迁移是指将现有数据移动到新的云存储位置的过程。大多数应用程序在上云的全程中都需要数据存储。存储迁移通常采取以下两种方法,但是组织也可以同时采用这两种方法。

- 第一种方法是进行一次单独的直接搬迁上云。这可能是新的应用程序在云上启动之前必不可少的步骤。
- 第二种方法是采用更偏重于云的混合模型,这会导致新构建的云原生项目上存在着一些遗留的本地数据。随着时间的推移,遗留的数据存储可能会逐渐向云转移。

尽管如此,迁移数据的方法仍会有所不同。这取决于很多因素,如数据量、网络和带宽限制、数据的分类(如备份数据、关键任务数据、数据仓库或存档数据)以及为迁移过程分配的时间等。

在带宽和数据都不理想的情况下,如果有大量的存档数据或数据需要迁移,那么可能希望将数据从当前位置直接迁移到云供应商的数据中心;还可以通过专用网络来加速网络传输或通过硬盘上的物理传输数据来实现。

如果数据存储是随着时间逐步迁移的,或者新的数据从许多非云数据源聚合而来时,要考虑为云存储服务提供友好的接口。云供应商的数据迁移服务可以直接利用或补充现有的数据装置,比如备份和恢复软件或**存储区域网络**(Storage Area Network,SAN)。

对于小型数据库,一步迁移是最佳选择,这可能需要关闭应用程序几小时到几天。在停机期间,数据库中的所有信息会被提取并迁移到云上的目标数据库。数据库迁移完成后,需要使用源数据库来验证迁移后是否有数据丢失,之后就可以完成最终的切换了。

在其他情况下,如果系统要求最少的停机时间,那么通常采用两步迁移的方法,这种方法对于任何大小的数据库都是适用的:

- 第一步,从源数据库中提取信息。
- 第二步,在数据库仍处于启动和运行状态时迁移数据。我们需要配置**变更数据捕获**(Change Data Capture,CDC),以确保所有数据都被迁移,并且在迁移过程中应用程序处于工作状态。

 在整个过程中,没有停机时间。在完成迁移任务后,可以根据需要对外部应用程序的连接和其他标准进行功能和性能测试。

在此期间,由于源数据库仍处于启动和运行状态,因此需要在最终直接转换之前传播或复制更改。此时,需要安排数据库的停机时间(通常为几小时),并同步源数据库和目标数据库。在所有数据变更都传输到目标数据库之后,应该执行数据验证以确保迁移成功,并最终将应用程序流量路由到新的云数据库。

可能有一些关键任务型数据库无法接受停机。执行这种零停机迁移需要详细的计划和适当的数据复制工具。对于这种场景，需要使用连续数据复制工具。需要提醒一点是，在同步复制的情况下，源数据库可能会出现响应延迟，因为在数据复制过程中，它需要等待数据复制到其他各处，然后才能对应用程序做出响应。

如果数据库停机时间只有几分钟，则可以使用异步复制。如果使用零停机迁移，由于源数据库和目标数据库始终保持同步，因此在进行切换时具有更大的灵活性。

2. 服务器迁移

使用以下方法可以将服务器迁移上云：

- **主机或 OS 克隆技术**是指在源系统上安装代理，它会克隆系统的操作系统镜像。在源系统上创建快照，然后将其发送到目标系统。这种类型的克隆适用于一次性迁移。使用**操作系统复制**（OS Copy）方法，可以将所有的操作系统文件从源计算机复制并托管到云实例上。为了使 OS Copy 方法生效，执行迁移的人员和 / 或工具必须了解底层的 OS 环境。
- **灾难恢复**（Disaster Recovery，DR）复制技术会在源系统上部署一个代理，用于将数据复制到目标系统。尽管如此，数据只是基于文件系统或块级别复制的。少数解决方案将数据连续复制到目标卷，从而提供不间断的数据复制解决方案。使用**磁盘复制**（Disk Copy）方法，将完整地复制磁盘卷。一旦获取磁盘卷，就可以将其作为卷加载到云上，然后附加到云实例中。
- 对于虚拟机，可以使用无代理技术将其导出或导入云。使用**虚拟机复制**（VM Copy）方法，可以复制本地虚拟机镜像。如果本地服务器以虚拟机（如 VMware 或 OpenStack）的方式运行，则可以复制 VM 镜像并将其作为计算机镜像导入云上。这种技术的主要优点是可拥有可以反复启动的服务器备份镜像。
- 使用**用户数据复制**（User Data Copy）方法，只复制应用程序的用户数据。从原始服务器导出数据之后，可以从三种迁移策略（重新采购、更换平台、重构）中选择一种。用户数据复制方法只适用于那些了解应用程序内部结构的人。由于该方法只提取用户数据，所以它是一种与操作系统无关的技术。
- 可以将应用程序容器化，然后将其重新部署到云中。使用容器化方法，可以同时复制应用程序二进制数据和用户数据。一旦复制了这两种数据，就可以在托管在云上的容器运行时运行应用程序。由于底层平台原本就不同，所以这种方法是更换平台迁移策略的一种方式。

市场上有几种迁移工具可以帮助我们将数据和 / 或服务器迁移上云。主要的公有云服务商都提供了自己的迁移工具，不过，我们也可以使用其他流行的云迁移工具，如 CloudEndure、NetApp、Dynatrace、Carbonite、Microfocus 等。其中一些工具采用灾难恢复策略进行迁移，某些灾难恢复工具还支持通过不间断复制来实现实时迁移。还有一些工具专门用于搬运服务器、进行数据库跨平台迁移或数据库模式转换。这些工具必须能够支持我们所熟悉的业务流程，并且有专门的运维人员进行管理。

5.5.6 集成、验证和切换

集成、验证和切换是同步进行的，因为在对云中的应用程序执行各种集成时，我们会想要进行持续的验证。团队首先使用指定流量进行必要的云功能检查，以确保应用程序在正确的网络配置（在预期的地区）下运行。当基本的云功能检查完成后，就可以根据需要启动或停止实例。此外还需要验证服务器配置（如 RAM、CPU 和硬盘）是否与预期的一致。

执行这些检查需要对应用程序及其功能有一定的了解。主要项检查完成后，就可以对应用程序开展集成测试。这些集成测试包括检查与外部依赖关系和应用程序的集成，例如，确保应用程序能够连接到**活动目录**（Active Directory，AD）、**客户关系管理**（CRM）系统、补丁程序或配置管理服务器，以及共享服务。待集成验证成功后，应用程序就可以进行切换了。

在集成阶段，需要集成应用程序并将其迁移上云，并通过外部依赖关系验证其功能。例如，应用程序可能必须与外部的 AD 服务器、配置管理服务器或共享服务资源进行通信。此外，应用程序可能还需要与属于客户或供应商的外部应用程序集成，例如，下达采购订单后，供应商可以通过 API 接收信息。

完成集成过程后，需要通过执行单元测试、冒烟测试和**用户验收测试**（UAT）来验证其结果是否与预期一致。这些测试结果可以帮助你获得应用程序和业务负责人的审批。集成和验证阶段的最后一步包括获取应用程序和业务负责人的签字，之后就可以将应用程序从本地站点切换到云环境了。

云迁移工厂的最后一个阶段是切换。在此阶段，需要采取必要的措施将应用程序流量从源本地环境重定向到目标云环境。数据或服务器迁移的类型（一步迁移、两步迁移或零停机迁移）不同，切换过程中的步骤可能会有所不同。确定切换策略时需要考虑以下因素：

- 应用程序可接受的停机时间。
- 数据更新的频率。
- 数据访问模式，例如，只读或静态数据。
- 特定于应用程序的要求，如数据库同步、备份和 DNS 名称解析。
- 业务约束，例如，进行切换的日期或时间及数据的重要性。
- 变更管理指导方针和审批。

对于关键业务的工作负载迁移，最流行的就是实时迁移。接下来我们将详细介绍实时迁移。

图 5-5 阐述了实时零停机迁移的切换策略。使用这种方法，数据被不间断地复制到目标位置，即使应用程序仍在运行中，我们仍然可以在目标环境中执行大部分的功能验证和集成测试。

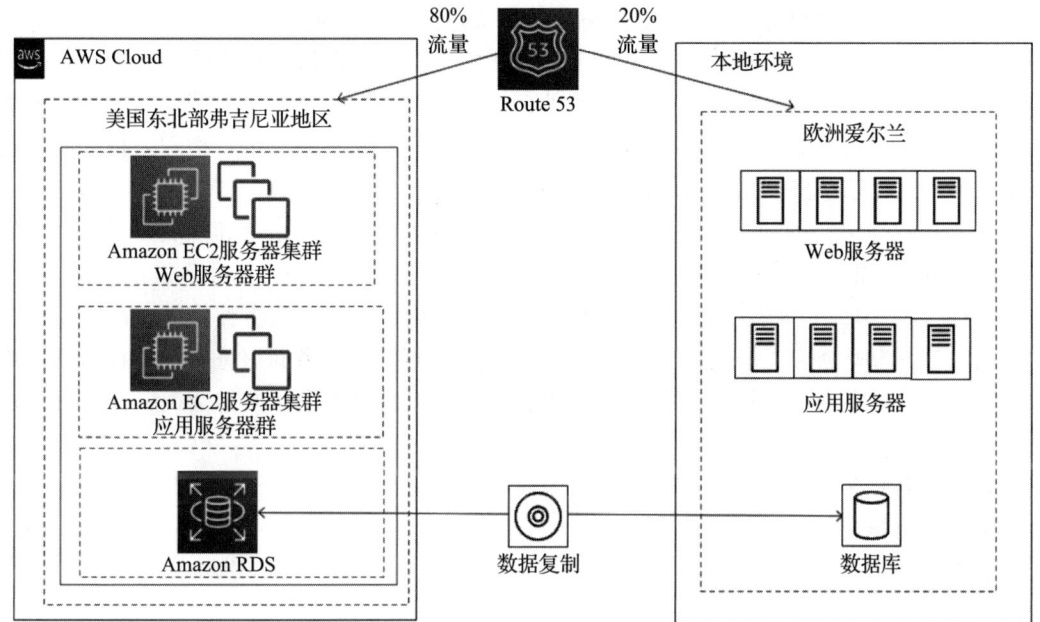

图 5-5　使用蓝绿部署进行实时迁移切换

在复制过程中，源内部数据库和目标云数据库始终保持同步。在成功完成所有集成和验证测试，并且应用程序也准备好进行切换后，就可以通过蓝绿部署方法进行切换了。蓝绿部署主要的理念是——蓝色环境是承载实时通信的现有生产环境。

与此同时还有一个绿色环境，其除了代码版本，其他与蓝色环境都是相同的。我们将在第 12 章中了解更多关于蓝绿部署的知识。

在初始阶段，应用程序在本地和云环境中同时运行，因此流量会被同时分配到两端。后续可以逐渐增加到云端流量，直到所有流量都指向新的应用程序，从而实现无停机切换。

其他最常用的切换策略则需要一些停机时间。我们可以为应用程序安排停机时间，暂停通信，使应用程序暂时下线并通过应用 CDC 进程执行最后的同步。

完成同步之后，最好在目标端执行一个快速冒烟测试。然后就可以将流量从源环境重定向到云上的应用程序，从而完成切换。在迁移过程中，执行同步和切换时，关注数据准确性非常关键，因为当应用程序处于活动状态时，数据会不断变化。我们可以使用 AWS DMS（Database Migration Service，数据库迁移服务）、Oracle GoldenGate 等数据迁移工具对 CDC 数据执行一次性迁移。

5.5.7　运维云应用程序

迁移过程的运维阶段可帮助认证、运行、使用和运维云中的应用程序，达到与业务利益相关者所约定的运维水平。大多数组织通常已经为其本地环境定义了指导方针。卓越运维过程将帮助确定流程变更和培训，使运维能够支撑上云的目标。

我们来探讨一下在数据中心部署复杂计算系统与在云上部署它们之间的区别。在数据中心，为项目构建物理基础设施的负担落到了公司的 IT 部门。这意味着我们需要确保服务器有适当的物理环境保护措施，如电源和冷却等，以便对这些资产进行物理防护，同时还需要在各个区域维护多个冗余设施，以减少灾难发生的可能性。

部署在数据中心的缺点是需要大量投资。如果希望尝试新的系统和解决方案，那么保护必要的资源可能是一项挑战。

如果选择云环境，情况会变得大不相同。物理数据中心由云服务商管理，而不是由公司自持。当希望增加新的服务器时，只需要让云服务商提供一台新服务器，并且所需的内存、磁盘空间、数据 I/O 吞吐量率、处理器能力等都能满足要求。换句话说，计算资源成为按需置备和取消的服务。

以下是需要在云端进行的 IT 运维：
- 为服务器打补丁。
- 服务和应用程序日志。
- 云监控。
- 事件管理。
- 云安全运维。
- 配置管理。
- 云资产管理。
- 变更管理。
- 通过灾难恢复和高可用性实现业务连续性。

对于上述大多数运维工作项，IT 组织通常遵循诸如**信息技术基础设施库**（Information Technology Infrastructure Library，ITIL）和**信息技术服务管理**（Information Technology Service Management，ITSM）等标准。ITSM 组织并描述了与计划、创建、管理和支持 IT 服务有关的活动和过程，而 ITIL 则采用最佳实践来实施 ITSM。我们需要使 ITSM 实践更加现代化，以便能够利用云提供的敏捷性、安全性和成本优势。

在传统环境下，开发团队和 IT 运维团队是完全分开的。开发团队从业务负责人那里收集需求并开发构建系统。系统管理员独立负责运维，满足正常运行时间要求。团队之间通常没有任何直接的沟通，并且团队间很少去了解对方的流程和需求。每个团队都有自己的一套工具、过程和方法，这常常导致工作冗余，有时还会产生冲突。

在 DevOps 方法中，开发团队和运维团队在软件开发生命周期的构建和部署阶段协同工作，共同分担责任，并提供持续的反馈。DevOps 是一种促进开发人员和运维团队之间的协作和协调，以持续交付产品或服务的方法论。在整个构建阶段，将在类生产环境中对软件版本进行频繁测试，从而尽早发现缺陷。

如果团队在开发或交付产品或服务的过程中依赖多种应用程序、工具、技术、平台、数据库、设备等，DevOps 方法将非常有效。我们将在第 12 章中了解更多关于 DevOps 的知识。

5.5.8　优化云上应用程序

云上运维中非常重要的一个方面是优化，这是一个持续改进的过程。本小节将概括介绍各种优化领域。本书专用几章来详细介绍每种优化考量。以下是主要的优化领域：

- **性能**。针对性能进行优化，以确保系统架构能够为一组资源（如实例、存储、数据库和空间/时间）提供高效的性能，第 7 章中有更多关于架构性能的介绍。
- **安全**。持续审查和改进组织的安全政策和流程，以保护 AWS 云上的数据和资产。第 8 章将介绍更多关于架构安全注意事项的知识。
- **可靠性**。优化应用程序的可靠性以实现高可用性，并为应用程序设定停机阈值，这将有助于从故障中恢复过来，处理增长的需求，并随着时间的推移缓解中断。第 9 章将介绍更多关于架构可靠性考量的内容。
- **卓越运维**。优化运维效率，以及运行和监控系统的能力，以便交付业务价值并不断改进支持流程和程序。第 10 章将介绍更多关于架构运维考虑的内容。
- **成本**。考虑当资源需求波动时，如何优化应用程序的成本效率。第 11 章将介绍更多关于架构成本考量的内容。

要优化成本，则需要快速浏览一下有哪些主要考量因素。需要了解当前有哪些资源被部署在云环境中，以及这些资源的价格。通过分析详细的计费报告和启用计费警报，可以主动监控云中的成本。

在公有云上，只需要为所使用的资源付费。因此，可以通过关闭不再需要的实例来降低成本，通过自动化实例部署，甚至可以根据需要拆除和重构实例。

卸载的资源越多，需要维护、扩展和支付的基础设施就越少。优化成本的另一种方法是设计弹性架构。确保你的资源大小合适，使用自动伸缩，并根据价格和需求调整你的利用率。例如，对于应用程序来说，使用更多的小实例可能比使用更少的大实例更经济高效。

应用程序架构的一些调整可以帮助你提高应用程序性能。一种改善 Web 服务器性能的方法是通过缓存降低回源的 Web 页面流量。通过编写应用程序来缓存图片、JavaScript 甚至整个页面，从而提供更好的用户体验。

你可以设计 N 层和面向服务的架构，以独立扩展每个层和每个模块，这将有助于性能优化。我们将在第 6 章中更多地了解这个架构模式。

客户可能希望在云迁移期间保留部分工作负载，原因之一是采用了分阶段迁移上云方式，或者部分应用程序由于其复杂性或许可证问题而无法迁移上云。这种情况下，需要构建一个混合云，其中本地工作负载可以与云工作负载交互，并无缝交换信息。接下来让我们了解关于创建混合云架构的更多细节。

5.6 创建混合云架构

云的价值正在不断提升，许多大型企业正在将工作负载迁移到云上。然而，要在一天之内完全迁移上云通常是不可能的，对于大多数客户而言，这将是一个长期过程。客户通常会要求一种混合云模型，将应用程序的一部分维护在本地环境中，并与云上的其他模块进行通信。

在混合部署方案中，需要为本地环境和云环境中运行的资源之间建立连接。最常见的混合部署方法是在云和现有的本地基础设施之间，逐步将组织的基础设施扩展并迁移到云上，在此期间保持本地系统与云资源连接。创建混合云架构的常见原因可能包括：

- 当重构应用程序并通过蓝绿部署模型将其部署上云时，希望在本地环境运维遗留应用程序。
- 诸如大型机之类的遗留应用程序，可能因为没有与之兼容的云方案，必须继续在本地环境运行。
- 由于合规性要求，需要将部分应用程序保留在本地环境。
- 为了加速迁移，将数据库保留在本地，而应用服务器则迁移上云。
- 客户希望对应用程序的某一部分有更精细的控制。
- 云上的数据 ETL（Extract，Transform，Load，提取、转换、加载）流水线需要从本地数据库提取数据。

云服务商为客户提供了一种机制，可以将客户现有基础设施和云集成，这样客户就可以轻松地将云作为其基础设施的无缝扩展来使用。这些混合架构使客户可以完成从网络集成、安全和访问控制功能到支持工作负载的自动化迁移，并可以通过其本地基础设施管理工具控制云上的工作。

以 AWS 云为例，你可以通过 VPN 建立到 AWS 云的安全连接。由于 VPN 连接是在互联网上建立的，可能会存在延迟问题（这是因为第三方互联网服务商有多个路由跳转节点）。我们可以使用 AWS Direct Connect（直连服务）将光纤专用线直连到 AWS 云以获得更低的延迟。

如图 5-6 所示，通过 AWS Direct Connect 可以在本地数据中心和 AWS 云之间建立高速连接，实现低延迟的混合部署。

如图 5-6 所示，AWS Direct Connect 点实现了本地数据中心与 AWS 云的连接。这有助于我们实现客户将专用光纤线路连接到 AWS Direct Connect 点的需求。客户可以从第三方服务商，如 AT&T、Verizon、T-Mobile 或 Comcast 这些服务商处选择光纤线路。AWS 在全球各个区域都有直连的合作伙伴。

客户的光纤线路通过 AWS Direct Connect 点连接到 AWS 专用网络，这为数据中心到 AWS 云建立了专用的端到端连接。这些光纤可以提供高达 10GB/s 的速度。为了保护直连的流量，可以使用 VPN，并通过 IPSec 对流量进行加密。随着市场上知名厂商提供的云产品和服务越来越多，组织可能会选择采用多云方式。接下来让我们了解更多关于多云方式的细节。

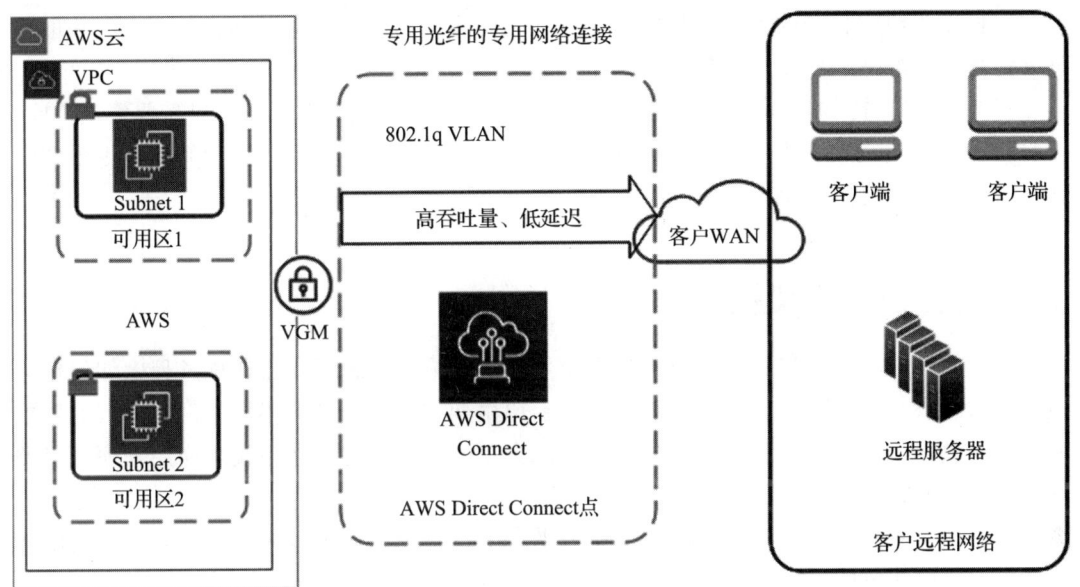

图 5-6　混合云架构（本地到云的连接）

5.7　采用多云方式

在云出现之前，组织会使用多个供应商，选取其最好的服务项，以避免被某家供应商绑定。同样，随着越来越多的公有云参与者进入市场，企业或组织正在寻求创建多云架构的方法。多云方式是指利用两个或多个公有云服务商来满足组织的基础设施和技术需求。多云方式可以混合使用主要的公有云提供商（如 AWS、GCP、微软 Azure、Oracle Cloud、IBM 等）。企业或组织可以根据其地理可用性、技术能力和成本等多种因素的评估结果，在不同的云之间共享其工作负载，还可以将多云与本地部署结合起来。

多云方式的主要优势之一是具有灵活性。使用多云，我们可以在服务商之间进行选择，并保留谈判能力、敏捷性和灵活性。如果某服务商不能达到预定的 SLA，我们就可以选择切换到更好的云服务商。另一个优势是，当其中一个云服务商出现宕机时，我们能够靠其他云服务商在同一区域规划灾难恢复。每个云服务商都有自己的优势，我们可以选择跨云提供的最佳服务。

虽然多云方式为组织提供了竞争优势，但它也带来了挑战。最突出的挑战之一是技能要求。在创建云上工作负载托管策略时，需要有专人去了解多种云，更重要的是，需要复制多个团队来深入研究每个云技术栈。我们可以考虑聘请顾问或将云管理外包给在云中拥有人力资源库的全球系统集成商。

多云方式的另一个挑战是跨云协调数据时的可用性、安全性以及性能。虽然每个云服务商都提供内置的安全性、跨区域应用程序和提升性能的云原生工具，但当涉及跨云操作时，这将成为组织自身的责任。我们需要在云之间实现一致的数据管理，从一个云获取数据并将其提供给另一个云，并确保一致性。

正如我们所看到的，多云方式有其优点和缺点，因此在选择多云方式时需要慎重考虑。一旦启动了云端之旅，我们可能还想要构建云原生应用程序。接下来让我们学习更多关于构建云原生架构的知识。

5.8 设计云原生架构

本章前面已经从迁移的角度介绍了云原生方法，重点了解了在云迁移过程中如何重构应用或重新设计应用架构。每个组织可能对云原生架构的看法各有不同，但是，云原生的中心思想就是以最佳方式利用云的所有功能。真正的云原生架构是指设计应用程序，以便使其从根本上完全构建在云上。

云原生并不意味着将应用程序托管在云平台上，它主要指可以充分利用云提供的服务和功能，这可能包括：

- 在微服务中将单体架构容器化，并创建用于自动部署的 CI/CD 流水线。
- 使用 AWS Lambda **函数即服务**（Function as a Service，FaaS）和 Amazon DynamoDB（托管在云上的 NoSQL 数据库）之类的技术构建无服务器应用程序。
- 使用 Amazon S3（托管的对象存储服务）、AWS Glue（用于 ETL 的托管 Spark 集群）和 Amazon Athena（用于临时查询的托管 Presto 集群）创建无服务器数据湖。
- 使用云原生监控和日志服务，如 Amazon CloudWatch。
- 使用云本地审计服务，如 AWS CloudTrail。

图 5-7 所示为微博客应用程序的云原生无服务器架构的示例。

图 5-7 描述了如何在 AWS 云中使用云原生无服务器服务。其中，Amazon Route 53 用来管理 DNS 服务，并路由用户请求。Lambda 将函数作为服务来管理，用于**处理用户验证、配置文件和博客页面**的代码。所有博客资产都存储在 Amazon S3（用于管理对象存储服务）中，所有的用户资料存储在 Amazon DynamoDB（NoSQL 存储）中。

当用户发送请求时，将对用户进行验证并查看其个人资料，确保 Amazon DynamoDB 中存在他们的订阅。之后，它将从 Amazon S3 中找到博客的资产（如图片、视频和静态 HTML 文字），并将其展示给用户。该架构可以无限伸缩，因为所有的服务都是云原生托管服务，不需要处理任何基础设施。

这些云原生服务负责诸如高可用性、灾难恢复和可伸缩性等关键因素，因此我们可以专注于功能开发。就成本而言，只有当请求到达博客应用程序时才需要付费。如果没有人在晚上浏览博客，就不需要为代码托管支付任何费用，只需要支付对象存储费用。

云原生架构的好处在于它可以让团队实现快速创新，并变得更加敏捷。它简化了复杂应用程序和基础设施的搭建。作为系统管理员和开发人员，你只需要全身心关注网络、服

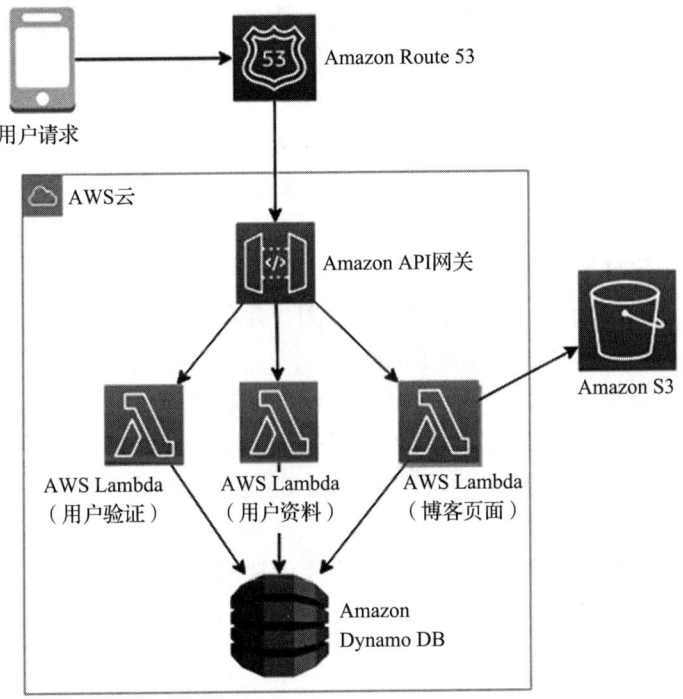

图 5-7 微博客应用程序云原生无服务器架构

务器、文件存储和其他计算资源的设计与搭建，将物理设施留给云计算服务商就可以了。云原生架构具有以下优点：

- **按需快速伸缩**。可以在需要时请求资源，并且只为使用的资源付费。
- **快速复制**。基础设施即代码（Infrastructure-as-Code）意味着你可以一次构建多次复制。你可以通过一系列的脚本或应用程序来搭建基础设施，而不必一步一步亲手搭建。以编程的方式搭建基础设施可以让你在需要开发或测试时按需构建或重建环境。
- **易装易卸**。在云上，服务是按需提供的，因此可以轻松搭建大型实验系统。系统可能包含可伸缩的 Web 和应用服务器集群、多个数据库、TB 的（存储）容量、工作流应用程序以及监控系统，你可以在实验完成后将其全部拆卸以节省成本。

在存储、网络和自动化领域还有更多构建云原生架构的示例。我们将在第 6 章中更多地讨论这个架构。

5.9 小结

本章介绍了云是如何成为最受企业欢迎的主流应用程序托管和开发环境的。首先，介绍了云计算思维以及它与解决方案架构设计的关系。由于越来越多的组织正在要求迁移上云，因此本章重点介绍了各种云迁移策略、技术和步骤。

其次，介绍了各种云策略，阐明了它们与工作负载的性质和迁移优先级密切相关。迁移策略包括直接搬迁上云（通过重新托管和更换平台迁移应用程序），还包括云原生方法（通过重构或重新架构应用程序以利用云原生功能）。

在应用程序发现阶段，我们可能会发现一些未被使用的资源并将其淘汰。如果你选择不迁移某些工作负载，那么就让它们保留在本地环境。

再次，介绍了云迁移涉及的各个步骤，包括发现本地工作负载、分析收集的数据，并制订计划以确定采取哪种迁移策略。

在设计阶段，你要创建一个详细的实施计划，并在迁移步骤中执行，你要学会建立与云的连接，并将你的应用程序从内部迁移上云。

最后，介绍了迁移之后如何在云上集成、验证和运维工作负载，以及如何持续优化成本、安全、可靠性、性能和卓越运维。混合云架构是迁移过程中不可或缺的一部分，因此还通过 AWS 云的架构示例介绍了如何建立本地环境与云的连接。此外，还介绍了重要的云供应商及其产品。

下一章将深入探讨各种架构设计模式以及参考架构。我们将了解不同的架构模式，例如 N 层架构、面向服务架构、无服务器架构和微服务架构等。

5.10 进一步阅读

要了解有关主要公有云供应商的更多信息，参阅以下链接：

- Amazon Web Services (AWS)：https://aws.amazon.com
- Google Cloud Platform (GCP)：https://cloud.google.com
- Microsoft Azure：https://azure.microsoft.com
- Oracle Cloud Infrastructure (OCI)：https://www.oracle.com/cloud/
- Alibaba Cloud：https://us.alibabacloud.com
- IBM Cloud：https://www.ibm.com/cloud

几乎每个云供应商都将其学习认证开放给了新用户，因此你可以先使用电子邮件注册并试用其产品，然后再做选择。

第 6 章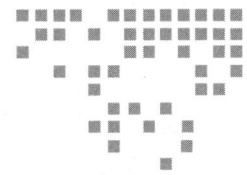

解决方案架构设计模式

我们试想一下如何为一个大型企业设计解决方案架构。在开始开发应用程序之前,解决方案架构师跨组织工作,权衡多种选择来开发架构设计以处理业务需求。设计解决方案有多种方法。解决方案架构师需要根据用户需求以及成本、性能、可伸缩性和可用性等架构约束采用正确的方法。在本章中,我们将了解各种解决方案架构模式以及参考架构,以及如何在实际场景中应用它们。

在前面的章节中,我们学习了解决方案架构设计的属性和原则。现在,你终于可以将所学的知识应用到各种架构设计模式中了,这也是本章极为关键并且令人激动的原因。在本章中,我们将了解一些重要的解决方案架构模式,如多层架构、事件驱动、微服务、松耦合、面向服务和 RESTful 架构。

我们将了解各种架构设计的优点及其适用场景示例。除架构设计模式以外,我们还将了解架构设计的反模式。

在本章结束时,我们将了解如何优化解决方案架构设计和应用最佳实践,使本章成为你学习的中心和核心。

6.1 构建 N 层架构

在 N 层架构(也称为多层架构)中,需要采取松耦合设计原则(参见第 4 章)以及可伸缩性和弹性(参见第 3 章)。在多层架构中,产品功能被划分为多个层,例如,表示层、业务层、数据库层和服务层,这样每一层都可以独立执行和伸缩。

在多层架构下,非常容易采用新技术,并提升开发效率。这种分层的架构为各层提供了灵活性，每一层都可以在不影响其他层的前提下增加新功能。在安全方面，你可以保障各层的安全并将其与其他层隔离，因此即便某一层的安全受到损害，其他层也不会受到影响。应用程序的故障排查、解决和管理也变得更可控，因为你可以快速查明问题的来源，以及应用程序的哪一部分需要进行故障排除。

多层设计中最常见的架构是三层架构。图 6-1 展示了最常见的三层架构，在该架构下，你可以通过浏览器与 Web 应用程序进行交互并执行所需的功能（例如，订购自己喜欢的 T 恤或阅读博客并发表评论）。

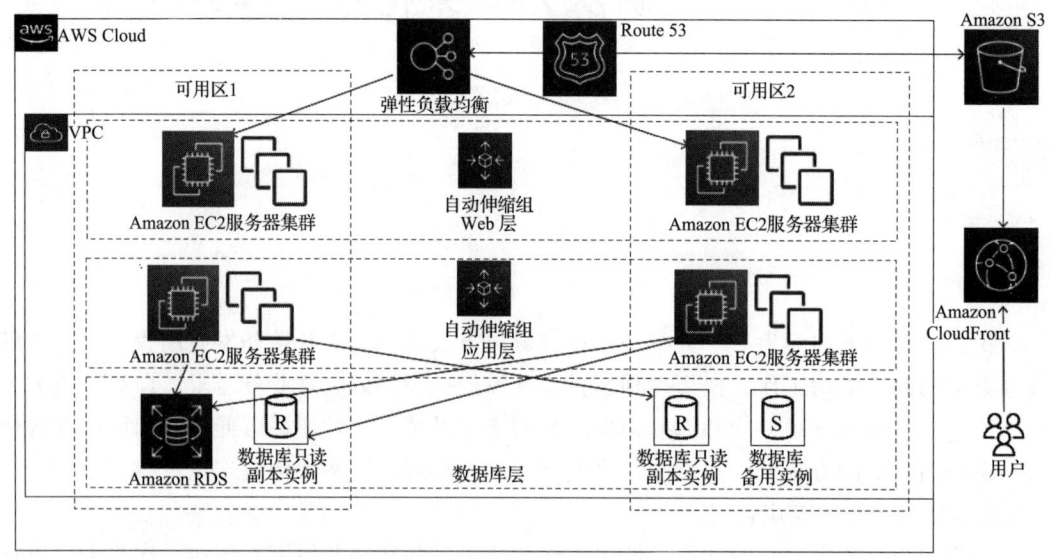

图 6-1　三层网站架构

上述架构具有以下三层：

- **Web 层**。Web 层是应用程序中面向用户的部分。终端用户通过与 Web 层交互来收集或提供信息。
- **应用层**。应用层主要包含业务逻辑，对 Web 层接收到的信息进行处理。
- **数据库层**。用于存储各种用户数据和应用程序数据。

接下来将详细介绍每一层。

6.1.1　Web 层

Web 层也被称为表示层。Web 层提供了一个用户界面，帮助最终用户与应用程序交互。Web 的用户界面（在本例中是网站页面）可以让用户在这里输入信息或浏览信息。Web 开发人员可以使用 HTML、CSS、AngularJS、Java Server Page（JSP）和 Active Server Page（ASP）等技术来构建表示层用户界面。该层从用户处收集信息，然后传递给应用层。

此外，架构设计还应考虑用户界面设计和页面加载性能。Web 层和应用层之间应该有无间隙的信息流传输，以便在进行诸如用户登录、配置文件加载等操作向用户返回信息时能满足响应时间要求。接下来让我们看一下应用层的更多细节。

6.1.2 应用层

应用层也被称为**逻辑层**，是产品的核心，因为所有业务逻辑都驻留在这一层。表示层从用户那里收集信息，将其传递给逻辑层进行处理并获得结果。例如，在诸如 Amazon.com 之类的电子商务网站上，用户可以在订单页面上输入日期范围来查询订单摘要。然后，Web 层将日期范围传输给应用层。应用层处理用户输入并执行业务逻辑，例如，计算订单数量、金额总和以及购买的商品数量。这些信息将传回到 Web 层并呈现给用户。

通常，在三层架构中，所有的算法和复杂的逻辑都存在于应用层，包括创建推荐引擎或根据用户的浏览历史向用户展示个性化页面。我们可以添加更多一些层，如域层、数据访问层或表示层，以形成四层或五层的架构。开发人员可能通过服务器端编程语言（例如，C++、Java、.NET 或 Node.js）来实现该层。应用层是系统设计的核心，应用程序的大多数功能和特性都依赖于在应用层构建的逻辑。应用程序层对数据执行逻辑处理后将其存储在数据库层。接下来让我们看一下数据库层的更多细节。

6.1.3 数据库层

数据库层也被称为**数据层**，存储与用户资料和事务相关的所有信息。本质上，它包含了需要持久存储在数据层中的所有数据。这些信息被读取到应用层进行逻辑处理，最终通过 Web 呈现给用户。例如，如果用户通过其用户 ID 和密码登录网站，那么应用层将通过存储在数据库中的信息来验证用户凭证。如果用户凭证与存储的信息匹配，那么就允许用户登录并访问网站的授权区域。

架构师可以选择使用关系型数据库构建数据层（例如 PostgreSQL、MariaDB、Oracle Database、MySQL、Microsoft SQL Server、Amazon Aurora 或 Amazon RDS），也可以引入 NoSQL 数据库（如 Amazon DynamoDB、MongoDB 或 Apache Cassandra）。

数据层不仅用于存储事务信息，还用于保存用户会话信息和应用程序配置。为了满足性能需求，架构师也可以考虑是否添加缓存数据库（Memcached 和 Redis）。我们将在第 13 章中了解更多关于各种数据库的知识。

我们要特别注意数据层的安全性方面。确保通过在存储和传输过程中通过对应用数据加密来保护用户信息。在 N 层架构图中，每一层都有自己的自动伸缩配置，这意味着它们可以独立伸缩。而且，每一层都有网络边界，这意味着可以访问某一层而不允许访问其他层。

在设计多层架构时，我们需要考虑应该在设计中添加多少层。例如，解决方案架构师可能决定将应用层分解为业务层、服务层和持久层。每一层都需要服务器和网络配置。因此，添加更多的层意味着资源成本和管理开销增加，而保持更少的层意味着要构建紧耦合的架构。架构师需要根据应用程序的复杂性和用户需求来决定层的数量。

例如，我们希望添加额外的层（例如，用于数据库访问逻辑的数据访问层）并保留用于数据库引擎的数据存储层。我们可以在架构中增加更多的层级，通过定义逻辑抽象和功能解耦来降低系统复杂性，这有助于提高应用程序的可维护性，以及满足扩展和性能要求。

6.2 创建基于 SaaS 的多租户架构

上一节介绍了多层架构，但是，为同一个组织构建的相同架构也被称为单租户架构。随着企业或组织推进数字化转型，同时想要保持较低的应用程序实施和运维成本，多租户架构变得越来越流行。**软件即服务**（Software-as-a-Service，SaaS）模型构建在多租户架构之上，其中，一套软件及其配套基础设施可以为多个客户提供服务。在此设计中，所有客户共享应用程序和数据库，每个租户通过其独有的配置、身份和数据进行隔离。它们在共享同一产品时仍然互不可见。

由于多租户 SaaS 供应商拥有从硬件到软件的所有资源，因此基于 SaaS 的产品使组织不用再承担应用程序维护和更新的职责（由 SaaS 供应商处理）。每个客户（租户）都可以配置其自定义用户界面，而无须更改任何代码。由于多个客户共享一个基础架构，他们都可以获得规模效益，从而进一步降低成本。主流 SaaS 供应商有 Salesforce CRM、JIRA 工具和 Amazon QuickSight。

如图 6-2 所示，有两个组织（租户）使用相同的软件和基础设施。SaaS 供应商通过为每个组织分配唯一的租户 ID 来提供对应用层的访问。每个租户都可以根据自己的业务需求使用简单的配置来自定义用户界面。

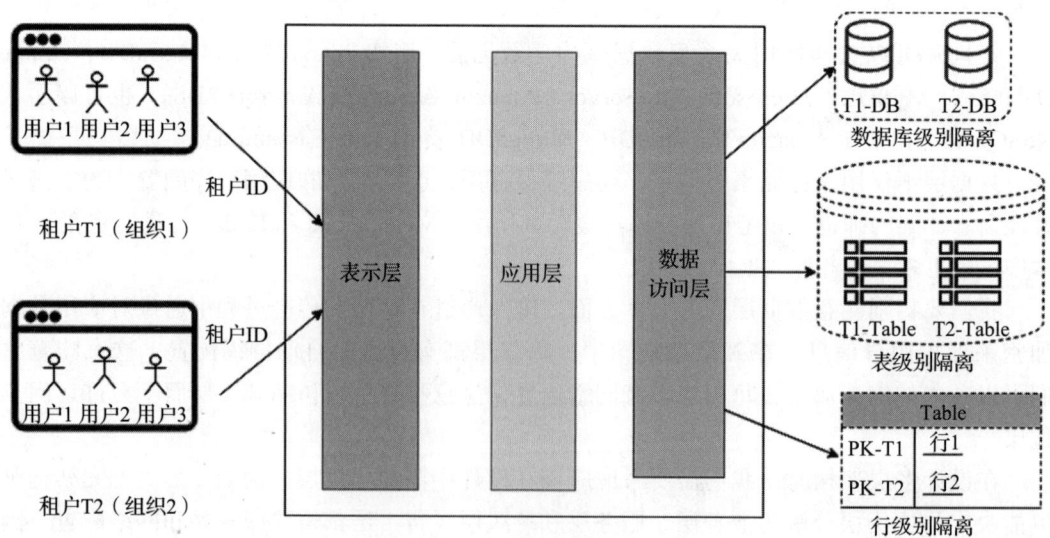

图 6-2　多租户 SaaS 架构

在图 6-2 的架构设计中，表示层提供用户界面，应用层处理业务逻辑。在数据访问层，每个租户将通过以下方法之一实现数据隔离：

- **数据库级别隔离**。在该模型中，每个租户都有与其 ID 关联的数据库。当每个租户从用户界面查询数据时，数据请求将被重定向到其关联的数据库。如果客户出于遵从性和安全性的原因不希望使用共享数据库，则适用此模型。
- **表级别隔离**。通过为每个租户提供独立的表来实现表级别隔离。在该模型中，需要为每个租户分配独立的表，例如，使用租户 ID 作为表名前缀。当租户从用户界面查询数据时，会根据其唯一标识符将其重定向到对应的表。
- **行级隔离**。在该隔离级别中，所有租户共享数据库中的同一个表。表中还有一列字段，用于存储每一行数据对应的唯一租户 ID。当租户从用户界面访问其数据时，应用程序的数据访问层将根据租户 ID 查询共享表。每个租户将获得仅属于自己的行数据。

对于企业客户，需要根据其自身的需求，仔细评估 SaaS 解决方案是否适合它们。这是因为 SaaS 模型的定制化能力通常有限。此外，如果需要订阅大量用户（账号），我们需要找到成本和价值的定位（平衡点）。成本的比较应该基于"构建与购买"的总持有成本。由于构建软件并不是大多数组织的主要业务，因此 SaaS 模型变得非常流行，这样组织就可以专注于自己的业务，让专家处理 IT 方面的工作。

6.3 构建无状态架构和有状态架构

在设计复杂的应用程序（如电子商务网站）时，需要处理用户状态以维护活动流，其中用户可能正在进行一系列活动，如添加到购物车、下单、选择运输方法和付款。现如今，用户可以通过各种渠道访问应用程序，使用多个不同设备进行访问，例如，从手机上添加商品到购物车，然后从笔记本计算机上完成下单和付款。在这种情况下，系统需要在多个设备间保持用户活动并维持其状态，直到交易完成。因此，架构设计和应用程序实现需要规划用户会话管理，以满足此要求。

为了保持用户状态并使应用程序无状态，需要将用户会话信息存储在持久化数据库层（如 NoSQL 数据库）。该状态可以在多个 Web 服务器或微服务之间共享。传统上，单体应用程序使用有状态架构，其用户会话信息存储在服务器本地，而非其他外部持久化数据库。

会话存储机制是无状态和有状态应用程序设计的主要区别。由于有状态应用程序中的会话信息是存储在服务器本地的，它无法在服务器之间共享，也不支持现代微服务架构（详见 6.6 节）。

有状态应用程序不能很好地支持水平伸缩，因为应用程序状态存储在服务器中，无法替换。有状态应用程序在早期用户群不是很大的时候可以良好运行。然而随着互联网的盛行，有理由假设某 Web 应用程序上有数百万活跃用户。因此，有效的水平伸缩对于应对如此庞大的用户群并实现应用程序的低延迟至关重要。

在有状态应用程序中，状态信息由服务器处理，因此一旦用户与某一台服务器建立连接，他们必须持续到交易完成。我们可以在有状态的应用程序前面放置负载均衡器，但前提是，必须在负载均衡器中启用粘性会话。同一用户会话的请求会被路由到处理第一个请求的同一台服务器，以确保用户会话不会因为路由到不同服务器而造成请求丢失。负载均衡器必须将用户请求路由到已经建立会话的那台服务器。启用粘性会话违反了负载均衡器默认的请求轮询方法，并可能导致其他问题，例如，开放过多的服务器连接（因为需要客户端加载会话超时机制）。

此时设计方法应该更多关注使用无状态方法的共享会话状态，因为它允许水平伸缩。图 6-3 展示了一个无状态 Web 应用程序架构。

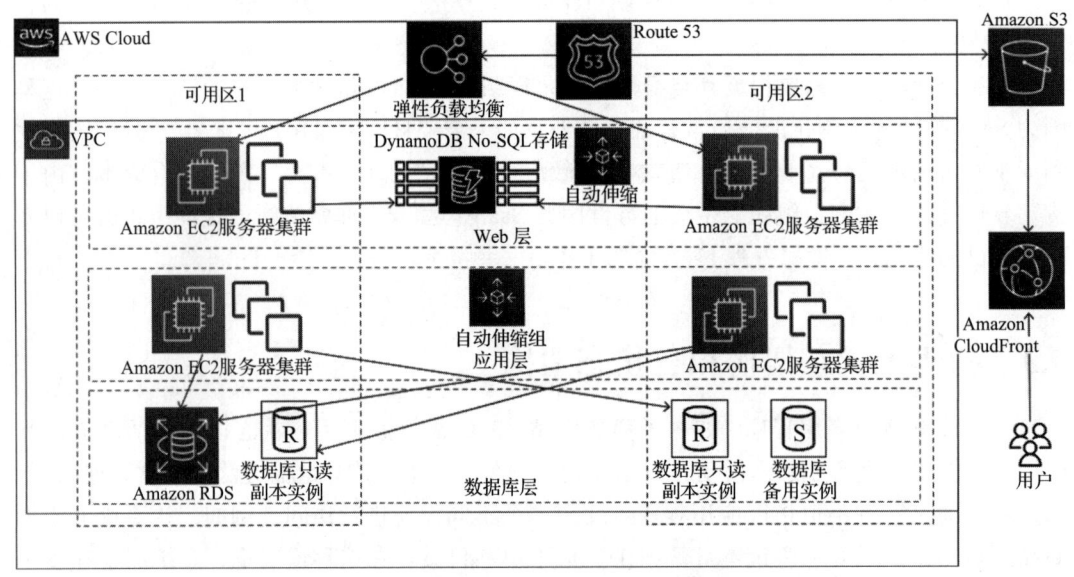

图 6-3　无状态 Web 应用程序架构

图 6-3 中的架构图是一个三层架构，其中包括 Web 层、应用层和数据库层。为了使应用程序松耦合和可伸缩，所有的用户会话都持久化存储在 NoSQL 数据库（如 Amazon DynamoDB）。你应该使用客户端存储（例如 Cookie）来保存会话 ID。这种架构可以使用水平伸缩模式，而不必担心用户状态信息丢失。无状态架构消除了创建和维护用户会话的开销，可以保持应用程序模块间的一致性。无状态应用程序还具有性能优势，因为它消减了服务器端的内存使用，并解决了会话超时问题。

采用无状态模式会使任务复杂化，但只要采取正确的方法，用户群将可以获得更佳的体验。我们可以采用微服务方法来开发 REST 设计模式的应用程序，并将其部署在容器中。为此，应使用认证和授权验证用户和服务器的连接。

由于多个 Web 服务器需要访问的状态信息都集中在一个点上，因此务必保持谨慎，防止数据存储成为性能瓶颈。

6.4 理解 SOA

在**面向服务的架构**（SOA）模式中，不同的应用程序组件通过网络上的通信协议相互交互。每个服务都提供端到端的功能，如获取订单历史记录。SOA 广泛应用于大型系统的业务流程集成，例如，从主应用程序中获取支付服务并将其作为单独的解决方案。

一般来说，SOA 将单体应用程序中的一些处理逻辑划分为多个彼此独立的服务。使用 SOA 的目的是降低应用程序服务间的耦合。

有时，SOA 不仅对服务进行拆分，还包括将资源划分到服务的各个实例。例如，虽然有些人会选择将公司的所有数据存储在单个数据库的不同表中，但 SOA 会考虑使用功能拆分完成对应用程序的模块化设计，每个模块或服务拥有独享的数据库。这样一来就可以根据每个数据库表承载的功能需求来伸缩和管理吞吐量。

SOA 模式有多种优点，例如，开发、部署和运维都可以并行。它将服务解耦，以便可以单独优化和扩展每个服务。同时它也需要强大的治理能力来确保每个服务团队执行的工作都符合相同的标准。SOA 可能让解决方案变得非常复杂，带来额外的开销，因此需要选择正确的工具，以及自动化的服务监控、部署和扩展来平衡投入和产出。

实现 SOA 架构的方法有多种。这里将介绍基于**简单对象访问协议**（SOAP）的 Web 服务架构和基于**表示层状态转移**（REST）的 Web 服务架构。

起初，SOAP 是最流行的信息传输协议，但是由于它完全依赖 XML 进行数据交换，因此它有点烦琐。但是现在，由于开发人员需要构建更加轻量的移动和 Web 应用程序，REST 架构越来越受欢迎。接下来将详细地介绍两种架构及其差异。

6.4.1 基于 SOAP 的 Web 服务架构

SOAP 是一种消息传递协议，以 XML 格式在分布式环境中交换数据。SOAP 是一种标准的 XML 格式，它通过一种被称为"**SOAP 信封**"（SOAP Envelope）的格式进行数据传输，如图 6-4 所示。

如图 6-4 所示，SOAP 信封包含两个部分。SOAP 消息是 XML 格式的，通常使用**超文本传输协议**（HTTP）传输。

- **SOAP 报头**。SOAP 报头提供了关于消息的接收方应该如何处理该消息的相关信息。它包括授权信息，确保将消息传递给正确的接收方，并用于数据编码。
- **消息体**。消息体包含了实际的消息内容，它通过 **Web 服务描述语言**（Web Services Description Language，WSDL）规范进行描述。WSDL 是一个 XML 文件，它描述了 API（应用程序设计接口）契约，包括消息结构、API 操作以及服务器的 URL（唯一资源定位器）地址。通过 WSDL 服务，客户端应用程序可以知道服务的托管位置以及功能。

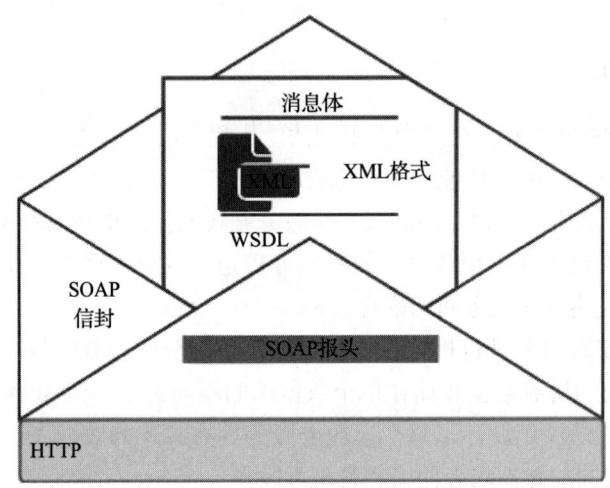

图 6-4　用于 Web 服务数据交换的 SOAP 信封

以下代码展示的是一个 SOAP 信封的 XML。你可以在 SOAP 信封下看到报头和消息体。

```
<env:Envelope xmlns:env="http://www.w3.org/2003/05/soap-envelope">
<env:Header>
    <n:orderinfo xmlns:n="http://exampleorder.org/orderinfo">
      <n:priority>1</n:priority>
      <n:expires>2019-06-30T16:00:00-09:00</n:expires>
    </n:orderinfo>
  </env:Header>
  <env:Body>
    <m:order xmlns:m="http://exampleorder.org/orderinfo">
      <m:getorderinfo>
          <m:orderno>12345</m:oderno>
      </m:getorderinfo>
    </m:order>
  </env:Body>
```

SOAP 通常使用 HTTP，但也可以使用其他协议，如 SMTP（电子邮件传输协议）。

在基于 SOAP 的 Web 服务中，服务提供者以 WSDL 的形式创建 API 契约。WSDL 列出了 Web 服务可以执行的所有操作，例如，提供订单信息、更新订单、删除订单等。服务提供商将 WSDL 分享给 Web 服务客户端团队，消费者先通过 WSDL 生成客户端可用的信息格式，然后将数据发送给服务提供商，并获得所需的响应。Web 服务客户端将数据包装成 XML 消息，并将身份认证信息一起发送给服务提供商进行处理。让我们来看一个 WSDL 示例：

```xml
<?xml version="1.0"?>
<definitions name="Order"

targetNamespace="http://example.com/order.wsdl"
         xmlns:tns="http://example.com/ order.wsdl"
         xmlns:xsd1="http://example.com/ order.xsd"
         xmlns:soap="http://schemas.xmlsoap.org/wsdl/soap/"
         xmlns="http://schemas.xmlsoap.org/wsdl/">

    <types>
        <schema targetNamespace="http://example.com/ order.xsd"
             xmlns="http://www.w3.org/2000/10/XMLSchema">
           <element name="PlaceOrder">
               <complexType>
                   <all>
                       <element name="itemID" type="string"/>
                   </all>
               </complexType>
           </element>
           <element name="ItemPrice">
               <complexType>
                   <all>
                       <element name="price" type="float"/>
                   </all>
               </complexType>
           </element>
        </schema>
    </types>

    <message name="GetOrderInfo">
        <part name="body" element="xsd1:GetOrderRequest"/>
    </message>

    <message name="GetItemInfo">
        <part name="body" element="xsd1:ItemPrice"/>
    </message>

    <portType name="OrderPortType">
        <operation name="GetOrderInfo">
            <input message="tns: GetOrderInfoInput "/>
            <output message="tns: GetOrderInfoOutput"/>
        </operation>
    </portType>

    <binding name="OrderSoapBinding" type="tns:OrderPortType">
        <soap:binding style="document" transport="http://schemas.xmlsoap.org/soap/http"/>
        <operation name="GetOrderInfo">
            <soap:operation soapAction="http://example.com/GetOrderInfo"/>
            <input>
```

```xml
            <soap:body use="literal"/>
        </input>
        <output>
            <soap:body use="literal"/>
        </output>
    </operation>
</binding>

<service name="OrderService">
    <documentation>My first Order</documentation>
    <port name="OrderPort" binding="tns:OrderBinding">
        <soap:address location="http://example.com/order"/>
    </port>
</service>

</definitions>
```

SOA 服务中的 WDSL 概念模型主要由以下六个元素组成：
- 类型（Type）：数据类型，用于定义即将被传输的消息。
- 消息（Message）：描述被传输的数据主体。消息内容是具体业务相关联的逻辑处理部分。
- 端口类型（Port Type）：定义了服务支持的一组操作及其输入输出消息。
- 绑定（Binding）：为由特定端口类型定义的操作和消息定义了协议和数据格式规范。
- 端口（Port）：为绑定分配逻辑连接地址（该终端端口已被定义）。
- 服务（Service）：一组相关端口的聚合。

软件架构师在设计时定义 WSDL 和消息模式，开发团队使用该模式，基于他们选择的编程代码，为客户机和服务器框架生成代码，从而帮助客户实现业务逻辑。本节将概要描述基于 SOAP 的架构。

在互联网上可以找到各种资源（例如，W3Schools 教程），通过这些资源可以深入研究开发团队使用的基于 SOAP 的服务实现。

图 6-5 展示了通过 SOAP 在 Web 服务间进行消息交换的详细过程。可以看到，Web 服务客户端将请求发送给服务提供商，并收到想要的结果。

图 6-5 的客户端是一个电子商务网站的用户界面。用户需要查询订单信息，便将 XML 格式和带有订单号的 SOAP 消息一起发送给应用服务器，然后托管在应用服务器的订单服务就会返回用户的订单详情。

基于 SOAP 的 Web 服务的实现具有很高的复杂性，需要更高的通信带宽，带宽过低会影响 Web 应用程序的性能，比如，页面加载时间，而且服务器逻辑中的任何重大更新都需要所有客户端随之更新它们的代码。因此，REST 应运而生，它提供了更灵活的架构，解决基于 SOAP 的 Web 服务问题。接下来介绍 RESTful 架构，以及分析它为什么越来越流行。

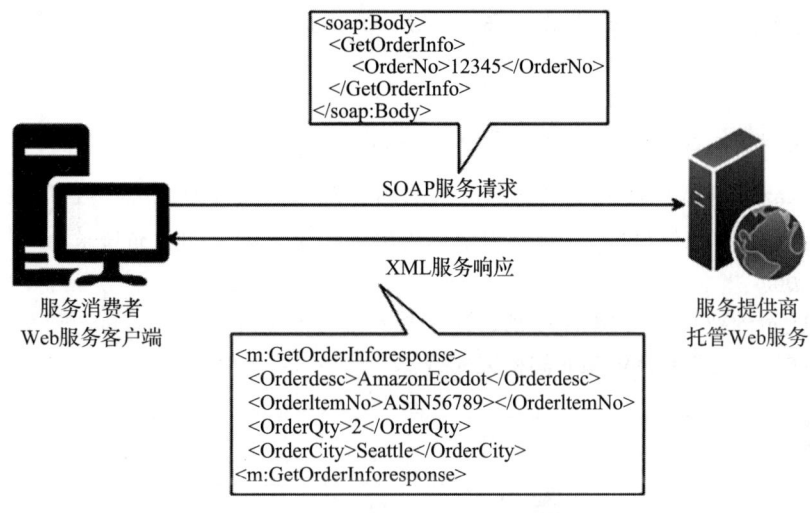

图 6-5 基于 SOAP 的 Web 服务

6.4.2 RESTful Web 服务架构

RESTful Web 服务的轻量级架构为其提供了更好的性能。与只支持 XML 的 SOAP 不同，RESTful 支持不同的消息传递格式，如 JSON、明文、HTML 和 XML。REST 是一种架构模式，它定义了使用 HTTP 进行数据传输的松耦合应用程序设计的标准。

在 REST 架构中，JSON 是一种更易于访问的数据交换格式，它是轻量级的，并且与语言无关。JSON 使用简单的键值对，可与大多数编程语言中定义的数据结构兼容。

REST 侧重于无状态服务的设计原则。与基于 SOAP 的服务一样，Web 服务客户端不需要生成复杂的客户端框架，只需要**统一资源标识符（URI）**访问 Web 服务器资源。客户端可以通过 HTTP 访问 RESTful 资源，并对资源执行 GET、PUT、DELETE、POST 等标准操作。REST 和 SOAP 的区别见表 6-1。

表 6-1 REST 和 SOAP 的区别

属性	REST	SOAP
设计	一种架构风格，包含非正式的指导方针	通过标准协议预定义规则
消息格式	JSON、YAML、XML、HTML、纯文本和 CSV	XML
协议	HTTP	HTTP、SMTP 和 UPD
会话状态	默认无状态	默认有状态
安全	HTTPS 和 SSL	Web 服务安全性和 ACID 合规性
缓存	可以缓存 API 调用	无法缓存 API 调用
性能	所需资源少，速度快	需要更多带宽和计算能力

架构设计选择 REST 还是 SOAP 取决于组织的需求。REST 服务提供了一种与轻量级

客户端（如智能手机）集成的有效方法，而 SOAP 则提供了更高的安全性，适用于复杂的事务。

6.4.3　构建基于 SOA 的电子商务网站架构

诸如 Amazon.com 这样的电子商务网站的用户来自世界各地，包含数百万种产品。每个产品都有多个图片、评论和视频。为全球用户维护这么庞大的产品目录是一项非常具有挑战性的任务。

图 6-6 所示的架构遵循 SOA 原则，这些服务尽可能彼此独立地运行。这个架构可以使用基于 SOAP 或 RESTful 的 Web 架构来实现。

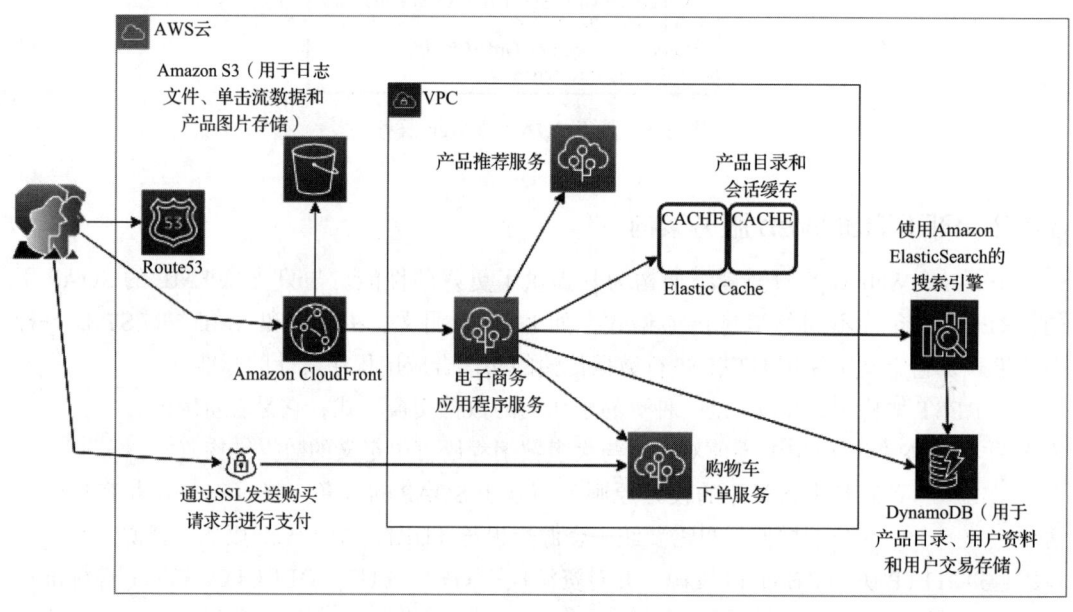

图 6-6　电子商务网站 SOA 架构

根据图 6-6，我们可以注意以下几点：

- 当用户在浏览器中输入网站地址时，用户请求到达 DNS 服务器加载网站。网站的 DNS 请求通过 Amazon Route 53 路由到 Web 应用程序托管的服务器。
- 网站的用户来自全球各地，由于网站存储了大量的静态图片和视频，因此用户会持续地浏览他们想要购买的产品，内容分发网络，如 Amazon CloudFront 被用来缓存并向用户传递静态资源。
- 产品目录所需的内容（如静态产品图像和视频）以及其他应用程序数据（如日志文件）存储在 Amazon S3 中。
- 用户可能使用多种设备浏览网站，比如，他们通过手机添加商品到购物车，然后在计算机端支付。为了处理用户会话，需要使用如 DynamoDB 之类的工具保存持久化会话数据。实际上，DynamoDB 是 NoSQL 数据库，不需要定义固定的数据范式，因此它是存储产品目录及其属性的最佳选择。
- 为了提供高性能并减少延迟，Amazon ElastiCache 被用于缓存产品信息，以减少对数据库的读写操作。
- 便捷的搜索功能是产品销售和商业成功的关键。Amazon CloudSearch 通过从 DynamoDB 加载产品目录来帮助构建可伸缩的搜索功能。
- 推荐功能可以根据用户的浏览历史和过去的购买记录来促进用户购买其他产品。独立的推荐服务可以通过存储在 Amazon S3 中的日志数据，向用户提供潜在的产品推荐。
- 电子商务应用程序也有需要频繁部署的多个层和组件。AWS Elastic Beanstalk 用于处理基础设施的自动配制、应用程序部署，通过应用自动伸缩来处理负载，并监控应用程序。

在本节中介绍了 SOA 架构及其概述。接下来将通过无服务器架构来深入探讨现代架构设计的关键方面。

6.5 构建无服务器架构

在传统模式下，如果想开发一个应用程序，必须要有一台服务器来安装所需的操作系统和软件。在代码编写期间，需要确保服务器已启动并运行。在部署期间，需要增加更多的服务器以满足用户需求，还需要设置伸缩机制（如**自动伸缩**功能），根据用户需求量管理所需服务器的数量。在整个过程中，基础设施的管理和维护需要大量投入，而这些与解决业务问题没有直接关系。

采用无服务器架构，团队可以专注于应用程序及功能特性开发，而不必担心底层基础设置的维护。"无服务器"意味着不需要服务器来运行代码，这有助于消除自动伸缩和解耦产生的开销，同时提供了一种低成本的模型。所有繁重的服务器管理和伸缩工作都由云供应商负责。

诸如 AWS 之类的公有云在计算和数据存储领域提供了多种无服务器服务，这使得端到端无服务器应用程序开发更加容易。当谈到"无服务器"时，首先想到的可能是 AWS Lambda 函数，即由 AWS 云提供的一种**函数即服务**（FaaS）。为了使应用程序面向服务，Amazon API 网关允许你将 RESTful 端点置于 AWS Lambda 函数的前面，并将它们开放为微服务。Amazon DynamoDB 提供了高度可伸缩的 NoSQL 数据库，这是一个完全基于无服务器的 NoSQL 数据存储设备，而 Amazon **简单存储服务**（Simple Storage Service，S3）则提供了无服务器对象数据存储。

图 6-7 是一个安全调查问卷投递应用程序的架构图，它采用了无服务器架构，我们一起来看一下。

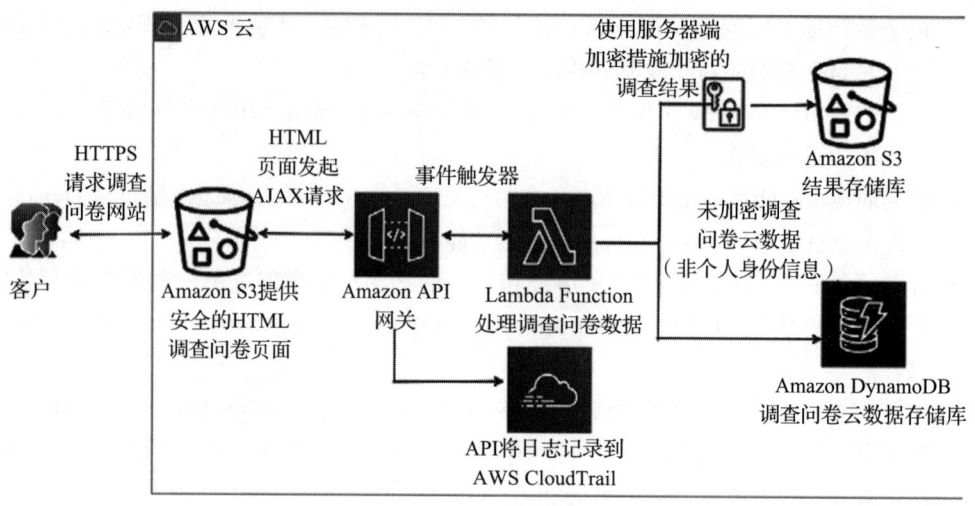

图 6-7 用于安全调查问卷投递的无服务器架构

图 6-7 所示的无服务器架构完成了整个安全调查问卷的提供、投放以及处理流程，这一切都是通过托管服务完成的。

1）客户通过 HTTPS 向网站发起请求，然后 Amazon S3 直接提供了 Web 页面。

2）客户的调查问卷通过 AJAX 请求提交给 Amazon API 网关。

3）Amazon API 网关将此项日志记录到 Amazon CloudTrail。如果调查问卷的结果丢失，或者 AJAX 请求中包含了某种恶意活动，这些日志可能会帮助识别和解决问题。

4）Amazon API 网关将 AJAX 请求转换为 AWS Lambda 函数的事件触发器，之后，Lambda 函数将提取调查问卷数据并进行处理。

5）AWS Lambda 函数将调查问卷结果发送到 Amazon S3 存储桶，并通过服务器端加密措施对其进行保护。

6）调查问卷中不包含任何个人身份信息的元数据被写入并存储到 DynamoDB 中，以便后续查询和分析。

由于无服务器架构日益普及，在本书的后续章节，我们将看到更多使用无服务器服务的参考架构。现在也有更多的框架可用来构建和管理无服务器应用程序，如 AWS **无服务器应用程序模型**（Serverless Application Model，SAM）。SAM 是一个用于构建无服务器应用程序的开源框架，它提供了为无服务器应用程序创建函数、API 和数据库的简单语法。

我们可以使用 YAML（Yet Another Markup Language，另一种标记语言）定义应用程序模型。YAML 受到越来越多人的喜欢，并在很多地方取代了 JSON，因为其是轻量级应用，语法简单、易于学习。SAM 可以在部署时将 YAML 配置文件语法转换为 AWS CloudFormation 语法，构建无服务器应用程序变得更加快捷。

随着采用 RESTful 风格的架构越来越多地被采用，微服务的概念也变得越来越流行。下一节将进一步介绍 REST 架构和微服务。

6.6 创建微服务架构

通常，微服务是用 REST 的 Web 服务构建的，并且是独立可伸缩的。这样就可以在其他组件不变的情况，更轻松地扩展或收缩系统的相关组件。使用微服务的系统可以更容易地应对应用程序可用性降级事件，从而避免其他级联故障。系统将支持容错，也就是说，在构建时就考虑到故障发生的情况。

微服务的显著优势是只需要维护较少的代码逻辑。微服务应该始终保持独立。每个服务都包含了所有先决条件，可以在没有外部依赖的情况下构建，从而减少了应用程序模块之间的相互依赖，并实现了松耦合。

微服务的另一个核心概念是**限界上下文**，它们组合在一起形成一个业务领域。业务领域涉及完整业务流程，如汽车制造、图书销售或社交网络交互等。单个微服务定义了边界来封装其中的所有细节。

在处理应用程序的大规模访问时，每个服务的伸缩都至关重要，而不同的工作负载具有不同的伸缩需求。以下是一些微服务架构设计的最佳实践：

- **创建单独的数据存储**。为每个微服务采用单独的数据存储，使每个团队选择最适合其服务的数据库。例如，处理网站流量的团队可以使用可伸缩的 NoSQL 数据库来存储半结构化数据。处理订单服务的团队可以使用关系型数据库来确保数据完整性和事务的一致性。这一原则还有助于实现松耦合，即一个数据库中的更改不会影响其他服务。
- **使服务器保持无状态**。正如 6.3 节中所述，保持服务器无状态有助于提高伸缩性。服务器应该能够很容易地停机和更换，在服务器上尽量少存储或者完全不存储状态。
- **进行独立构建**。对每个微服务进行独立构建，可以让开发团队更轻松地引入新的变更，并提高新功能发布的敏捷性。这有助于确保开发团队只构建特定微服务所需的代码，而不影响其他服务。
- **在容器中部署**。在容器中部署是指通过相同的标准方式部署所有内容。我们可以选择通过容器以相同的方式部署所有微服务，无论其性质如何。有关容器部署的更多信息参见 6.13 节。
- **选择无服务器架构**。尝试使用无服务器平台或利用其功能与服务能力（如 AWS Lambda）。无服务器架构帮助我们减少基础设施管理开销并使微服务变得更简单。
- **蓝绿部署**。更好的方法是创建生产环境的副本。新功能部署后，将一小部分用户流量路由到新环境，以确保新功能在新环境中按预期运行。然后，逐步增加新环境中的流量，直到整个用户群都能看到新功能。有关蓝绿部署的内容详见第 12 章。
- **监控环境**。与发生中断后的应急响应不同，良好的监控使你可以通过适当的重路由、伸缩和受控降级来主动预防中断。为了防止应用程序停机，服务应能将它们的运行状况推送到监控层，因为没有人比服务自身更了解它们的状态。监控的方式有很多种，例如，使用插件，或者通过调用监控 API。

虽然微服务架构有各种优势，但其模块化方法要用到更多基础设施，由此增加了资源和管理成本。我们需要选择工具来帮助并行管理和扩展多个模块。在设计微服务架构时，要尽可能使用无服务器平台，这将有助于减轻基础设施和运维开销。接下来将介绍一个实时投票应用程序基于微服务的参考架构。

实时投票应用程序的参考架构

图 6-8 展示了一个基于微服务的架构，它是一个实时投票应用程序，其中，多个小型微服务被用来处理和合并用户投票。投票应用程序从移动设备收集单个用户的投票，并将所有投票存储在 Amazon DynamoDB NoSQL 数据库中。

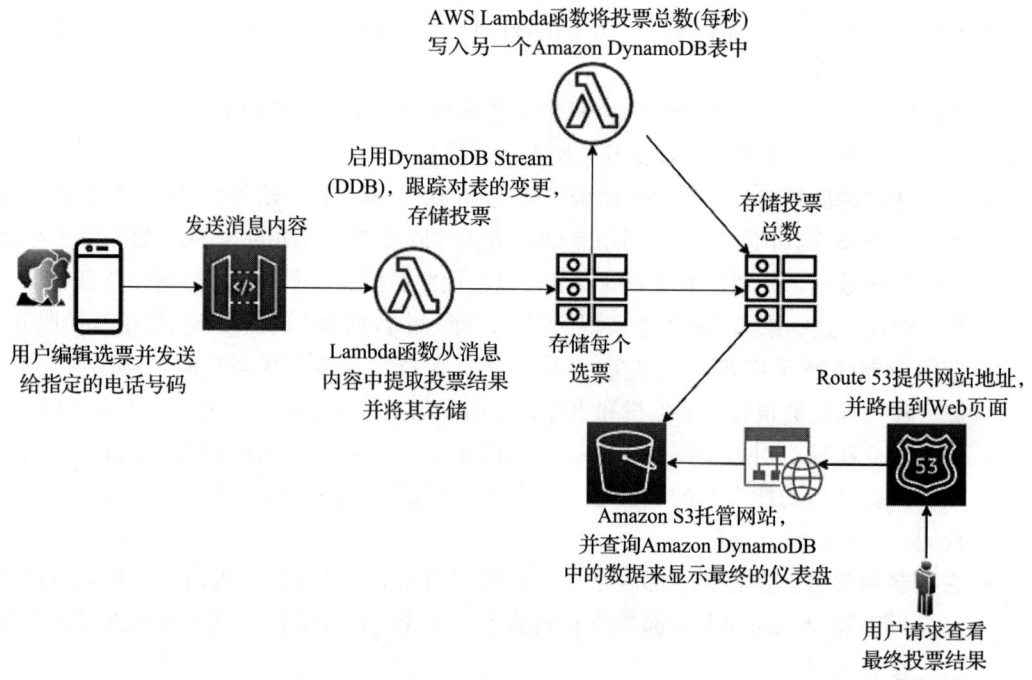

图 6-8 基于微服务的实时投票应用程序架构

最后，AWS Lambda 函数中的应用逻辑将统计所有用户选票，评出他们最喜欢的演员并返回最终结果。

在上述架构中，发生了以下事情：

1）用户编辑选票并发送给第三方（如 Twilio）提供的电话号码或简码。

2）根据第三方的配置，消息内容将被发送到由 Amazon API 网关创建的端点，然后该端点将响应转发到 AWS Lambda 中的函数。

3）该函数从消息内容中提取投票结果，并将结果和所有元数据写入 Amazon DynamoDB 的一个表。

4）该表启用了 DynamoDB Stream，使你可以滚动地跟踪对表的变更。

5）更新后，DynamoDB Stream 会通知另一个 AWS Lambda 函数来汇总选票（每秒），并将其写入另一个 DynamoDB 表。第二个表仅存储每个类别的投票总数。

6）使用 HTML 和 JavaScript 创建仪表盘，并放在由 Amazon S3 托管的静态网站中，用于展示投票结果汇总。该页面使用 AWS JavaScript SDK 来查询 Amazon DynamoDB 表中的汇总信息并实时显示投票结果。

7）最后，Amazon Route 53 作为 DNS 提供者，创建了一个"托管区域"（Hosted Zone），将自定义域名指向 Amazon S3 存储桶。

这不仅是一个基于微服务的架构，也是一种无服务器架构。使用微服务，你可以创建由小型独立组件组成的应用程序，每个小组件都能独立取代。基于微服务的架构意味着变更的成本、规模和风险降低，从而提高了变更频率。

在实现正确的松耦合以及应用程序限流方面，消息队列起着至关重要的作用。队列让组件之间的通信既安全又可靠。下一节将介绍基于队列的架构。

6.7 构建基于队列的架构

上一节介绍了如何使用 RESTful 架构进行微服务设计。RESTful 架构使微服务被轻易发现，但设想一下，如果服务器宕机会发生什么情况。在 RESTful 架构中，客户端服务会等待主机服务的响应，这意味着 HTTP 请求会阻塞 API 响应。有时，由于下游服务不可用，信息可能会丢失。在这种情况下，必须实现一些重试逻辑以保留信息。

基于队列的架构通过在服务之间添加消息队列来解决上述问题，由消息队列来为服务保留信息。基于队列的架构提供了完全异步的通信和松耦合的架构。在基于队列的架构中，信息仍然可以在消息中使用。如果服务崩溃，这条消息也会在服务可用时立即得到处理。让我们学习一些基于队列的架构的术语。

- **消息**。消息分为两部分：报头和消息体。报头包含与消息有关的元数据，而消息体包含实际的内容。
- **队列**。队列保存了在需要时可用的消息。
- **生产者**。产生消息并发布到队列的服务。
- **消费者**。消费和利用消息的服务。
- **消息代理**。在生产者和消费者之间帮助收集、路由和分发消息。

接下来，我们介绍典型的基于队列的架构模式，以及它们是如何工作的。

6.7.1 队列链表模式

当有序流程需要在链接在一起的多个系统上执行时，应采用队列链表模式。我们通过图像处理应用程序示例来介绍队列链表模式。在图像处理流水线中，获取图像并将其存储在服务器上,创建不同分辨率的图像副本,为图像添加水印,以及生成缩略图等一系列有序的操作彼此紧密衔接。任何环节出现小故障都可能导致整个操作过程中断。

我们可以在各个系统和作业之间使用队列,以消除单点故障,并设计真正的松耦合系统。队列链表模式可以将不同的系统链接在一起,并增加可并行处理消息的服务器数量。如果没有待处理的图像,则可以配置自动伸缩功能关闭多余的服务器。

图 6-9 展示了一个采用队列链表模式的架构,其中,由 AWS 提供的队列服务被称为 Amazon 简单队列服务(Simple Queue Service,SQS)。

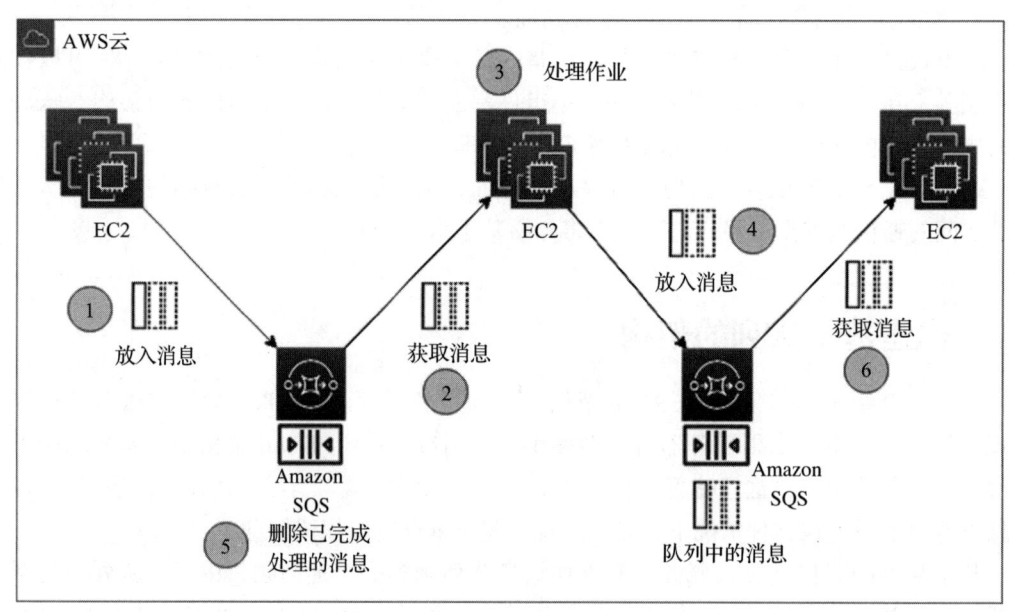

图 6-9 队列链表模式架构

图 6-9 所示架构步骤如下:

1)原始图像上传到服务器后,应用程序就需要用该公司的标志(Logo)为所有图像添加水印。在图 6-9 中,一组 Amazon EC2 服务器正在运行批处理作业,对所有图像进行水印处理,并将处理后的图像推送到 Amazon SQS 队列。

2)第二组 Amazon EC2 服务器从 Amazon SQS 队列中提取带水印的图像。

3)第二组 EC2 服务器负责处理图像,并创建不同分辨率的图像副本。

4)在对图像进行编码后,EC2 服务器将消息推送到另一个 Amazon SQS 队列。

5)在处理图像时,程序从前一个队列中删除消息以释放空间。

6)最后一组 EC2 服务器从队列中获取编码后的消息,并创建缩略图以及版权标识。

这种架构的好处如下:

- 可以使用松耦合的异步处理机制,快速返回响应应而无须等待其他服务确认。
- 可以使用 Amazon SQS,通过松耦合 Amazon EC2 实例来构建系统。

- 即使 Amazon EC2 实例故障，消息仍然保留在队列服务中。这样就可以在服务器恢复后继续处理，从而创建非常稳定的系统。

应用程序需求波动可能会导致意外的消息负载。根据队列消息负载实现工作负载的自动化，可以帮助你处理所有波动。接下来，我们将介绍如何使用作业观察者模式，以实现自动化。

6.7.2 作业观察者模式

队列链表模式可用来设计松耦合的架构，但如何处理工作负载高峰仍然是个问题。在请求波动的情况下，你需要根据用户需求调整处理能力，这可以通过作业观察者模式来解决。

在作业观察者模式下，可以根据队列中待处理的消息数来创建自动伸缩组。作业观察者模式可通过增加或减少用于作业处理的服务器实例数来保持性能。

图 6-10 描述了作业观察者模式架构。

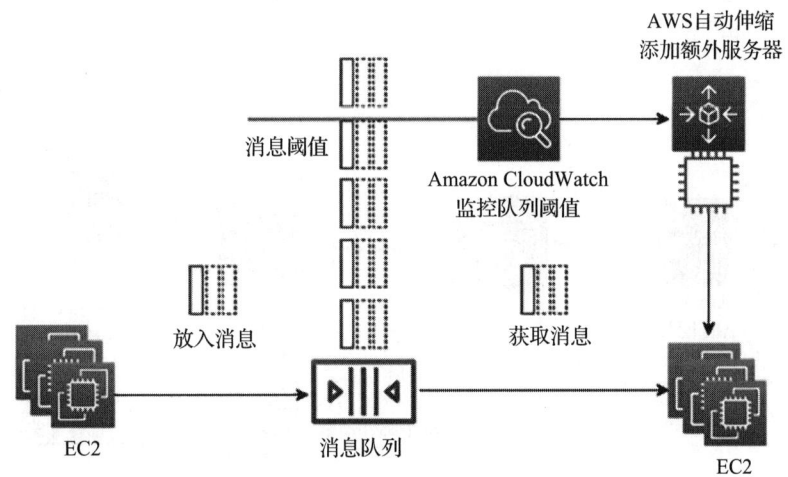

图 6-10　作业观察者模式架构

在图 6-10 的架构中，位于左侧的第一组 Amazon EC2 服务器运行批处理作业并将消息（如图像元数据）推送到队列中。位于右侧的第二组 EC2 服务器正在使用和处理这些消息。当消息达到一定阈值，Amazon Cloud Watch 会触发自动伸缩组，在消费者集群中添加额外的服务器以加快作业处理。当队列深度低于阈值时，自动伸缩会删除多余的服务器。

作业观察者模式根据作业数量来计算规模，从而提供效率和节约成本。作业观察者模式架构可以在较短的时间内完成作业。这个处理过程是有韧性的，这意味着即使服务器发生故障，作业流程也不会停止。

虽然基于队列的架构提供了松耦合架构，但它主要采用的是异步拉取方法，消费者可以根据其可用性从队列中拉取消息。通常来说，我们需要推动各个架构组件之间的通信，一个事件应该触发其他事件。下一节中将介绍事件驱动架构。

6.8 创建事件驱动架构

事件驱动架构可以帮助你将一系列事件衔接在一起,以完成完整的功能流程。例如,在网站上付款购买某件商品时,我们希望在付款完成后自动生成订单的发票,并立即收到电子邮件。事件驱动架构有助于串联所有事件,以便付款完成后可以触发其他任务来完成整个订单流程。在谈论事件驱动架构时,通常你会看到消息队列被作为其中心点。事件驱动架构也可以基于发布者/订阅者模型或事件流模型。

6.8.1 发布者/订阅者模型

在**发布者/订阅者**(pub/sub)模型中,当发布事件时,系统会向所有订阅者发送通知,每个订阅者都可以根据其数据处理需求进行必要的操作。我们以 Photo Studio 应用程序为例,该应用程序使用不同的滤镜来丰富照片,并向用户发送通知。图 6-11 所示架构描述了一个发布者/订阅者模型。

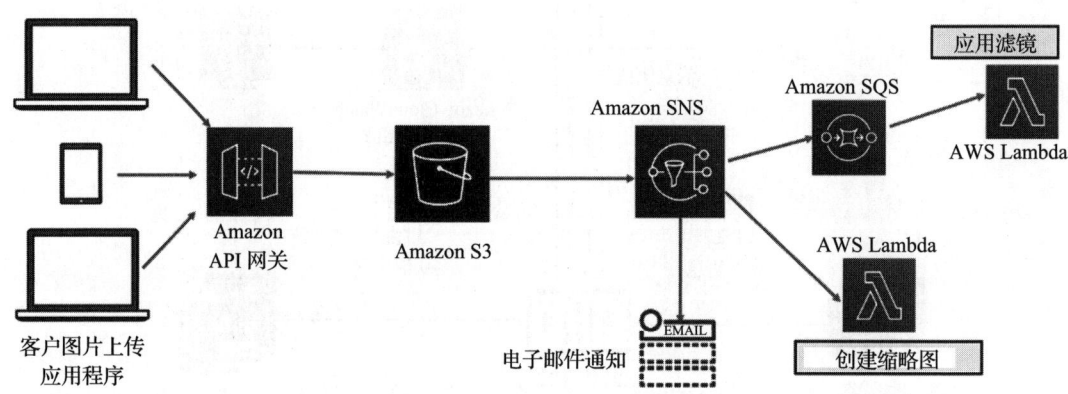

图 6-11 Photo Studio 应用程序基于发布者/订阅者的事件驱动架构

图 6-11 描述了以下场景:

1)用户首先使用 Web/ 移动应用程序将图片上传到 Amazon S3 存储桶。

2)Amazon S3 存储桶随后向 Amazon **简单通知服务**(Simple Notification Service,SNS)发送通知。Amazon SNS 是一个消息主题,它有以下订阅者:

- 第一个订阅者正在使用电子邮件服务,一旦照片上传完成,就会给用户发送一封电子邮件。
- 第二个订阅者使用 Amazon SQS 队列,它从 Amazon SNS 主题获取消息,并通过编写在 AWS Lambda 中的各种滤镜来提高图像质量。
- 第三个订阅者直接使用 AWS Lambda 函数来创建图像缩略图。

在此架构中,Amazon S3 作为发布者将消息发布到 SNS 主题,然后被多个订阅者使用。此外，一旦消息到达 SQS，就会触发 Lambda 函数进行图像处理。

6.8.2 事件流模型

在事件流模型中，消费者可以读取来自生产者的连续事件流。例如，我们可以使用事件流来捕获点击流日志的连续流，还可以在监测到异常时发送告警，其架构如图 6-12 所示。

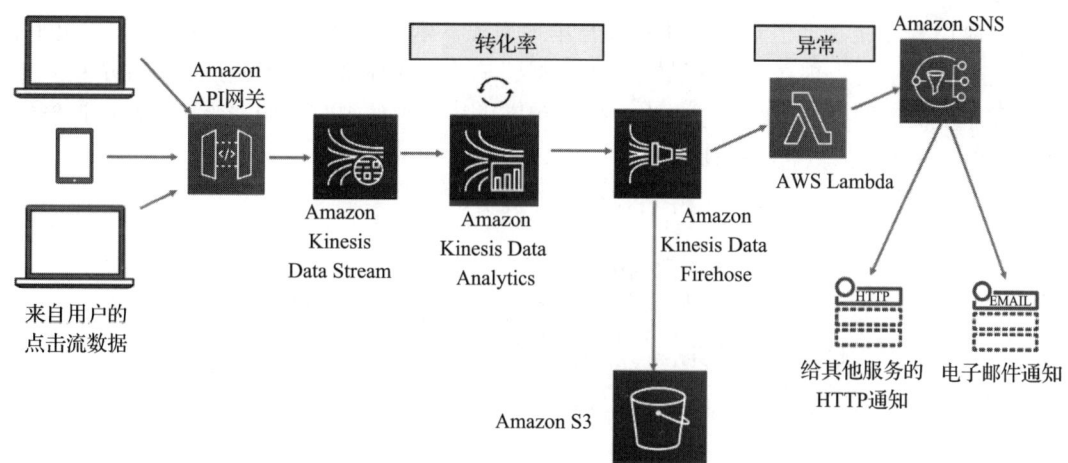

图 6-12 用于点击流分析的事件流架构

Amazon Kinesis 是一种用于摄取、处理和存储连续流数据的服务。在图 6-12 中，客户从 Web 和移动应用程序端单击电子商务应用程序产生了点击事件流。这些点击流通过 Amazon API Gateway 发送到分析应用程序中进行实时分析。在这个分析应用程序中，Kinesis Data Analytics 可以计算特定时间内的转化率，例如，最近 5min 内购买的人数。实时分数据汇总完成后，Amazon Kinesis Data Analytics 会将结果发送到 Amazon Kinesis Data Firehose，由其将所有数据文件存储在 Amazon S3 存储中，以供后续需要时做进一步处理。

其中一个 Lambda 函数从事件流中读取数据并检测数据是否存在异常。当检测到转化率**异常**时，该 AWS Lambda 函数会通过电子邮件向活动团队发送通知。在此架构中，事件流是持续发生的，AWS Lambda 则从流中读取特定事件。

你应该使用事件驱动架构来分离生产者和消费者，并保持架构的可扩展性，以便随时都可以集成新的消费者。这种方式可以构建高度可伸缩的分布式系统，其中每个子系统都具有独立的事件视角。尽管如此，你还需要某种机制来避免消息被重复处理以及错误消息的处理。

为了获得良好的应用程序性能，缓存是一个重要的因素，它可以应用于架构的每一层，以及所有架构组件。下一节将介绍基于缓存的架构。

6.9 构建基于缓存的架构

缓存是为了让后续的请求更快,并降低网络吞吐量,而将数据或文件临时性地存储在请求者与持久化存储之间中间位置的过程。缓存可以提高应用程序的速度并降低成本。它允许重用以前检索的数据。为了提高应用程序的性能,缓存可以应用于架构的各个层(如 Web 层、应用层、数据层和网络层)。

通常,服务器的**随机访问存储**(Random Access Memory,RAM)和内存中缓存引擎用于支持应用程序缓存。但是如果让缓存与本地服务器耦合,那么在服务器崩溃的情况下,缓存也会随之消失。现在,大多数应用程序都处于分布式环境中,因此最好有一个独立于应用程序生命周期的专用缓存层。在对应用程序进行水平伸缩时,所有服务器都应该能够访问集中式缓存层,以获得最佳性能。

图 6-13 描述了解决方案架构中各层的缓存机制。

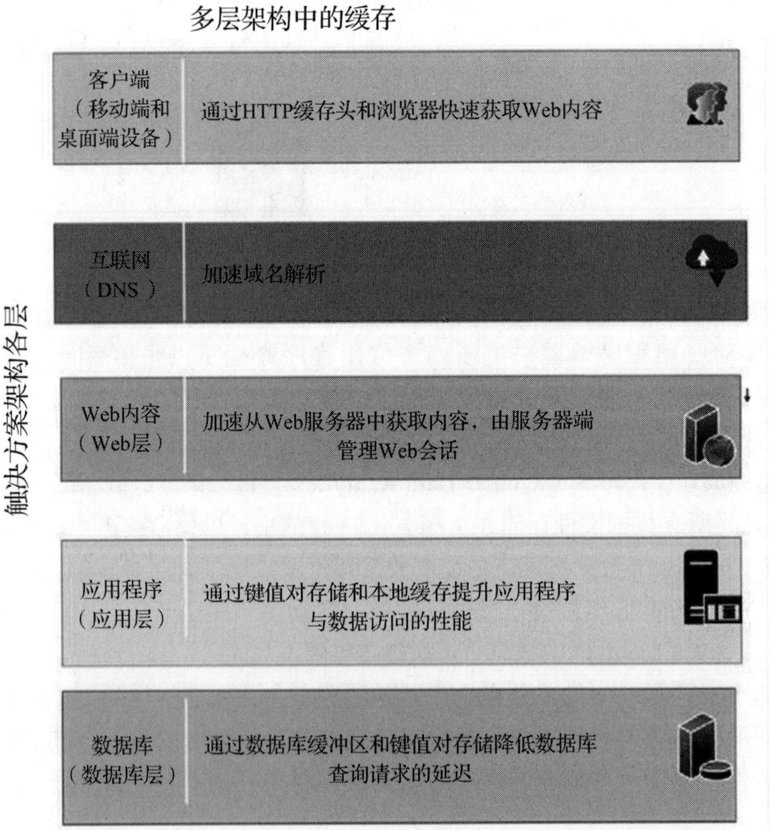

多层架构中的缓存

解决方案架构各层		
客户端(移动端和桌面端设备)	通过HTTP缓存头和浏览器快速获取Web内容	
互联网(DNS)	加速域名解析	
Web内容(Web层)	加速从Web服务器中获取内容,由服务器端管理Web会话	
应用程序(应用层)	通过键值对存储和本地缓存提升应用程序与数据访问的性能	
数据库(数据库层)	通过数据库缓冲区和键值对存储降低数据库查询请求的延迟	

图 6-13 解决方案架构各层中的缓存

图 6-13 中架构各层的缓存机制如下:

- **客户端**。客户端缓存适用于移动端和桌面端等用户设备。它将之前访问过的 Web 内容缓存到本地，以更快地响应后续的请求。每个浏览器都有自己的缓存机制。HTTP 缓存通过将内容缓存在本地浏览器来加速应用程序。缓存控制 HTTP 头为客户端请求和服务器响应定义了浏览器的缓存策略。这些策略定义了内容应该缓存在哪里以及缓存多长时间，后者也被称为**生存时间**（Time To Live，TTL）。Cookie 是另一种用于在客户端机器上存储信息以加速浏览器响应的方法。
- **DNS 缓存**。当用户在互联网上输入网站地址时，公共**域名系统**（Domain Name System，DNS）服务器会查找其 IP 地址。缓存此 DNS 解析信息将减少网站的加载时间。在第一次请求完成后，DNS 信息可以缓存到本地服务器或浏览器，对该网站的后续请求都将更快。
- **Web 缓存**。大多数的请求都涉及检索 Web 内容，如图像、视频和 HTML 页面。将这些资源缓存到用户位置附近可以加快页面加载速度。这也减少了磁盘读取和服务器加载时间。内容分发网络（CDN）提供了一个边缘位置网络，可以用来缓存高分辨率图像和视频等静态内容。对于有大量读取操作的应用程序（如游戏、博客、电子商务产品目录页面等）来说非常有用，这类程序的用户会话中包含了很多关于用户偏好及其状态的信息。将用户会话存储在自己的键值对存储中可以提供非常好的用户体验，并且可以将用户会话进行缓存，以加速用户响应。
- **应用程序缓存**。在应用层，缓存可以用来存储复杂的重复请求的结果，以避免业务逻辑计算和数据库命中。总而言之，缓存提高了应用程序的性能，并减少了数据库和基础设施的负载。
- **数据库缓存**。应用程序的性能在很大程度上取决于数据库提供的速度和吞吐量。数据库缓存可以显著提高数据库吞吐量并降低数据检索延迟。数据库缓存可以应用于任何类型的关系型或非关系型数据库。其中一些数据库驱动已经集成了缓存，而应用程序只需处理本地缓存即可。

Redis 和 Memcached 是最受欢迎的缓存引擎。虽然 Memcached 速度更快（它适用于低结构数据并以键值格式存储数据），但 Redis 是一个更持久的缓存引擎，能够处理类似游戏排行榜之类的应用程序所需的复杂数据结构，本章的后续章节也会对两种缓存引擎做更多介绍。接下来将介绍更多缓存设计模式的内容。

6.9.1 三层 Web 架构中的缓存分发模式

传统的 Web 托管架构实现了一个标准的三层 Web 应用程序模型，该模型将架构分为表示层、应用层和持久层。如图 6-14 所示，缓存应用于 Web 层、应用层和数据库层。

减轻 Web 页面负载的方法之一就是使用缓存。在缓存模式中，我们的目标是尽可能少地访问后端。我们可以编写一个应用程序，使其能够缓存图像、JavaScript 乃至整个页面，从而为用户提供更好的体验。如图 6-14 所示，缓存被应用在架构的每一层。

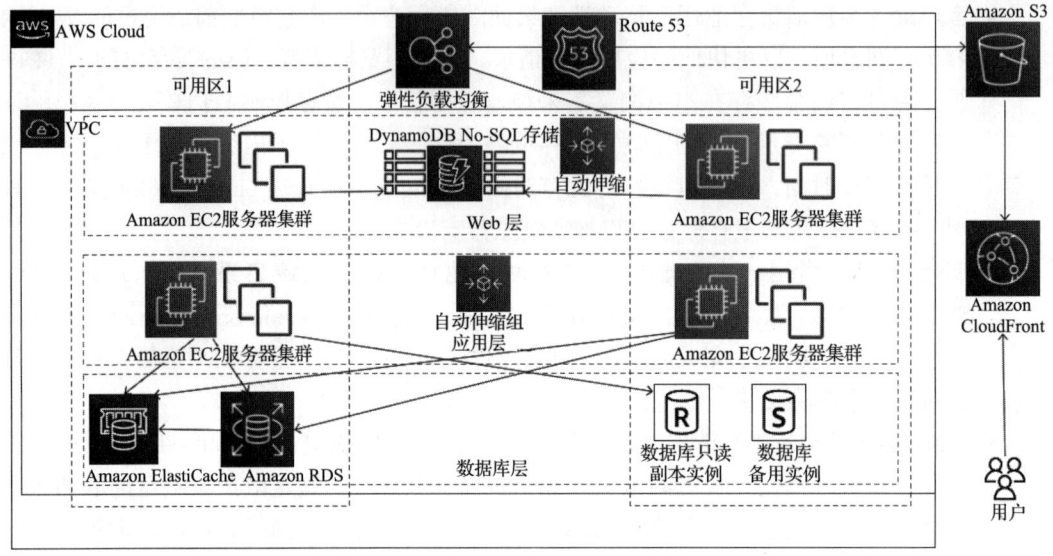

图 6-14 缓存分发模式架构

- **Amazon Route 53**：提供 DNS 服务，以简化域名解析并帮助缓存 DNS 到 IP 的映射。
- **Amazon S3**：存储所有静态内容，如高分辨率图像和视频。
- **Aamazon CloudFront**：为海量内容提供边缘缓存。它还使用这些缓存控制头来确定需要多长时间检查一次源文件以更新文件版本。
- **Amazon DynamoDB**：用于会话存储，Web 应用程序通过它来缓存并处理用户会话。
- **弹性负载均衡器**：将流量分发到 Web 服务器的自动伸缩组。
- **Amazon ElastiCache**：为应用程序提供缓存服务，从而减少数据库层的负载。

通常只需要缓存静态内容。但是，动态或唯一内容也会影响应用程序的性能。你仍然可以根据具体需求来缓存动态或唯一的内容，以期获取性能提升。让我们来看一个更具体的模式。

6.9.2 重命名分发模式

使用 CDN（如 Amazon CloudFront）时，将经常使用的数据存储到用户附近的边缘位置可以提高性能。通常，你会在 CDN 中为数据设置 TTL，这意味着只能等到 TTL 过期，边缘位置才会向服务器查询更新的数据。在某些情况下（例如，在需要纠正错误的产品描述时），可能需要立即更新 CDN 缓存中的内容。

在这种情况下，不能等待文件的 TTL 过期。重命名分发模式可以在新的更改发布后立即更新缓存，以便用户可以立即获得更新的信息。图 6-15 展示了重命名分发模式。

第 6 章　解决方案架构设计模式　125

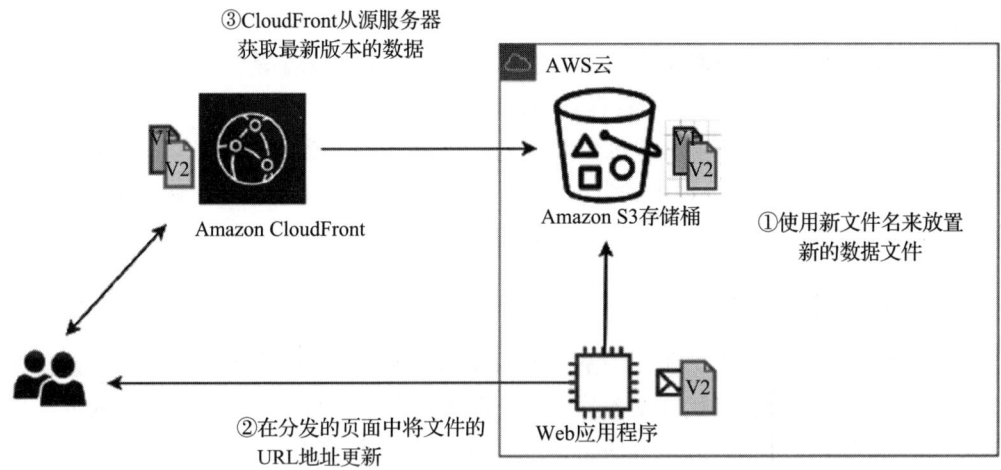

图 6-15　重命名分发模式架构

如图 6-15 所示，重命名分发模式和缓存分发模式一起使用有助于解决更新问题。在这种模式下，不用覆盖服务器上的原始文件并等待 CloudFront 中的 TTL 过期，而是将更新的文件用新文件名上传，然后用新 URL 更新 Web 页面。当用户请求原始内容时，CloudFront 必须从原始文件中获取，并且不能提供已经过时的缓存文件。

当然，我们可以让旧文件立即失效，不过这会花费更多，所以最好放置一个新版本的文件，让 CDN 及时分发。同样，我们必须更新应用程序中的 URL 以获取新的文件，但这也会增加一些开销。所以最好是根据业务需求和预算做出抉择。

可能有时你并不想使用 CDN，而是使用代理缓存服务器。下一节将介绍缓存代理模式。

6.9.3　缓存代理模式

添加缓存层可以显著提高应用程序的性能。在缓存代理模式中，静态内容或动态内容被缓存到 Web 应用服务器的上游。如图 6-16 所示，Web 应用集群前面有一个缓存层。

在图 6-16 中，为实现高性能分发，缓存内容将由缓存服务器进行分发。采用缓存代理模式的好处如下：

- 缓存代理模式帮助你使用缓存来分发内容，这意味着不需要在 Web 服务器或应用服务器层面修改内容。

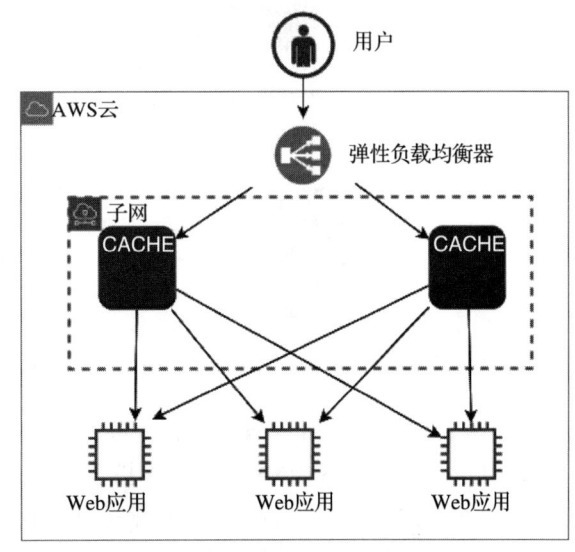

图 6-16　缓存代理模式架构

- 减少了动态内容生成的负担。
- 可以在浏览器层面（如 HTTP 头、URL、Cookie 等）设置缓存。此外，也可以在缓存层中缓存信息（如果不想缓存到浏览器端）。

在缓存代理模式下，需要确保维护缓存的多个副本，以避免单点故障。有时，你可能希望同时从服务器和 CDN 中提供静态内容，这两种方式所采取的方法各有不同。下一小节将深入探讨这种混合场景。

6.9.4 重写代理模式

有时，我们可能会想更改静态网站内容（如图像和视频）的访问地址，但又不想更改现有系统。此时可以通过提供代理服务器（重写代理模式）来实现。通过在 Web 服务器集群前放置代理服务器，可将静态内容的目标地址更新为其他存储（如内容服务或网络存储）。如图 6-17 所示，在应用层的前面放置代理服务器，用它修改内容分发地址，而无须修改实际的应用程序。

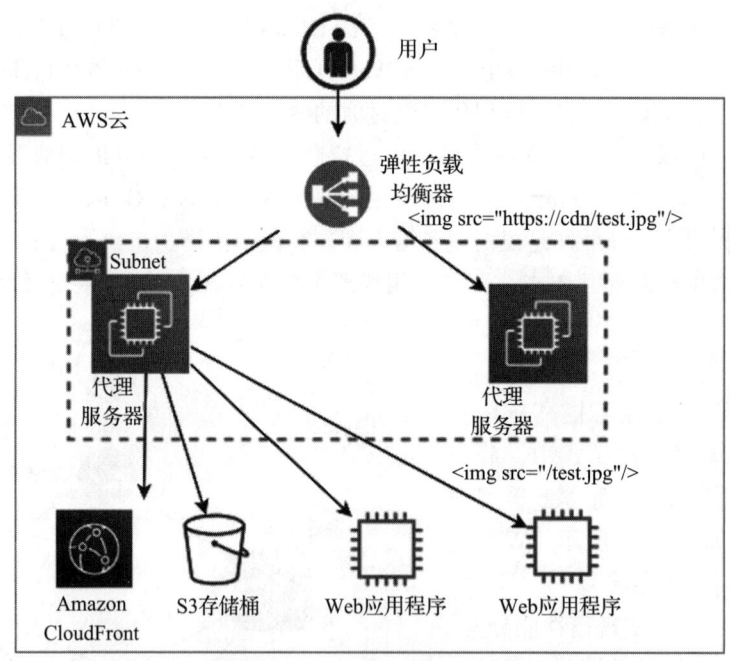

图 6-17　重写代理模式架构

如图 6-17 所示，要实现重写代理模式，需要在当前运行的系统前面放置代理服务器。可以使用 Apache 或 NGINX 等软件来搭建代理服务器。重写代理模式的搭建步骤如下：

1）在 EC2 实例上运行一个代理服务器，它能重写位于**负载均衡器**和存储服务（如存储静态内容的 Amazon S3）之间的内容。

2）向代理服务器添加重写规则，以重写内容中的 URL。这些规则将帮助**弹性负载均衡器**（Elastic Load Balancing，ELB）指向一个新的位置，如图 6-17 所示，代理服务器规则从 https://cdn/test.jpg 重定向到 /test.jpg。

3）根据应用程序负载，通过配置一些最大和最小的代理服务器，将自动伸缩机制应用于代理服务器。

本节介绍了对网络上的静态内容分发进行缓存的各种方法。但是，应用层的缓存对于提高应用程序性能以及整体用户体验至关重要。接下来将介绍可用来提升动态用户数据的分发性能的应用缓存模式。

6.9.5 应用缓存模式

在将缓存应用到应用程序时，你会想到在应用程序服务器和数据库之间添加缓存引擎层。应用缓存模式能够减少数据库的负载，因为最频繁的查询是由缓存层提供的。应用缓存模式提升了应用程序和数据库的整体性能。如图 6-18 所示，可在应用层和数据库层之间应用缓存层。

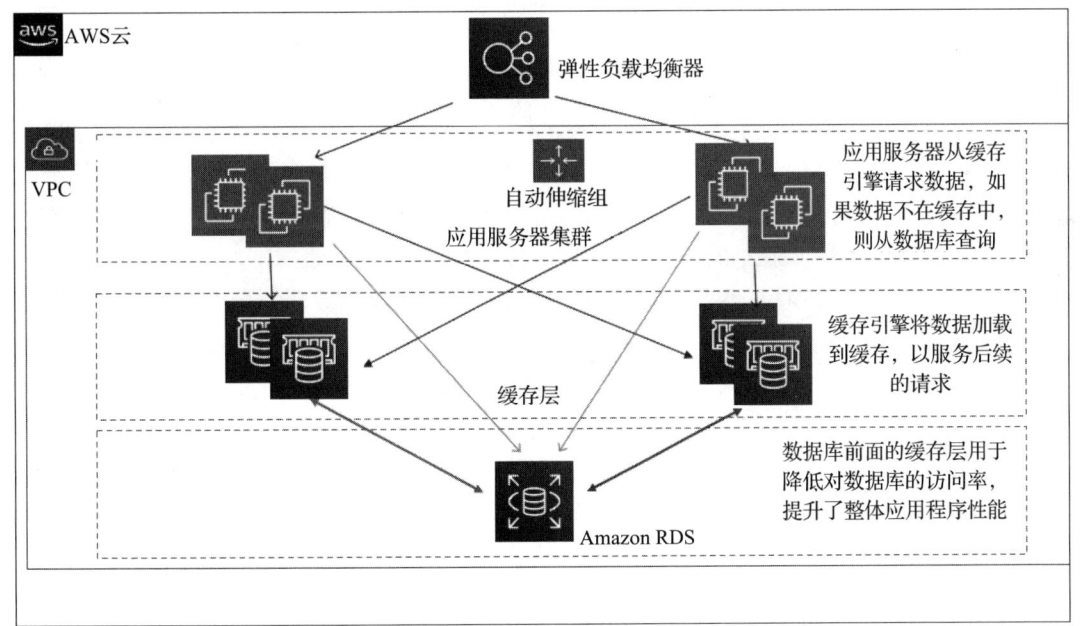

图 6-18　应用缓存模式架构

如图 6-18 所示，根据数据访问模式，可以使用**延迟缓存**（Lazy Caching）或**直写式缓存**（Write-through）两种方法。在延迟缓存中，缓存引擎会检查数据是否在缓存中，如果没有，则从数据库中获取数据并将其保存在缓存中，以便用于处理后续的请求。延迟缓存也被称为边缘缓存模式。

在直写式缓存方法中，数据同时写入缓存和数据存储。如果缓存中的数据丢失，那么可以再次从数据库中重新获取数据。直写式缓存主要用在应用程序到应用程序的场景，例如，用于用户编写产品评论（总是需要加载产品页面）。接下来，我们来进一步了解流行的缓存引擎：Redis 和 Memcached。

Redis 和 Memcached 是应用程序设计中常用的两种缓存引擎。通常，Redis 缓存引擎用于比较复杂的应用程序缓存需求，如创建一个游戏的积分排行榜。但是，Memcached 性能更高，有助于处理沉重的应用程序负载。每个缓存引擎都有自己的优点和缺点。让我们来看看它们之间的主要区别，这将有助于决定使用哪种，见表 6-2。

表 6-2　缓存引擎 Redis 和 Memcached 优缺点对比

Memcached	Redis
提供多线程	单线程
能够使用更多的 CPU 核心来加速处理	无法使用多处理器，性能相对较慢
支持键值对风格的数据	支持复杂的高级数据结构
不支持数据持久化，崩溃时会丢失缓存中的数据	可以使用内建的只读副本来保存数据，支持故障转移
易于维护	由于需要维护集群，因此复杂度更高
适合缓存单纯的字符串，如平面 HTML 页面、序列化 JSON 等	可以为游戏排行榜、实时投票等应用程序创建缓存

总的来说，在决定选用哪个缓存引擎之前，应根据应用场景来验证选用 Redis 还是 Memcached 更合理。Memcached 非常易于维护并且成本较低，如果缓存不需要 Redis 提供的高级功能，它通常是首选。但是，如果需要持久化数据以及高级数据类型，或者要用到 Redis 的其他优势功能，那么 Redis 是最佳解决方案。

在实现缓存时，必须了解需要缓存的数据的有效性。如果缓存的命中率很高，这意味着所需的数据要存在于缓存中。要想获得更高的缓存命中率，可以减少直接查询或为数据库减压；这样也可以提高应用程序的整体性能。当数据不在缓存中时，就无法命中缓存，进而增加数据库中的负载。缓存不能用于大规模数据存储，因此需要根据应用程序的需要设置缓存的 TTL 并逐出缓存。

正如本节中介绍的，应用缓存有很多好处，包括提高应用程序性能、提供可预测的性能以及降低数据库成本。接下来将介绍更多基于应用程序的架构，这些架构展示了松耦合和约束处理的原则。

6.10　理解断路器模式

分布式系统通常会调用其他下游服务，而且可能会因为调用失败或挂起而导致没有响应。我们可能经常看到一些代码对失败的调用进行多次重试。远程服务的问题是，可能需要花费数分钟甚至数小时来修复，立即重试可能会导致再一次失败。结果，当代码重试几次后，终端用户需要等待更长的时间才能得到错误响应。而且重试功能会消耗更多线程，甚至导致级联故障。

断路器模式的目的是了解下游依赖关系的运行状况。当它检测依赖关系的健康状态不正常时，就会通过其实现逻辑驳回请求，直到检测到下游依赖关系恢复正常。通过使用持久层监控过去一段时间内的成功和失败请求数，可以实现断路器模式。

如果在这段时间内，观测到的异常请求百分比超出定义的阈值，或者异常请求的总数超出阈值（无论其百分比如何），断路器都将被标记为开启。在这种情况下，在定义好的一段时间（超时期间）内，所有请求都会抛出异常，而不会继续集成依赖系统。当时间超过之后，一小部分请求会尝试与下游依赖系统集成，以检测依赖系统是否恢复正常。一旦有足够比例的请求在一定时间间隔内再次恢复正常，或者没有观测到异常，断路器将再次关闭，所有请求都将按照正常的方式进行集成。

断路器中的决策逻辑使用了状态机来跟踪和共享健康/不健康的请求计数。你可以使用 DynamoDB、Redis/Memcached 或其他低延迟的持久化存储来维护服务的状态。

6.11　实现隔板模式

隔板用于在船舶内形成单独的水密舱室，以限制故障的影响范围，在理想情况下防止船舶沉没。如果大水冲破了船体的一个舱室，隔板会阻止其流入其他舱室，从而限制了故障的影响。

同样的概念也可以用于限制大型系统架构中的故障范围，在大型系统中，系统会被分区以解耦服务之间的依赖关系。其理念是，一个故障不应该导致整个系统崩溃，如图 6-19 所示。

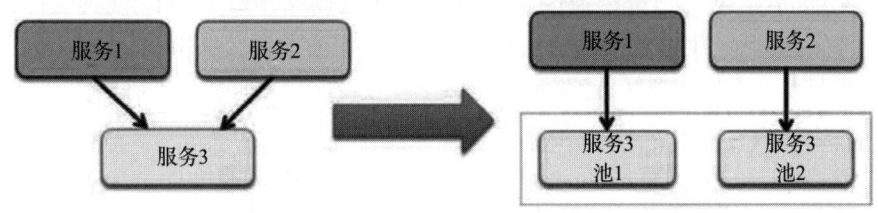

图 6-19　隔板模式

在隔板模式中，最好将应用程序高度依赖的元素隔离成多个服务池，这样，即使其中之一发生故障，其他服务将继续服务上游服务。在图 6-19 中，**服务 3** 从单个服务中被划分为两个池。在这里，如果**服务 3** 发生故障，那么**服务 1** 或**服务 2** 的影响取决于它们依赖于哪一个池，但整个系统不会宕机。以下是在架构设计中引入隔板模式（特别是对于共享服务模型）时需要考虑的要点：

- 保护船的一部分，这意味着应用程序不会由于一个服务的故障而宕机。
- 判断资源被低效率使用是否可行。一个分区的性能问题不应影响整个应用程序。

- 选择合适的粒度。不要将服务池设置得太小,确保它们能够应对应用程序负载。
- 监控每个服务分区的性能并遵守 SLA。确保所有活动部件协同工作,并测试当在一个服务池关闭时整个应用程序的表现。

应该为每个业务需求或技术需求定义一个服务分区。使用此模式来防止应用程序的级联故障,并将关键使用者与标准使用者隔离开来。

遗留应用服务器上通常会配置硬编码的**因特网协议**(IP)地址和**域名服务器**(DNS)名称。对服务器的任何现代化改造和升级都需要修改应用程序并重新验证。在这种情况下,你通常不想改变服务器的地址。下一节将介绍如何使用浮动 IP 来处理这种情况。

6.12 构建浮动 IP 模式

一般来说,单体应用程序对部署它们的服务器有诸多依赖关系。通常,应用程序的配置和代码中有一些硬编码的参数是基于服务器的 DNS 名称和 IP 地址的。当原来的服务器出现问题,需要启动新服务器时,硬编码的 IP 配置将会带来挑战。此外,你肯定也不想因为升级而拖垮整个应用程序(这可能会导致大规模的停机)。

为了应对这种情况,需要创建一个新的服务器,并保留原来的服务器 IP 地址和 DNS 名称。为了实现该目的,可以将网络接口从故障实例转移到新服务器。网络接口通常是一个**网络接口卡**(Network Interface Card,NIC),用于辅助服务器之间的网络通信。网络接口可以采用硬件的形式,也可以采用软件的形式。转移网络接口意味着新服务器现在承担了旧服务器的身份。这样一来,应用程序就可继续使用相同的 DNS 和 IP 地址。你还可以通过将网络接口移至原始实例来轻松地回滚。

公有云(如 AWS)通过提供**弹性 IP**(EIP)和**弹性网络接口**(ENI)使其变得容易。如果某个实例发生故障,并且需要将流量推送到另一个具有相同公共 IP 地址的实例,则可以将弹性 IP 地址从一个服务器转移到另一个服务器,如图 6-20 所示。

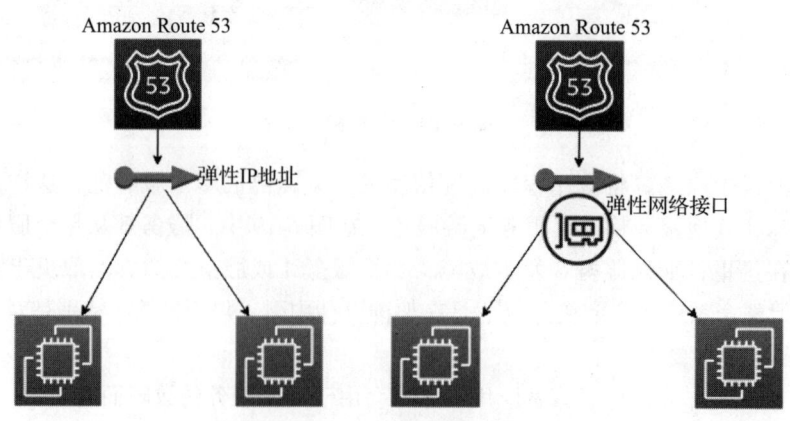

图 6-20 浮动 IP 和接口模式

由于只是转移 EIP，因此 DNS 可能不需要更新。EIP 可以在服务器实例之间转移公共 IP。如果需要同时转移公共 IP 地址和私有 IP 地址，应使用更加灵活的方法，如 ENI。如图 6-20 所示，ENI 可以跨实例转移，并且可以使用相同的公共和私有地址进行流量路由或应用程序升级。

到目前为止，我们已经了解了将应用程序部署在虚拟机中的多种架构模式。但是在许多情况下都可能无法充分利用虚拟机。为了进一步优化利用率，可以选择使用容器来部署应用程序。容器最适合于微服务部署。下一节将介绍基于容器的部署。

6.13 使用容器部署应用程序

随着多种编程语言的发明和技术的发展，应用程序又将面临新的挑战。不同的应用程序栈需要不同的硬件和软件部署环境。通常，应用程序需要跨平台运行并能够从一个平台迁移到另一平台。解决方案需要可以在任何地方运行任何内容，并且保持一致性、轻量级且可移植。

就像航运集装箱标准化了货物的运输一样，软件容器为应用程序的运输制定了标准。Docker 创建了一个容器，其中包含了运行软件应用程序所需的所有文件和内容，如文件系统结构、守护程序、库和应用程序依赖关系等。容器将软件与其周边的开发和预演（Staging）环境隔离开来。这有助于减少在同一基础设施上运行不同软件的团队之间的冲突。

虚拟机（VM）是操作系统级别的隔离，而容器在内核级别隔离（见图 6-21）。这种隔离允许多个应用程序同时在单主机操作系统上运行，但在大多数情况下，每个应用程序仍有其自己的文件系统、存储、RAM、库，以及它们自己的系统视图。

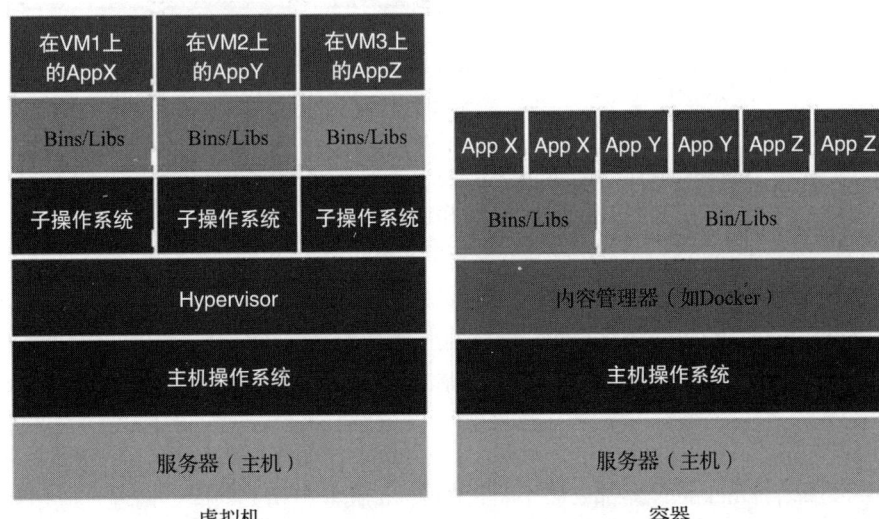

图 6-21 使用虚拟机和容器部署应用程序

如图 6-21 所示，使用容器可以将多个应用程序部署在单个虚拟机中。每个应用程序都有自己的运行时环境，因此可以在相同数量的服务器上同时运行很多独立的应用程序。这些容器共享计算机的操作系统内核。它们可以快速启动，并使用少量的计算时间和 RAM。容器就像是通过文件系统层构造的，并且共享标准文件。共享资源可以最大限度地减少磁盘利用，并且加速容器镜像的下载速度。接下来，我们看一下为什么容器越来越受欢迎，以及容器的好处。

6.13.1 容器的好处

在谈到容器时，客户经常会问以下问题：

- 有了服务器实例，为什么还需要容器？
- 服务器实例不是已经为我们提供了底层硬件的隔离级别吗？

尽管这些问题是合理的，但使用诸如 Docker 之类的系统有很多好处。Docker 的主要优点之一就是它允许在同一个实例中托管多个应用程序（在不同的端口上），从而充分利用虚拟机资源。

Docker 利用 Linux 内核的某些功能（即内核命名空间和控制组）来实现各个 Docker 进程之间的完全隔离，如图 6-22 所示。

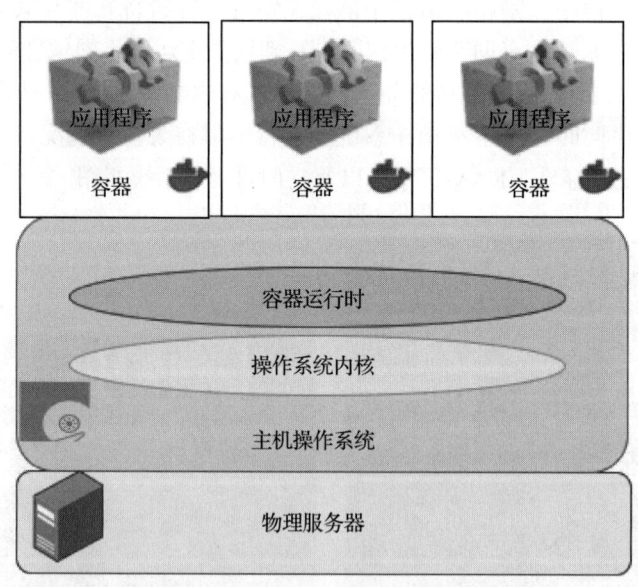

图 6-22　应用程序基础设施中的容器层

如图 6-22 所示，可以在同一台计算机上运行需要不同版本 Java 运行时的两个或多个应用程序，因为每个 Docker 容器都安装了自己的 Java 版本和相关的库。同理，应用程序基础设施中的容器层可以更加轻松地将应用程序分解为多个微服务，并使其运行在同一个实例。

容器具有以下优点：
- **可移植的应用程序运行时环境**。容器提供了与平台无关的功能，只需构建一次应用程序，就可以部署到任何地方，无论其底层操作系统是什么。
- **更快的开发和部署周期**。应用程序修改后可以在任何地方快速启动（通常是在几秒内）。
- **将依赖关系和应用程序打包在一个工件中**。将代码、库和依赖关系打包在一起，以便在任何操作系统中都可以运行应用程序。
- **同时运行应用程序的不同版本**。具有不同依赖关系的应用程序可以在单个服务器上同时运行。
- **一切都可以自动化**。容器的管理和部署都可以通过脚本完成，这有助于节省成本和减少人为错误。
- **更高的资源利用率**。容器可以提供高效的可伸缩性和高可用性，且同一个微服务容器的多个副本可以跨服务器部署。
- **安全方面更易于管理**。容器与平台相关，而不是与应用程序相关。

容器部署由于其优点而变得非常流行。容器编排也有多种方法。接下来将详细介绍容器部署。

6.13.2 容器部署

可以使用容器部署来快速部署包含多个微服务的复杂应用程序。容器使应用程序的构建和部署更加便捷和快速，因为它们的环境都是相同的。在开发模式下构建容器，并推进到测试，然后发布到生产环境中。在混合云环境下，容器部署非常实用。容器使维护微服务之间的环境一致性变得更加容易。有些微服务并不会消耗很多资源，因此可以将它们放在一个实例中以降低成本。

有时，客户需要处理一些短期的工作流程，需要搭建临时环境。这些环境可能是队列系统或持续集成任务，它们并不总能有效地利用服务器资源。诸如 Docker 和 Kubernetes 之类的容器编排服务可能是一种应对方案，它们可以在实例上部署或销毁容器。

Docker 的轻量级容器虚拟化平台提供了应用程序管理工具。它的单机应用程序可以安装在任何计算机上以运行容器。Kubernetes 是一个容器编排服务，可以与 Docker 或其他容器平台一起使用。Kubernetes 可以自动化置备容器，并提供了安全性、网络和可伸缩性方面的支持。

容器可以帮助企业创造更多云原生工作负载，而 AWS 等公有云供应商则扩展了用于管理 Docker 容器和 Kubernetes 的服务。图 6-23 展示了如何使用 Amazon **弹性容器服务**（Elastic Containers Service，ECS）进行 Docker 容器管理，它提供了完全托管的弹性服务来自动化伸缩和编排 Docker 容器。

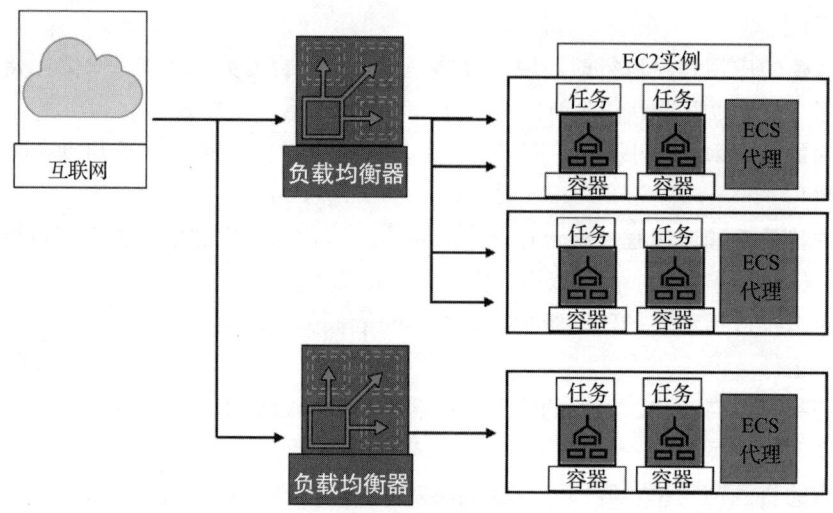

图 6-23 容器部署架构

在图 6-23 中，单个 Amazon EC2 虚拟机中部署了多个容器，由 Amazon ECS 进行管理，并辅助代理通信服务和集群管理。负载均衡器将所有用户请求在容器之间进行分配。AWS 还提供了 Amazon 弹性 Kubernetes 服务（Elastic Kubernetes Service，EKS），它使用 Kubernetes 管理容器。

容器的内容很广，作为解决方案架构师，你需要熟悉所有的可选方案。本节只对容器进行了概述，如果你选择使用容器来部署微服务，那么还需要深入研究。下一节会详细介绍基于容器的架构。

6.14 构建基于容器的架构

上一节中介绍了容器化有助于为可重复和可伸缩的应用程序创建环境。要开始采用容器，我们需要先通过容器编排管理来模拟工作负载是否可以满足需求。我们可以将现有的微服务组件部署在容器中。在确定差距和运维需求后，我们可以制定具体的迁移策略来将工作负载迁移到容器中。

与其他变更一样，如果应用程序不是为在容器环境中运行而设计的，那么容器迁移也会带来挑战。考虑到应用程序经常将文件持久化到本地存储并创建有状态会话，因此容器迁移需要考虑这些需求。

我们可以对容器平台进行选择，例如，可以选择 Docker、OpenShift、Kubernetes 等。如今，Kubernetes 正在成为越来越受欢迎的开源容器编排工具。公有云供应商（如 AWS）提供了一个管理容器的平台，如为 Docker 提供的 Amazon ECS 和为 Kubernetes 提供的 Amazon EKS。这些云服务提供了一个控制平面来选择各种计算选项，使用 AWS Fargate 可以选择如自行管理节点、托管节点或无服务器等选项。图 6-24 的架构设计展示了使用选择的编程语言（如 Java 或 .NET）在 Amazon EKS 上运行有状态服务。在这个架构中，可以在 Redis 数据库中管理会话状态。

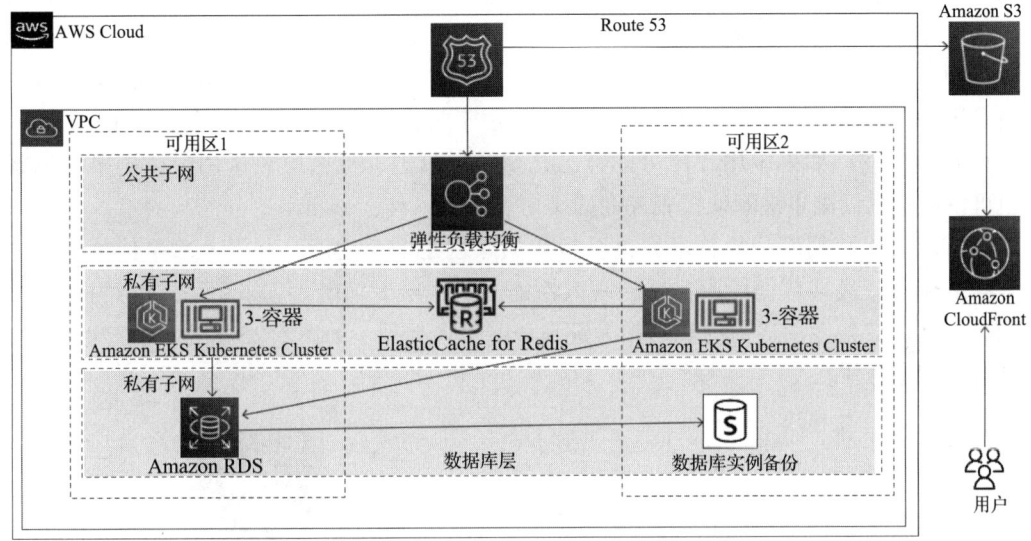

图 6-24　在容器上部署有状态应用程序

从图 6-24 中可以看出，基于容器的架构包含以下组件：
- Amazon **虚拟私有云**（Virtual Private Cloud，VPC），其中一个公共子网用于部署负载均衡器，两个私有子网用于部署应用程序和数据库。
- 应用程序负载均衡器，通过它来访问运行在容器内的 Web 站点。
- Amazon EKS 集群，在 Kubernetes 中用来托管节点组。这些节点可以运行多个应用程序容器。
- Amazon ElastiCache Redis 数据库，用来存储用户会话状态。

上述架构通过在 Redis 数据库中保存用户会话来辅助扩展应用程序。此解决方案需要更改应用程序代码来实现，所以在某些情况下这不是一个合适的选项。

到目前为止，已经介绍了专注于应用程序开发的各种架构模式。我们必须得承认数据是任何架构设计中不可或缺的一部分，大多数架构都围绕着数据的可视化收集、存储和处理逻辑来设计。下一节将介绍如何在应用程序架构中处理数据。

6.15　应用程序架构中的数据库处理

数据始终是应用程序开发的核心，并且数据的伸缩非常具有挑战性。高效的数据处理可以改善应用程序的延迟和性能。6.9 节介绍了在应用缓存模式下，如何通过在数据库前面放置缓存来处理频繁查询的数据。我们可以将 Memcached 或 Redis 缓存放置在数据库的前面，这样可以减少对数据库的访问，并降低数据库的延迟。

在应用程序部署方面，随着应用程序用户群的增长，关系型数据库需要处理越来越多的数据。这需要添加更多的存储或通过增加内存和 CPU 的方式来垂直扩展数据库服务器。在伸缩关系型数据库时，水平伸缩通常不那么容易。如果应用程序是读密集型的，那么可以通过创建数据库的只读副本来实现水平伸缩。将所有的读取请求路由到数据库只读副本，同时让数据库主节点来处理写入和更新请求。由于只读副本需要异步复制，因此可能会增加一些延迟时间。如果应用程序可以容忍几毫秒的延迟，那么应该选用只读副本的方案。你也可以通过只读副本来降低报表查询的压力。

你可以使用数据库分片技术为关系型数据库创建多个主库，并引入水平伸缩的概念。分片技术用于提高多数据库服务器的写入性能。从本质上来说，它采用一致的结构来创建和划分数据库，并使用适当的表列作为键来分配写入处理。如图 6-25 所示，客户数据库可以划分为多个分片。

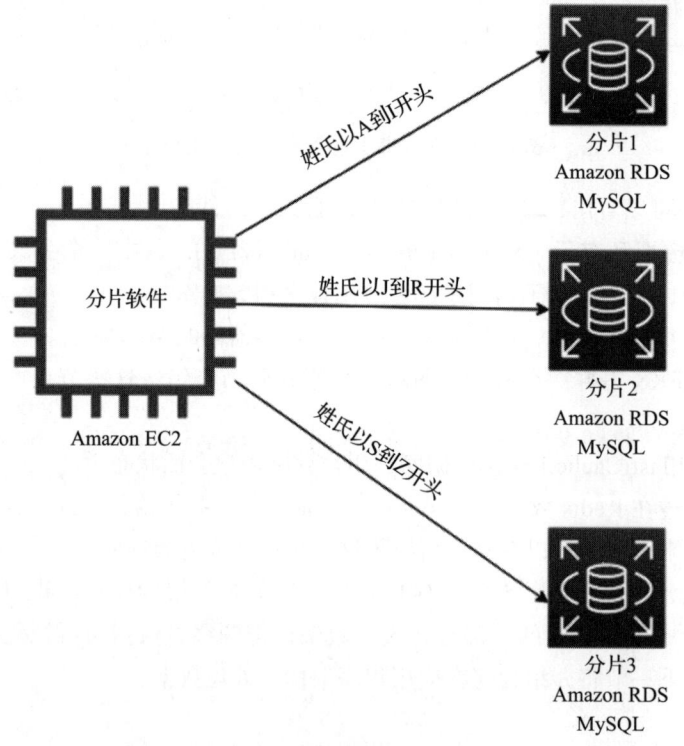

图 6-25　关系型数据库分片

如图 6-25 所示，如果没有分片，所有数据都将存储在同一个分区中。例如，姓氏以 A 到 Z 开头的用户都存储在一个分区中。通过分片，数据被大块地划分为分片。例如，姓氏以 A 到 I 开头的用户在一个数据库中，以 J 到 R 开头的在第二个数据库中，以 S 到 Z 开头的在第三个数据库中。在很多情况下，分片可以提供更高的性能和更好的运维效率。

 可以使用 Amazon RDS 来实现后端数据库分片。首先，在 Amazon EC2 实例上安装诸如带有 Spider Storage Engine 分片软件的 MySQL 服务器。然后，准备多个 RDS 数据库用作分片后端数据库。

但是，如果主数据库实例出现故障怎么办？在这种情况下，我们需要保持数据库的高可用性。接下来将详细介绍数据库的故障转移。

高可用性数据库模式

为了提高应用程序的高可用性，保持数据库始终处于正常运行状态至关重要。关系数据库的水平伸缩并不容易，而且会带来额外的挑战。为了实现数据库的高可用性，可以创建主数据库实例上的备用副本，如图 6-26 所示。

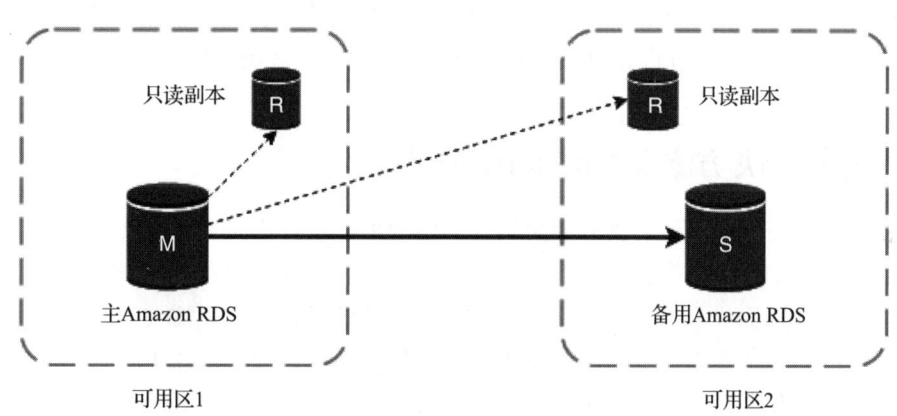

图 6-26　高可用性数据库模式

如图 6-26 所示，如果主数据库发生故障，应用服务器将切换到备用实例。只读副本减轻了主服务器的负担，降低了延迟。主服务器和备用服务器位于不同的**可用区**，这样即便整个可用区停机，应用程序仍然可以正常运行。该架构还有助于实现零停机（零停机往往发生在数据库的维护窗口期间）。当主数据库因为维护而停机时，应用程序可以故障转移到备用数据库并持续为用户请求提供服务。

你需要定义数据库备份和归档策略以便应对可能会发生的灾难恢复，这具体取决于应用程序的**恢复点目标**（Recovery Point Objective，RPO）和备份频率。如果你的 RPO 是 30min，这意味着组织只能容忍 30min 的数据丢失。在这种情况下，应该每半小时做一次备份。在存储备份时，还需要确定数据可以存储多长时间以供客户查询。我们可能还希望将数据存储 6 个月作为活动备份，然后根据合规性要求将其存储在归档存储中。

你需要根据公司**恢复时间目标**（Recovery Time Objective，RTO）来考虑能够在多短时间内获取备份，并确定满足备份和恢复要求所需的网络连接类型。例如，如果公司的 RTO 是 60min，这意味着应该有足够的网络带宽来支持在一小时内获取和恢复备份。此外，还需要确定备份是完整的系统快照，还是只备份挂载到系统的卷的快照。

你可能还需要对数据进行分类，例如，如果数据包含客户敏感信息（如电子邮件、地址、个人身份信息等），则需要定义相应的数据加密策略。第 8 章中也将介绍更多关于数据安全的知识。

同时还可以考虑根据应用程序的数据增长情况和复杂性，**将关系型数据库管理系统**（Re-lational Database Management System，RDBMS）迁移到 NoSQL 数据库。与大多数关系型数据库相比，NoSQL 可以提供更好的可伸缩性、管理、性能和可靠性。但是，从 RDBMS 迁移到 NoSQL 的过程可能耗时耗力。

在任何应用程序中都需要处理大量的数据，例如，点击流数据、应用程序日志数据、评分与评论数据、社交媒体数据等。分析这些数据集并从中获得洞见可以帮助组织快速发展。关于这些用例和模式的更多信息见第 13 章。到目前为止，我们已经了解了设计解决方案架构的最佳实践。下一节将介绍解决方案架构设计中应该避免的反模式。

6.16 避免解决方案架构中的反模式

在本章中，我们了解了解决方案架构设计中的多种设计模式。通常，由于时间紧迫或资源不足，团队可能会偏离最佳实践。需要持续关注的架构设计中的反模式如下：

1）在反模式（某个不良系统设计的示例）中，伸缩是被动的，需要手动完成。当应用服务器容量已满而没有更多空间时，将拒绝用户访问。在这种反模式下，直到收到用户投诉，管理员才会发现服务器已经满负荷运行，需要启动新实例来减轻负载。不幸的是，从实例开始启动到正常提供服务总是会有几分钟的延迟。在此期间，用户无法访问该应用程序。因此，当服务器达到某个阈值（如 60% 的 CPU 利用率或 60% 的内存利用率）时，我们应该采取一种主动防御的方法，例如，使用自动伸缩来增加额外的处理能力。

2）缺少自动化。当应用服务器崩溃时，管理员必须手动启动并配置新服务器，还需要手动通知用户。应该将资源监控、替代资源的启动，甚至在资源更改时发出通知等整个过程全部自动化。

3）服务器长时间使用硬编码的 IP 地址，这会降低灵活性。随着时间的推移，不同的服务器最终将会有不同的配置，还会在不需要某些资源的时候仍然运行它们。此时应该统一所有服务器的配置，并且能够将服务器切换到新的 IP 地址而不影响应用程序，还应具备自动停用所有未使用资源的能力。

4）以单体的方式构建应用程序，其中架构的所有层（包括 Web 层、应用层和数据层）都紧密耦合并依赖于服务器。如果其中一台服务器崩溃，将导致整个应用程序的停机。此时应该在 Web 层和应用层之间添加负载均衡器来保持两者的独立。这样如果其中一台应用服务器出现故障，负载均衡器就能够自动将所有流量定向到其他运行正常的服务器。

5）应用程序与服务器绑定，并且服务器之间直接进行通信，用户身份验证和会话信息存储在本地服务器中，所有静态文件均从本地服务器提供。你应该考虑 SOA（面向服务的架构），其中服务之间使用标准协议（如 HTTP）相互通信。用户身份验证和会话信息应存储在低延迟的分布式存储中，这样应用程序就可以进行水平伸缩。此外，静态资源应存储在与服务器分离的集中对象存储中。

6）将一种类型的数据库应用于各种需求。比如，使用关系型数据库满足所有需求，但这会导致性能和延迟问题。应该根据需要使用合适的存储，例如：

- NoSQL 存储用户会话。
- 缓存可用于实现低延迟的数据可用性。
- 数据仓库满足报表的需求。
- 关系型数据库可用于保存事务数据。

7）仅使用单个数据库实例为应用程序提供服务，进而导致单点故障，应当尽可能地消除架构中的单点故障。此外，还应该创建备用数据库并复制数据，如果主数据库服务器停机，备用数据库可以接管负载。

8）直接从服务器提供静态内容（如高分辨率图像和视频），而没有进行任何缓存。应该考虑使用 CDN 在边缘节点缓存大量内容，这有助于改善页面延迟并减少页面加载消耗的时间。

9）在没有精细安全策略的情况下开放服务器的访问权限，会导致安全漏洞。应始终采用最小权限原则，即从无访问权限开始，仅授权必要用户组的访问权限。

以上就是一些常见的反模式。在本书中，你还将学习如何在解决方案设计中应用它们的最佳实践。

6.17 小结

本章结合第 3 章和第 4 章中的内容，学习了各种设计模式。首先，通过三层 Web 应用程序架构的参考架构介绍了多层架构设计基础。然后，介绍如何在三层架构的基础上设计多租户架构，这样就可以提供 SaaS 类的产品，还介绍了如何根据客户和组织需求，在数据库层和表层隔离多租户架构。

用户状态管理对于复杂应用程序（如金融、电子商务、旅行预订等）至关重要。本章介绍了有状态应用程序和无状态应用程序之间的区别及其各自的好处，还介绍了如何使用数据库的持久层来管理会话，从而创建无状态应用程序。另外还介绍了两种最流行的 SOA 模式，基于 SOAP 的模式和基于 RESTful 的模式，以及它们的好处。以基于 SOA 的电子商务网站的参考架构为例，介绍了如何应用松耦合和可伸缩原则。

之后介绍了无服务器架构以及如何设计完全无服务器的安全调查投票系统架构，还使用基于微服务模式的无服务器实时投票应用程序介绍了微服务架构。对于松耦合设计，介绍了队列链表和作业观察者模式，它们提供了松耦合流水线来对消息进行并行处理；还探讨了用于设计事件驱动架构的发布者/订阅者和事件流模型。

如果不应用缓存，就无法满足所需性能要求。本章介绍了各种缓存模式，这些模式适用于客户端、内容分发、Web层、应用层和数据库层的缓存；还介绍了用于处理故障的架构模式，例如，用于处理下游服务故障的断路器模式和用于防止整体服务停机的隔板模式。此外，还介绍了浮动IP模式，它可以在发生故障的情况下做到不改变服务器的IP地址就可以更换服务器，以减少停机时间。

此后还介绍了在应用程序中处理数据的各种技术，以及如何确保数据库能够在提供服务时保持高可用性。最后，介绍了各种架构反模式以及如何采用最佳实践来避免它们。

在本章中，你了解了各种架构模式。下一章将介绍用于性能优化的架构设计原则。此外，还将深入探讨计算、存储、数据库和网络的技术选型，这将有助于提高应用程序的性能。

第 7 章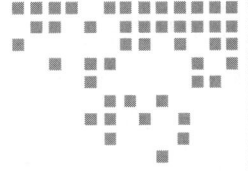

性能考量

在这个高速互联网时代,用户期望使用高性能应用程序。有实验表明,应用程序负载的每一秒延迟都会导致组织收入的重大损失。因此,应用程序的性能是解决方案设计最关键的属性之一,它影响产品市场增长。

第 6 章介绍了可用于解决复杂业务问题的解决方案架构设计模式。本章将介绍优化应用程序性能的最佳实践以及优化架构性能的各种设计原则。这里需要注意的是,架构的每个层和每个组件都需要性能优化。

本章还将介绍如何在架构的各个层选择正确的技术,以不断提高应用程序的性能,以及如何遵循性能优化的最佳实践。

在本章结束时,你将理解性能改进的重要属性(如延迟、吞吐量和并发性)。你将能够就技术选型时做出更好的决策,这可以帮助你在架构的各层(如计算、存储、数据库和网络)优化性能。

7.1 架构性能的设计原则

架构性能效率在于有效使用应用程序基础设施和资源来满足不断增长的业务需求和技术要求。技术供应商和开源社区在不断努力提高应用程序的性能。为了规避变化和风险,大型企业通常会继续采用遗留编程语言和技术。随着技术的发展,关键的性能问题通常会随之得到解决,技术进步有助于提高应用程序的性能。

许多大型公有云提供商,如 Amazon Web Services(AWS)、Microsoft Azure 和 Google Cloud Platform(GCP),都将技术作为服务来提供。这使得以最少的代价更有效地应用复杂技术变得更容易，例如，你可以将存储作为服务来管理海量数据，或将 NoSQL 数据库作为托管服务来为应用程序提供高性能的可伸缩性。

现在，企业可以利用**内容分发网络**（CDN）把大量图像和视频数据存储在靠近用户的位置，以减少网络延迟并提高性能。使用边缘位置，可以更容易地将工作负载部署到靠近用户群的地方，这有助于通过减少网络延迟来优化应用程序性能。

当服务器虚拟化时，你可以更敏捷地对应用程序进行实验，还可以实现高度自动化。敏捷性帮助你实验并确定哪些技术和方法最适合应用程序的工作负载。例如，你可以选择部署是用于虚拟机、容器，还是 AWS Lambda［一种**函数即服务**（FaaS）的无服务器模式］。下面我们来看一下工作负载性能优化需要考虑的一些重要设计原则。

7.1.1 减少延迟

延迟是影响产品采用率的一个重要因素，因为用户总在寻找更快的应用程序。无论用户在哪里，你都需要提供可靠的服务，以促进产品成长。零延迟可能无法实现，但至少目标应该是将响应时间减少到用户容忍范围内。

延迟是指用户发送请求到收到所需响应之间的等待时间。

图 7-1 展示了一个例子，客户端向服务器发送一个请求需要 600ms，服务器响应需要 900ms，这就引入了一个 1.5s（1500ms）的总延迟。

现在，任何应用程序都需要通过互联网才能拥有多样化全球用户。无论地理位置如何，这些用户都期望性能稳定。它常常是个挑战，因为通过网络将数据从世界的一个地方移动到另一个地方需要时间。

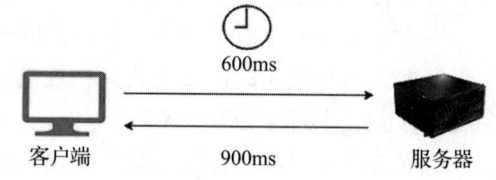

网络延迟可由多种因素引起，如**网络传输介质**、**路由器跃点**、**网络传播**等。通常，通过互联网发送的请求会在多个路由器上跳转，这增加了延迟。企业通常使用光纤线路来建立企业网络和云端间的连接，这有助于避免由网络延迟造成的不一致。

图 7-1 客户端 – 服务器模式下的请求响应延迟

除网络引起的问题以外，延迟还可能发生在架构的各个组件中。在基础设施层面，服务器可能会因为内存和处理器的问题而出现延迟，比如，CPU 和 RAM 之间的数据传输速度很慢。由于读写进程缓慢，磁盘也可能因读写进程缓慢而产生延迟。**硬盘驱动器**（HDD）中的延迟取决于选择硬盘内存扇区并将其置于磁头下进行读写所花费的时间。

 磁盘内存扇区是数据在磁盘中的物理位置。对于硬盘驱动器，在写入操作时，由于磁盘是不断旋转的，数据被随机写入各个扇区。在进行读操作时，磁头需要等待磁盘旋转到相应的磁盘内存扇区。

在数据库层面，延迟可能源于硬件瓶颈或缓慢的查询处理。通过分区和分片存储数据减轻数据库负载有助于减少延迟。

当需要在应用程序级别使用代码进行垃圾收集和多线程事务处理时可能会出现问题。实现低延迟意味着更高的吞吐量，因为延迟和吞吐量是直接相关的。让我们来学习更多关于吞吐量的知识。

7.1.2 提高吞吐量

网络吞吐量是指在给定时间内发送和接收的数据量。延迟是指用户在应用程序中发起请求并获得响应时所耗费的时间。在网络吞吐量方面，带宽起着重要的作用。

带宽决定了通过网络传输的最大数据量。

吞吐量和延迟有着直接的关系。低延迟意味着高吞吐量，因为可以在更短的时间内传输更多的数据。为了更好地理解这一点，让我们以一个国家的交通基础设施为例。

我们把高速公路看成网络管道，把汽车看成数据包。假设两个城市之间有一条 16 车道的高速公路。并非所有的车辆都能在预期的时间到达目的地，它们可能会因为交通堵塞、车道关闭或事故而延迟。在这里，延迟决定了一辆汽车从一个城市到另一个城市的速度，而吞吐量告诉我们有多少辆汽车可以到达目的地。对于网络来说，由于错误和交通拥堵的存在，要做到充分利用带宽是困难的。

网络吞吐量是指每秒通过网络发送的数据量，单位是 bit/s。网络带宽是指在单位时间里可以处理的最大数据量。图 7-2 展示了客户端和服务器之间传输的数据量。

图 7-2 网络吞吐量

除网络外，吞吐量也适用于磁盘。磁盘吞吐量由**每秒输入输出量（IOPS）**和请求的数据量（I/O 大小）决定。磁盘吞吐量使用以下公式确定，以**每秒兆字节（MB/s）**为单位。

$$吞吐量 = 平均 I/O 大小 \times IOPS$$

因此，如果磁盘 IOPS 是 20 000，平均 I/O 大小是 4 KB（4096B），那么吞吐量将是 81.9 MB/s（20 000 × 4096，并把结果的单位从 B 转换为 MB）。

I/O 请求与磁盘延迟有直接关系。I/O 分别表示写和读，而**磁盘延迟**是指每个 I/O 请求从磁盘接收响应所花费的时间。延迟以毫秒来度量，应尽可能小。它受磁盘**每分钟转数（RPM）**的影响。IOPS 是指磁盘每秒可执行的操作次数。

在操作系统层面，吞吐量由 CPU 和 RAM 之间每秒的数据传输量决定。在数据库层面，吞吐量由数据库每秒可以处理的事务数量决定。在应用程序层面，代码需要通过垃圾收集处理和高效使用缓存来管理应用程序内存，从而能够最大化每秒可以处理的事务量。

当你了解延迟、吞吐量和带宽后，还要了解另一个因素——并发，它会影响到架构的各个组件，并有助于提高应用程序性能。让我们学习更多关于并发的知识。

7.1.3 处理并发

当你希望应用程序能够同时处理多个任务时，**并发**是在解决方案设计时要考虑的一个关键因素。例如，应用程序需要同时接纳多个用户，并在后台处理他们的请求。另一个例子是应用程序要收集并处理 Web Cookie 数据，以便了解在展示了产品信息和目录后用户与产品的互动。并发是指同时执行多个任务。

人们经常混淆并行和并发，认为它们是一回事，然而并发不同于并行。并行是指应用程序将一个大的任务划分为较小的子任务，每个子任务有专用资源来进行并行处理。然而，并发是指应用程序通过线程之间的共享资源来同时处理多个任务。

应用程序可以在处理过程中从一个任务切换到另一个任务，这意味着在代码的关键部分很可能需要使用锁或者信号量。

如图 7-3 所示，并发就像一个交通信号灯，车流在四个车道之间切换以保持交通畅通。由于所有车辆都必须通过十字路口，所以当某个方向的车辆正在通过时，另一方向的车辆必须停止通行。而在并行情况下，有一条平行车道可以使用，所有车辆可以并行行驶，互不干扰，如图 7-3 所示。

除应用程序层面的事务处理外，当多个服务器共享相同的网络资源时，并发还发生于网络层面。当多个用户试图通过网络连接到一个 Web 服务器时，它需要处理多个网络连接。它既需要处理活动请求，还需要关闭已完成或超时请求的连接。在服务器层面，多个 CPU 或多核处理器的应用有助于处理并发请求，因为服务器可以处理更多的线程来同时完成各种任务。

在内存级别，共享内存并发模型有助于实现并发处理。在这个模型中，并发模块使用共享内存相互交互。它可以是运行在同一服务器上的两个程序，它们共享文件系统进行读写。此外，还可以是两个处理器或处理器的不同核，

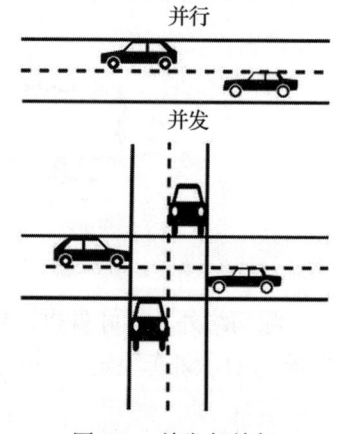

图 7-3 并发与并行

它们共享相同的内存。服务器中的磁盘可能会遇到两个程序试图写入同一存储块的并发情况，而并发 I/O 允许磁盘同时读写文件，有助于提高磁盘并发性。

数据库始终是架构设计的关键点。并发在数据处理中扮演着重要的角色，因为数据库应该有能力同时响应多个请求。数据库并发比较复杂，因为会发生当一个用户可能试图读取一条记录时，而另一个用户可能正在同时更新它的情况。数据库应该只允许在完全保存

数据时查看数据，确保在其他用户尝试更新之前，数据已完全提交。缓存可以帮助显著提高性能，让我们学习架构中的一些不同缓存类型。

7.1.4 使用缓存

在第 6 章，你已经学习了如何在架构的不同层次使用缓存。使用缓存可以显著提高应用程序性能。你了解了如何应用缓存的不同设计模式和技术添加外部缓存引擎和 CDN 等，但还必须要了解的是，几乎每个应用程序组件和基础设施都有其自身的缓存机制。充分利用每一层的缓存机制可以帮助减少延迟，并提高应用程序的性能。

在服务器层面，CPU 具备硬件缓存，这减少了从主内存访问数据时的延迟。CPU 缓存包括指令缓存和数据缓存，数据缓存用于保存常用数据的副本。在磁盘层面，缓存也同样适用，它是由操作系统管理（被称为**页缓存**）的，CPU 缓存完全由硬件管理。磁盘缓存来自二级存储，如**磁盘驱动器**（HDD）或**固态硬盘**（Solid-State Drive，SSD）。经常使用的数据存储在主内存中未使用的部分（即将 RAM 作为页缓存，这样可以更快地访问内容）。

通常，数据库有一个缓存机制来保存数据库的查询结果，以便更快地响应。数据库有一个内部缓存，会根据使用模式在缓存中准备好数据。数据库中还有一个位于服务器主内存（RAM）的查询缓存，如果你多次执行某个查询，则该缓存将数据保存在查询缓存中。如果表中的数据发生任何更改，查询缓存将被清除。如果服务器内存不足，最早的查询结果将被删除以腾出空间。

在网络层面有一个 DNS 缓存，它将 Web 域名和对应的 IP 地址存储在服务器本地。如果你重新访问相同的网站域名，DNS 缓存可以快速进行 DNS 查询。DNS 缓存由操作系统管理，包含所有最近访问的网站记录。客户端缓存机制（如浏览器缓存）和各种缓存引擎（如 Memcached 和 Redis）详见第 6 章。

在本节中，你了解了架构性能优化需要考虑的延迟、吞吐量、并发和缓存等设计因素。架构中的每个组件（无论是服务器层面的网络还是数据库层面的应用程序）都有一定的延迟和并发问题需要处理。

你应该根据期望的性能设计应用程序，因为提高性能是有代价的。性能优化的具体方案可能因应用程序而异。解决方案架构师需要直面不同的需求，例如，股票交易应用程序不能容忍亚毫秒级的延迟，而电子商务网站可以在几秒的延迟下正常提供服务。接下来让我们来了解如何选择不同架构级别的技术，以战胜性能挑战。

7.2 性能优化的技术选型

在第 6 章中，你学习了各种设计模式，包括微服务、事件驱动、缓存和无状态。组织可以根据其解决方案的设计需求选择不同设计模式或模式组合。根据工作负载情况，你可以应用多种架构设计方法。一旦确定了设计策略并开始实现解决方案，下一步就是优化应用程序。为了优化应用程序，你需要根据应用程序的性能要求定义基准、执行负载测试来收集数据。

性能优化是一个持续改进过程，在这个过程中，从解决方案设计之初到应用程序发布之后，都要追求最优的资源利用率；需要根据工作负载选择正确的资源，或者调整应用程序和基础设施配置。例如，你可能希望选择一个 NoSQL 数据库来存储应用程序的会话状态，并在关系型数据库中存储事务。为便于分析和报告，可以将生产环境中应用程序数据库中的数据加载到数据仓库，并从中创建报告。

在服务器层面，可能需要选择虚拟机或容器。同时，也可以采用完全无服务器的方法来构建和部署应用程序代码。无论采用何种方法和何种应用程序工作负载，都需要针对主要的资源类型（包括计算、存储、数据库和网络）进行具体的技术选型。让我们详细看一下如何选择这些资源类型以进行性能优化。

7.2.1 计算能力选型

本节将使用"计算"而不是"服务器"，因为现在的软件部署并不局限于服务器。像 AWS 这样的公有云供应商提供无服务器产品，这样你不需要服务器来运行应用程序。AWS Lambda 是最受欢迎的 FaaS 产品之一。与 AWS Lambda 一样，其他主流的公有云供应商也在 FaaS 领域扩展了它们的产品，例如，Microsoft Azure 的 Azure Functions 和 GCP 的 Google Cloud Functions。

然而，企业还是会默认选择带有虚拟机的服务器。现在，随着自动化需求和高资源利用率需求的增加，容器也变得越来越流行。容器正在成为首选方案，特别是在微服务应用程序部署领域。计算力的最佳选择是使用服务器实例、容器，还是使用无服务器）取决于应用场景。让我们来看看各种可用的选项。

1. 选择服务器实例

如今，随着虚拟服务器成为主流，**实例**这个词变得越来越流行。这些虚拟服务器提供了灵活性和更好的资源利用。对于云平台，所有云服务供应商都提供虚拟服务器，只需要点击网页上的控制台或调用 API 即可配置。服务器实例有助于实现自动化，并支持基础设施即代码，所有操作均可自动化。

依据工作负载的不同，有不同类型的处理单元可供选择。我们来看看主流的处理能力选项。

- **中央处理器**（CPU）。CPU 是最流行的计算处理选择之一，它易于编程，支持多任务处理。最重要的是，它通用性强，可以应用在很多地方，这使它成为一般应用程序的首选。CPU 的功能以 GHz 为单位衡量，表示 CPU 速度的时钟频率为每秒数十亿次。CPU 成本低，但是，在并行处理方面的表现并不是很好，因为 CPU 主要按顺序处理任务。

- **图形处理单元**（GPU）。顾名思义，GPU 最初设计用于处理图形应用，并提供巨大的处理能力。随着数据量的增长，需要利用**大规模并行处理**（MPP）来处理数据。对于机器学习等大数据处理，GPU 已成为不二之选，并被用于许多计算密集型应用程序。你可能听说过作为 GPU 计算能力单位的**万亿次浮点运算**（TFLOP）。万亿次浮点运算是指处理器每秒执行 1 万亿次浮点运算的能力。GPU 由数千个小内核组成，而 CPU 只有很少几个大内核。GPU 有一种使用 CUDA 编程创建数千个线程的机制，每个线程可以并行处理数据，这使得处理速度非常快。GPU 比 CPU 贵一点。当涉及处理能力时，你会发现，对于需要图像分析、视频处理和信号处理的应用程序，GPU 在成本和性能方面都处于最佳平衡点。但是，GPU 功耗大，在需要更多定制化处理器的情况下可能无法运行特定类型的计算。
- **现场可编程门阵列**（FPGA）。FPGA 与 CPU 或 GPU 都非常不同。FPGA 是可编程的硬件，具有灵活的逻辑元件集合，可以为特定的应用程序重新配置，也可以在安装后更新。FPGA 的功耗比 GPU 低得多，但灵活性也较低；可支持大规模并行处理操作，还提供了将其配置为 CPU 的功能。总体而言，FPGA 的成本较高，因为它要为每个应用程序单独定制，也因此需要更长的开发周期。另外，FPGA 在顺序操作方面的性能较差，浮点运算也不是很好。
- **专用集成电路**（ASIC）。ASIC 是专门为特定应用程序定制的，并进行了集成电路优化，例如，针对深度学习 TensorFlow 的应用，Google 提供了**张量处理单元**（TPU），可以为应用程序进行定制设计，以实现功耗和性能的最佳组合。由于 ASIC 的开发周期较长，因此成本较高，而且针对任何更新都必须进行硬件级的设计与改造。

图 7-4 显示了上述处理设备之间的比较结果。可以看到，ASIC 的效率是最高的，但需要有更长的开发周期来实现。ASIC 也提供了最优的性能，但重用方面的灵活性最低，而 CPU 最为灵活，适用场景也更广泛。

如图 7-4 所示，从成本角度来看，CPU 最便宜，ASIC 则是最昂贵的。如今，CPU 已经成为一种商品，并被广泛用于各种设备以降低成本。GPU 更适合于计算密集型应用，对于高并发处理和高性能要求的应用领域（如通信系统、数字信号处理、IC 芯片等），FPGA 通常是首选。公有云供应商（如 AWS）

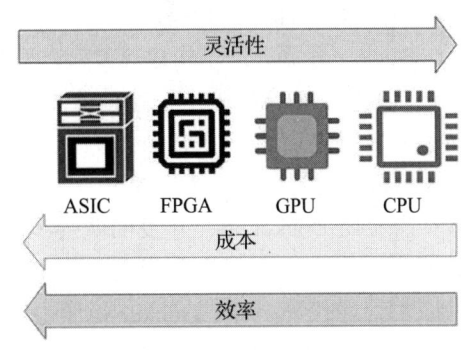

图 7-4 CPU、GPU、FPGA 和 ASIC 的比较

也提供了多种计算资源给用户选择使用，除 CPU 外，Amazon Elastic Cloud Compute（EC2）产品大量使用 GPU 的 P 系列实例，F 系列实例则提供了用于自定义硬件加速的 FPGA。

本节介绍了最流行的计算资源。你可能也听说过其他类型的处理器，如**加速处理单元**（Accelerated Processing Unit，APU）。APU 结合了 CPU、GPU 和**数字信号处理器**（Digital

Signal Processor，DSP），经过优化后可以对模拟信号进行分析，根据需要对实时数据进行高速处理。接下来进一步介绍其他流行的计算型容器，这些容器由于优化了虚拟机资源的利用率而迅速被普及使用。

2. 使用容器

在第 6 章中，我们了解了容器部署及其好处。由于容器易于自动化和资源利用率高，使用容器正在成为部署复杂微服务应用程序的规范。多种平台可用于容器部署。

由于容器流行并拥有独立于平台的能力，容器逐渐成为构建与云平台无关的首选方案。我们可以在本地数据中心部署容器并通过云对其进行管理。另外，我们也可以采用重新定位的方法将容器从本地迁移到云端而无须进行任何更改。

我们可以使用容器构建一个多云平台，现在每个主要的公有云供应商都提供了工具来管理分布在多个平台上的容器环境。例如，AWS 提供 ECS Anywhere 产品，使我们能够轻松地在客户管理的基础设施上运行和管理容器工作负载。同样，GCP 提供了 Google Anthos 产品，它为我们提供了跨本地和其他云平台的容器管理。接下来让我们了解一下容器领域中最受欢迎的选择以及它们的区别和它们如何协同工作。

（1）Docker

Docker 是最受欢迎的技术之一。它允许我们将应用程序及其相关依赖关系打包为一个容器，并将其部署到任何一种操作系统平台。Docker 为软件应用程序提供了独立于平台的功能，从而简化了整个软件开发、测试和部署过程，并且更易于访问。

Docker 容器镜像可以通过本地网络或使用 Docker Hub 通过互联网实现系统间移植。我们可以使用 Docker Hub 容器存储库来管理和分发容器镜像。如果我们对 Docker 镜像做了一些更改而导致环境出现问题，那我们也可以很容易地回滚到容器镜像的可工作版本，从而使整体故障排除更加容易。

Docker 容器有助于构建更复杂的多层应用程序。例如，假设你需要同时运行应用服务器、数据库和消息队列。在这种情况下，我们可以使用不同的 Docker 镜像并同时运行，并在它们之间建立通信。其中的每一层都可以是某些库的不同版本，Docker 允许它们在同一台计算机上运行而不会产生冲突。

当使用 Docker 时，开发团队会构建一个应用程序并将其与所需的依赖关系打包到容器镜像中。这个应用程序运行在 Docker 主机的某一个容器中。就像在 GitHub 这样的代码库中管理代码一样，Docker 镜像也存储在注册表中。而 Docker Hub 是一个公共注册中心，其他云供应商提供它们自己的注册中心，如 **AWS 弹性容器注册中心**（Elastic Container Registry，ECR）和 **Azure 容器注册中心**（Container Registry）。此外，我们也可以为自己的 Docker 镜像建立一个本地私有注册表。

AWS 等公有云供应商提供容器管理平台，如 **AWS 弹性容器服务**（Elastic Container Service，ECS）。容器管理有助于在云虚拟机 Amazon EC2 上管理 Docker 容器。AWS 还提供了使用 Amazon Fargate 部署容器的无服务器选项，可以在不配置虚拟机的情况下部署容器。

复杂的企业应用程序是基于可能跨越多个容器的微服务构建的。然而在应用程序中管理各种 Docker 容器是相当复杂的工作。Kubernetes 则有助于解决多容器环境的挑战，接下来进一步介绍 Kubernetes。

（2）Kubernetes

Kubernetes 可以轻松地管理和控制生产环境中的多个容器。我们可以把 Kubernetes 看作一个容器编排系统。我们可以在裸机（物理服务器）上，或在被称为 Docker 主机的虚拟机节点上托管 Docker 容器，并且 Kubernetes 可以对这些跨节点的集群进行协调和编排。

Kubernetes 通过在任何应用程序出现错误时替换无响应容器的方式来实现应用程序的自我修复。它还提供了水平伸缩功能和蓝绿部署功能，以避免停机的情况发生。Kubernetes 可以在容器之间分配传入的用户流量负载，并管理各种容器的共享存储。

如图 7-5 所示，Kubernetes 和 Docker 可以很好地配合来编排软件应用程序。Kubernetes 负责处理 Docker 节点与 Docker 容器之间的网络通信。

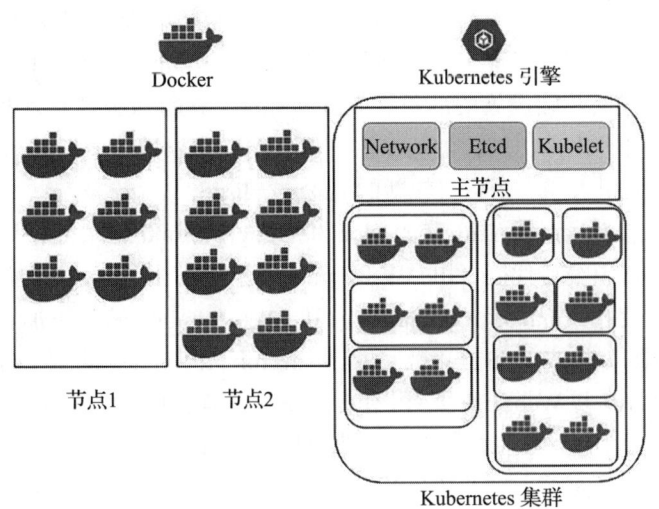

图 7-5　Docker 和 Kubernetes

Docker 作为应用程序的独立部分工作，Kubernetes 负责编排以确保所有这些部分按照预设的方式协同工作。使用 Kubernetes 可以更容易实现整体应用程序的自动化部署和自动化伸缩。在 Docker 中，容器被托管在节点中，同一节点中的每个 Docker 容器共享同一个 IP 空间。因此，在 Docker 中管理容器之间的连接时需要防止 IP 冲突。Kubernetes 可以通过主节点来解决这个问题，主节点可以管理所有托管容器的节点。

Kubernetes 的主节点负责分配 IP 地址，并提供键值对存储来保存容器配置，通过 Kubelet 管理容器。Kubelet 是运行在每个节点上的"节点代理"，Docker 容器以"豆荚"的形式分组运行，共享同一个 IP 地址。所有的这些设置一起构成了 Kubernetes 集群。

虽然当前 Kubernetes 非常受欢迎，但也有其他供选择的选项，比如 Docker 自带的

Docker Swarm。它是一个**容器编排工具**，允许用户管理部署在多台主机上的多个容器。然而，Docker Swarm 没有像 Kubernetes 那样有一个基于 Web 的界面，也不提供自动伸缩和负载平衡功能。

Kubernetes 很复杂，学起来有一定难度。公有云服务商（如 AWS）提供了 Amazon Elastic Kubernetes Service（EKS），可以简化 Kubernetes 集群的管理。OpenShift 是另一个由 Red Hat 提供的 Kubernetes 发行版，以**平台即服务**（Platform as a Service，PaaS）的形式提供。同样，微软 Azure 提供 Azure Kubernetes Service（AKS），GCP 提供 Google Kubernetes Engine（GKE），也提供了自动部署、扩展和管理 Kubernetes 集群的简单方式。

总的来讲，容器在整个应用程序基础设施之上增加了一层虚拟化。虽然它们在资源利用方面很有帮助，但如果应用程序部署的主要诉求是实现超低的延迟，那么最好还是将其直接部署在物理机上。

3. 实现无服务器化

近年来，由于 Amazon、Google 和 Microsoft 等云供应商提供的公有云产品服务的普及，无服务器计算已经成为可能。无服务器计算让开发人员专注于他们的代码和应用程序开发，而不必担心底层基础设施的准备、配置和伸缩。这将服务器管理和基础设施决策从开发人员的职责中分离出来，并让他们专注于他们的专业领域和他们试图解决的业务问题。无服务器计算也由此引入了一个相对较新的概念——FaaS。

AWS Lambda、Microsoft Azure Function 和 Google Cloud Function 等都是 FaaS 产品。我们可以在云编辑器中编写代码，由 AWS Lambda 管理底层的计算基础设施来运行和扩展我们的函数。通过使用 Amazon API Gateway 和 AWS Lambda 函数添加 API 端点，我们就可以设计基于事件的架构或 RESTful 微服务。Amazon API Gateway 是一项托管云服务，它可以添加 RESTful API 和 WebSocket API 作为 Lambda 函数的前端，并支持应用程序之间的实时通信。我们还可以进一步将微服务分解为可以独立自动伸缩的小任务。

我们只需要专注于代码，而不必为 FaaS 模型中的空闲资源付费。我们可以使用内置的可用性和容错机制独立伸缩所需的功能而无须伸缩整个服务。但是，如果我们有数千个功能需要编排，这可能是一项相当艰巨的任务，并且自动伸缩成本的预测会是很棘手的一件事情。FaaS 非常适合于调度作业、处理网络请求或队列消息。

本节中介绍了各种计算资源选型，包括服务器实例、无服务器选项和容器方案。我们需要根据应用程序的需求进行选型。没有规则强迫我们必须选择某一种特定的类型，这完全取决于组织对技术的选择、创新的速度和软件应用程序的性质。

常见的情况是，对于单体应用程序，通常可以使用虚拟机或物理机。而对于复杂的微服务，可以选择容器。对于简单的任务调度或基于事件的应用程序，可以选择无服务器方案。许多组织构建了基于无服务器模式的复杂应用程序，从而节约了成本，并实现了高可用性而无须管理任何基础设施。

下面将介绍基础设施的另一个重要方面,以及它如何帮助优化性能。

7.2.2 选择存储

存储是影响应用程序性能的关键因素之一。任何软件应用程序都需要与存储进行交互,以便进行安装、日志记录和文件访问。存储的最佳解决方案将根据表 7-1 所示的因素的变化而有所不同。

表 7-1 影响存储选择的因素

因素	内容
访问方法	块、文件或对象
访问模式	顺序或随机
访问频率	在线(热)、离线(温)或归档(冷)
更新频率	一次写入多次读取(WORM)或动态更新
访问可用性	访问时存储的可用性
访问持久性	数据存储的可靠性,能够最大限度地减少数据丢失
访问吞吐量	每秒输入输出量(IOPS),以及每秒数据读/写量(单位为 MB/s)

存储方式选择取决于数据格式和可伸缩性需求。首先要确定数据是采用块存储、文件存储还是对象存储。它们以不同的方式存储和呈现数据的存储格式。接下来详细探讨。

1. 使用块存储和存储区域网络(Storage Area Network,SAN)

块存储将数据划分为块,以数据块的形式存储。每个块都有一个唯一的 ID。块不存储任何关于文件的元数据,这使得系统可以将数据放在最容易读取的位置。因此,基于服务器的操作系统会在硬盘中管理和使用这些块。每当系统请求数据时,存储系统都会收集数据块,并将结果返回给用户。部署在存储区域网络 SAN 中的块存储能够高效、可靠地存储数据。当需要存储和频繁访问大量数据(如数据库部署、电子邮件服务器、应用程序部署和虚拟机)时,块存储是很好的选择。

SAN 存储功能成熟,可支持复杂的、关键任务的应用程序。它是一个高性能的存储系统,可在服务器和存储之间传输块级数据。但是,SAN 的成本非常高,应该用于需要低延迟的大型企业应用程序。

要配置基于块的存储,必须在固态硬盘(SSD)和硬盘驱动器(HDD)之间进行选择。HDD 是用于服务器和企业存储阵列的传统数据存储系统。HDD 更便宜,但速度慢、功耗大,需要更多的电力和冷却。SSD 使用半导体芯片,速度比 HDD 快,但是成本要高很多。如今随着技术的发展,SSD 的成本已经下降了很多,同时由于其速度和功耗的优势而使其越来越受欢迎。

2. 使用文件存储和网络区域存储(Network Area Storage,NAS)

文件存储已经存在了很长时间,并被广泛应用。在文件存储中,文件数据作为单个信息被记录存储，并被组织在文件夹中。当需要访问数据时，提供文件路径并获取数据文件。然而，当文件嵌套在多个文件夹层次结构下时，文件路径可能会变得复杂。每个文件都包含有限的元数据，包括文件名、创建时间和更新的时间戳。我们可以把文件存储比作书柜，把书放在抽屉里，并记下每本书的存放位置，这使得将来可以很容易地通过记录找到这本书。

网络区域存储（NAS）是一种连接到网络的文件存储系统，用户可以在系统中存储和访问他们自己的文件。NAS 还可以管理用户权限、文件锁定和其他用于数据保护的安全机制。NAS 可用于文件共享系统与本地存档文件。然而，当需要存储数十亿个文件时，NAS 可能不是合适的解决方案，因为它的元数据信息有限，文件夹层次结构复杂，这时候需要使用对象存储。接下来让我们进一步了解对象存储及其相对于文件存储的优势。

3. 使用对象存储和云数据存储

对象存储将数据与可自定义的唯一的标识符和元数据绑定在一起。与文件存储中的层级地址或块存储中分布在多个块上的地址相比，对象存储使用平面地址空间。平面地址空间可以更容易地定位数据并更快地检索数据，而不必考虑数据存储的位置。对象存储还帮助用户实现存储的无限制可伸缩性。

对象存储的元数据可以有很多详细信息，比如对象名称、大小、时间戳等，用户可以根据需要自定义更多细节，以便在文件存储中添加比标签更多的信息。数据可以通过一个简单的 API 调用访问，并且存储成本非常低。对象存储对于大容量、非结构化数据最为适用，但是，对象不能被修改，只能被替换，所以并不适合于数据库应用。

云数据存储，如 **Amazon 简单存储服务**（Amazon S3）提供了一个无限可伸缩的对象数据存储，具有高可用性和持久性。我们可以通过唯一的全局标识符和元数据文件前缀来访问数据。图 7-6 简要展示了三种存储系统。

如图 7-6 所示，块存储以块的形式存储数据。当应用程序由单个实例访问数据存储，并要求非常低的访问延迟时，应使用块存储。文件存储将数据存储在分层文件夹结构中，延迟开销很小。当一个单独的应用需要访问多个实例时，应该使用文件存储系统。对象存储将数据存储在具有对象唯一标识符的存储桶中。它提供 Web 访问方式，以减少延迟和增加吞吐量。对象存储可用于

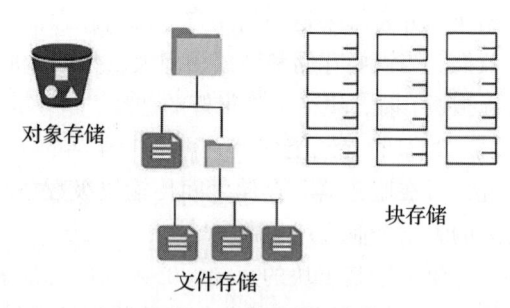

图 7-6　数据存储系统

存储和访问静态内容，如图像和视频。也可以将大量数据存储在对象存储中，以便于进行大数据处理和分析。

直接连接存储（Direct-attached Storage，DAS）是一种直接连接到主机服务器的数据存储，但是，它的可伸缩性和存储容量非常有限。**磁带驱动器**（Magnetic Tape Drive）是另一种流行的用于备份和归档的存储系统，具有低成本和高可用性的优势，磁带驱动器常用于

归档目的，但具有较高的延迟，因此不适合直接用于应用程序。

通常，需要为执行关键任务的应用程序提高吞吐量和数据保护能力，例如，数据存储在 SAN 存储中的某事务数据库，由于单个 SAN 存储的容量和吞吐量可能有限，我们需要使用**独立磁盘冗余阵列**（RAID）配置来解决这个问题。RAID 是一种将数据存储在多个磁盘上的方式。它可以防止驱动器故障导致的数据丢失，并通过条带化技术将不同的磁盘组合在一起来提高吞吐量。

RAID 采用磁盘镜像或磁盘条带化技术，但对于操作系统，RAID 只是单一的逻辑盘。RAID 使用不同的级别来区分配置类型。例如，RAID 0 使用磁盘条带化，提供最佳性能，但没有容错功能；而 RAID 1 则是**磁盘镜像**。它复制数据存储，对写操作没有性能提升，但将读操作性能提高了一倍。我们可以将 RAID 0 和 RAID 1 组合成 RAID 10（也称为 RAID 1+0），以获取在高吞吐量和容错方面的最佳性能。RAID 10 至少需要 4 个磁盘，并且对磁盘镜像采用磁盘条带化技术。

通常来说，应选择与访问方式相匹配的存储解决方案以最大化性能。对此，云服务提供了多种选项，让用户根据实际需求来确定是选择块存储、文件存储、还是对象存储。例如，公有云 AWS 提供了 **Amazon 弹性块存储**（Elastic Block Store，EBS）作为云上的 SAN 类型存储，以及 **Amazon 弹性文件存储**（Elastic File System，EFS）作为云上的 NAS 类型存储。而 Amazon S3 则是非常流行的云端对象存储。同样，Microsoft Azure 为 SAN 提供 Azure 磁盘存储（Disk Storage），为 NAS 提供 Azure 文件存储（Files Storage），为 Azure Blob 提供块存储（Block Storage）服务。不同的存储解决方案允许你根据访问模式选择存储方法，无论是在本地环境中工作，还是使用云原生的方式，都可以根据访问方式来选取不同的存储解决方案。

现在，我们已经了解了实现最佳性能所需的计算和存储选择，接下来我们看看应用程序开发的下一个关键组件——数据库。根据需求选择合适的数据库将有助于最大限度地提升应用程序性能，并降低应用程序延迟。市场上可用的数据库类型很多，选择合适的数据库至关重要。

7.2.3 选择数据库

通常，我们会希望规范化某一通用平台并使用数据库以方便管理，但是，我们应该根据数据需求考虑采取哪种数据库解决方案。不当的数据库解决方案可能会影响系统延迟和性能。数据库的选择可以根据应用程序对可用性、可伸缩性、数据结构、吞吐量和持久性的需求而有所不同。在选择所要使用的数据库时，有多个考量因素。例如，访问模式可以显著影响数据库技术的选择，最好可以基于访问模式来优化数据库。

数据库通常都提供用于工作负载优化的配置选项。应该考虑内存、缓存、存储优化等的配置。此外还应该调研可伸缩性、备份、恢复和维护等数据库运维方面的技术。接下来将介绍可以用来满足应用程序数据库需求的不同数据库技术。

1. 在线事务处理

大多数传统的关系型数据库都被认为使用**在线事务处理**（On-Line Transactional Processing，OLTP）。事务型数据库是存储和处理应用程序数据的最古老和最流行的方法。关系型 OLTP 数据库包括 Oracle、Microsoft SQL Server、MySQL、PostgreSQL、Amazon RDS 等。OLTP 的数据访问模式包括通过查找其 ID 获取一个小型数据集。数据库事务意味着所有相关的更新要么全部成功完成，要么全部失败。

关系模型允许在应用程序中处理复杂的业务事务，如银行、交易和电子商务这类系统。它使我们能够聚合数据和使用跨表的多个连接创建复杂查询。在优化关系型数据库时，需要考虑以下几点：

- 数据库服务器，包括计算、内存、存储和网络。
- 操作系统设置，如存储卷的 RAID 配置、容量管理、块大小等。
- 数据库引擎配置和分区设定。
- 其他与数据库相关的选项，如模式、索引和视图。

对于关系型数据库来说，伸缩方面会是比较大的挑战，它可进行垂直伸缩的操作，但受到系统容量上限的限制。而对于水平伸缩，则必须通过只读副本以实现读操作伸缩，通过对数据进行分区以实现写操作伸缩。对此，我们在 6.14 节已经了解了如何伸缩关系型数据库。

OLTP 数据库适合于大型和复杂的事务性应用程序。但是，当需要汇总和查询大量数据时，OLTP 数据库由于伸缩性的劣势而表现得很不好。此外，随着互联网的繁荣发展，有大量非结构化数据需要处理，而关系型数据库无法有效地处理非结构化数据。在这种情况下，NoSQL 数据库可以提供帮助。接下来让我们进一步了解如何处理非关系型数据库。

2. 非关系型数据库

有些应用程序（如社交媒体程序、**物联网**（IoT）、点击流数据和日志等）会在运行过程中产生了大量非结构化数据和半结构化数据，这些应用程序具有非常动态的模式。对于每一组记录，这些数据类型可能具有不同的模式。如果在关系型数据库中存储这些数据，将是一项非常烦琐的任务。所有内容都必须以固定模式归档，这可能会导致大量空值或数据丢失。非关系型数据库或 NoSQL 数据库则提供了存储此类数据的灵活性，每个记录的列数是可变的，且可以存储在同一个表中。

NoSQL 数据库可以存储大量数据且可以做到较低的访问延迟。它们很容易通过添加更多节点来实现轻松的伸缩，并且支持开箱即用的水平伸缩。它们是存储用户会话数据的绝佳选择，且可以使应用程序无状态，在不影响用户体验的情况下实现水平伸缩。我们可以在 NoSQL 数据库之上开发分布式应用程序，它提供了较低的延迟和伸缩性，但查询连接必须在应用层处理，因为 NoSQL 数据库不支持复杂的查询，如连接表和实体。

市场上有多种 NoSQL 数据库产品供使用者选择，例如 Cassandra、HBase 和 MongoDB，它们可以安装在虚拟机集群中。在云端也有同样的应用服务，如 AWS 提供了一个名为 Amazon DynamoDB 的托管 NoSQL 数据库，它提供了高吞吐量的亚毫秒级的延迟，并支持无限制的伸缩。

我们可以将 OLTP 用于关系型数据库，但它也有自己的不足，由于存储容量有限，在进行大量数据的查询，并根据数据仓库的需要执行聚合操作时，响应速度往往不能满足需求。数据仓库更多应用于分析类需求，而非事务处理。**联机分析处理**（On-Line Analytical Processing，OLAP）数据库弥补了 OLTP 数据库在大数据集查询方面的不足。接下来让我们进一步了解 OLAP 数据库。

3. 联机分析处理

OLTP 和 NoSQL 数据库有助于应用程序部署，但对于大规模分析的功能非常有限。现代数据仓库技术采用列式存储和大规模并行处理（MPP），为快速访问结构化数据而设计，可以更好地满足对大量结构化数据进行分析和查询的需求，有效降低访问延迟，更快地获取和分析数据。

当只需要汇总某一列数据时，列式存储避免了扫描整个表来满足需要。例如，如果我们想知道某个指定月份的库存销售情况，但订单表中可能有数百列数据，而我们只需要对采购列中的数据进行汇总。使用列式存储，我们就可以只扫描采购列，与行式存储相比，减少了扫描的数据量并提高了查询性能。

通过大规模并行处理（MPP），我们可以在子节点之间以分布式的方式存储数据，并向主节点提交查询。主节点会根据分区键将查询请求分配给子节点，每个子节点将通过运行查询的一部分来进行并行处理。然后主节点会从每个子节点收集子查询结果，并返回汇总结果。这种并行处理可以帮助我们更快地执行查询，更高效地处理大量数据。

我们可以通过在虚拟机上安装如 IBM Netezza 或 Microsoft SQL Server 之类的软件来使用这种处理方式，也可以使用更具云原生功能的解决方案，如 Snowflake。如 AWS 提供了 PB 级的数据仓库解决方案 Amazon Redshift，它应用了列式存储和 MPP。我们将在第 13 章中学习更多关于数据处理和分析的知识。

通常，应用程序会有存储和搜索大量数据的需求，特别是在需要在日志中查找特定错误或构建文档搜索引擎时。对此，应用程序需要创建数据搜索功能。接下来让我们学习更多关于数据搜索的知识。

4. 构建数据搜索功能

通常，我们需要搜索大量数据来快速解决问题或获得业务洞见。数据搜索应用将帮助我们获取更多详细的信息，并从不同的视角进行分析。为了在搜索数据时做到低延迟和高吞吐量，我们可以使用搜索引擎。

Elasticsearch 是最流行的搜索引擎平台之一，它基于 Apache Lucene 库构建。Apache Lucene 是一个免费的开源软件库，它是许多流行搜索引擎的基础。ELK（Elasticsearch、Logstash 和 Kibana 的缩写）堆栈简单易用，可用于自动收集大规模数据并为其建立索引，以便于今后的搜索操作。由于这些特性，人们围绕 Elasticsearch 开发了多种可视化和分析工具。例如，Logstash 与 Elasticsearch 一起搭配使用，可以收集、转换和分析应用程序的大量日志数据。**Kibana** 内置了一个 Elasticsearch 连接器，为创建仪表盘和分析索引数据提供了一个简单的解决方案。

Elasticsearch 可以部署在虚拟机中，并可以通过向集群中添加新的节点来实现水平伸缩，以增加容量。公有云 AWS 提供了托管服务 Amazon OpenSearch Service，这使得在云端扩展和管理 Elasticsearch 集群变得容易且成本低廉。

在本节中，我们了解了各种数据库技术以及它们的使用场景。应用程序可以结合不同的数据库技术选项应用于不同的组件，以期望实现最佳性能。对于复杂的事务，需要使用关系型 OLTP 数据库，而要存储和处理非结构化或半结构化数据，则需要使用非关系型 NoSQL 数据库。如果需要在多个地理区域实现非常低的延迟，并且要在应用程序层处理复杂查询（如联机游戏应用程序），则应该使用 NoSQL 数据库。如果需要对结构化数据执行大规模分析，最好使用数据仓库 OLAP 数据库。同时也可以使用缓存数据库来提高数据库的性能效率。在第 6 章中已经介绍了 Redis 和 Memcached。

接下来让我们来学习解决方案架构中的另一个关键组件——网络。网络是整个应用程序的基础，它建立了服务器与外部世界之间的通信。下一节将介绍网络对于应用程序性能的影响。

7.2.4 提高网络性能

在这个高速互联网时代，高速网络几乎覆盖世界的每一个角落，人们期望应用程序能够覆盖全球区域，被用户在任意位置快速访问。此时系统响应时间的延迟效率取决于请求负载以及终端用户与服务器的距离。如果系统无法及时响应用户请求，则可能会由于持续占用系统资源，并产生大量请求积压而造成连锁反应，这将降低整体系统性能。

为了减少延迟，在进行解决方案架构的网络设计时，应该模拟用户的位置和环境来识别可能发生的问题。根据发现来调整服务器的物理位置和引入缓存机制，以减少网络延迟。然而，应用程序的网络解决方案主要取决于网络速度、吞吐量和网络延迟需求。对于需要覆盖全球用户群的应用程序来说，如果想实现与客户的快速连接，服务器所处位置起着非常重要的作用。CDN 提供的边缘位置则有助于将大量静态内容本地化并降低整体延迟。

在第 6 章中已经介绍了如何使用 CDN 将数据存储在边缘位置。CDN 解决方案多种多样，它们都提供了广泛的网络边缘位置。如果应用程序有大量的静态内容，并且需要向终端用户交付大型图像和视频内容，那么此类场景可以使用 CDN。比较流行的 CDN 解决方案有 Akamai、Cloudflare 和 Amazon CloudFront（由 AWS 云提供）。如果应用程序是在全球范围部署的，则务必了解一下 DNS 路由策略，它们可以实现低延迟。

1. 定义 DNS 路由策略

如果要实现全球覆盖，可能会需要在多个地理区域部署应用程序。当有用户发起访问请求时，我们会希望将他们的请求路由到最近和最快的可用服务器，以便用户可以从应用程序中得到快速响应。DNS 路由器可提供域名和 IP 地址的映射。它确保当用户在浏览器输入域名时，请求会被正确的服务器进行处理，例如，当在浏览器中输入 amazon.com 进行购物时，请求总是经由 DNS 服务路由到 Amazon 应用程序服务器。

公有云 AWS 提供了一个名为 Amazon Route 53 的 DNS 服务，可以根据应用程序的需要定义不同类型的路由策略。Amazon Route 53 提供的 DNS 服务可以简化域管理和区域 APEX 支持。以下是最常使用的路由策略：

- **简单路由策略**。顾名思义，它是最直接的路由策略，不涉及任何复杂性。它将流量路由到某个单一资源，例如，为特定网站提供内容的 Web 服务器。
- **故障切换路由策略**。这类路由策略通过配置主动 – 被动故障切换来实现高可用性。如果应用程序在一个区域出现故障，则所有流量都可以自动路由到另一个区域。
- **地理位置路由策略**。如果用户属于特定的位置，则可以使用地理位置路由策略。地理位置路由策略有助于将流量路由到特定区域。
- **地理位置邻近路由策略**。它类似于地理位置路由策略，但可以选择在需要时将流量转移到附近的其他位置。
- **延迟路由策略**。如果应用程序在多个区域中运行，则可以使用延迟路由策略为这些区域进行服务，以实现最低延迟。
- **加权路由策略**。加权路由策略多用于 A/B 测试，你希望将一定数量的流量发送到某一个特定区域，随着试验越来越趋于成功，流量也会被逐步增加。

此外，Amazon Route 53 可以检测 DNS 查询的来源和数量的异常，并优先处理已知可靠的用户请求。它还保护你的应用程序免受 DDoS 攻击。一旦流量经过 DNS 服务器，在大多数情况下，下一站将是负载均衡器。负载均衡器负责在服务器集群中分配流量。接下来将介绍更多关于负载均衡器的细节。

2. 实现负载均衡器

负载均衡器在服务器之间分配网络流量，以提高并发性、可靠性和降低应用程序延迟。负载均衡器分为物理负载均衡器和虚拟负载均衡器。最好是根据应用程序的需要选择负载均衡器。通常，应用程序可以使用两种类型的负载均衡器。

- **四层负载均衡器**（Layer 4，也叫作网络层负载均衡器）。第 4 层负载均衡器根据数据包头的信息（如源 / 目标 IP 地址、端口等）对数据包进行路由。第 4 层负载均衡器不检查数据包的内容，这使得它的计算密度较低，因此速度更快。一个网络层负载均衡器每秒可以处理数百万个请求。
- **第 7 层负载均衡器**（Layer 7，也叫作应用层负载均衡器）。第 7 层负载均衡器根据数据包的完整内容对数据包进行检测和路由。Layer 7 用于 HTTP 请求的路由。路由决策取决于包括 HTTP 头、URI 路径和内容类型等多个因素。它允许更稳健的路由规则，但是需要更多的计算时间来路由数据包。Layer 7 可以根据请求指定的端口号将请求路由到集群中的容器。

根据环境的需要，可以选择基于硬件的负载均衡器，如 F5 负载均衡器或 Cisco 负载均衡器；也可以选择基于软件的负载均衡器，如 Nginx。

公有云提供商 AWS 提供了托管的虚拟负载均衡器，它被称为 Amazon Elastic Load Balancing（ELB）。ELB 可以应用于第 7 层作为应用层负载均衡器，也可以应用于第 4 层作为网络层负载均衡器。

应用层负载均衡器可以很好地保护应用程序，它通过向运行状况正常的实例发送请求来使应用程序具有高可用性。它可以结合自动伸缩一起使用，根据需要添加或删除实例。接下来将介绍自动伸缩，并了解它如何帮助提高应用程序的整体性能和高可用性。

3. 应用自动伸缩

在第 4 章中介绍了自动伸缩的相关内容。随着云计算平台提供的敏捷性，自动伸缩的概念变得流行起来。云基础架构可以根据用户或资源需求快速扩展或缩减服务器集群。

借助 AWS 等公有云平台，我们可以在架构的每一层应用自动伸缩。我们可以在表示层根据请求来扩展 Web 服务器集群，也可以根据服务器的内存和 CPU 利用率在应用层进行自动伸缩。如果已经了解服务器负载增加时的流量模式，还可以按照计划执行伸缩。在数据库级层，自动伸缩也可用于关系型数据库，如 Amazon Aurora Serverless 和 Microsoft Azure SQL 数据库。像 Amazon DynamoDB 这样的 NoSQL 数据库则可以根据吞吐量进行自动伸缩。

在配置自动伸缩时，需要定义所需服务器实例的数量。应根据应用程序的伸缩需求确定最大服务器容量和最小服务器容量。图 7-7 展示了 AWS 的自动伸缩配置。

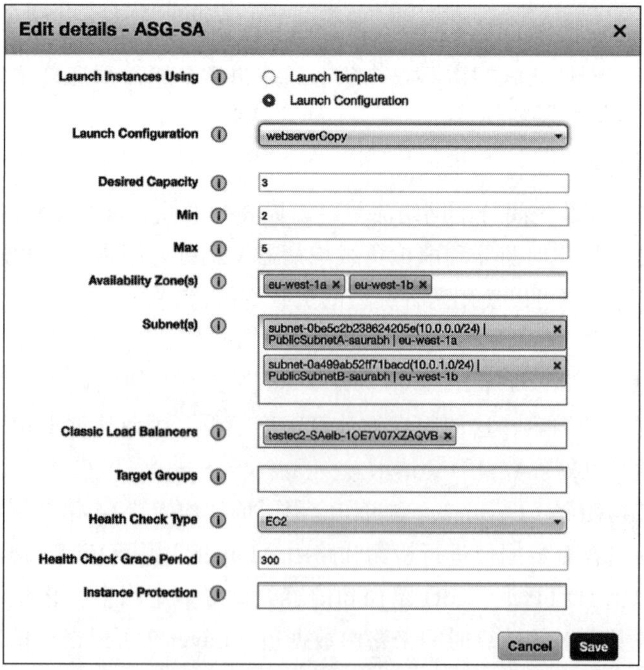

图 7-7　自动伸缩配置

在图 7-7 的自动伸缩配置的设置中，如果当前有 3 个 Web 服务器实例正在运行，当服务器的 CPU 利用率超过 50% 时，它可以扩展到 5 个实例；如果 CPU 利用率低于 20%，则缩减到 2 个实例。当实例运行状况不良时，实例的数量会低于正常情况下的期望容量。在这种情况下，负载平衡器将监视实例的健康状况，并使用自动伸缩来提供新的实例。负载平衡器监视实例的健康状况，并按需触发自动伸缩功能。

自动伸缩是一个很好用的功能，但是要确保所需的伸缩配置都是必需的，以限制 CPU 利用率变化而产生的成本。在由于**分布式拒绝服务**（DDoS）攻击而导致不可预见的流量的情况下，自动伸缩会显著增加成本。因此，应针对此类事件制定系统安全防护方案。我们将在第 8 章中了解更多有关这方面的知识。

在实例层面，假设我们需要**高性能计算**（HPC）来执行制造仿真或人类 DNA 分析。当把所有实例都放在同一网络中并彼此靠近时，集群节点之间数据传输的延迟会变得更低，HPC 的性能表现更好。在数据中心或云端，则可以选择使用私有网络，这可以提供额外的性能优势。例如，要将数据中心连接到 AWS 云，可以使用 Amazon Direct Connect。Direct Connect 提供 10Gbit/s 专用光纤线路，其网络延迟比通过互联网发送数据低得多。

在本节中，我们了解了可以有助于提升应用程序性能的各种网络组件。我们可以根据用户的位置和应用程序的需求对应用程序网络流量进行优化。性能监控也是应用程序的重要组成部分，应该进行主动监控以改善用户体验。接下来将介绍更多关于性能监控的知识。

7.3 性能监控管理

当我们主动了解任何性能问题并试图减少对终端用户的影响时，性能监控至关重要。应该定义性能基准，并在超出阈值范围的情况下向团队发出告警，例如，应用程序移动端加载时间不应超过 3s。在发出告警时，应该能够触发自动操作，以处理性能较差的组件，例如，在 Web 应用程序集群中添加更多的节点以降低请求负载。

有多种监控工具可用于度量应用程序和整体基础设施的性能。可以使用第三方工具（如 Splunk 或 AWS 提供的 Amazon CloudWatch）来监控应用程序。监控方案分为**主动监控**和**被动监控**两种。

- 在使用主动监控时，需要模拟用户活动并预先识别可能会出现的性能问题。应用程序数据和工作负载情况总是在不断变化，这需要持续的主动监控。在运行已知的可能场景以复现用户体验时，应同时应用主动监控与被动监控。你应该在所有开发、测试和生产环境中运行主动监控，以便在问题对用户造成影响之前就被发现。
- 被动监控则试图实时识别未知状况。对于基于 Web 的应用程序来说，被动监控需要从浏览器收集可能导致性能问题的基本指标。你可以从用户那里收集有关其地理位置、浏览器类型和设备类型之类的指标，以了解用户体验和应用程序在不同位置区域的性能差异。监控是基于数据的，它包括大量数据的提取、处理和可视化。

性能考量总是与成本息息相关，作为解决方案架构师，我们需要对此做出权衡和取舍，以选择合理的方案。例如，组织的内部应用程序（如考勤系统和人力资源系统）可能不需要像外部产品（如电子商务应用程序）一样有较高的性能要求。再比如，处理交易事务的应用程序需要具备非常高的性能，因而需要更多的成本投入。根据应用程序的具体需求，我们可以在持久性、一致性、成本和性能之间进行权衡。在接下来的章节中，我们将继续了解各种监控方法和工具，并在第 9 章深入了解监控和告警。

跟踪和改善性能是一项复杂的任务，需要收集大量数据并针对不同场景进行分析。需要根据访问模式的差异做出正确的性能优化选择。负载测试是一种通过模拟用户负载来调整应用程序配置的方法，可以提供测试结果数据以帮助我们为应用程序架构做出正确的决策。将持续的主动监控和被动监控相结合，有助于保持应用程序的性能表现。

7.4 小结

本章先介绍了影响应用程序性能的各种架构设计原则、架构中不同层的延迟和吞吐量，以及它们之间的关系。对于有高性能需求的应用程序，需要让架构的每一层都保持低延迟和高吞吐量。并发性有助于处理大量请求。此外还介绍了并行和并发之间的区别，并探讨了缓存机制如何帮助提高应用程序的整体性能。

然后，本章介绍了如何选择技术及其工作模式，以用于实现期望的应用程序性能。在计算能力选型方面，我们了解了各种处理器类型及其差异，这帮助我们在选择服务器实例时可以做出正确的决定。在使用容器方面，我们了解了容器以及它们如何有效地利用资源和提高性能。同时，了解了 Docker 和 Kubernetes 如何结合使用并更好地应用于架构。

在选择存储方面，介绍了不同类型的存储，如块存储、文件存储和对象存储，以及它们之间的区别。还介绍了本地环境和云环境中的可用存储选择。存储的选择取决于多种因素。将多个卷放入 RAID 配置中可以提高磁盘存储的持久性和吞吐量。

在选择数据库方面，介绍了各种数据库类型，包括关系型数据库、非关系型数据库、数据仓库和搜索引擎。在提高网络性能方面，还介绍了不同的路由策略，这些策略可以帮助我们改善全球分布式应用程序的用户网络延迟。最后介绍了负载均衡器和自动伸缩功能如何帮助我们在不影响应用程序性能的情况下管理大量的用户请求。

在下一章中，我们将学习如何通过认证和授权来实现应用程序安全。它将确保你的数据（无论是静态数据还是传输中数据）和应用程序能够受到保护，免受各种威胁和攻击。我们还将了解合规性需求，以及在设计应用程序时如何满足这些需求。此外也将了解有关安全审计、告警、监控和自动化的详细内容。

第 8 章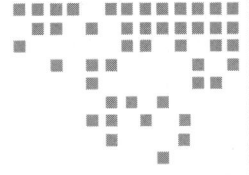

安 全 考 量

安全向来是企业架构框架设计的核心关注点。诸多大型企业都曾因为安全漏洞引发客户数据泄露事件,从而蒙受经济损失。这不仅会导致企业失去客户的信任,还会因此而失去整个企业。很多行业都有标准的合规要求和法规,可以确保应用程序的安全性,并能够保护客户的敏感数据。上一章介绍了性能提升方面的内容和架构的技术选择。本章将介绍应用程序安全方面的最佳实践,并确保其符合行业标准规定。

安全性不仅需要关注基础设施外部边界的安全,还需要关注涉及系统环境及其组件之间的安全。例如,你可以在服务器中设置防火墙,它可以决定实例上的哪些端口可以发送和接收流量,以及可以接收哪里来的流量。你可以使用防火墙来降低某一服务器实例的安全威胁在环境中扩散到其他实例的概率。其他服务(如数据和应用程序)也需要类似的预防措施。本章将讨论安全方面最佳实践的具体实现方法。

本章将介绍解决方案架构中关于安全的各种设计原则。架构的每一层和每一个组件都需要考虑安全性。你还将了解如何选择正确的技术,以确保架构的每一层都足够安全。

8.1 架构安全的设计原则

安全性是指在为客户交付业务价值的同时保护系统和信息的能力。你需要进行深入的风险评估,并为业务的持续运行制定保护策略。下面将讲述标准设计原则,以帮助你加固架构安全。

8.1.1 实现认证和授权控制

身份认证的目的是确定用户是否可以使用用户 ID 和密码等凭证访问系统，而授权决定了用户进入系统后可以执行哪些操作。应该建立一个集中式系统来管理用户的身份认证和授权。

集中式用户管理系统有助于跟踪用户的活动，以便在用户不允许访问系统时将其停用。可以定义一些新用户注册的标准规则，并删除非活动用户的访问权限。集中式系统消除了对长期凭证的依赖，并允许配置其他安全方法，例如密码轮换策略和强度校验。

对于授权，应该从**最小权限原则**开始，这意味着用户一开始就不应该具有任何访问权限，然后开始根据其工作角色为他们分配所需的访问权限。根据工作角色创建访问组，有助于在统一的地方管理授权策略，并在大量用户中应用相同的授权策略。例如，允许开发团队拥有对开发环境的完全访问权限，而对生产环境则具有只读访问权限。如果有任何新的开发人员加入，则应将他们添加到此开发团队中，所有的授权策略通过集中式系统可以得到有效的管理。

使用集中式用户存储库并启用**单点登录**（SSO），有助于减少用户群需要记住多个密码的麻烦，并消除任何密码泄露的风险。

大型企业使用**活动目录**（AD）等集中式用户管理工具对员工进行身份认证和授权，为他们提供访问企业内部应用系统的权限，如人力资源系统、费用系统、考勤表等系统应用。

在电子商务和社交媒体网站等面向用户的应用中，可以使用 OpenID 身份验证系统来构建集中式身份认证系统。本章的后续章节将进一步介绍用于管理大规模用户的工具。

8.1.2 安全无处不在

在通常情况下，企业的主要关注点是确保数据中心的物理安全和保护外层网络层免受攻击。不要只关注外层安全，而要确保将安全防护应用于系统各个层面。

使用**深度防御**（Defense-in-Depth，DiD）方法，将安全置于应用架构的各个层级。例如，需要通过保护**增强型数据速率全球演进**（Enhanced Data Rates for Global Evolution，EDGE）⊖网络和**域名系统**（Domain Name System，DNS）路由来防护 Web 应用程序免受外部互联网流量的攻击。在负载均衡器和网络层应用安全防护，以阻止任何恶意流量。

应通过限制 Web 应用程序和数据库层只允许必需的入站、出站流量，以保护应用程序的每个实例。使用杀毒软件保护操作系统，以防止恶意软件的攻击；还应该通过将**入侵检测系统**（IDS）和**入侵防御系统**（IPS）置于流量和 **Web 应用程序防火墙**（Web Application Firewall，WAF）前面来应用主动和被动的保护措施，进而保护应用程序免受各种攻击。你将在 8.2 节中了解更多关于各种安全工具的详细信息。

⊖ EDGE 是一种高速移动数据标准，可以在 GSM（全球移动通信系统）和 GPRS（通用分组无线服务）系统中引入。——译者注

8.1.3 缩小爆炸半径

在每一层应用安全措施时，应该始终将系统进行合理的隔离，以缩小爆炸半径。如果攻击者获得了系统某个部分的访问权限，应该能够将安全漏洞限制在应用程序的最小可能区域。例如，在 Web 应用程序中，将负载均衡器与其他的架构层部署在不同的网络中，因为它是面向互联网的。此外，将 Web、应用程序和数据库层的网络进行分离，以确保在任何情况下，如果攻击仅发生在某一层，不会扩展到架构的其他层。

同样的规则也适用于授权系统，赋予用户最少的权限，并只能访问当下必需的信息或者资源。确保实施**多因素身份验证**（MFA），这样即使用户访问遭到破坏，攻击者也始终需要二级身份验证才能进入系统。

提供最低限度的访问权限以确保不会暴露整个系统，并提供临时凭证以确保访问权限不会长期开放。在提供编程式访问接口时要特别谨慎，务必设置安全令牌，并经常进行密钥轮换。

8.1.4 时刻监控和审计一切

为系统中的每个活动设置日志记录机制，并定期审计。审计功能往往也是各种行业合规性法规所要求的。收集每个组件的日志，包括所有交易和每个 API 调用，把集中监控落实到位。一个好的做法是为集中式日志系统的账户进行安全保护和访问限制，这样就没有人能够利用它对日志进行篡改了。

应采取积极主动的方式对系统进行监控，并构建告警能力，从而可以在用户受到影响之前对事故进行处理。具有集中监控功能的告警机制有助于快速采取措施并缓解事故造成的影响。同时，还应监控所有用户活动和应用程序账户以防范安全漏洞。

8.1.5 自动化一切

自动化是对任何违反安全规则的应用快速缓解的重要方法。你可以通过自动化的方式对期望的配置进行还原，并向安全团队发出告警，例如，如果有人在系统中添加了管理员用户，并向未经授权的端口或 IP 地址打开防火墙，你可以应用自动化来删除系统中这些不希望发生的更改随着 DevSecOps 概念的出现，在安全系统中应用自动化变得越来越流行。DevSecOps 就是在应用程序开发和运行的每一个环节应用安全措施。你将在第 12 章中了解更多关于 DevSecOps 的内容。

创建安全架构，并实施以代码的形式定义和管理的安全控制。你可以将安全即代码模板进行版本控制，并按需更新。安全即代码的方式有助于以一种经济有效的方式更快速地推广安全措施。

8.1.6 数据保护

数据是整个架构的中心，数据的安全和保护至关重要。大部分的合规要求和法规都是为了保护客户的数据和身份信息。大多数时候，攻击者都有窃取用户数据的意图。应该根据数据的敏感程度对其进行分类，并进行相应的保护。例如，客户的信用卡信息应该是最敏感的数据，需要极其小心地处理。然而，与密码相比，客户的名字则可能没有那么敏感。

应建立一些机制和工具来尽量减少对数据的直接访问。通过基于工具的自动化来避免人工处理数据，消除人为错误，特别是在处理敏感数据时。尽可能对数据进行访问限制，以减少数据丢失或数据修改的风险。

一旦对数据敏感度进行了分类，就可以使用适当的加密、标记和访问控制策略来保护数据。数据不仅在静止状态下需要保护，在通过网络传输时也需要保护。8.2.4 节更详细地介绍了数据保护的各种机制。

8.1.7 事件响应准备

应做好应对任何安全事件的准备。根据组织策略的要求创建事件管理流程。事件管理流程在不同的组织和应用程序之间可能也会有所不同。例如，如果应用程序正在处理客户的**个人身份信息**（Personally Identifiable Information，PII），则需要采取更严格的安全措施。但是，如果只是处理少量敏感数据，例如，库存管理应用，则可以采用不同的方法。

确保对应急响应进行演练，以了解安全团队如何将系统从事故中恢复。团队应该使用自动化工具，以加快检测、调查和响应任何安全事件的速度。需要建立告警、监控和审计机制，进行**根因分析**（Root Cause Analysis，RCA），以防止此类事件再次发生。

本节介绍了用于在架构中构建安全性的通用原则。在下一节中将继续学习如何使用不同的工具和技术来应用这些原则。

8.2 架构安全技术选型

上一节更多介绍了在设计架构时需要考虑的有关应用程序安全的通用原则，但问题是：在实施过程中，我们如何应用这些原则来保护应用程序呢？应用程序所处的每一层，都应有各种工具和技术来确保它的安全。

本节将详细介绍在用户管理和 Web 应用程序、基础设施和数据等方面应用安全防护的多种技术选择。首先介绍用户身份和访问管理。

8.2.1 用户身份和访问管理

用户身份和访问管理是信息安全的重要组成部分。需要确保只有经过身份认证和授权的用户才能以预期的方式访问系统资源。随着组织的增长和产品越来越流行，用户管理可能是一项艰巨的任务。用户访问管理是指对组织内部员工、供应商和客户对系统的访问进行区别管理。

企业或企业用户可以是组织内部员工、承包商或供应商。这些都是拥有开发、测试和部署应用程序特殊权限的特定用户。除此之外，他们还需要访问别的企业系统来完成日常工作，例如，**企业资源系统**（Enterprise Resource System，ERP）、薪资系统、人力资源系统、考勤应用程序等。随着企业的发展，用户数量可能从数百人增长到数千人。

终端用户是指使用应用程序的客户 / 用户，他们有探索和使用应用程序所需功能的最小访问权限，例如，游戏应用的玩家、社交媒体应用程序的用户，或者电子商务网站的客户。随着产品或应用的普及，这些用户的数量可能从数千到数百万（甚至更多）。另一个要注意的是，用户数可能会呈指数级增长，这可能会增加一些其他的挑战。当将应用程序暴露在面向外部的互联网流量中时，需要特别注意其安全性，确保它免受各种威胁。

让我们先来看看企业用户管理。你需要一个集中的存储库，在那里你可以强制实施安全策略，如创建高强度密码、密码轮换和多因素身份认证（MFA），以更好地管理用户。使用 MFA 可以在密码可能泄露的情况下通过执行另一种身份认证来确保系统的安全。流行的 MFA 供应商包括 Google Authenticator、Gemalto、YubiKey、RSA SecureID、Duo 和 Microsoft Authenticator。

从用户访问的角度来看，**基于角色的身份验证**（Role-Based Authentication，RBA）简化了用户管理；可以根据用户的角色创建用户组，并分配适当的访问策略。如图 8-1 所示，设定了三个用户组——管理员组、开发人员组和测试人员组，各个组都有其相应的访问策略。在这里，管理员可以访问包括生产系统的任何系统，而开发人员仅限于访问开发环境，测试人员则只能访问测试环境。

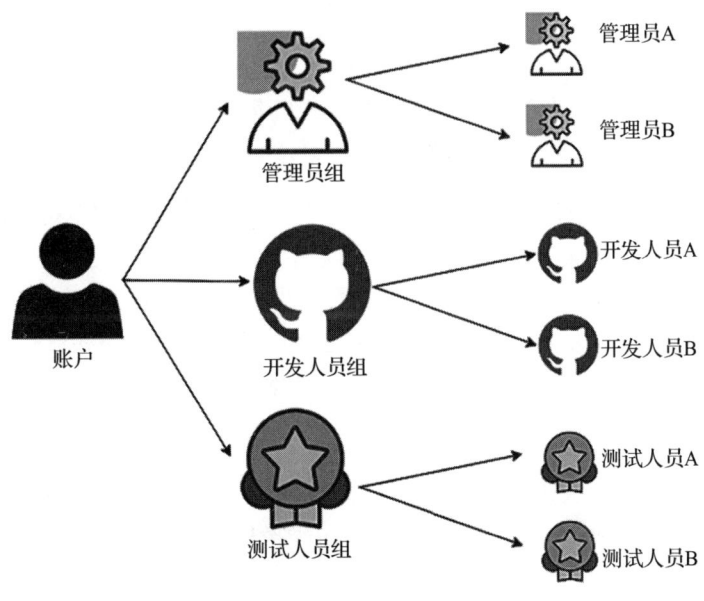

图 8-1　用户组划分

如图 8-1 所示，当任何新用户加入团队时，会根据其角色被分配到相应的组。通过这种方式，每个用户都有一套确定的标准访问权限。如果引入了新的开发环境，并且所有开发人员都需要访问该环境时，那么用户组还有助于更新访问权限。

单点登录（Single Sign-On，SSO）是可用于减少任何安全漏洞并帮助实现系统自动化的标准流程。SSO 能够让用户只用一个用户 ID 和密码即可登录到不同的企业系统。**联合身份管理**（Federated Identity Management，FIM）允许用户通过预认证机制而无需密码即可访问系统。让我们来看看更多的细节。

1. 联合身份管理和单点登录

当用户信息存储在第三方**身份提供者**（Identity Provider，IdP）中时，**联合身份管理**提供了一种连接身份管理系统的方式。使用 FIM，用户只需要向 IdP 提供身份认证信息，而 IdP 已经与用户想要访问的服务建立了信任关系。

如图 8-2 所示，当用户登录并访问服务时，服务提供者（Service Provider，SP）从 IdP 获取凭证，而不是直接从用户那里获取。

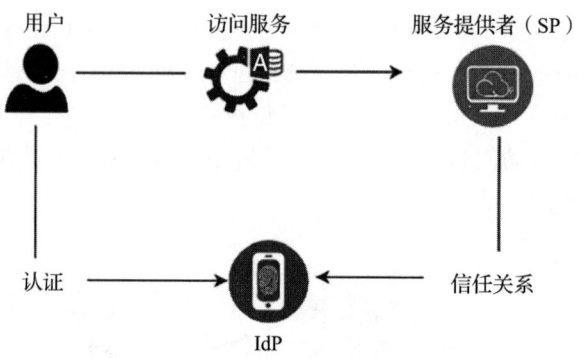

图 8-2　联合身份管理

用户可以使用单点登录访问多个服务。在这里，服务提供者（SP）可以管理你要登录的环境，例如，**客户关系管理**（CRM）系统或云应用程序。IdP 可以是企业 AD。联合身份管理类似于没有密码的单点登录，因为联合身份服务器已知道用户的身份认证信息。

有多种技术可以实现联合身份管理和单点登录。让我们看看一些流行的身份**认证和访问管理**（Identify and Access Management，IAM）技术。

2. Kerberos

Kerberos 是一种身份认证协议，它允许两个系统以安全的方式相互识别，并有助于实现 SSO。它以客户端 – 服务器的模式工作，使用票据进行用户身份认证。Kerberos 有密钥分发中心（Key Distribution Center，KDC），它可以简化两个系统之间的身份认证。KDC 由两个逻辑部分组成——**认证服务器**（Authentication Server，AS）和**票据授权服务器**（Ticket-Granting Server，TGS）。

Kerberos 会存储和维护每个客户端和服务器的密钥。它在两个系统的通信过程中建立了一个安全的会话，并用存储的密钥来识别它们。图 8-3 说明了 Kerberos 认证的结构。

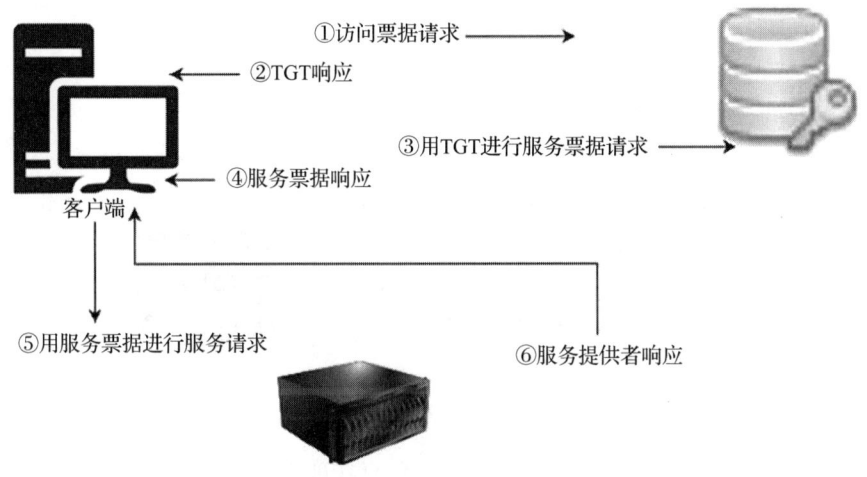

图 8-3　Kerberos 认证

如图 8-3 所示，当你要访问一个服务时，涉及以下步骤：

1）客户端以明文请求的方式向 AS（认证服务器）发送访问票据请求。该请求包含客户端 ID、TGS ID、IP 地址和认证时间。

2）AS 检查 KDC（密钥分发中心）数据库中是否有客户端的信息。一旦 AS 找到了客户端的信息，它就会在客户端请求和 TGS（票据授权服务器）之间建立一个会话。然后，AS 用 TGT（票据授权票据）和 TGS 会话密钥回复客户端。

3）TGS 会话密钥要求输入密码，给定正确的密码后，客户端可以解密 TGS 会话密钥。但是，它不能解密 TGT（用 TGS 密钥加密的会话密钥和客户信息），因为没有 TGS 密钥。

4）客户端将当前的 TGT 与验证器（用会话密钥加密过的客户信息和时间戳）一起发送给 TGS。验证器中包含会话密钥以及客户机 ID 和客户机要访问的资源的**服务主体名称**（Service Principal Name，SPN）。

5）TGS 再次检查请求的服务地址是否存在于 KDC 数据库中。如果存在，TGS 将对 TGT 进行加密，并向客户端发送服务的有效会话密钥。

6）客户端将会话密钥转发给服务，以证明用户有访问权限，服务就会授予访问权限。

Kerberos 是一种开源协议。一般来讲，大型企业还是喜欢使用具有强大支持且更易于管理的软件，如 AD。让我们看一下最流行的用户管理工具之———Microsoft AD 的工作机制，该工具基于**轻量级目录访问协议**（Lightweight Directory Access Protocol，LDAP）。

3. Microsoft 活动目录

活动目录（Active Directory，AD）是微软为用户和机器开发的一种身份服务。AD 提供了一个域控制器，也就是**活动目录域服务**（Active Directory Domain Service，ADDS），它存储了用户和系统的信息、访问凭证和标识。图 8-4 展示了必要认证过程的简单流程。

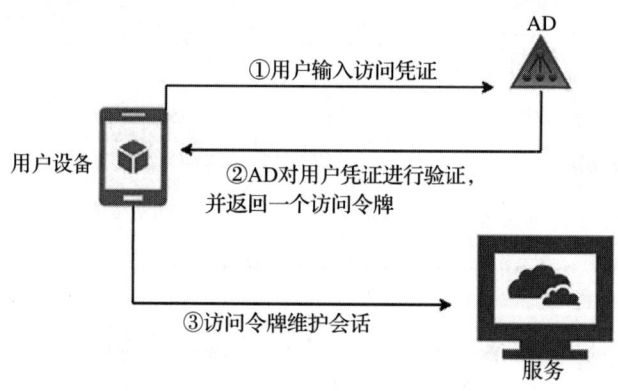

图 8-4　AD 认证流程

如图 8-4 所示，用户登录由 AD 或域网络上的其他资源进行管理。首先，用户携带自己的凭证向域控制器发送请求，并与 **AD 身份认证库**（Active Directory Authentication Library，ADAL）进行通信。ADAL 对用户凭证进行验证，并返回一个访问令牌，该令牌已经与所请求的服务建立了一个连续的会话。

LDAP 是用于处理存储在活动目录中的树状层次结构的信息的标准协议。**AD 轻量级目录服务**（Active Directory Lightweight Directory Services，ADLDS）为用户和系统目录提供了 LDAP 接口。而 **AD 证书服务**（Active Directory Certificate Services，ADCS）可以为文件加密和网络流量加密提供关键的基础设施。**AD 联合身份认证服务**（Active Directory Federation Service，ADFS）为外部资源提供访问机制，例如，为大规模用户提供 Web 应用程序登录服务。

如今，越来越多的企业开始尝试使用云服务来管理用户身份信息，接下来我们了解一下 AWS 云提供的目录服务。

4. AWS 目录服务

AWS 目录服务有助于将账户中的 AWS 资源与现有的本地用户管理工具（如 AD）连接起来。它有助于在 AWS 云上建立新的用户管理目录。AWS 目录服务建立了与内部目录的安全连接。在建立连接后，所有用户都可以使用其已有的凭证访问云资源和本地应用程序。

AWS AD Connector 是另一项服务，它可以帮助你将现有的微软 AD 连接到 AWS 云上。你不需要任何特定的目录同步工具。在设置 AD 连接后，用户可以利用其现有的凭证登录 AWS 应用程序。管理员用户可以通过 AWS IAM 来管理 AWS 资源。

AD Connector 通过与现有的 MFA 基础设施（如 YubiKey、Gemalto 令牌、RSA 令牌等）集成来帮助实现 MFA。对于较小的用户群（少于 5000 个用户），AWS 则提供了 Simple AD，这是一个基于 Samba 4 Active Directory Compatible Server 的目录服务。Simple AD 具

有用户账户管理、用户组管理、基于 Kerberos 的 SSO 和用户组策略等常见功能。

5. Google 联合身份目录服务

Google Cloud 使用 Google 身份进行用户身份认证和授权。它通过将用户身份与现有身份联合起来，可以轻松地利用用户 AD 进行系统管理。要实现联合，你可以使用 Google Cloud 目录同步将用户和组从 AD 服务同步到 Google Cloud 域目录。还可以在现有环境中使用 ADFS AD 进行联合身份认证。

在本节中，你已经了解了由 Microsoft、Amazon 和 Google 提供的 AD 和托管 AD 服务的概况。其他主流技术公司提供的目录服务包括 Okta、Centrify、Ping Identity 和 Oracle Identity Cloud Service（IDCS）。

6. 安全断言标记语言（SAML）

在前面关于联合身份管理（FIM）和单点登录（SSO）的内容中提到了 IdP 和 SP。要访问一项服务，用户需要从 IdP 处获得验证，而 IdP 又与 SP 建立了信任关系。SAML（Security Assertion Markup Language）是用于在 IdP 和 SP 之间建立信任关系的机制之一。SAML 使用可扩展标记语言（Extensible Markup Language，XML）来规范 IdP 与 SP 之间的通信。SAML 支持 SSO，因此用户可以使用单一凭证访问多个应用程序。

SAML 断言是 IdP 发送到 SP 并且附加了用户授权的 XML 文档。图 8-5 说明了 SAML 断言的流程。

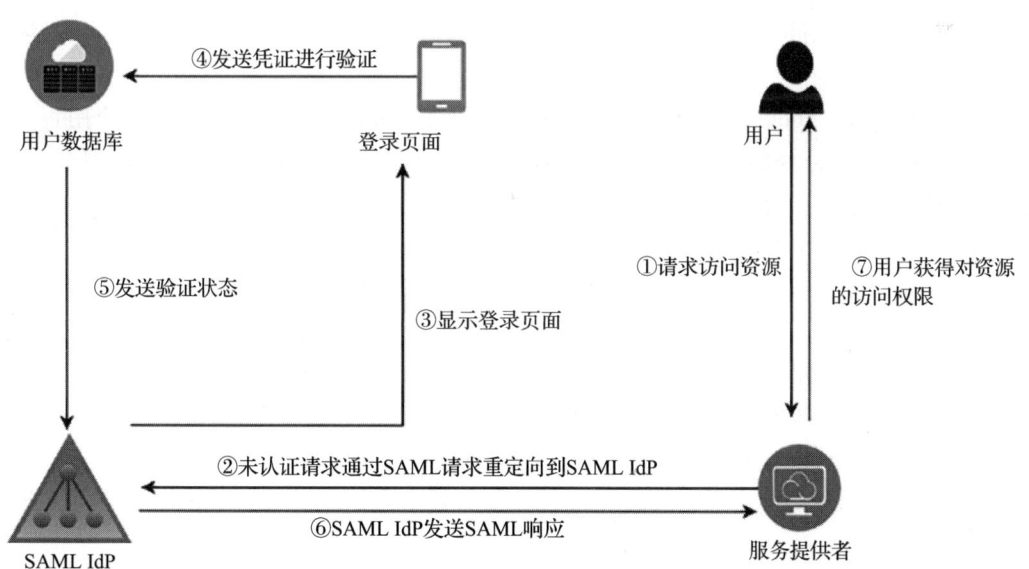

图 8-5　使用 SAML 的用户认证

如图 8-5 所示，使用 SAML 实现用户认证的步骤如下：

（1）用户发送请求以访问服务，例如，作为服务提供者的 Salesforce CRM 应用程序。

（2）服务提供者（CRM 应用程序）向 SAML IdP 发送包含用户信息的 SAML 请求。

（3）SAML IdP 会弹出 SSO 登录页面，用户在该页面输入认证信息。

（4）用户访问凭据将转到标识存储库进行验证。在本场景中，用户标识存储是一个 AD。

（5）用户标识存储将用户认证状态发送给可信的 SAML IdP。

（6）SAML IdP 向服务提供者（CRM 应用程序）发送一个 SAML 断言，其中包含有关用户认证的信息。

（7）在接收到 SAML 响应之后，服务提供者根据响应结果决定是否允许用户访问应用程序。

有时，服务提供者也可以充当 IdP。SAML 在建立任何身份存储和服务提供者之间的关系时非常流行。所有的现代标识存储应用都兼容 SAML 2.0，这使得它们可以无缝地相互通信。SAML 允许联合用户标识，并支持企业用户的 SSO。

不过，对于社交媒体、电商网站等庞大的用户群来说，基于 OAuth（Open Authorization 的缩写）和 OpenID 的方案会更适合。让我们来了解一下 OAuth 和 OpenID Connect（OIDC）。

7. OAuth 和 OpenID Connect（OIDC）

OAuth 是一种开放式标准授权协议，可提供对应用程序的安全访问。OAuth 可以提供安全的访问委托，它并不共享密码数据，而是在服务提供者和消费者之间使用授权令牌来充当身份凭据。应用程序的用户无须提供登录凭据即可访问他们的信息。虽然 OAuth 主要用于授权，但许多组织已开始基于 OAuth 添加自己的身份认证机制。OpenID Connect 定义了构筑在 OAuth 授权之上的身份认证标准。

Amazon、Facebook、Google 和 Twitter 等大型科技公司允许用户与第三方应用程序共享其账户中的信息。例如，你可以使用 Facebook 登录账号登录第三方照片应用程序，并授权该应用程序只能访问 Facebook 照片信息。图 8-6 展示了一个 OAuth 访问授权流程。

如图 8-6 所示，OAuth 用户访问授权流程遵循以下步骤：

1）在这个示例场景中，用户希望使用 LinkedIn 应用程序能够从 Facebook 获取他的个人资料照片。

2）LinkedIn 应用程序请求获取授权以访问用户的 Facebook 个人资料照片。

3）授权服务器（在本例中是指用户的 Facebook 账户）会创建并展示确认页面。

4）用户确认同意 LinkedIn 应用程序仅能访问他的 Facebook 个人资料照片。

5）在获得用户的同意后，Facebook 授权服务器会向请求的 LinkedIn 应用程序发送一个授权码。

6）然后，LinkedIn 应用程序使用授权码向授权服务器（Facebook 账户）请求访问令牌。

7）授权服务器会识别 LinkedIn 应用程序并检查授权码的有效性。如果授权码验证通过，服务器就会向 LinkedIn 应用程序发出访问令牌。

8）现在，LinkedIn 应用程序可以使用访问令牌访问用户 Facebook 个人资料照片等资源。

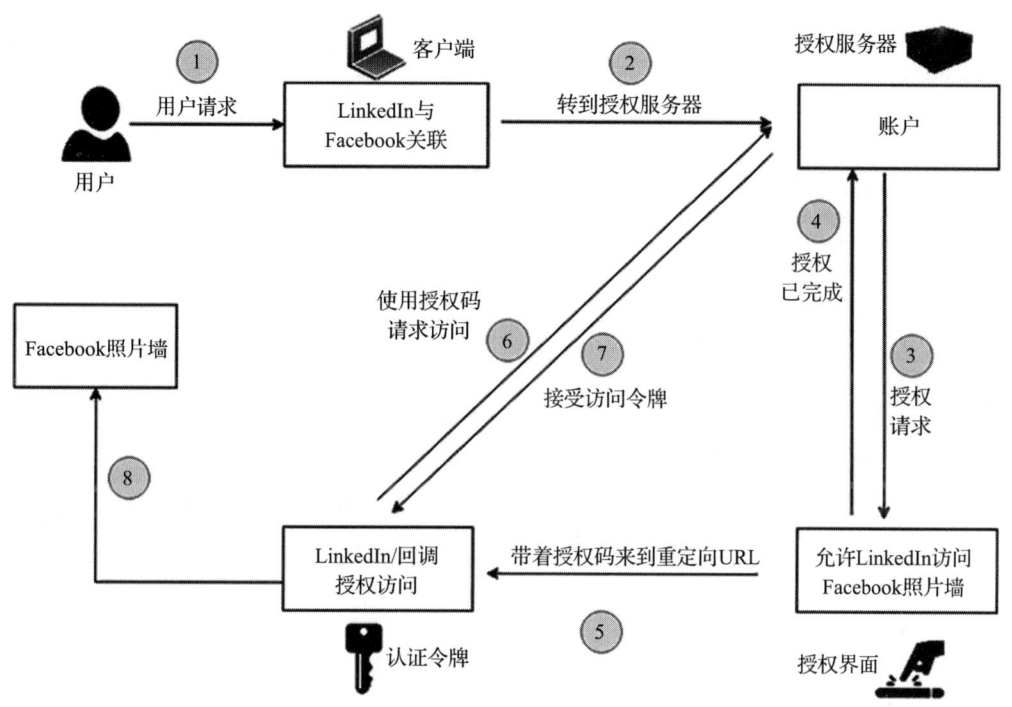

图 8-6　使用 OAuth 2.0 的用户访问授权

现在最常用的是 OAuth 2.0，它比 OAuth 1.0 更快，操作起来也更方便。JSON Web Token（JWT）是一种简单易用的令牌格式，可以与 OAuth 一起使用，在 OpenID 中也很流行。

8. JSON Web Token

JWT 采用 JSON 结构，其中包含过期时间、发行者、主题等信息。它比 Simple Web Token（SWT）更强大，并且比 SAML 2.0 更简单。

JSON Web Token（JWT）具有 JSON 结构，其中包含有关过期时间、签发者、主题等的信息。它比 Simple Web Token（SWT）更健壮，同时比 SAML 2.0 更简单。你可以在图 8-7 中看到 JWT。

如图 8-7 所示，JWT 由以点分隔的三部分组成，在 Encoded 部分可以看到。

- 令牌头。令牌头由两部分组成：令牌的类型，即 JWT；正在使用的签名算法，如 HS256 或 RSA。
- 令牌负载。令牌负载包含一系列声明。这些声明用于描述用户相关数据及其他附加数据。
- 令牌签名。用于验证 JWT 在生成之后是否被篡改，也可以用来验证 JWT 的颁发者。

JSON 的结构比 XML 更简单，体积也更小，这使得 JWT 比 SAML 更紧凑。JWT 是将信息传递到 HTML 和 HTTP 环境中的一个很好的选择。

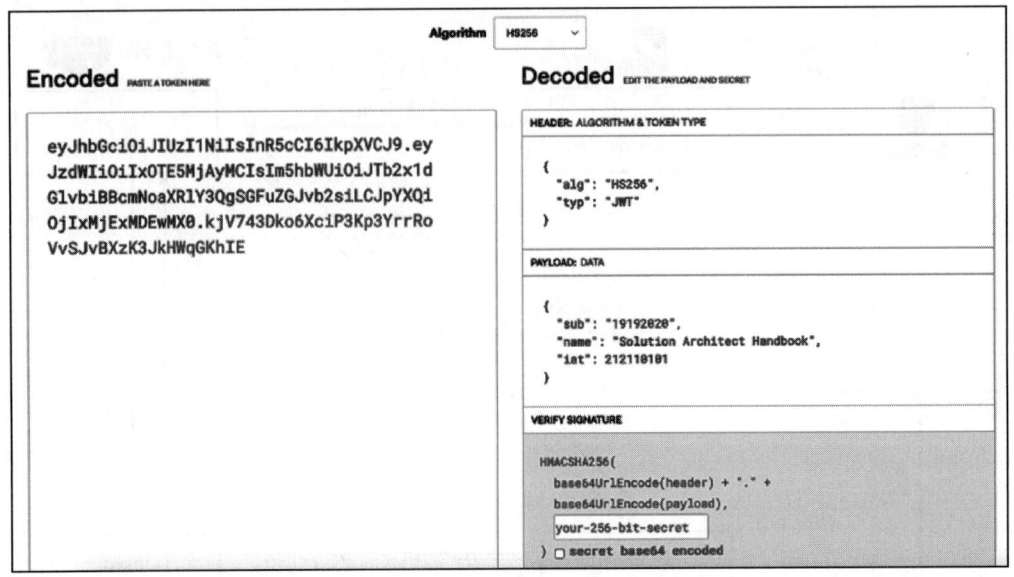

图 8-7 JWT 示例

本节介绍了最常见的用户管理工具和服务。然而，还有其他各种协议和服务可用于用户身份认证和授权。前面提到的这些协议的实现可能很复杂，不过还有大量的套装软件可以让工作变得更轻松。

Amazon Cognito 是由 AWS 提供的用户访问管理服务，包括基于标准的授权（如 SAML 2.0、OpenID Connect 和 OAuth 2.0）以及可与 AD 连接的企业用户目录。Okta 和 Ping Identity 提供了企业用户管理以及与各种服务提供商的工具进行集成的能力。

一旦应用程序暴露在互联网上，总会面临各种各样的攻击。让我们了解一些最常见的攻击，以及如何为网络层设置第一层防御。

8.2.2 处理 Web 安全问题

在用户对服务可用性的需求已经演进为 7×24h（全天候服务）的情况下，企业的业务正在演变为基于 Web 应用程序模型的在线模式。Web 应用程序还可以帮助公司覆盖全球范围的客户。诸如电子银行和电子商务网站之类的企业能够持续提供服务，而且它们会处理类似支付信息和支付人身份信息这样的客户敏感数据。

现在，Web 应用程序对于任何企业都至关重要，而且这些应用程序会对外网暴露。Web 应用程序可能存在漏洞，从而使其容易遭受网络攻击和数据泄露。让我们探索一些常见的网络漏洞以及如何对其进行防范。

1. Web 应用程序安全漏洞

黑客会通过各种方法精心策划并从不同位置发起网络攻击，所以网络应用程序很容易出现安全漏洞。相比实体店，网络应用程序更容易被攻击。就像你对实体店进行上锁和保护一样，Web 应用程序也需要保护自己免受网络攻击的侵害。让我们来探讨一些可能导致 Web 应用程序出现安全漏洞的常见攻击方法。

（1）拒绝服务（DoS）和分布式拒绝服务（DDoS）攻击

拒绝服务（DoS）攻击试图使你的网站无法为用户提供服务。为了成功实现 DoS 攻击，攻击者使用各种技术消耗网络和系统资源，从而中断合法用户的访问。攻击者使用多台主机来组织针对单个目标的攻击。

分布式拒绝服务（DDoS）攻击是 DoS 攻击的一种，其中，多个被侵入的系统（通常感染了木马）也会被用来攻击单个系统。DDoS 攻击的受害者会发现，他们的所有系统都在分布式攻击中被黑客恶意使用和控制。如图 8-8 所示，当多个系统试图耗尽目标系统的资源带宽时，就意味着发生了 DDoS 攻击。

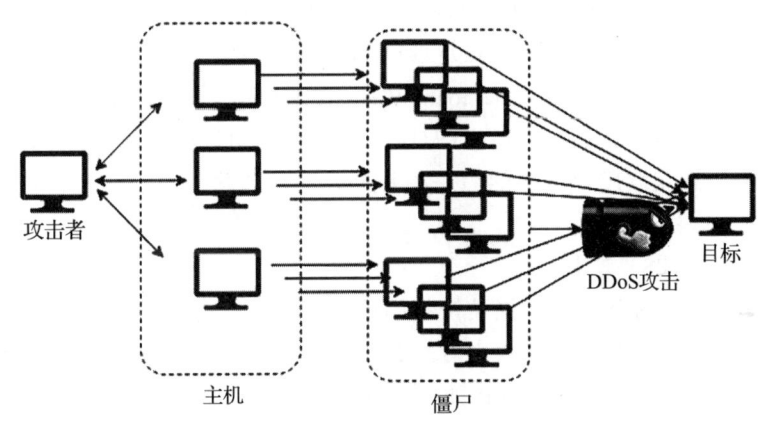

图 8-8 DDoS 攻击

DDoS 攻击一般是指利用更多的主机来放大对目标的请求，使其超载，从而变得不可用。DDoS 攻击往往是由多个受侵入系统造成的，即僵尸网络向目标系统投放大量流量。

最常见的 DDoS 攻击发生在应用层，有 **DNS 泛洪**（DNS Flood）攻击，也有**安全套接层**（SSL）协商攻击。在 DNS Flood 攻击中，攻击者通过大量请求耗尽 DNS 服务器的资源。在 SSL 协商过程中，攻击者会发送大量难以理解的数据，进行代价高昂的 SSL 解密计算。攻击者可以对服务器群执行其他基于 SSL 的攻击，并通过不必要的任务处理使其超负荷运转。

在基础设施层，典型的 DDoS 攻击形式如下：

- **用户数据报协议**（User Datagram Protocol，UDP）**反射**。利用 UDP 反射，攻击者伪造目标服务器的 IP 地址（篡改源服务器 IP 地址为被攻击服务器 IP 地址），并向反射器服务器发出了一个请求，该请求会导致反射器服务器向被攻击服务器（目标服务器 IP 地址）返回被显著放大的响应。

- **SYN 泛洪**（SYN Flood）。利用 SYN Flood，攻击者通过创建和中断大量的连接来耗尽目标服务器的**传输控制协议**（Transmission Control Protocol，TCP）服务，阻止合法用户访问服务器。

通常，攻击者试图获取敏感的客户数据，为此，他们使用了一种不同的攻击方式，称为 **SQL 注入**（SQLi）攻击。让我们来了解一下。

（2）SQL 注入攻击

顾名思义，在 SQL 注入攻击中，攻击者通过注入恶意的 SQL 语句（Structure Query Language）来控制 SQL 数据库并获取敏感的用户数据。攻击者使用 SQL 注入来进行恶意攻击，包括访问未经授权的信息、控制应用程序、添加新用户等。以线上贷款处理应用程序（Web 应用程序）为例。你可以使用字段 loanId 来获取与客户贷款融资有关的所有字段。典型的查询如下所示：

SELECT * FROM loans WHERE loanId = 117

如果未采取适当的措施，攻击者可以执行如下查询语句：

SELECT * FROM loans WHERE loanId = 117 or '1 = 1'

由于此 SQL 语句的查询始终为真（TRUE），攻击者就可以成功地访问全部的客户信息。通过脚本注入来恶意获取用户数据的另一种常见方法是**跨站脚本**（XSS），在这种情况下，黑客将自己冒充为合法用户。

（3）跨站脚本（XSS）攻击

你一定收到过冒充你访问过的网站链接的钓鱼邮件。单击这些链接可能会执行跨站脚本导致数据泄露。通过跨站脚本，攻击者将其代码附加到合法网站上，并在受害者加载网页时执行。恶意代码可以通过多种方式插入，例如，在 URL 字符串中或在网页中放置一段短小的 JavaScript 代码。

在 XSS 攻击中，攻击者在 URL 或客户端代码的末尾添加了一个小的代码段。当网页加载时，该客户端 JavaScript 代码将被执行并窃取浏览器 Cookie。

这些 Cookie 通常包含敏感信息，如银行或电子商务网站的访问令牌和身份认证凭据。使用这些被盗的 Cookie，黑客可以进入银行账户并转走用户的血汗钱。

（4）跨站请求伪造（CSRF）攻击

跨站请求伪造（CSRF）攻击通过盗用用户身份来获利。它通常通过会导致用户状态发生变化的交易活动来盗取用户身份，例如，更改购物网站的密码或请求向银行账号转账。

它与 XSS 攻击略有不同，因为使用 CSRF，攻击者尝试伪造请求而不是插入代码脚本。例如，攻击者可以伪造从用户银行转账一定金额的请求，然后将该链接通过电子邮件发送给用户。用户单击该链接后，银行就会收到请求，并将款项转入攻击者的账户。CSRF 对单个用户账户的影响很小，但是如果攻击者能够进入管理员账户，那么危害就会非常大。

（5）缓冲区溢出和内存损坏攻击

软件程序将数据写入临时存储区以进行快速处理，该临时存储区被称为缓冲区。通过缓冲区溢出攻击，攻击者可以覆盖与缓冲区相连的那部分内存。攻击者可能会故意导致缓冲区溢出并访问连接的内存，这部分内存中可能会存储应用程序的可执行文件。攻击者可以将可执行文件替换为恶意程序，并控制整个系统。

黑客会在缓冲区溢出攻击中利用内存来注入代码，在此过程中可能会由于对内存无意的修改而导致内存损坏。

从整个应用程序来看，基础设施层、Web 层、数据层存在的安全威胁较多。接下来我们来探讨一些缓解和防范 Web 层安全风险的标准方法。

2. 应对 Web 安全

安全防护需要应用到每一层，由于 Web 层暴露在外，因此需要特别注意。对于 Web 的防护，重要的步骤包括部署最新的安全补丁、遵循最佳的软件开发实践，并确保执行正确的身份认证和授权。有多种方法可以保护和确保 Web 应用程序的安全，让我们来探讨一下最常见的方法。

（1）Web 应用程序防火墙（WAF）

WAF 是必要的防火墙，可将特定规则应用于 HTTP 和 HTTPS 流量（即 80 和 443 端口）。WAF 是软件防火墙，可以检查网络流量，并验证其是否符合预期的行为规范。WAF 提供了一个额外的保护层来防止网络攻击。

WAF 限流是一种功能，它可以监控发送到服务的请求数量或类型，并定义一个阈值，以限制每个用户、会话或 IP 地址所允许的请求数量。白名单和黑名单让你可以明确地放行或阻止用户。AWS WAF 通过创建和应用规则来过滤 Web 流量，帮助你保护 Web 层的安全。这些规则基于包括 HTTP 头、用户地理位置、恶意 IP 地址或自定义**统一资源标识符**（URI）等条件。AWS WAF 规则可以阻止常见的 Web 漏洞，如 XSS 和 SQLi。

AWS WAF 提供了可以跨多个网站部署的集中式的基于规则的防火墙机制。这意味着，你可以为运行各种网站和 Web 应用程序的环境创建一套单一的规则，并且可以在不同的应用程序之间重用这些规则，而不用重复创建。

总的来说，WAF 是对 HTTP 流量设置控制规则的工具。它有助于根据 IP 地址、HTTP 头、HTTP 数据体或 URI 字符串等数据来过滤 Web 请求。它可以通过卸载非法流量来缓解 DDoS 攻击。接下来让我们来了解更多关于缓解 DDoS 攻击的信息。

（2）缓解 DDoS 攻击

韧性架构有助于防止或缓解 DDoS 攻击。保持基础设施安全的一个基本原则是减少攻击者可以打击的潜在目标数量。简而言之，如非必要就不要将其实例暴露出去。应用层攻击会使监控指标飙升，比如 CDN、负载均衡器的网络利用率，以及 HTTP Flood 攻击下的服务器指标。可以使用各种策略来最小化攻击面。

- 只要有可能，应尽量减少必要的互联网入口。例如，让互联网访问负载均衡器，而不是 Web 服务器。
- 将必要的互联网入口隐藏起来，阻止不受信任的终端用户访问。

- 识别并删除任何非关键的互联网入口,例如,将文件共享存储暴露给供应商,让供应商在有限的访问控制下上传数据,而不是将其暴露给整个互联网。
- 隔离应用程序管理和终端用户流量的访问入口,并为它们制定特定的限制策略。
- 创建分离的互联网流量入口,以最小化攻击面。

你的首要目标是缓解 CDN 边缘位置的 DDoS 攻击。如果 DDoS 攻击到了应用服务器,那么它们的处理将更具挑战性,成本也更高。图 8-9 展示了针对 AWS 云工作负载的 DDoS 缓解示例。

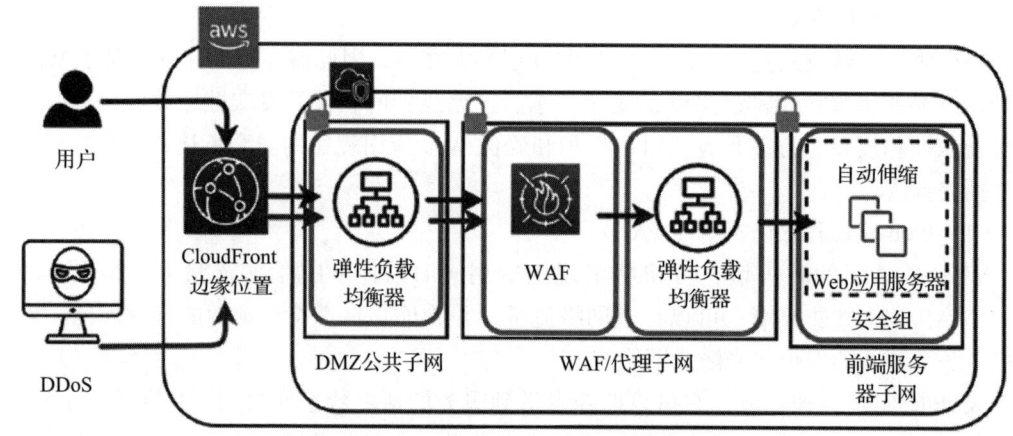

图 8-9　DDos WAF 三明治缓解策略

图 8-9 展示了一个 **WAF 三明治架构**,WAF 设备会在负载均衡器之间防御 DDoS 攻击。频繁发生的 DDoS 攻击来自 SYN Flood 和 UDP 反射等攻击策略,Amazon CloudFront 通过在攻击到达应用服务器之前过滤非法连接来防止这种攻击。Amazon CloudFront 等 CDN 通过在地理位置上隔离 DDoS 攻击,以防止流量影响其他位置,从而帮助应对 DDoS 攻击。网络防火墙帮助你在服务器级别控制入站和出站流量。

如上一节所述,WAF 用于保护 Web 应用程序免受 XSS 和 SQLi 等漏洞攻击。除此之外,WAF 还有助于检测和防止 Web 应用层的 DDoS 攻击。要应对 DDoS 攻击,可以应用水平或垂直伸缩。可以通过以下方式来使用伸缩:

首先,为 Web 应用程序选择合适的服务器大小和配置。

其次,使用负载均衡器在服务器集群中分配流量,并根据需要配置自动伸缩以按需添加或删除服务器。

最后,使用 CDN 和 DNS 服务器,它们主要是为处理大规模流量而生。

针对 DDoS 攻击进行伸缩是很好的例子,解释了为什么必须为服务器数量设置合理的最大值。DDoS 攻击可能会将服务器扩展到成本极度昂贵的规模,但仍有可能被击垮。针对常规的流量峰值预期设置合理的最大限制,将防止 DDoS 攻击给公司带来太大的损失。

在本节中介绍了 Web 层的各种安全风险和漏洞,以及一些标准的保护方法。由于安全

8.2.3 保护应用程序及其基础设施

在上一节中讲述了如何保护 Web 层。由于需要在工作负载的每一层应用安全性，因此让我们了解如何保护应用程序及其基础设施。

1. 应用程序和操作系统加固

你不可能完全消除应用程序中的所有漏洞，但可以通过加固应用程序的操作系统、文件系统和目录来限制系统攻击。一旦攻击者侵入应用程序，他们就有可能获得 Root 用户的访问权限，从而策划对整个基础设施的攻击。必须通过加固权限来限制目录访问，将攻击限制在应用层。在进程层面，对内存和 CPU 使用率进行限制，防止 DOS 攻击。

在文件、文件夹和文件系统分区等不同级别上设置正确的权限，这是应用程序唯一需要做的。应避免为应用程序或其用户授予 Root 特权。你应该创建一个单独的用户和目录，并且为每个应用程序仅设置必需的访问权限。不要让所有应用程序使用共享的访问权限。

应通过工具来自动重启应用程序，避免采用手动方式，即用户需要登录服务器才能启动。可以使用 DAEMON Tools 和 Supervisord 等进程控制工具来自动重启应用程序。对于 Linux 操作系统来说，Systemd 或 System V init 等脚本工具有助于启动 / 停止应用程序。

2. 软件漏洞和安全准则

我们始终建议为操作系统供应商提供的操作系统应用最新的安全补丁。这有助于修复系统中的任何安全漏洞，并保护系统免受因攻击者窃取安全证书或运行任意代码带来的侵害。确保按照**开放 Web 应用程序安全项目**（OWASP）的建议将安全编码最佳实践应用到软件开发过程中，有关详细信息可以在此处获取：https://owasp.org/www-project-top-ten/。

使用最新的安全补丁使系统保持最新状态非常重要。最好在最新补丁可用时，尽快自动完成它的下载和安装。然而，有时运行安全补丁可能会影响原本已经能够工作的软件，因此最好建立一个具有自动测试和部署功能的**持续集成和持续部署**（CI/CD）流水线。在第 12 章中将介绍更多关于 CI/CD 的内容。

AWS 云提供了一个系统管理器工具，让你能够执行安全补丁和监控云上的服务器集群。可以使用自动更新或无人值守升级等工具来自动安装安全补丁。

3. 网络、防火墙和可信边界

在保护基础设施时，首先要考虑的是保护网络。数据中心 IT 基础设施的物理安全由供应商负责。类似 AWS 这样的云供应商会对基础设施的物理安全提供最大限度的保障。让我们来谈谈如何确保网络安全，这是作为应用程序所有者的责任。

为了更好地理解，让我们以公有云供应商（如 AWS）为例，并将相同的示例应用到本地或私有云网络基础设施中。如图 8-10 所示，应该在每一层应用安全机制，并在每一层以最小的访问权限定义可信边界。

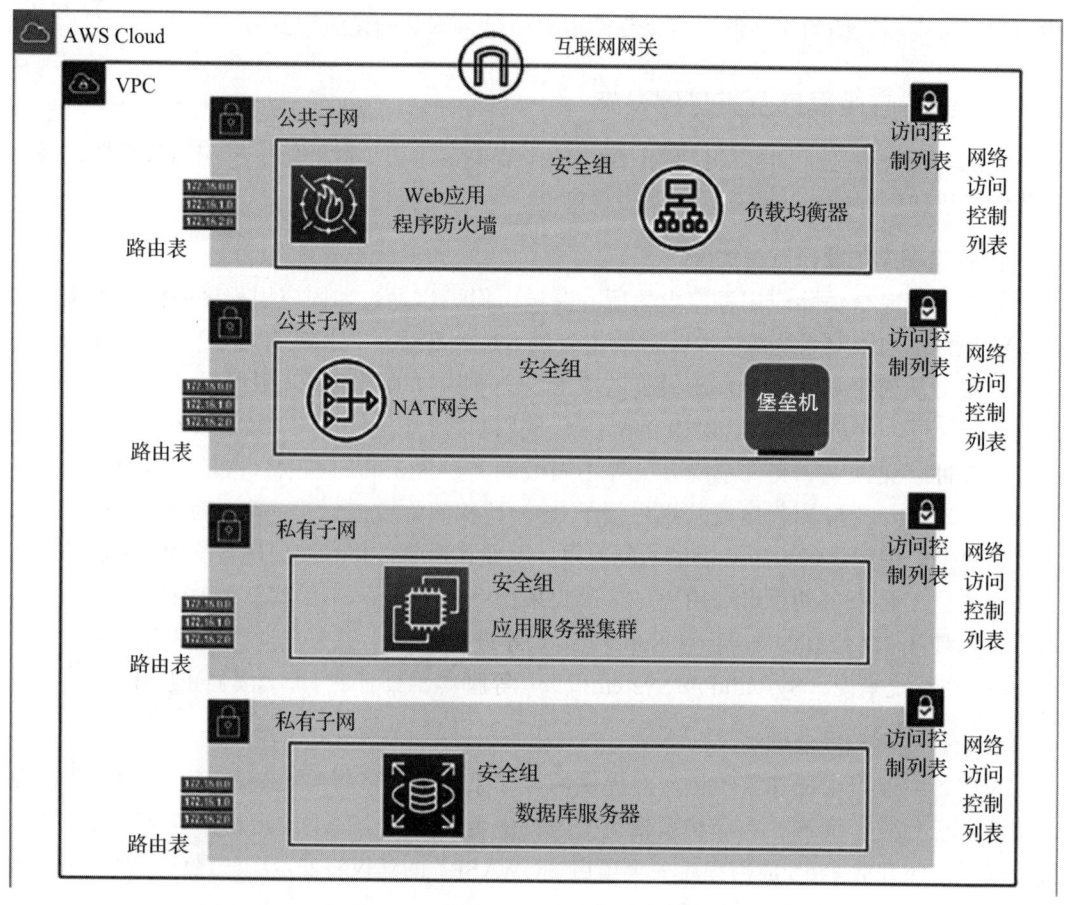

图 8-10 基础设施的网络安全设置

在图 8-10 中，负载均衡器在公共子网中，它可以接受互联网流量，并将其分配给应用服务器集群。WAF 基于设定的规则来过滤流量，保护应用程序免受各种攻击，这一点在上一节已经介绍过。应用服务器集群和数据库服务器处于私有子网中，这意味着互联网流量无法直接访问它们。让我们来看图 8-10 并探讨每一层，如下所示：

- Amazon VPC（Virtual Private Cloud）提供基础设施的逻辑网络隔离。Amazon VPC 是云上的网络环境，其中会运行许多资源。它旨在对环境及其资源的彼此隔离提供更好的控制。每个账户或区域中可以拥有多个 VPC。
- 在创建 VPC 时，可以使用**无类别域间路由**（Classless Inter-Domain Routing，CIDR）表示法指定其 IP 地址集。CIDR 表示法是显示特定 IP 地址范围的简化方法。例如，10.0.0.0/16 涵盖了从 10.0.0.0 到 10.0.255.255 的所有 IP，提供了 65 535 个 IP 地址。
- **子网是根据 CIDR 范围划分的网段或分区**。它们在私有资源和公共资源之间建立了可信的边界。应该根据互联网的可访问性来组织子网，而不是根据应用程序或功能层（Web、应用、数据）来定义子网。子网可以在公共资源和私有资源之间定义明确的子网级隔离。

- 在这种环境下，所有需要直接访问互联网的资源（对外暴露的负载均衡器、网络地址转换（NAT）实例、堡垒机等）将放置到公共子网中，而所有其他实例（如数据库和应用程序资源）将部署在私有子网中。使用子网来隔离不同层级的资源，比如，把应用程序实例和数据资源分别放到独立的私有子网中。
- AWS 上的大多数资源都可以托管在私有子网中，并根据需要使用公共子网来控制对互联网的访问。因此，你应该对子网进行规划，与公共子网相比，私有子网应具备更多的可用 IP。
- 子网可以通过**访问控制列表**（Access Control List，ACL）规则来隔离不同资源，而安全组则可以在资源之间提供更精细的流量控制，并不会使基础设施过于复杂，也不会浪费或耗尽 IP。
- 路由表包含一组路由规则。路由决定哪些应用服务器能够接收网络流量。为了提高安全性，请为每个子网配置自定义路由表。
- 安全组即虚拟防火墙，用于为 CIDR 块范围内的一个或多个实例（或作为指定资源的另一个安全组）控制出站或入站流量。根据最小权限原则，它默认拒绝所有的入站流量，可以创建规则并根据 TCP、UDP 和**互联网控制报文协议**（Internet Control Message Protocol，ICMP）来过滤流量。
- **网络访问控制列表**（Network Access Control List，NACL）是一种可选的虚拟防火墙，它可以在子网级别控制入站和出站流量。与有状态的安全组相比，NACL 是无状态的。这意味着，如果你的入站请求被允许，那么对应的出站请求就不会被检查或跟踪。虽然 NACL 是无状态的，但你必须明确定义入站和出站流量规则。
- 为了在互联网上暴露子网，需要通过**互联网网关**（Internet Gateway，IGW）来路由与之通信的互联网流量。在默认情况下，互联网访问会被拒绝。这就需要将 IGW 添加到 VPC 上，并将子网的路由规则表指向 IGW。
- 私有子网会阻止所有入站和出站的互联网流量，但服务器可能需要出站流量来安装软件和安全补丁。NAT 网关使私有子网中的实例能够访问互联网，并保护资源不受入站流量的影响。
- 堡垒机的作用就像跳板服务器，它允许访问私有子网中的其他资源。堡垒机需要进行更严格的安全防护，以便只有指定的用户才能访问它。在登录服务器时，一定要使用公钥加密技术进行认证，而不是常规的用户名和密码。

许多组织通常出于各种目的收集、存储、监控和分析网络流量日志，包括对连接性和安全性问题进行故障排除以及测试网络访问规则。需要对系统 VPC 的流量进行监控，其中包括记录网络中的入站和出站流量信息。**VPC 流量日志**能够捕获这些信息，其中包括指定资源的接受和拒绝的流量信息，以便更好地了解流量模式。

流量日志也可以作为一种安全工具，用于监控进入实例的流量。可以创建告警，以便在检测到某些类型的流量时发出通知；还可以创建指标来帮助识别趋势和模式。同时，可以为 VPC、子网或网络接口创建流量日志。如果为子网或 VPC 创建流量日志，VPC 或子网中的每个网络接口都会受到监控。

如你所见，网络层有多重安全实践可以应用，它们有助于保护基础设施。将资源保持在其隔离的子网中有助于减少爆炸半径。如果攻击者能够渗透到某个组件，应该能够将威胁限制在有限的资源中。可以在基础设施前设置入侵检测系统（Intrusion Detection System，IDS）和入侵防御系统（Intrusion Prevention System，IPS）来检测和防范任何恶意流量。让我们来了解更多关于 IDS/IPS 的信息。

4. IDS/IPS

IDS 通过识别攻击模式来检测通过网络流量发起的任何网络攻击。IPS 更进一步，可以主动阻止恶意流量。

入侵防御系统（IPS）又称为入侵检测与预防系统，位于防火墙之后，是对防病毒软件和防火墙的补充。入侵防御系统是一部能够监视网路或网路设备的网络资料传输行为的计算机网路安全设备，能够即时地中断、调整或隔离不正常或是具有伤害性的网络数据传输行为，例如，恶意数据包丢失、阻止来自源地址的流量以及连接重置等。

IPS 提供了两种重要的发现漏洞的检测方法，分别为基于签名的检测和基于统计异常的检测。基于签名的检测基于每个漏洞利用的唯一可识别模式的字典。每个漏洞利用签名都存储在不断增长的签名字典中以确定模式。基于统计异常的检测定义了基线性能参数。它随机抽取网络流量样本，并将它们与基准性能水平进行比较。如果网络流量活动超出参数范围，IPS 将采取措施。

你需要根据应用程序的需求来确定 IDS 和 IPS 哪个更适用。IDS 可以基于主机或网络。

（1）基于主机的 IDS

基于主机（即代理）的 IDS 会在环境的每台主机上运行一个代理。它可以审查该主机内的活动，以确定主机是否已经遭受攻击。它可以通过检查日志、监控文件系统和主机网络连接等方式来实现此目的。该代理会就主机的健康或安全情况与 IDS 控制中心应用进行通信。

基于主机的解决方案的优势包括代理可以深入检查每个主机内部的活动，还可以根据需要进行水平伸缩（每个主机都会运行自己的代理），并且不会影响主机上所运行的应用程序的性能，其劣势则体现在如果在许多服务器上管理代理会引入额外的配置管理开销，这对于组织来说是沉重的负担。

由于每个代理都是独立运行的，因此很难检测到大规模或协同的攻击。为了应对协同攻击，系统应在所有主机上立即做出响应，这要求基于主机的解决方案必须与主机上部署的其他组件（如操作系统和应用程序界面）形成良好的配合。

（2）基于网络的 IDS

基于网络的 IDS 会在网络中部署一个专用设备，通过该设备路由所有流量并检查是否存在攻击。它的优点是：首先，此组件本身很简单；其次，它的部署和管理与应用程序的宿主是分离的。不过，对它采取加固或监视的方式可能会对所有主机造成负担。由于它提供了中心化的全局视角，所以全局异常/攻击能够被检测到。

但是，基于网络的 IDS 会给应用程序添加网络跃点，从而造成性能损失。同时，对流量进行解密以及重新加密以进行检查，既会严重影响性能，又会带来安全隐患，这会使网络设备成为攻击者感兴趣的目标。IDS 也无法检查/检测任何无法解密的流量。

IDS 是一种检测和监控工具，自身并不采取行动来阻止恶意流量。IPS 根据设定的规则检测来接受和拒绝流量。IDS/IPS 解决方案有助于防止 DDoS 攻击，因为它们具有异常检测能力，能够识别有效协议何时被用作攻击工具。IDS 和 IPS 读取网络数据包，并将内容与已知威胁的数据库进行比较，从而决定是否拒绝该数据包。基础设施需要持续的审计和扫描，从而主动保护其免受任何攻击，让我们来了解一下这方面的知识。

在本节中，你了解了如何保护基础设施免受各种类型的攻击。这些攻击的目标是获取数据。对于数据的保护，你应该做到即使攻击者获取了数据也无法获得敏感信息。让我们来了解一下如何通过对数据层、加密和备份方面的安全防护来保护数据。

8.2.4 数据安全

在当今的数字世界中，每个系统都离不开数据。有时，这些数据可能包含敏感信息，如客户健康记录、支付信息和政府身份，所以保护客户数据的安全，防止任何未经授权的访问是至关重要的。很多行业都会重点关注数据的保护和安全。

在设计任何解决方案之前，应该根据应用的目标定义基础的安全实践，如遵守监管要求。而在进行数据保护时，有几种不同的方法。下面将介绍如何应用这些方法。

1. 数据分类

数据保护的最佳实践之一是对数据进行分类，它基于敏感度级别对数据进行分类和处理。根据数据敏感度，可以规划数据保护、数据加密和数据访问的需求。

根据系统工作负载的需求对数据分类进行管理，可以按需创建数据的控制和访问级别。例如，用户评分和评论等内容通常是公开的，可以提供公开访问，但是用户信用卡信息是高度敏感的，需要加密，并应当受到非常严格的访问限制。

可以将数据大致分为以下几类：

- **受限数据**。它包含的信息如果被泄露，可能会直接损害客户。错误地处理受限数据可能会损害公司的声誉，并对企业产生不利影响。受限数据可能包括客户的个人身份信息（PII）数据，如社会保险号、护照详细信息、信用卡号和付款信息等。
- **私有数据**。如果数据包含客户敏感信息，而且攻击者可以使用这些信息来获取客户的受限数据，则可以将其归类为机密数据。机密数据包括客户的电子邮件 ID、电话号码、全名和地址等。
- **公开数据**。每个人都可以使用并访问它，并且只要求最低的保护级别，例如，客户的评分和评论、客户的位置和用户名（如果用户将其公开）。

根据行业类型和用户数据的性质，你可以对数据进行更精细的分类。数据分类需要在数据可用性与数据访问之间取得平衡。如前所述，设置不同级别的访问权限有助于只限制必要的数据，并确保敏感数据不会泄露。应避免让人直接访问数据，并提供一些工具，这些工具可以生成只读报告，让用户以受限的方式消费数据。

2. 静态数据加密

静态数据（data at rest）指的是存储在存储区域网络（Storage Area Network，SAN）、网络附加存储（Network Attached Storage，NAS）或云存储中的数据。所有敏感数据都需要通过应用对称加密或非对称加密来加以保护（这部分内容将在本节中进行解释），并且必须配合恰当的密钥管理措施。

数据加密是一种保护数据的方法，通过这种方法，可以使用加密密钥将数据从明文格式转换为密文格式。要读取这些密文，首先需要使用解密密钥对其进行解密，只有授权用户才能获得这些解密密钥。总的来说，基于密钥的加密可分为以下两类：

- **对称密钥加密**。在对称加密算法中，使用相同的密钥对数据进行加密和解密。每个数据包都使用密钥自我加密。数据在保存时进行加密，在检索时进行解密。在早期，对称加密遵循的是**数据加密标准**（DES），它使用 56 位密钥。现在，**高级加密标准**（AES）被大量用于对称密钥加密，它使用 128 位、192 位或 256 位密钥，因此更加可靠。
- **非对称密钥加密**。借助非对称加密算法，可以使用两个不同的密钥，一个用于加密，一个用于解密。在大多数情况下，加密密钥是公钥，解密密钥是私钥。非对称密钥加密也称为公钥加密。公钥和私钥是不同的，需要配对使用。私钥只能供一个用户使用，而公钥可以应用于多个资源。只有拥有私钥的用户才能解密数据。**RSA**（Rivest-Shamir-Adleman）是最早，也是最流行的公钥加密算法之一，用于保护网络上的数据传输。

数据加密和解密需要付出性能代价，因为它们增加了额外的处理层。在选择加密数据时，需要谨慎权衡。建议仅在必要的数据上应用加密，避免性能和密钥管理带来过多开销。

如果是用 AES 256 位安全密钥对数据进行加密，那么破解加密就变得几乎不可能了。唯一的解密方法就是拿到加密密钥，这意味着你需要保护好密钥，并将其保存在安全的地方。让我们介绍一些保护加密密钥的基本管理方法。

3. 加密密钥管理

密钥管理包括控制和维护加密密钥。你需要确保只有授权用户才能创建和访问加密密钥。任何加密密钥管理系统除访问管理和密钥生成外,还处理密钥的存储、轮换和销毁。密钥管理因使用的算法(对称算法还是非对称算法)而异。以下是流行的密钥管理方法。

(1)信封加密

信封加密是一种保护数据加密密钥的技术。这里的数据加密密钥是对称密钥,它能够提高数据加密的性能。对称密钥与 AES 等加密算法配合使用,可以产生能够安全存储的密文,因为这些密文对人来说是不可读的。然而,需要将对称加密密钥与数据保存在一起,以便根据需要将其用于数据解密。而现在,需要进一步对密钥进行隔离保护,这就是信封加密技术能帮上忙的地方。让我们借助图 8-11 来详细了解一下。

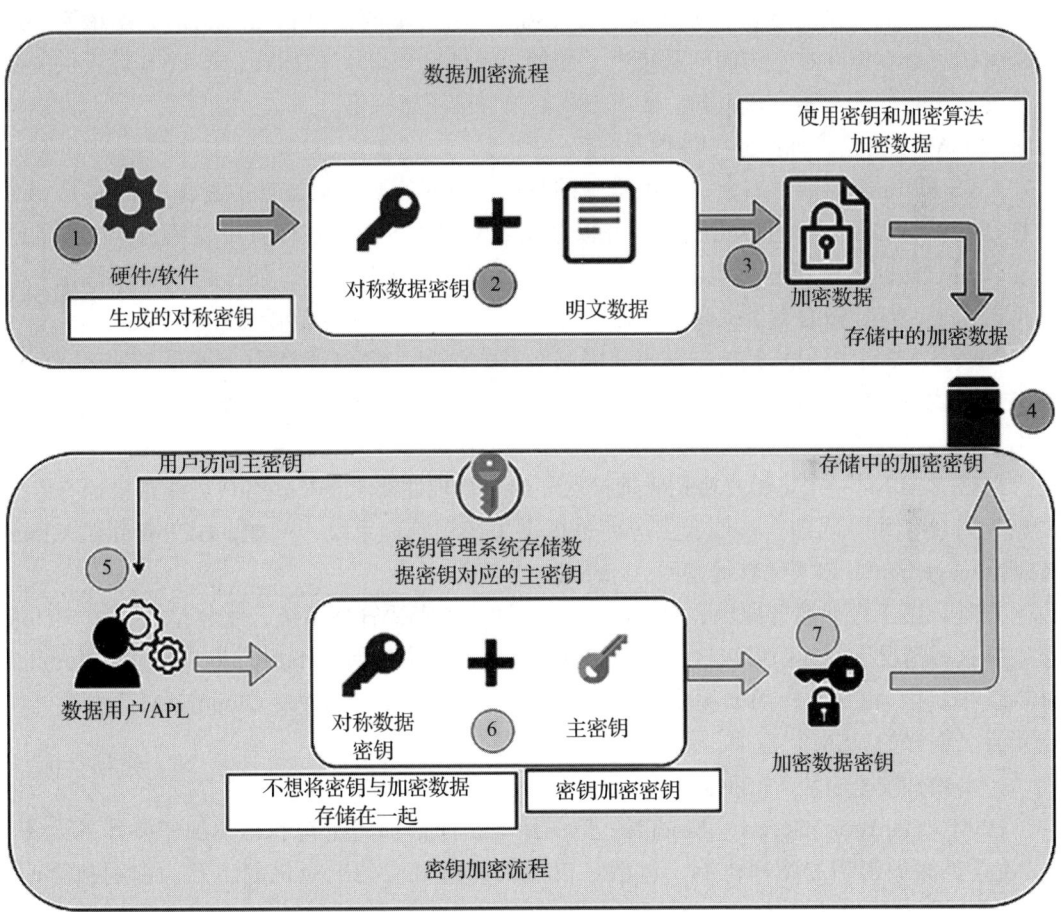

图 8-11　信封加密

图 8-11 展示了信封加密的流程:

1)通过软件或硬件生成对称数据密钥。
2)生成的对称数据密钥用于加密明文数据。
3)密钥使用诸如 AES 之类的算法对数据进行加密,并生成加密的密文数据。

4）加密的数据保存在目标存储器中。

5）由于数据密钥需要与加密数据一起存储，因此数据密钥需要进一步加密。用户获取存储在密钥管理系统中的客户主密钥以对数据密钥进行加密。

6）数据密钥使用主密钥加密。由于主密钥会加密数据加密密钥，所以也称为密钥加密密钥。只有主密钥才能对多个数据密钥进行加密，并且将其安全地存储在密钥管理系统中，且访问受到限制。

7）主密钥对数据密钥进行加密，并将加密的数据密钥和加密的数据一起存储，主密钥则安全地保存在访问受限的密钥管理系统中。

如果用户想要解密数据，那么他们首先需要主密钥，然后还需要加密的数据密钥。这个主密钥可以存储在独立访问的系统中，比如，硬件安全模块（HSM）或 AWS 等云供应商提供的基于软件的密钥管理服务。接下来我们来详细了解一下。

（2）AWS 密钥管理服务（KMS）

AWS KMS 使用信封加密，即由唯一的数据密钥对客户数据进行加密，KMS 主密钥对数据密钥进行加密。你可以将密钥资源保存在 AWS KMS 中，这样就可以从一个集中的地方管理用户访问、密钥分配和轮换。你还可以禁用未使用的密钥，使密钥数量保持在一个较低的水平，这样做有助于提高应用程序的性能，并有助于更好地管理密钥。

AWS KMS 主要用来保护主密钥并限制对其的访问。KMS 永远不会将明文主密钥存储在磁盘或内存中，从而有助于实施密钥安全最佳实践。KMS 还可以设定机制轮换主密钥，以对其提供更好的保护。

AWS KMS 是一个多租户密钥管理模块。出于合规性要求，某些客户可能希望拥有专用的密钥管理模块。同理，其他云供应商也提供了密钥管理系统，例如，GCP 提供的 Cloud Key Management，以及微软提供的 Azure Key Vault。

有时，出于行业监管原因，客户想要拥有自己的密钥管理系统，尤其是在多租户环境下。在这种情况下，他们可以选择将密钥存储在硬件安全模块（Hardware Security Module，HSM）中。像 AWS 这样的云提供商也提供类似的服务，例如 AWS CloudHSM。你也可以选择自己偏好的 HSM 供应商。

（3）硬件安全模块（HSM）

HSM（Hardware Security Module）是一种旨在保护加密密钥和相关加密操作的设备。HSM 具备保护密钥的物理机制，包括篡改检测和所对应的响应机制。万一密钥被篡改，HSM 将销毁密钥以防止任何安全漏洞。

HSM 能够提供逻辑保护，以限制访问权限。逻辑分离可以帮助 HSM 设备管理员安全地管理设备。访问限制则对可以将其连接到网络并提供 IP 地址的用户设置相关规则。你可以为每个人创建一个单独的角色，包括安全员、设备管理员和用户。

由于丢失密钥会使数据无法使用，因此你需要通过在不同地理位置维护至少两个 HSM 来确保 HSM 的高可用性，你也可以使用其他 HSM 解决方案来做到这一点，如 SafeNet 或

Voltage。最后，为了保护密钥，建议选择由云供应商提供的托管 HSM（如 AWS CloudHSM 或 CipherCloud）。

4. 传输中数据加密

传输中数据是指在网络上传输的数据。你可以对源端和目标端中的静态数据进行加密，但在传输数据时同样需要保证数据传输管道的安全。在使用未加密的协议（如 HTTP）传输数据时，数据可能会因诸如**窃听攻击**或**中间人**（MITM）**攻击**之类的攻击而泄露。

在窃听攻击中，攻击者从网络中捕获一个小数据包，并根据它来搜索其他类型的信息。MITM 攻击是一种基于篡改的攻击，攻击者会秘密地将接受者篡改为自己来进行通信。应该使用安全套接层（SSL）协议或**传输层安全**（Transport Layer Security，TLS）协议来传输数据，从而防止此类攻击。

你会发现，现在大多数网站都使用 HTTPS 协议进行通信，它使用 SSL 对数据进行加密。在默认情况下，HTTP 流量是不受保护的。所有的 Web 服务器和浏览器都支持 HTTP 流量（HTTPS）的 SSL/TLS 保护。HTTP 流量也适用于面向服务的架构，如**表现层状态转换**（REST）和**简单对象访问协议**（SOAP）的架构。

SSL/TLS 握手先通过证书获取基于非对称加密的公钥，然后使用公钥产生用于对会话进行对称加密的私钥。安全证书由受信任的**认证机构**（CA）签发，如 Verisign。采购的安全证书需要使用**公钥基础设施**（PKI）系统来进行保护。以下是使用 RSA 密钥交换的标准 SSL 握手：

1）客户端问候消息。客户端通过 SSL 向服务器发送消息，与客户端通信。信息包括 SSL 版本号、密码设置和代表用户会话的数据。

2）服务器问候消息。服务器将信息发送回客户端，这需要使用 SSL。服务器用公钥确认 SSL 版本号和证书。

3）身份认证和预主密钥。客户端使用公共名称、日期和颁发者等详细信息对服务器证书进行身份认证。客户端根据密码为会话创建预主密钥，使用服务器的公钥加密，并将加密的预主密钥发送到服务器。

4）解密和主密钥。服务器使用其私钥解密预主密钥。服务器和客户端都执行步骤，以使用约定的密码生成主密钥。

5）使用会话密钥进行加密。客户端和服务器都交换消息，以通知未来的消息将被加密，这被称为共享密钥。在共享后，客户端和服务器交换消息以确认消息加密和解密。从这时开始，双方都会在接下来的会话中保护它们的通信。

通过网络进行的非 Web 数据传输也应该进行加密，这包括**安全外壳**（Secure Shell，SSH）和**互联网协议安全**（Internet Protocol Security，IPsec）加密。SSH 普遍用于连接服务器，而 IPsec 则适用于保护通过**虚拟专用网络**（Virtual Private Network，VPN）传输的企业流量。文件传输应使用 SSH **文件传输协议**（SSH File Transfer Protocol，SFTP）或 FTP 安全（FTP Secure）保护，而电子邮件通信则需要使用基于 SSL 的**简单邮件传输协议**（Simple

Mail Transfer Protocol，SMTP）或**互联网信息访问协议**（Internet Message Access Protocol，IMAP）来保障安全。

在本节中，你了解了使用不同加密技术来保护静态数据和传输中数据的各种方法。在发生任何意外事件时，数据的备份和恢复对数据保护来说至关重要。第 9 章将介绍更多关于数据备份的内容。

很多管理机构会发布合规性要求，一般都是一套用于确保客户数据安全的检查清单。合规性要求还能确保组织遵守行业和地方政府制定的规则。下一节将进一步介绍各种合规措施。

8.3 安全认证和合规性认证

在不同的行业和地理区域，有许多合规性认证可用于保护客户隐私和数据安全。对于任何解决方案的设计，合规性要求都是需要评估的关键标准之一。以下是一些最流行的行业标准的合规性认证。

- 全球合规性要求是指任何组织（无论在哪个地区）都需要遵守的认证。这些认证包括 ISO 9001、ISO 27001、ISO 27017、ISO 27018、SOC 1、SOC 2、SOC 3 以及用于云安全的 CSA STAR。
- 美国政府要求在各种合规性要求下处理公共事务。相关的合规性要求包括 FedRAMP、DoD SRG Level-2、4、5、FIPS 140、NIST SP 800、IRS 1075、ITAR、VPAT 和 CJIS。
- 应用程序的行业级合规性要求适用于特定行业。其主要包括 PCI DSS、CDSA、MPAA、FERPA、CMS MARS-E、NHS IG Toolkit（英国）、HIPAA、FDA、FISC（日本）、FACT（英国）、共享评估（Shared Assessment）和 GLBA。
- 区域性合规认证适用于特定国家或地区。这些认证包括欧盟 GDPR、欧盟示范条款（EU Model Clauses）、英国 G-Cloud、中国 DJCP、新加坡 MTCS、阿根廷 PDPA、澳大利亚 IRAP、印度 MeitY、新西兰 GCIO、日本 CS Mark Gold、西班牙 ENS 和 DPA、加拿大隐私法和美国 Privacy Shield。

正如你所见，根据行业、地区和政府政策，有许多来自不同监管机构的合规性认证。我们不打算详细介绍合规要求，但在开始解决方案设计之前，需要评估应用是否符合合规性要求。合规性要求对整个解决方案的安全设计影响很大。需要根据合规性需求来决定需要什么样的加密方式、日志、审计和工作负载区域。

日志和监控有助于确保安全和符合合规性要求。它们是必不可少的，如果发生事故，团队应立即得到通知，并做好应对事故的准备。第 10 章将介绍更多关于监控和告警的内容。

需要根据应用程序所在地理区域、所处行业和政府法规遵守相关的合规要求。至此，你已经了解了各种合规类别和适合不同类别的常见合规标准。由于现在许多组织正在向云端迁移，因此了解云端的安全至关重要。

8.4 云的共享安全责任模型

随着云的应用越来越普遍，许多企业将工作负载逐渐迁移到 AWS、GCP 和 Azure 等公有云上，客户需要了解云安全模型。云的安全性需要客户和云供应商的共同维护。客户要对他们使用云服务实现的工作成果以及连接到云的应用程序的安全负责。在云中，客户对应用程序安全的责任取决于他们使用的云产品及其系统的复杂性。

图 8-12 展示了最大的公有云供应商（AWS）之一的云共享安全责任模型，它几乎适用于任何公有云供应商，如 Azure、GCP、Oracle、IBM 或阿里巴巴。

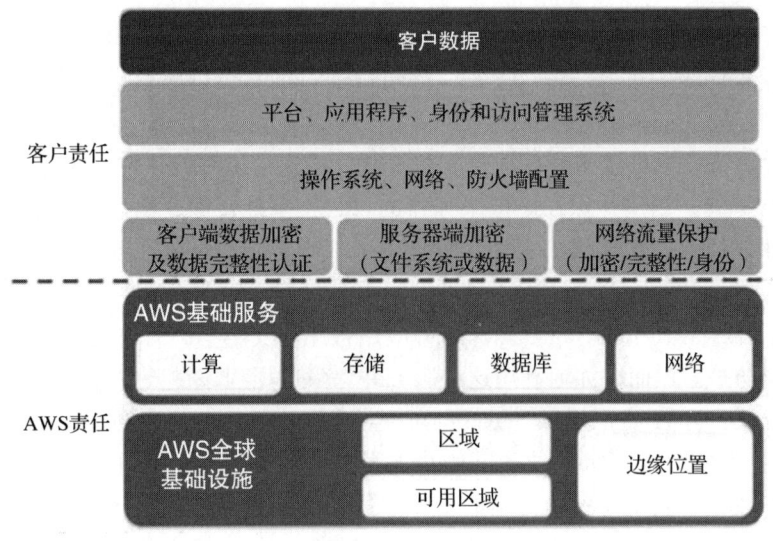

图 8-12　AWS 云共享安全责任模型

如图 8-12 所示，AWS 负责处理云的安全，尤其是用于托管资源的物理基础设施的安全，这其中包括以下内容：

- 数据中心：不显眼的设施、7×24h 安全警卫、双因素认证、访问记录与审查、视频监控、磁盘消磁与销毁等。
- 硬件基础设施：服务器、存储设备和其他依赖 AWS 服务的设备。
- 软件基础设施：主机操作系统、服务应用和虚拟化软件。
- 网络基础设施：路由器、交换机、负载均衡器、防火墙、布线等，还包括对外部边界、安全接入点和冗余基础设施的持续网络监控。

客户负责处理云中的安全问题，其中包括以下内容：

- 服务器上的操作系统：服务器上安装的操作系统可能会受到攻击。操作系统的补丁和维护是客户的责任，因为软件应用程序的正常运行在很大程度上依赖于它。
- 应用程序：应用程序和它的环境，如开发、测试和生产环境，都是由客户维护的，所以密码策略和访问管理的安全也是客户的责任。
- 基于操作系统或主机的防火墙：客户需要保护整个系统免受外部攻击。尽管云提供了这方面的安全保障，但客户应该考虑增加 IDS 或 IPS 这样的额外安全层。
- 网络配置和安全组：云提供了创建网络防火墙的工具，但哪些流量需要被阻止或允许通过则取决于应用程序需求。客户负责设置防火墙规则，以确保其系统免受来自外部和内部的网络流量的破坏。
- 客户数据和加密：数据处理是客户的责任，因为他们更清楚数据保护的需求。云提供了通过各种加密机制来进行数据保护的工具，但使用这些工具并保护数据安全是客户的责任。

公有云还提供了各种适用于其托管硬件的合规性认证。为了使应用程序合规，需要处理并完成应用程序级的审计。作为客户，你可以通过继承云供应商提供的安全性和合规性来获得额外的好处。

尽可能尝试将安全最佳实践自动化。基于软件的安全机制能让你更快速、更经济高效、更安全地进行扩展。创建并保存虚拟服务器的自定义基准镜像，然后在启动的每个新服务器上自动应用该镜像。用模板来定义和管理整个基础设施，可以在创建新环境时复制最佳实践。

云提供了各种工具和服务，以确保云中应用程序的安全，同时也提供了 IT 基础设施层面的内置安全防护。然而，如何利用这些服务并保障应用程序在云中的安全则取决于客户。从整体上来说，云为 IT 资产提供了更好的可视性和集中管理，这有助于管理和保护系统。

安全是任何解决方案的重中之重，解决方案架构师需要确保他们的应用程序是安全的，并且不受任何攻击。安全是一项持续的工作。每一次安全事件都应该被视为应用程序的改进机会。一个强大的安全机制应该有认证和授权控制，每个组织和应用程序都应该自动响应安全事件，并在多个层面对基础设施进行保护。

8.5　小结

本章介绍了各种设计原则，以及如何在解决方案设计中应用安全最佳实践。这些原则包括在设计保护应用程序的解决方案时，有关访问控制、数据保护和监控等方面的关键考量因素。你需要在每一层中进行安全防护。从用户认证和授权开始，介绍了如何在 Web 层、应用层、基础设施层和数据库层应用安全防护。每一层都有不同的攻击方式，因此还介绍了如何使用现有的技术来保护应用程序。

对于用户管理，介绍了如何使用 FIM 和 SSO 来管理企业用户，以及实现用户认证和授权的各种方法。这些方法包括如微软的 AD 和 AWS 目录服务这样的企业管理服务；还介绍了如何使用 OAuth 2.0 来管理百万级别的用户。

在 Web 层，介绍了各种攻击类型，如 DDoS、SQLi 和 XSS，以及如何使用不同的 DDoS 预防技术和网络防火墙来防范这些攻击；还介绍了各种用于保护应用层的代码，并确保基础设施安全的技术，还深入研究了不同的网络组件和方法，以建立可信边界来限制攻击半径。

同时，介绍了如何通过适当的数据分类（比如，将数据标记为机密、私有或公共数据）来保护数据；讲解了对称算法和非对称算法，以及它们之间的区别，还有如何使用密钥管理来保护公 / 私钥，以及如何保护静态数据和传输中数据。最后介绍了适用于云工作负载的各种合规要求和共享安全责任模型。

本章专注于如何应用安全最佳实践，而可靠性是解决方案设计的另一个重要方面。为了使业务取得成功，你需要设计能够保障可靠性的解决方案，让应用程序始终保持可用，并能够应对工作负载波动。下一章中将介绍利用现有技术构建可靠应用程序的最佳实践，以及各种灾难恢复和数据复制策略，使应用程序更加可靠。

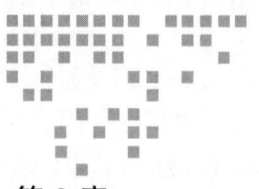

Chapter 9 第 9 章

架构可靠性考量

应用程序的可靠性是架构设计的重要方面之一。可靠的应用程序有助于赢得客户的信任，能够保证在客户需要时随时可用。高可用性也是在线应用程序的强制性标准之一。用户希望能够随时随地浏览应用程序，并根据他们的需要完成购物和支付等任务。应用程序的可靠性是业务成功的重要秘诀之一。

可靠性是指系统从故障中恢复的能力。它是指应用程序应具备容错能力，在出现故障时能够在不影响客户体验的情况下恢复。一个可靠的系统应该能够从任何基础设施故障或服务器故障中恢复。系统应该为处理任何可能的故障做好准备。

本章将介绍让解决方案具备可靠性的各种设计原则。可靠性需要考虑架构的每一个组件。你将了解如何选择正确的技术，以确保架构在每一层的可靠性。

在本章结束时，你将了解各种用于确保应用程序高可用性的灾难恢复技术，以及用于保障业务流程持续性的数据复制方法。

9.1 架构可靠性的设计原则

可靠性的目标是将故障的影响控制在最小范围内。为了应对系统的最坏情况，你可以为基础设施和应用程序的不同组件实施各种缓解策略。

 在故障发生之前，你应该彻底测试你的恢复程序。

接下来将介绍有助于加强系统可靠性的标准设计原则。你会发现，所有的可靠性设计原则都密切相关、相辅相成。

9.1.1 使系统自愈

系统故障需要提前预测,在故障发生的情况下,系统应该能自动响应并进行恢复,这就是所谓的系统自愈。自愈是指系统从故障中自动恢复的能力。具备自愈能力的系统能主动检测到故障,并在对客户影响最小的情况下从容应对。故障可能发生在整个系统的任何一层,其中包括硬件故障、网络故障或软件故障。在通常情况下,数据中心不会每天发生故障,而对于数据库连接、网络连接等频繁发生的故障,就需要执行更精细的监控。系统需要持续监控故障并在需要的时候及时采取行动进行恢复。

要对故障进行响应,首先需要确定应用程序和业务的**关键绩效指标**(Key Performance Indicator,KPI)。在用户层面,这些 KPI 可能包括每秒服务的请求数或用户级别网站的页面加载延迟。在基础设施层面,你可以定义 CPU 利用率的阈值,比如它不应该超过 60%,还有内存利用率不应超过总可用 RAM 的 50% 等。

定义了 KPI 后,应该将监控系统部署到位,以跟踪故障并在 KPI 达到阈值时进行通知。你应该基于监控来实施自动化,以便系统在发生任何故障时能够自我修复。例如,当 CPU 利用率达到 50% 时,自动增加更多的服务器(主动监控有助于防止故障发生)。

9.1.2 应用自动化

自动化是提高应用程序可靠性的关键。尝试将应用部署和配置乃至整体基础设施的一切都自动化。自动化提供了敏捷性,让团队可以快速行动并更频繁地进行试验。你可以通过一键复制整个系统基础设施和环境来测试新功能。

你可以根据日程来规划应用程序的自动伸缩,例如,一个电子商务网站在周末流量较大,那么你可以在周末通过自动增加服务器来处理更多的流量。你也可以根据用户的请求量来进行自动伸缩,以处理不可预知的工作负载。应使用自动化来启动独立且并行的模拟作业,当与第一次模拟作业的结果结合使用时,预测的准确性将更高。

通常,你需要将开发环境中使用的配置同样应用于**质量保证**(QA)环境。可能存在适用于不同测试阶段的多个 QA 环境,其中包括功能测试、用户验收测试(UAT)和压力测试环境。通常,测试人员会发现由于资源配置错误导致的缺陷,这可能会导致测试进度的进一步延迟。最重要的是,你可能无法承担在生产服务器中出现这种配置错误的后果。

为了精准地重现相同的配置,你可能需要记录每一步的配置指令。应对这个挑战的方案是创建一个脚本来自动化这些步骤,该脚本本身就可以作为资源配置的文档。

只要脚本是正确的,它就比手动配置更可靠,而且它可以重复使用,还能够自动检测不健康资源和启动替代资源,并且可以在资源发生更改时通知 IT 运维团队。自动化是一个关键的设计原则,需要在系统中尽可能使用。

9.1.3 创建分布式系统

在系统正常运行时,单体应用程序的可靠性很低,因为某个模块中的一个小问题可能会导致整个系统瘫痪。将应用程序划分为多个小的服务，可以减小影响范围，这样源自应用程序某一部分的问题就不会影响整个系统，应用程序还可以继续为其他的关键功能服务。例如，在一个电子商务网站中，支付服务的问题不应该影响客户下单的功能，因为支付可以在下单后再处理。

在服务层面，可以通过对应用程序进行水平伸缩来提高系统的可用性。应将系统设计为可以使用多个较小的组件一起工作，而不是一个单一的整体系统，这样可以减小故障出现时受影响的范围。在分布式设计中，请求由系统的不同组件处理，一个组件的故障不会影响系统其他部分的功能。例如，在电子商务网站中，仓库管理组件的故障不会影响客户下单。

但是，在分布式系统中，通信机制可能比较复杂。你需要使用断路器模式（详见第6章）来处理系统间的依赖关系。断路器背后的基本思想很简单，将受保护的函数调用包装在断路器对象中，该对象监控故障并采取自动化措施来缓解故障。

9.1.4 容量监控

资源饱和是应用程序故障的最常见原因。在通常情况下，你可能会遇到这样的问题，应用程序由于CPU、内存或硬盘过载而开始拒绝请求。然而，此刻增加更多资源并不总是一个简单的任务，因为你需要具备额外的可用容量。

在传统的本地环境中，你需要根据事先的假设来计算服务器的容量。对于购物网站和其他在线业务来说，工作负载容量预测会更具挑战性。通常来说，在线流量难以准确预测，其受全球趋势的影响波动很大。在通常情况下，硬件采购可能需要3～6个月的时间，提前预测容量是很困难的。提前购买可能会造成资源闲置，且订购多余的硬件将产生额外的成本，而资源不足又将导致应用程序不可靠，从而造成业务损失。

你需要一个无须预测容量的环境，这样应用程序就可以按需伸缩。

AWS等公有云提供商提供**基础设施即服务**（IaaS），以便按需提供资源。

在云中，你可以监控系统资源的供需情况，并按需自动添加或移除资源，这样你就能够将资源维持在满足需求的水平，而不会出现过度供应或供应不足的情况。

9.1.5 执行恢复验证

在大多数情况下，在验证基础设施的可用性时，组织会专注于验证一切正常的可行路径。然而，应注意的是，你应该验证系统是如何发生故障的以及恢复过程的工作情况。应在一切都可能失败的假设下验证应用程序，不要仅期望恢复和故障转移策略一定会起作用，请确保定期进行测试，以免出现问题。

基于模拟的验证可以帮助你发现潜在风险。你可以将可能导致系统故障的场景自动化，并准备好相应的事件响应方案。验证应以确保生产环境不会发生故障的方式来提高应用程序的可靠性。

可恢复性作为可用性的一个组成部分有时会被忽视。为了提高系统的**恢复点目标**

(Recovery Point Objective，RPO）和**恢复时间目标**（Recovery Time Objective，RTO），应该将数据和应用程序及其配置作为机器镜像进行备份。下一节将介绍更多关于 RTO 和 RPO 的信息。假设一场自然灾害导致一个或多个组件不可用或破坏了主要数据源，你应该能够快速恢复服务而不会丢失数据。现在，我们来谈谈能够提高应用程序可靠性的具体灾难恢复策略，以及相关的技术选型。

9.2 架构可靠性的技术选型

应用程序的可靠性通常着眼于应用程序提供服务的可用性。有几个因素能够使应用程序具有高可用性。然而容错是指应用程序组件的内置冗余。应用程序可能具有高可用性，但不一定 100% 容错。例如，如果应用程序需要四台服务器来处理用户请求，可以将它们分配到两个数据中心以实现高可用性。如果一个站点出现故障，系统仍然可以以 50% 的容量保持高可用性，但这可能会影响用户的性能预期。如果你在两个站点中创建相同的冗余，每个站点都有四台服务器，那么应用程序将不仅具有高可用性，而且将具有 100% 的容错能力。

假设应用程序不是 100% 容错的。在这种情况下，你需要应用可伸缩性来定义应用程序的基础架构将如何响应增加的容量需求，以确保应用程序在预期标准内运行。为了使应用程序可靠，你应该能够快速恢复服务并且不丢失数据。从现在开始，我们将把恢复过程称为灾难恢复。在探讨各种灾难恢复场景之前，我们先来了解一下恢复时间目标（RTO）、恢复点目标（RPO）和数据复制。

9.2.1 规划 RTO 和 RPO

任何应用程序都需要基于**服务级别协议**（SLA）定义服务可用性。组织定义 SLA 是为了确保应用程序的可用性和可靠性。你可能需要定义一个 SLA，规定应用程序在某一年应该有 99.9% 的可用率，或者说组织至多能容忍应用程序每月宕机 43min 等。应用程序的 RPO 和 RTO 主要是由定义好的 SLA 驱动的。

RPO 是指组织可以容忍多长时间内的数据丢失。例如，如果应用程序仅丢失 15min 的数据，则是可以接受的。在此场景中，如果每 15 min 完成一次客户订单履行任务，那么你可以容忍在订单履行应用程序出现任何系统故障的情况后重新处理客户订单数据。RPO 有助于定义数据备份策略。而 RTO 会涉及应用程序的停机时间，以及应用程序在故障发生后应该需要多少时间来进行恢复和进入正常运行状态。图 9-1 说明了 RTO 和 RPO 的区别。

在图 9-1 中，假设故障发生在上午 10 点，而你在上午 9 点进行了最后一次备份。在系统崩溃的情况下，你将损失 1h 的数据。当恢复系统时，由于你是每隔 1h 进行一次数据备份，所以会有 1h 的数据丢失。在这种情况下，你的系统 RPO 是 1h，因为它可以忍受 1h 的数据损失，即 RPO 表示可以容忍的最大数据损失是 1h。

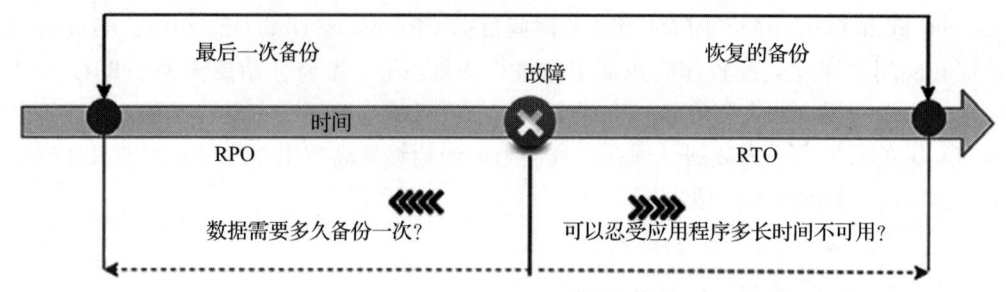

图 9-1 RTO 和 RPO

如果系统需要 30min 才能恢复备份并启动系统，那么 RTO 就是 30min。这意味着可以容忍的最大停机时间是 30min。RTO 是指在因故障而导致停机后，恢复整个系统所需的时间。

组织通常会根据系统不可用时的用户体验和对业务的财务影响来决定可接受的 RPO 和 RTO。组织在确定 RTO/RPO 时要考虑各种因素，其中包括营收的损失和停机对其声誉造成的损害。IT 部门根据定义的 RTO 和 RPO 来规划解决方案，以便在发生事故时能进行有效的系统恢复。因此，现在可以看到，数据是系统恢复的关键，接下来让我们学习一些减少数据丢失的方法。

9.2.2 数据复制

数据复制和快照是灾难恢复和使系统可靠的关键。数据复制是指在备用站点上创建一个主站点的数据副本，当主系统发生故障时，系统可以将流量转移到备用站点上，并保持可靠的工作。该数据可以是存储在 NAS 驱动器中的文件数据、数据库快照或机器镜像快照。站点可以是两个不同地理位置的本地系统，也可以是同一本地环境的两个独立设备，或者是物理隔离的公有云。

数据复制不仅有助于灾难恢复，而且可以通过快速创建新的测试和开发环境来提高组织的敏捷性。数据复制可以是同步的，也可以是异步的。

1. 同步复制与异步复制

同步复制可以实时创建数据副本。实时数据复制有助于减少 RPO，并在发生故障时提高可靠性。然而，它的成本很高，因为它需要主系统中的额外资源来进行持续的数据复制。

异步复制以一定的延迟或按照定义的周期来创建数据副本。异步复制的成本较低，因为与同步复制相比，它使用的资源较少。如果你的系统可以在较长的 RPO 下工作，则可以选择异步复制。

在数据库技术（如 Amazon RDS）方面，如果我们创建具备多个可用性区域故障转移能力的 RDS，就能够实现同步复制。对于只读副本，你可以使用异步复制来服务报告和读取请求。

如图 9-2 所示，在同步复制中，数据库的主实例和备用实例之间的数据复制没有延迟，而在异步复制的情况下，在主实例和备用实例之间复制数据时可能会有一定的延迟。

让我们来探讨一些同步和异步数据复制方法。

2. 数据复制方法

数据复制是指从源系统中提取数据并创建副本，以实现数据恢复。根据存储类型的不同，有不同的复制方法来存储数据的副本，以便于业务流程的延续。复制可以采用以下方法实现：

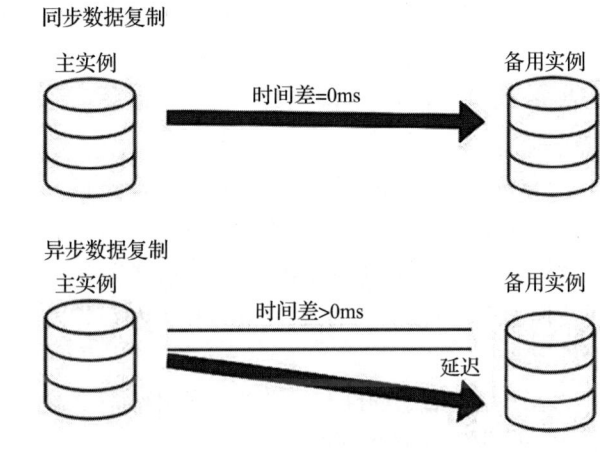

图 9-2　同步和异步数据复制

- **基于阵列的复制**。在这种情况下，可以使用内置软件自动复制数据。但是，源存储阵列和目标存储阵列都应该是同质且互相兼容的，才能复制数据。一个存储阵列在一个机架上会包含多个存储磁盘。大型企业使用基于阵列的复制，因为其易于部署且可减少主机系统的计算能力。你可以选择基于阵列的复制产品，如 HP Storage、EMC SAN Copy 和 NetApp SnapMirror。
- **基于网络的复制**。它可以在不同类型的异构存储阵列之间复制数据，通过在不兼容的存储阵列之间使用额外的交换机或设备来复制数据。在基于网络的复制中，由于有多个参与者加入，复制的成本可能会更高。你可以选择基于网络的数据复制产品，如 NetApp Replication X 和 EMC RecoverPoint。
- **基于主机的复制**。在这种情况下，需要在主机上安装一个软件代理，它可以将数据复制到任何存储系统，如 NAS、SAN 或 DAS。你可以选择基于主机的数据复制软件供应商，例如，Symantec、Commvault、CA 或 Vision Solution。由于前期成本较少和异构设备的兼容性，它在**中小型企业**（SMB）中非常受欢迎。然而，由于代理需要安装在主机操作系统上，因此会消耗主机较多的计算能力。
- **基于虚拟机的复制**。基于虚拟机的复制是指虚拟机层面的数据复制，这意味着它可以将整个虚拟机从一台主机复制到另一台主机。企业大多使用虚拟机，因为它提供了一种非常有效的灾难恢复方法以减少 RTO。与基于主机的复制相比，基于虚拟机的复制高度可伸缩，并且消耗的资源更少。VMware 和 Microsoft Windows 对其提供了原生支持。你可以选择 Zerto 等产品来执行基于虚拟机的复制，也可以选择不同厂商的其他产品。

第 3 章介绍了可伸缩性和容错性。第 6 章介绍了使架构高度可用的各种设计模式。现在将继续介绍从故障中恢复系统并使其高度可靠的多种方法。

9.2.3 规划灾难恢复

灾难恢复（Disaster Recovery，DR）是指系统在发生故障的情况下，依然能够保持业务的连续性。它表明组织有应对任何可能的系统故障并从故障中恢复的能力。灾难恢复规划包括多个方面，其中包括硬件或软件故障。在规划灾难恢复时，一定要考虑其他运维故障，包括停电、网络中断、供热与制冷系统故障、物理安全漏洞，以及火灾、洪水或其他人为错误等不同的事件。

组织应根据系统的重要性和影响来决定投入灾难恢复的精力和资金。产生营收的应用程序需要确保始终可用，因为它对公司的声誉和盈利能力至关重要。这样的组织需要投入大量精力来创建相应的基础设施，并培训员工，以应对灾难恢复。灾难恢复就像是保险单，即使你不打算使用它，也必须进行投资和维护。在发生不可预见的事件时，灾难恢复规划将成为你业务的"救星"。

基于业务紧急程度和重要性，应用程序的复杂度也各有不同。DR策略分为四种，按RTO/RPO从高到低排列如下：

- 备份和恢复。
- 指示灯。
- 暖备。
- 多站点。

如图9-3所示，在DR规划中，随着方案的递进，你的RTO和RPO会降低，而实施成本却会增加。你需要根据应用程序的可靠性要求，在RTO/RPO和成本之间做出正确的权衡。

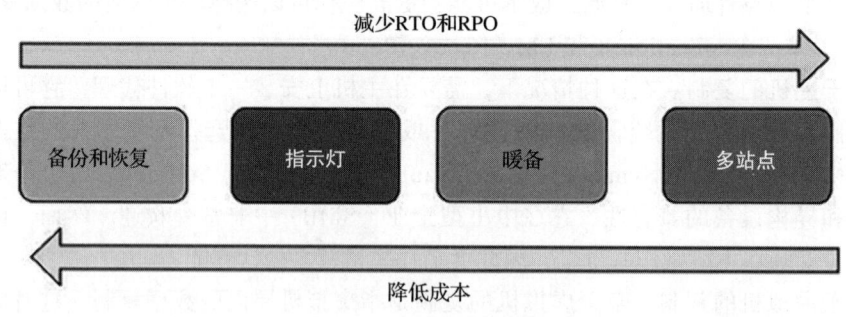

图9-3 灾难恢复选项

接下来将详细探讨上述每一种方案及相关的技术选择。现在，AWS等公有云可以让你低成本、高效率地实施上述每一种DR策略。

业务连续性需要确保关键业务功能在发生灾难时依然能够持续正常运行。由于企业开始选择使用云来规划灾难恢复，因此我们来了解一下本地环境和AWS云之间的各种灾难恢复策略。

1. 备份和恢复

备份和恢复成本最低，但 RPO 和 RTO 更高。该策略易于上手，并且在适合的场景下具有极高的成本效益。备份存储可以是磁带驱动器、硬盘驱动器或网络访问驱动器。随着存储需求的增长，跨区域添加和维护更多硬件可能是一项艰巨的任务，所以更简单且具有成本效益的选择是将云用作备份存储。Amazon S3 以按需付费的模式提供低成本的无限容量存储。

图 9-4 显示了基本的灾难恢复系统。在图 9-4 中，数据位于传统的数据中心，备份存储在 AWS 中。AWS 的导入/导出或 Snowball 功能被用于将数据导入 AWS，之后将信息存储在 Amazon S3 中。

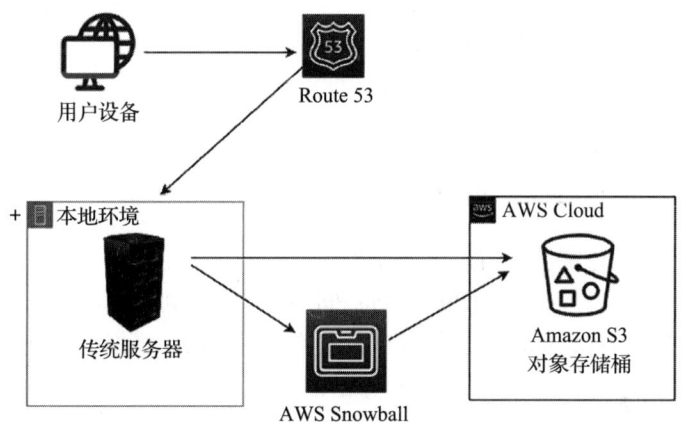

图 9-4　数据从本地环境备份到 Amazon S3

你也可以使用其他可用的第三方解决方案进行备份和恢复。最流行的一些选择有 NetApp、VMware、Tivoli、Commvault 和 CloudEndure。你需要对当前系统进行备份，并使用备份软件将其存储在 Amazon S3 中。需要明确从云端备份中恢复系统的过程，其中包括以下几点：

1）了解要使用的 Amazon 机器镜像（Amazon Machine Image，AMI），并根据需要通过预装软件和安全补丁构建自己的 AMI。

2）记录从备份恢复系统的步骤。

3）记录将流量从主站点路由到云中新站点的步骤。

4）创建包括部署配置、可能存在的问题及其对应处理方案的运维手册。

如果位于本地的主站点出现故障，则需要启动恢复过程。如图 9-5 所示，在准备阶段，创建一个自定义的 AMI，该 AMI 预先安装了操作系统与所需软件，然后将其作为备份存储在 Amazon S3 中。同时，将任何其他数据（如数据库快照、存储卷快照和文件）也都存储在 Amazon S3 中。

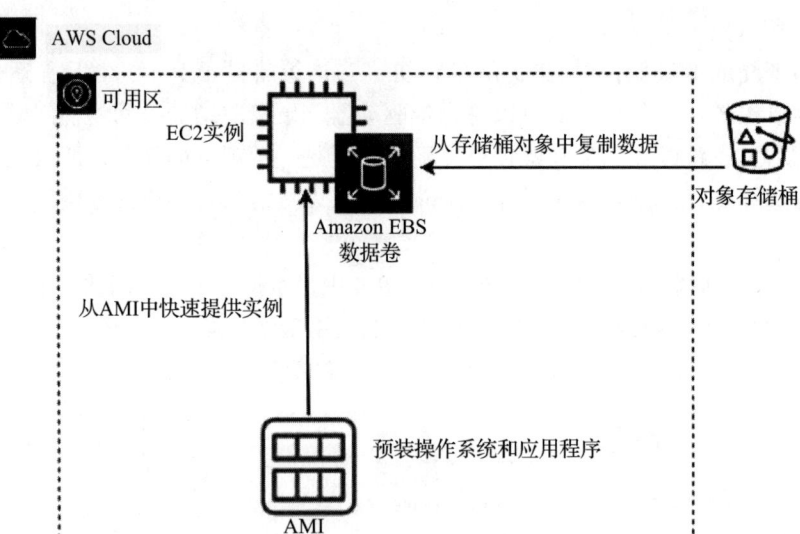

图 9-5　从云中的 Amazon S3 备份恢复系统

如果主站点宕机，你需要执行以下恢复步骤：

1）使用具备所有安全补丁和所需软件的机器镜像来启动 Amazon EC2 服务器实例并初始化站点所需的基础设施，同时将它们放在负载均衡器后面，根据需要进行自动伸缩配置。

2）一旦服务器启动并运行，就需要从存储在 Amazon S3 中的备份恢复数据。

3）最后一项任务是通过调整 DNS 记录来指向 AWS，并将流量切换到新系统。

更好的一种方式是通过 AWS CloudFormation 模板（基础设施即代码）来自动化基础设施（如网络、服务器和数据库部署），并启动部署。

这种灾难恢复机制很容易建立，而且成本相当低。然而，这种情况下的 RPO 和 RTO 都会很高。RTO 会有停机时间，直到系统从备份中恢复并开始运行，而 RPO 会有一定的数据损失，具体取决于备份频率。我们来探讨下一种策略——指示灯，它能改进 RTO 和 RPO。

2. 指示灯

指示灯是继备份和恢复之后成本最低的 DR 策略。顾名思义，你需要在不同区域保持最低数量的核心服务运行。当灾难发生时，你可以迅速启动额外的资源。

你可能会主动复制数据库层，然后从虚拟机镜像中启动实例，或者使用基础设施即代码（如 CloudFormation）构建基础设施。就像燃气加热器里的长明小火，那一点始终燃烧着的小火焰可以迅速点燃整个炉膛，从而加热整栋房屋。

图 9-6 展示了指示灯灾难恢复策略。在这种情况下，数据库已经复制到 AWS 中，Web 服务器和应用服务器的 Amazon EC2 实例已准备就绪，但当前尚未运行。

第 9 章 架构可靠性考量 ❖ 199

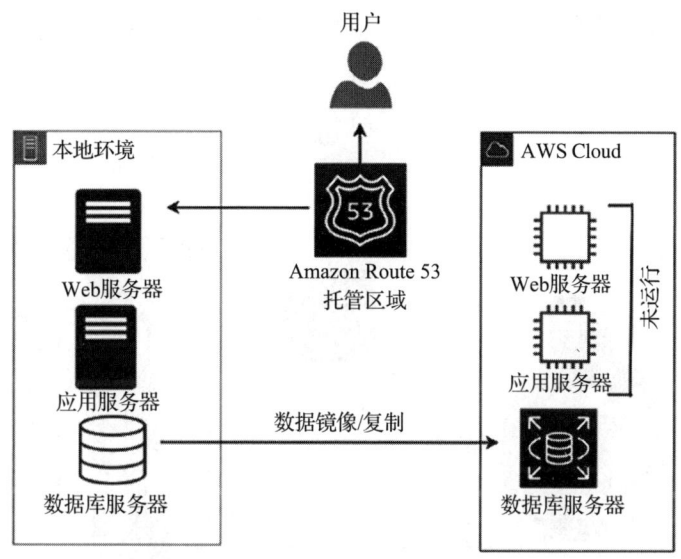

图 9-6 指示灯数据复制到 DR 站点的场景

指示灯场景与备份和恢复非常相似，你需要备份大多数组件并被动地存储它们。不过，对于关键组件（如数据库或身份认证服务器）而言，由于维护的活动实例（用于灾难恢复）的容量较低，这可能会花费较长的恢复时间才能达到正常的服务水平。你需要能自动化启动所有必需的资源，包括所需的网络设置、负载均衡器和虚拟机镜像。由于核心服务（如数据库）已经在运行，因此恢复时间比备份和恢复策略要快。

指示灯策略是非常经济、有效的，因为无须全天候运行所有的资源。应用这种策略，你需要将所有关键数据主动复制到灾难恢复站点（在本例中是指 AWS 云）。你可以使用 **AWS 数据迁移服务**在本地数据库和云数据库之间复制数据。对于基于文件的数据，你可以使用 Amazon File Gateway。此外，还有很多第三方托管的工具可以提供有效的数据复制解决方案，如 Attunity、Quest、Syncsort、Alooma 和 JumpMind。

如果主系统出现故障，如图 9-7 所示，可以基于最新的数据副本来启动 Amazon EC2 实例。然后，将 Amazon Route 53 重定向到新的 Web 服务器。

在指示灯策略下，需要灾难恢复时，需要执行以下步骤：

1）启动那些处于待机模式的应用服务器和 Web 服务器。此外，使用负载均衡器通过水平伸缩来增加应用服务器的数量。

2）对运行在低容量下的数据库实例进行垂直伸缩（即纵向扩展），增加计算资源。

3）最后，更新路由器中的 DNS 记录，将其指向新的站点。

在指示灯策略下，系统会自动调用复制的核心数据集周围的资源，并根据需要扩展系统，以处理当前的流量。指示灯灾难恢复模式的设置相对简单，成本也不高。但是，在这种情况下，自动调用替代系统的 RTO 需要更长的时间，而 RPO 主要取决于复制类型。让我们探讨下一种方法，即暖备，它可以进一步提高 RTO 和 RPO。

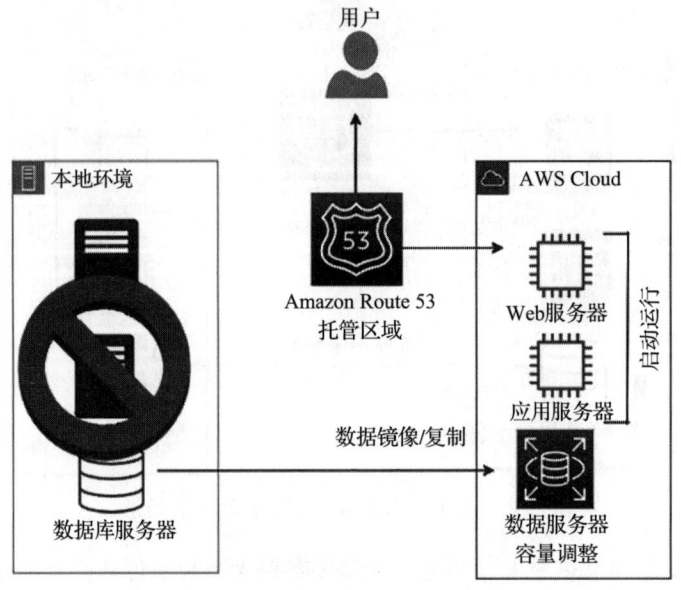

图 9-7　指示灯策略的灾难恢复

3. 暖备

暖备，即**全功能低容量待机**，就像更高级别的指示灯。借助暖备，你可以利用云的敏捷性来实现低成本的 DR。它增加了成本，但可以通过已经运行的服务让数据更快地恢复。

你可以决定灾难恢复环境是否足以容纳 30% 或 50% 的生产流量。另外，你也可以将其用于非生产测试。

如图 9-8 所示，在暖备策略中，两个系统（主系统和低容量系统）分别在本地环境和 AWS 这样的云中运行。你可以使用 Amazon Route 53 之类的路由器在主系统和云系统之间分发请求。

在数据库层面，暖备与指示灯策略类似，数据会不断地从主站点复制到灾难恢复站点。但是，在暖备中，你将全天候运行所有必需的组件，只是它们的规模不会扩展到生产级别。

通常，组织会对更关键的工作负载选择暖备策略，所以你需要通过持续测试来确保灾难恢复站点正常运行。最好的方法是采取 A/B 测试，主要的流量由主站点处理，同时将少量的流量（1% ～ 5%）路由到灾难恢复站点。这将确保灾难恢复站点在主站点宕机时能够有效地处理流量。另外，一定要定期在灾难恢复站点安装补丁和更新必要的软件。

如图 9-9 所示，在主环境不可用的情况下，路由器会将流量切换到备用系统，而备用系统能在主系统发生故障转移时自动扩容。

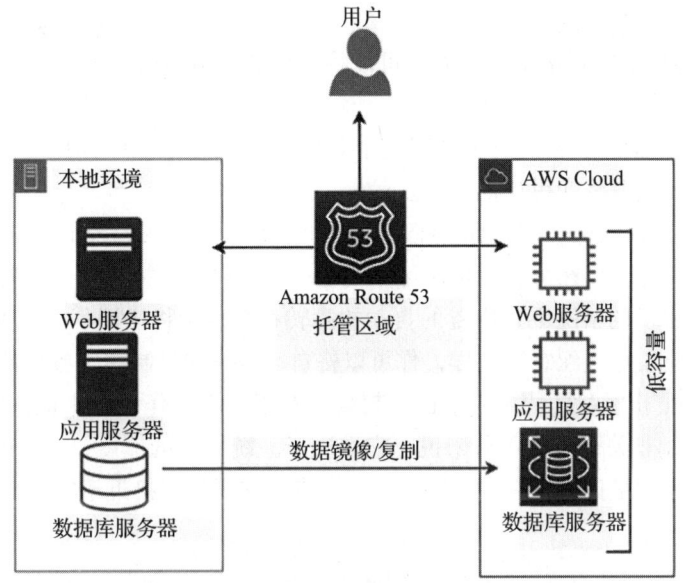

图 9-8　运行低容量双活工作负载的暖备方案

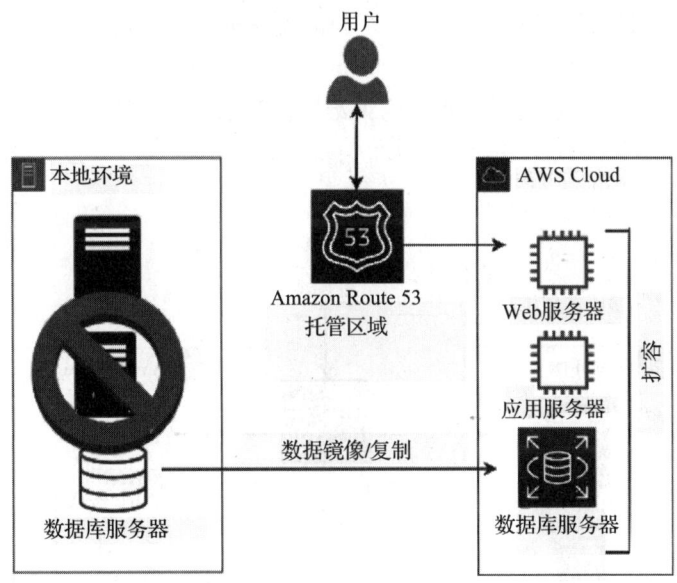

图 9-9　暖备策略的恢复阶段

在主站点出现故障时，可以采取以下方式来进行恢复：

1）立即将关键生产工作负载流量传输到 DR 站点。将备用站点中的流量路由从 5% 增加到 100%。例如，在电商业务中，你首先需要启动面向客户的网站以保持其正常运行。

2）扩展以低容量运行的备用系统，你可以对数据库应用垂直伸缩，同时对服务器应用水平伸缩。

3）随着备用系统的容量得到扩展，可以将其他非关键的后台工作负载转移过来，如仓库管理、发货等。

如果你的应用程序全部上云了，即整个基础设施和应用程序都托管在 AWS 等公有云中，你的灾难恢复过程将变得更加高效。

AWS 云允许你高效地使用云原生工具，例如，你可以在 Amazon RDS 数据库中启用多可用区故障转移功能，以在另一个可用区中创建一个可以进行持续复制的备用实例。

在主数据库宕机的情况下，内置的自动故障转移会负责将应用程序切换到备用数据库，而无须更改任何应用程序配置。同样，你可以将自动备份和复制用于各种数据保护。

暖备策略的配置相对复杂，成本也比较高。对于关键工作负载来说，RTO 要比指示灯快得多，然而对于非关键工作负载来说，它取决于系统扩容的速度，而 RPO 主要取决于复制类型。接下来我们来探讨下一种策略——多站点，它提供了接近于零的 RTO 和 RPO。

4. 多站点

最后一种模式是多站点，也就是所谓的热备，可以帮助你实现接近于零的 RTO 和 RPO。在多站点策略中，灾难恢复站点是主站点的精确副本，具有不间断的数据复制和通信流。由于它可以对区域之间或本地和云之间的流量进行自动负载均衡，因此被称为多站点架构。

如图 9-10 所示，多站点是更高级别的灾难恢复策略，可以让一个全功能系统在云上与本地环境中同时运行。

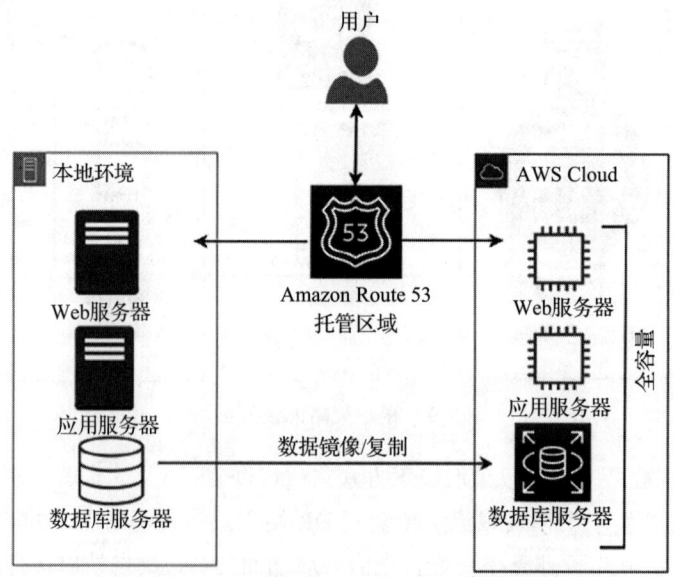

图 9-10　运行全容量双活工作负载的多站点策略

多站点策略的优势在于，它随时可以承担全部生产负载。这类似于暖备，但是灾难恢复站点具备生产所需的全部容量。如果主站点发生故障，所有的流量可以立即转移到灾难恢复站点。

多站点灾难恢复策略最为昂贵，因为它需要复制所有的内容。但是，在这种情况下，所有工作负载的 RTO 都快得多，而 RPO 目标则很大程度上取决于复制类型。接下来让我们探讨有关灾难恢复的最佳实践，以确保系统能够可靠地运行。

9.2.4　灾难恢复的最佳实践

当你考虑灾难恢复时，需要考虑以下重点注意事项：

- **从小处着手并根据需要进行构建**。首先是备份操作，我们要确保其简单有效。在大多数情况下，组织会因为缺少有效的备份策略而丢失数据。应备份所有内容，无论是文件服务器、机器镜像还是数据库。
- **建立数据备份生命周期策略**。保留大量活动的备份可能会增加成本，因此请确保根据业务需要应用生命周期策略来存档和删除数据。例如，你可以选择保留 90 天的活动备份，然后将其存储在低成本存储中，例如，磁带驱动器或 Amazon Glacier。在 1 或 2 年后，你可能需要根据设置好的生命周期策略来删除数据。诸如 PCI-DSS 之类的安全合规标准可能要求用户将数据存储 7 年，在这种情况下，你必须选择归档数据存储以降低成本。
- **检查软件许可证**。管理软件许可证可能是一项艰巨的任务，尤其是在当前的微服务架构环境中，你会有多个服务在它们各自的虚拟机和数据库实例上独立运行。软件许可证可能与安装了软件的实例、CPU 和用户的数量相关联。当进行扩展时，这就会变得很棘手。你需要有足够的许可证来支持扩展需求。
- **水平伸缩需要增加更多安装了软件的实例，而在垂直伸缩中，需要增加更多的 CPU 或内存**。你需要了解软件许可协议，并确保具备相应的许可证来支持系统扩展。另外，也不必购买过多的许可证，你可能无法完全使用它们，而且要花费更多的钱。总的来说，应确保像管理基础设施或软件一样管理许可证库存。
- **经常测试解决方案**。灾难恢复站点是为罕见的灾难恢复事件而建立的，但往往会被忽视。你需要确保灾难恢复解决方案在事件发生时能按预期工作，以实现更高的可靠性。无法履行已定义的 SLA 可能会违反合同义务，并导致金钱和客户信任的损失。
- **设置 gameday**。经常测试解决方案的一种方法是设置 gameday。你可以选择一个生产负载较小的日子，召集所有负责维护生产环境的团队来举办 gameday 活动。在活动中，你可以模拟一个灾难事件（比如让生产环境的一部分服务宕机），让团队进行处理以保持环境的正常运行。这能测试你是否有可用的备份、快照和机器镜像来处理灾难事件。

- **安装监控系统**。安装监控系统,以确保在事件发生时,能自动将故障转移到灾难恢复站点。监控结合自动化,可以帮助你主动提高系统的可靠性。对容量的监控能预防可能会影响应用程序可靠性的资源饱和问题。应创建灾难恢复规划并定期执行恢复验证,这有助于实现预期的应用程序可靠性。

接下来让我们进一步了解如何通过使用公有云来提高可靠性。

9.3 利用云来提高可靠性

在前面的章节中,你已经看到了灾难恢复站点的云工作负载的例子。由于云提供了各种构件,许多组织已经开始选择云来搭建备用站点,以提高应用程序的可靠性。另外,AWS 等云供应商提供了一个交易市场,你可以在该市场上从供应商那里购买各种现成的解决方案。

云提供了随手可得、遍布全球的数据中心。你可以选择在其他地区轻松地创建可靠性站点。借助云,你可以轻松地创建基础设施(如备份和机器镜像)并跟踪其可用性。

在云上,简单的监控和跟踪有助于确保应用程序能满足 SLA 的高可用需求。云使你能够对 IT 资源、成本和围绕 RPO/RTO 需求的权衡进行精细控制。数据恢复对应用程序可靠性至关重要。数据的资源和位置必须与 RTO 和 RPO 保持一致。

云可以为灾难恢复规划提供简单有效的测试。云提供了一些可以直接使用的功能,如针对各种云服务的日志和度量体系。内置的度量体系是用于了解系统运行状况的强大工具。

借助监控功能,你可以在发现任一阈值超限,或者触发自动化操作以进行系统自我修复时及时通知团队。例如,AWS 提供了 CloudWatch,它可以收集日志并生成指标,同时监控不同的应用程序和基础设施组件。它还可以触发各种自动化操作来对应用程序进行扩容。

云提供了内置的变更管理机制,有助于跟踪已置备的资源。云供应商提供了开箱即用的功能,以确保应用程序及其环境正在运行已知的软件,并能够以受控的方式进行修补或更换。例如,AWS 提供系统管理器(AWS System Manager),它具有批量修补和更新云服务器的能力。云还提供了可用于备份数据、应用程序和环境的工具,以满足 RTO 和 RPO 的要求。客户可以利用云的支持服务或云合作伙伴来满足其工作负载的处理需求。

借助云,可以打造一个可伸缩的系统,它可以灵活地按需自动添加或删除资源。应用程序可靠性的一个重要方面是数据。云提供了现成的数据(包括机器镜像、数据库和文件)备份和复制工具。在发生灾难时,云端已经妥善保存了数据的备份,这有助于系统的快速恢复。

应用程序开发和运维团队的定期互动有助于解决和预防已知问题和设计上的偏差,从而降低应用程序出现故障和中断的风险。应让应用程序的架构始终保持韧性,并对其进行分布式部署以应对任何可能发生的中断。分布式部署应跨越不同的物理位置,以实现高可用性。

9.4 小结

本章介绍了让系统可靠的各种原则。这些原则包括实施自动化使系统自我恢复,以及通过构建工作负载涵盖多个服务的分布式系统来降低故障造成的影响。

整体的系统可靠性在很大程度上取决于系统的可用性及其从灾难事件中恢复的能力。本章介绍了同步和异步数据复制,以及它们如何影响系统可靠性。此外还介绍了各种数据复制方法,包括基于阵列的复制、基于网络的复制、基于主机的复制和基于虚拟机的复制等。每种数据复制方法都有其优缺点。如今,有多个厂商的产品可以按需实现数据复制。

本章也介绍了各种灾难恢复的方法,它们根据组织需求及 RTO 与 RPO 的不同而不同。另外,讲解了具有高 RTO 和高 RPO 且易于实施的备份和恢复方法。指示灯策略通过在灾难恢复站点中保持数据库等重要资源处于活动状态,可以改善你的 RTO / RPO。暖备和多站点策略可在灾难恢复站点上维护工作负载的活动副本,这有助于实现更好的 RTO / RPO。当通过降低系统的 RTO/RPO 来提高应用程序可靠性时,系统的复杂性和成本就会增加。最后介绍了如何利用云的内置功能来确保应用程序的可靠性。

解决方案的设计和发布可能不会太频繁,但运营维护是日常工作。下一章将介绍解决方案架构中的告警和监控,以及各种设计原则和技术选型,以使应用程序高效运行并实现卓越运维。

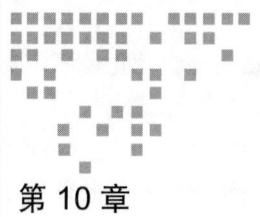

Chapter 10　第 10 章

卓越运维考量

应用程序的可维护性同样是解决方案架构师在架构设计时应该考虑的主要方面之一。每个新项目在最初都需要大量的资源和仔细的规划。你可能会花几个月的时间来创建和发布应用程序，但随着应用程序越来越稳定，变更频率会越来越低。在生产发布后，需要处理好几件事才能让应用程序持续保持运行。你需要持续监控应用程序，以及时发现并解决出现的问题。

运维团队需要处理好应用程序基础设施、安全性和任何软件方面的问题，以确保应用程序可靠运行，而不会出现任何问题。通常，企业应用程序本身已经很复杂，而且需要满足根据应用程序可用性定义好的**服务级别协议**（SLA）。运维团队需要了解业务需求并做好应对任何事件的准备。

应用程序架构的各个组件和分层都应实现卓越运维。现代微服务应用涉及太多移动部件，这使得系统运维成为一项复杂的任务。运维团队需要建立适当的监控和告警机制来解决出现的问题，而且解决运维问题通常需要协调多个团队。另外，运维支出也是一个组织为经营业务所投入的重要成本之一。

本章将介绍适用于实现卓越运维的各种设计原则。对于架构中每个组件的运维都需要仔细考虑。此外，本章也将介绍如何进行正确的技术选型，以确保架构中每一层的可运维性。

在本章结束时，你将了解实现卓越运维的各种流程和方法，以及可应用于整个应用程序设计、实施和线上运维的最佳实践，以提高应用程序的可运维性。

10.1　卓越运维的设计原则

卓越运维是指在应用程序运行时要尽可能减少中断，从而获得最大的业务价值。它旨在通过持续改进来使系统高效运行。

接下来将讨论一些标准设计原则，这些原则可以帮助你提高系统的可维护性。你会发现，所有的卓越运维设计原则都是密切相关、相辅相成的。

10.1.1 自动化运维

近年来，技术发展日新月异，组织的软硬件来自多个供应商，运维工作也需要跟上这一趋势。企业正在构建混合云和多云系统，因此你需要同时处理本地环境和云环境的运维工作。而且几乎所有的现代系统都拥有着广泛的用户群，各种微服务协同工作，数百万台设备连接在一个网络中，在这样的系统中，运维工作会涉及许多移动部件，因此，手动运维举步维艰。

组织要保持敏捷，运维也要更加高效，从而能够为新服务的开发和部署及时提供所需的基础设施。运维团队肩负着更重要的责任，需要保持服务的正常运行，并在故障发生时快速运维和恢复。如今在 IT 运维中更强调主动运维，而不是在事后做出反应。

运维团队可以通过自动化来实现高效工作。将手动工作用自动化来实现，团队就可以专注于更具战略性的举措，而不是被战术性的工作弄得焦头烂额。新服务器的启动或服务的开启/停止这类工作应该通过**基础设施即代码**来实现自动化。最重要的是，应该使用自动化来主动发现和响应任何安全威胁，这样运维团队也可以得到解放。此外，自动化还可以让团队将更多的时间投入创新。

对于面向 Web 的应用程序，可以使用机器学习在异常影响系统之前提前检测。如果有人将服务器暴露在 HTTP 80 端口，你可以将其作为一个安全问题自动上报。你甚至可以将整个基础设施自动化，并作为一键式解决方案多次重新部署。自动化还有助于避免人为错误，因为即便一个人重复地做同样的工作，也可能出现人为错误。如今，自动化已经是 IT 运维的必备利器。

10.1.2 进行增量和可逆的变更

运维优化是一个持续的过程，需要不断努力找出差距并加以改进。实现卓越运维需要经历一个过程。在运维的过程中，工作负载的各个部分总是需要进行变更，例如，服务器的操作系统经常需要更新安全补丁，应用程序正在使用的各种软件也总是需要版本升级。此外，为了满足新的合规要求，你也需要对系统做出变更。

在设计工作负载时，应能够做到对所有系统组件进行定期更新，这样系统就可以从最新和最重要的更新中受益。应将变更流程自动化，这样就可以通过频繁应用小步变更来避免同时进行多个变更所导致的重大影响。任何变更都应该是可逆的，以便在出现任何问题时系统都能恢复正常工作状态。增量变更有助于进行全面测试，并提高整个系统的可靠性。将变更管理自动化，以避免人为错误并提高效率。

10.1.3 预测并响应故障

预防故障对于实现卓越运维至关重要。故障是必然会发生的，所以要尽可能提前识别故障并启动规避策略。在架构设计过程中，要对故障进行预测，并进行容错设计，这样就不会发生真正的事故。应假设一切都可能在任何时候出现故障，并为之准备好备份计划。应定期进行预演，找出任何潜在的故障原因，并尝试移除可能在系统运行期间导致故障的资源或缓解其可能造成的影响。

根据 SLA 来创建测试场景，其中可能包括系统恢复时间目标和恢复点目标。测试这些场景，并确保能理解测试的结果。通过在类生产环境中进行故障模拟，团队能够做好应对任何事件的准备。测试故障处理程序，确保它能有效地解决问题，还能够打造一支熟悉故障处理并充满自信的团队。

10.1.4 从错误中学习并改进

当系统发生故障时，应该从错误中吸取教训，找出问题所在，确保这些相同的事故不会再次发生。应预备好应对方案以防止故障重复发生。改进的方法之一是进行**根因分析**（Root Cause Analysis，RCA）。

在 RCA 过程中，需要召集团队，并采用"5 问"（5Whys）方法来分析故障。每问一个为什么，你就离问题的根源更进一步，在问完后续的为什么后，就能定位到问题的根源。等找到真实的原因，就可以准备相应的解决方案，对故障资源进行相应调整，并将现成的解决方案更新到运维手册。

工作负载随着时间的推移而不断变化，你需要确保运维流程也得到了相应的更新。定期验证和测试所有方法，并确保团队熟悉最新的更新，以便执行它们。

10.1.5 持续更新运维手册

通常，团队很容易忽视文档，从而导致运维手册过期。运维手册提供了一系列的操作指南，以解决由外部或内部事故而产生的问题。缺少文档会使得运维工作依赖于具体的人，这样的话，就可能会因为团队人员的流失而产生风险。一定要建立相应的流程，让系统运维不依赖具体的人，而且要记录运维流程的所有环节。

在运维手册中需要记录所有已发生的事故和团队成员为解决这些事故所采取的行动，这样有助于新的团队成员在系统运维时快速解决类似事故。通过脚本来自动化运维手册，以便运维手册也可以在新的变更发布时自动更新。

运维手册应该包括定义好的 RTO/RPO、延迟和性能等方面的 SLA。系统管理员应该在运维手册中维护启动、停止、打补丁和更新系统的步骤。运维团队的职责应包括系统测试和结果验证，以及对事故处理流程的维护。

在团队进行系统变更以及每次构建后，都应该为文档自动添加注解。你可以使用这些注解来将运维操作自动化，而且注解对代码来说也很易读。业务优先级和客户需求都在不断变化，打造能够持续演进的运维体系至关重要。

10.2 卓越运维的技术选型

运维团队需要制定程序和步骤来处理运维事故并验证其操作的有效性。运维团队需要了解业务需求，以提供有效的支持。运维团队需要收集系统和业务指标，以衡量业务成果的实现情况。

运维过程可以分为三个阶段——规划、执行和改进。让我们来探讨一下在每个阶段会用到的技术。

10.2.1 卓越运维的规划阶段

卓越运维流程的第一步是定义运维优先级，以专注于业务影响度较高的领域。这些领域可能包括应用自动化、简化监控、随着工作负载的演进提升团队技能，以及提高工作负载总体性能。有一些工具和服务可以通过扫描日志和系统活动来获取系统信息。它们通过执行一组核心检查为系统环境提出优化建议，并帮助明确优先级。

在理解了优先级之后，需要对运维工作进行设计，这需要充分理解工作负载，以设计和构建足以支撑它们的运维流程。工作负载的设计应该包括如何实施、部署、更新和运维。整个工作负载可以看作由各种应用组件、基础设施组件、安全、数据治理和自动化运维共同组成。

在设计运维时，可以参考以下最佳实践：

- 使用脚本自动编写运维手册，以减少人为错误，因为人为错误会增加运维负担。
- 根据定义好的（资源标识）标准（如环境、各种版本、应用程序所有者和角色），使用资源标识机制来执行各种操作。
- 将事故响应流程自动化，以便在发生事故的情况下，系统不需要太多人工干预即可开始自我修复。
- 使用各种工具和功能来自动管理服务器实例和整个系统。
- 在实例上创建脚本，以便在服务器启动时自动安装必需的软件和安全补丁，这些脚本也被称为引导脚本。

完成了运维的设计后，要建立一套检查清单，用于检查运维工作是否都已就绪。这些检查清单应该非常全面，以确保在系统上线后即可提供良好的运维支持。这其中包括日志和监控、沟通计划、预警机制、团队技能、团队支持章程、供应商支持机制等。对于卓越运维规划，以下几个方面需要相应的工具来准备：

- IT 资产管理。
- 配置管理。

让我们进一步探讨和了解可用的工具和流程。

1. IT 资产管理（ITAM）

卓越运维的规划需要跟踪 IT 库存资产的使用。这些资产包括基础设施硬件，如物理服务器、网络设备、存储、终端用户设备等。你还需要跟踪软件许可证、运营数据、法律合同、合规要求等。IT 资产包括企业用于执行业务活动所需的任何系统、硬件或相关信息。

跟踪 IT 资产有助于组织对运维支持和规划的战略和战术进行决策。然而，在大型组织中，IT 资产的管理可能是一项非常艰巨的任务。运维团队可以使用各种 ITAM 工具来帮助管理资产。这些工具中最流行的有 SolarWinds、Freshservice、ServiceDesk Plus、Asset Panda、PagerDuty、Jira Service Desk 等。

IT 管理不仅包括跟踪 IT 资产，还包括持续监控和收集资产数据，以优化资产的使用方法和运营成本。ITAM 通过提供端到端的可视化和快速应用补丁和升级的能力，使组织更加敏捷。图 10-1 展示了 IT 资产生命周期管理（ITAM）。

如图 10-1 所示，ITAM 过程包括以下阶段：

- **规划**。资产生命周期始于规划，这是更具战略意义的重点，以确定对整个 IT 资产的需求和采购方法。它包括成本效益分析和总体成本评估。
- **采购**。在采购阶段，组织会根据规划来采购资产，也可能决定根据需要开发一些自有资产，例如，用于日志记录和监控的内部软件。
- **集成**。在集成阶段，资产会安装在环境中。集成工作包括对资产的运维和相关支持，并定义用户的访问权限，例如，安装日志代理，用于从所有服务器收集日志并将其展示在一个集中式的仪表盘上，并将监控仪表盘指标的权限只开放给 IT 运维团队。

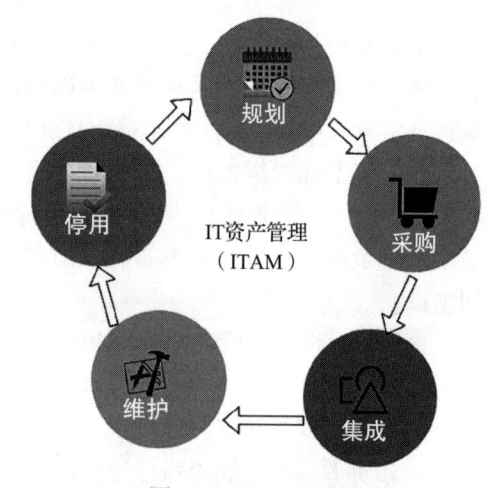

图 10-1　ITAM 过程

- **维护**。在此阶段，IT 运营团队会跟踪资产，并根据资产的生命周期来升级或迁移，例如，更新软件供应商提供的安全补丁。又例如，跟踪许可软件的使用寿命，随着旧操作系统的使用寿命到期，将 Windows 2008 迁移到 Windows 2022。
- **停用**。在停用阶段，运营团队将处置报废资产。例如，如果旧数据库服务器的使用寿命即将到期，团队将对其进行升级，并将所需的用户和支持迁移到新服务器上。

ITAM 能够帮助组织遵守 ISO 19770 合规性要求，它包括软件采购、部署、升级和支持。ITAM 提供了更好的数据安全性，并有助于改善软件合规性，还可以在业务部门（如运维、财务和营销团队）与一线员工之间建立更好的沟通。

2. 配置管理

配置管理通过维护**配置项**（Configuration Item，CI）来管理和提供 IT 服务。CI 会由**配置管理数据库**（CMDB）来跟踪。CMDB 存储和管理系统组件的记录及其属性，如类型、所有者、版本以及与其他组件的依赖性。CMDB 会跟踪服务器是物理的还是虚拟的，是否安装了操作系统及其版本（Windows 2022 或 Red Hat Enterprise Linux (RHEL) 8.0），服务器的所有者（支持、营销或人力资源部门），以及是否对其他服务器（如用于订单管理的服务器）有依赖等。

配置管理与资产管理不同。资产管理的范围要大得多，它管理资产的整个生命周期（从规划到停用）。而 CMDB 是资产管理的一个组成部分，它存储资产的配置记录。如图 10-2 所示，配置管理会处理资产管理的部署、安装和支持环节。

配置管理工具可以通过提供随时可用的资产配置信息来帮助运维团队减少宕机时间。

实施有效的变更管理有助于我们理解环境中任何变更所带来的影响。最受欢迎的配置管理工具有 Chef、Puppet、Ansible、Bamboo 等（详见第 12 章）。

如果工作负载位于 Amazon Web Services（AWS）、Azure 或 Google Cloud Platform（GCP）等公有云中，那么 IT 管理将变得更加容易。云供应商提供了内置工具，可以在统一的地方实现对 IT 库存和配置的跟踪和管理。例如，AWS 提供诸如 AWS Config 之类的服务，该服务可以跟踪作为 AWS 工作负载的一部分而运行的所有 IT 资产，以及诸如 AWS Trusted Advisor 之类的服务，可以根据成本、性能和安全性提供工作负载管理的建议。图 10-3 是 AWS Trusted Advisor 仪表盘的截图实例。

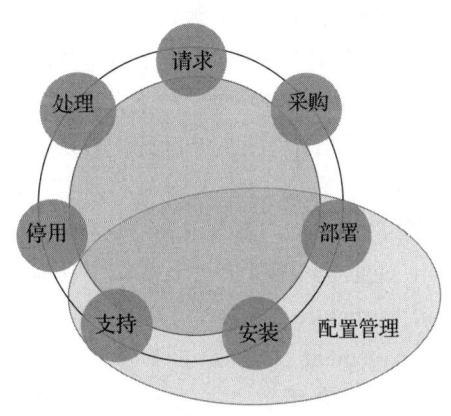

图 10-2　IT 资产生命周期管理与配置管理

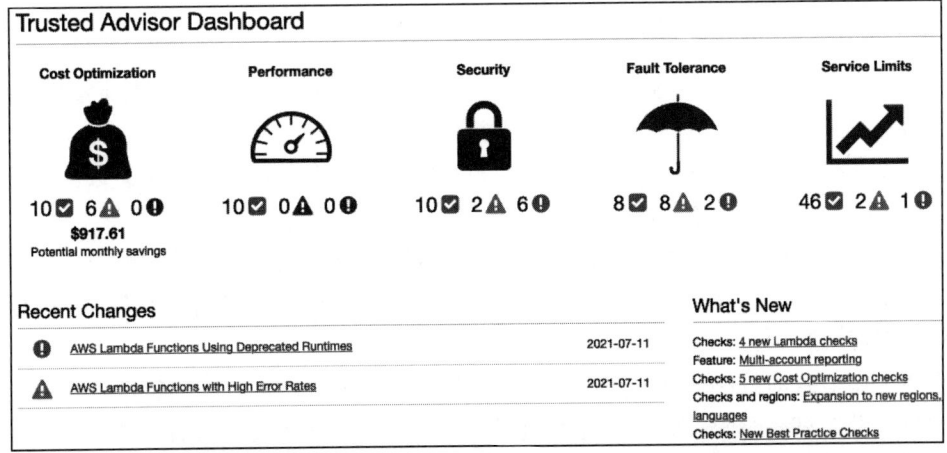

图 10-3　AWS Trusted Advisor 仪表盘

如图 10-3 所示，**AWS Trusted Advisor 仪表盘**显示了 6 个安全问题，我们可以进一步探索，以了解更多详细信息。

配置管理有助于持续监控和记录 IT 资源配置，并允许你根据所需配置自动评估已记录的配置。实施配置管理可以带来以下好处：

- **持续监控**。持续监控和记录 IT 资源的配置更改。
- **变更管理**。在进行变更之前跟踪资源之间的关系并审查资源依赖关系。
- **持续评估**。持续审核和评估 IT 资源配置与组织的政策和指南的整体合规性。
- **企业级的合规监控**。查看整个企业的合规状态并识别不合规的账户，从而更深入地查看特定区域账户的状态。
- **管理第三方资源**。发布第三方资源的配置，如 GitHub 存储库、Microsoft Active Directory 资源或任何本地和云端服务器。
- **操作故障排除**。捕获 AWS 资源配置更改的全面历史记录，以简化问题分析和故障排除。

配置管理有助于执行安全分析，持续监控资源配置，并评估其配置是否存在潜在的安全漏洞。通过了解 IT 资源和第三方资源的配置，并根据所需配置持续评估资源配置变更，可帮助你评估内部政策和监管标准的合规性。

企业可以建立一个框架，例如，**搭建信息技术基础设施库**（Information Technology Infrastructure Library，ITIL），它实现了**信息技术服务管理**（Information Technology Service Management，ITSM）的最佳实践，ITIL 提供了有关如何实施 ITSM 的示范。

本节介绍了资产管理和配置管理，它们是 ITIL 框架的一部分，更与卓越运维息息相关。ITSM 可以帮助企业进行日常的 IT 运维。你可以通过访问其管理机构 AXELOS 的网站（https://www.axelos.com/best-practice-solutions/itil）来了解更多关于 ITIL 的信息。AXELOS 提供 ITIL 认证，以培养 IT 服务管理过程中所需要的技能。现在你已经了解了卓越运维的规划，下一节将继续探讨卓越运维的执行。

10.2.2 卓越运维的执行阶段

卓越运维的关键在于主动监控和快速响应，这样在发生事故时，系统也能够快速恢复。通过了解工作负载的运行健康状况来识别事故何时发生以及响应措施何时生效，应借助一些具备**度量**和**仪表盘**功能的工具来了解工作负载的健康状态，还应该将日志数据发送到集中存储区，并定义指标以建立基准。

通过定义和了解工作负载的内容，可以对运维问题进行快速而准确的响应。应使用工具来自动响应工作负载的各种运维事件，这些工具可以让你自动响应运维事件，并根据告警采取相应行动。

应使工作负载的组件具备可替换性，这样就可以通过将发生故障的组件替换为正常运转的组件来缩短恢复时间，而不是等到问题修复后才能恢复系统。然后，在不影响生产环境的情况下对故障进行分析。为了实现卓越运维，需要在以下领域使用一些适当的工具。

- 监控系统运行健康状况。
- 告警处理和事件响应。

让我们更详细地了解每个领域及其现有的工具和流程。

1．监控系统运行健康状况

跟踪系统运行健康状况对于了解工作负载行为至关重要。运维团队通过系统监控来记录系统组件中的任何异常情况，并采取相应的行动。传统意义上的监控仅限于在基础设施层跟踪服务器的 CPU 和内存利用率。然而，监控需要应用到架构的每一层。以下是需要监控的重要组件。

（1）基础设施监控

基础设施监控是必不可少的，也是最流行的监控形式。基础设施包括托管应用程序所需的组件。这些组件都很关键，如存储、服务器、网络带宽、负载均衡器等。基础设施监控可能包括以下指标：

- **CPU 利用率**：服务器在特定时间段内所使用的 CPU 的百分比。
- **内存利用率**：服务器在特定时间段内所使用的 RAM 的百分比。
- **网络利用率**：网络数据包在特定时间段内的入站/出站情况。
- **磁盘利用率**：磁盘读/写吞吐量和**每秒输入输出量**（IOPS）。
- **负载均衡器**：特定时间段内的请求次数。

还有更多可用的指标，企业需要根据其应用程序监控需求来自定义这些监控指标。图 10-4 显示了一个网络流量监控仪表盘示例。

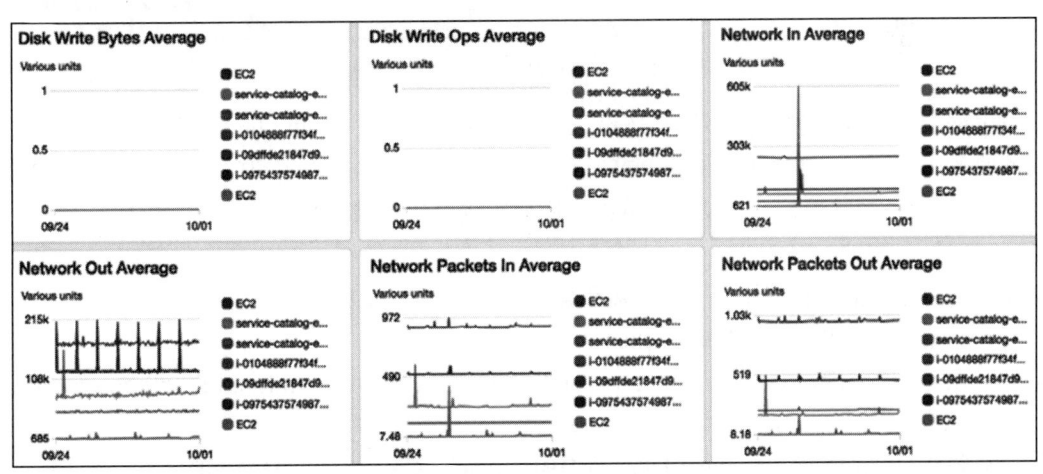

图 10-4　网络流量监控仪表盘

从图 10-4 中可以看到，系统仪表盘显示了在**网络平均**窗格中一天内的峰值，其中不同的服务器使用了不同的颜色编码。运维团队可以深入研究每个图表和相关资源，以获得更细粒度的信息，确定总体基础设施的运行健康状况。

（2）应用程序监控

有时，基础设施都是正常的，但应用程序可能会由于代码中的某些错误或第三方软件的缺陷而出现问题。另外，你可能会应用一些供应商提供的操作系统安全补丁，这也可能导致应用程序出现故障。应用程序监控可能包括如下指标：

- **端点调用次数**。特定时间段内的请求次数。
- **响应时间**。完成请求的平均响应时间。
- **限流阈值**。当系统处理额外请求的能力不足时溢出的有效请求数。
- **错误率**。特定时间段内应用程序在响应请求时的错误次数。

图 10-5 展示了一个应用程序端点监控仪表盘的示例。

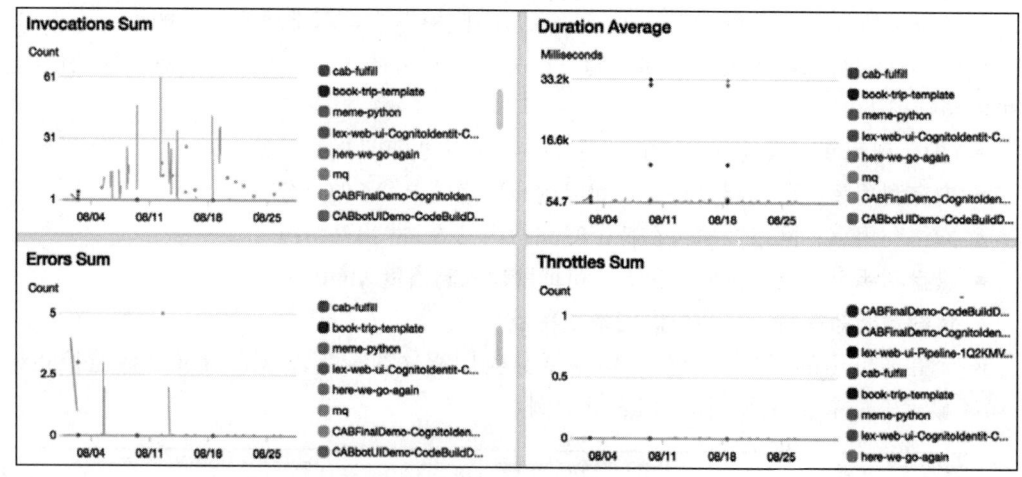

图 10-5 应用程序端点监控仪表盘

根据应用程序和技术的不同，还可以定义更多的指标，例如，Java 应用程序的内存垃圾回收量，RESTful 服务的 HTTP POST 和 GET 请求数，Web 应用程序的 4XX 客户端错误数和 5XX 服务端错误数，以及任何可以表明应用程序运行健康状况的可观察指标。

（3）平台监控

应用程序可能正在使用如下一些需要监控的第三方平台或工具。

- **内存缓存**。Redis 和 Memcached。
- **关系型数据库**。Oracle、Microsoft SQL Server、Amazon Relational Database Service (RDS)、PostgreSQL。
- **NoSQL 数据库**。Amazon DynamoDB、Apache Cassandra、MongoDB。
- **大数据平台**。Apache Hadoop、Apache Spark、Apache Hive、Apache Impala、Amazon Elastic MapReduce (EMR)。
- **容器**。Docker、Kubernetes、OpenShift。
- **BI 工具**。Tableau、MicroStrategy、Kibana、Amazon QuickSight。

- **消息系统**。MQSeries、Java Message Service（JMS）、RabbitMQ、简单队列服务（Simple Queue Service，SQS）。
- **搜索**。Elasticsearch，基于 Solr 搜索引擎的应用程序。

上述每种工具都有自己的一组指标，需要对这些指标进行监控，以确保应用程序总体上是健康的。图 10-6 是一个关系型数据库管理平台的监控仪表盘截图。

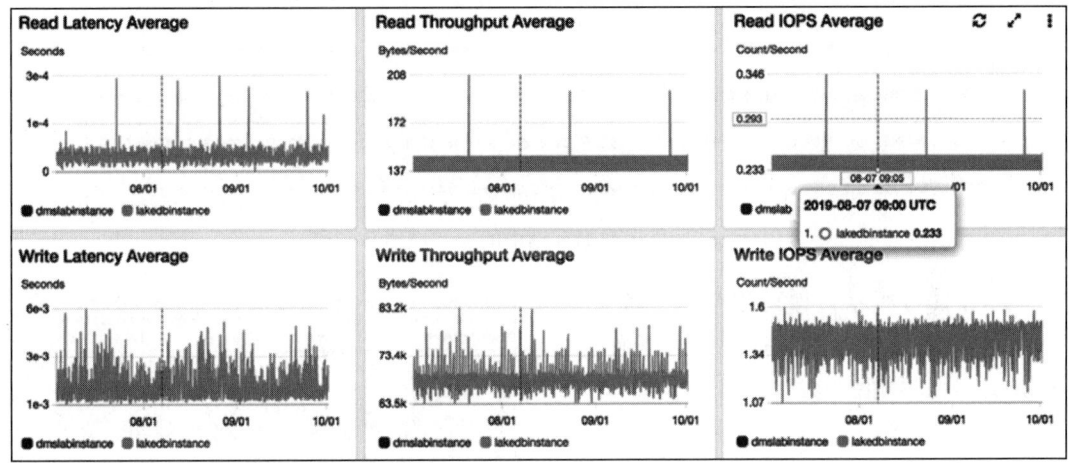

图 10-6　关系型数据库管理系统（RDBMS）的平台监控仪表盘

在图 10-6 所示的仪表盘中可以看到，数据库有大量的写操作，这表明应用程序正在不断地写入数据。另外，除一些峰值外，读操作相对平稳。

（4）日志监控

在过去，日志监控是一个手动的过程，组织只有在遇到问题时才会"响应式"地分析日志。然而，随着竞争越来越激烈，用户的期望值越来越高，在用户注意到问题之前就迅速采取行动已经变得至关重要。基于主动监控的需要，你应该有能力将日志流转到一个集中的地方，并运行查询来监控和识别问题。

例如，如果某些产品页面抛出错误，你需要立即知道错误，并在用户投诉之前解决这个问题，否则营收将因此遭受损失。在遭受网络攻击的情况下，你同样需要分析网络日志，并阻止可疑的 IP 地址。这些 IP 可能会发送错误的数据包，导致应用程序瘫痪。AWS CloudWatch、Logstash、Splunk、Google Stackdriver 等监控系统都提供了一个可以安装在应用服务器中的代理，该代理会将日志传输到一个集中存储位置。你可以直接查询中央日志存储，并对任何异常情况设置告警。

图 10-7 所示为在集中位置收集的网络日志截图。

你可以在这些日志中进行查询，找出拒绝请求次数最多的前 10 个源 IP 地址，如图 10-8 所示。

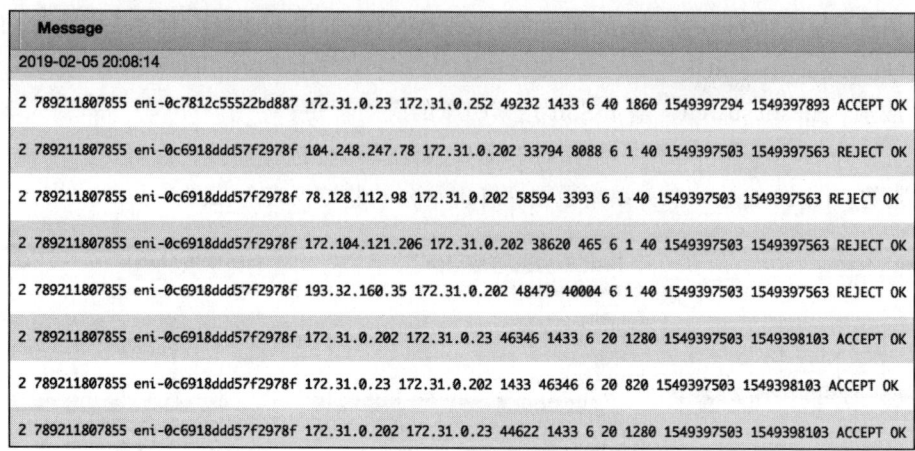

图 10-7　集中数据存储中的原始网络日志流

如图 10-8 所示,你可以创建一个图表来显示结果,并且如果检测到的拒绝数量超过一定的阈值,比如,超过 5000 个,就可以进行告警。

(5)安全监控

安全对任何应用程序来说都至关重要,在设计解决方案时就应该考虑安全监控。正如我们在第 8 章中讨论各种架构组件中的安全性时所了解到的,架构的每一层都需要考虑安全性。你需要实施安全监控来对任何事件及时采取行动并做出响应。以下列出了重要组件需要应用监控的地方:

- **网络安全**:监控任何未经授权的开放端口、可疑的 IP 地址和活动。
- **用户访问**:监控任何未经授权的用户访问和可疑的用户活动。
- **应用程序安全**:监控任何恶意软件或病毒攻击。

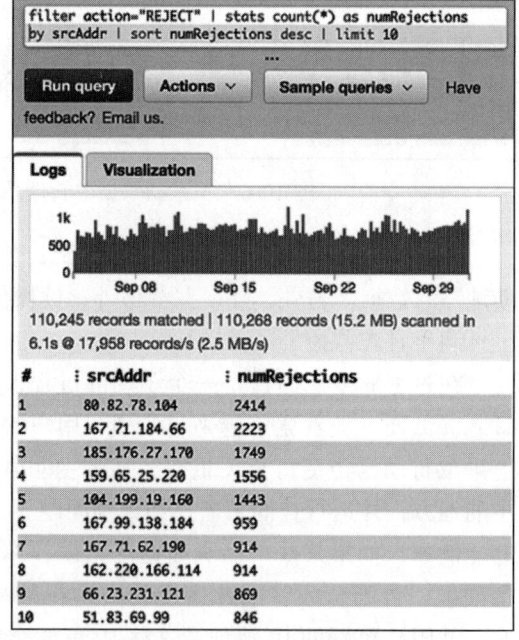

图 10-8　通过查询来洞察原始网络日志

- **Web 安全**:监控分布式拒绝服务(DDoS)攻击、SQL 注入或跨站脚本(XSS)。
- **服务器安全**:监控任何安全补丁的漏洞。
- **合规性**:监控任何合规性漏洞,如违反**支付卡行业(PCI)**对支付应用程序的合规性检查或**健康保险便携性和责任法案(HIPAA)**对医疗保健应用程序的合规性检查。
- **数据安全**:监控未经授权的数据访问、数据脱敏和数据在静止与传输中的加密。

对于监控，可以使用各种第三方工具，如 Imperva、McAfee、Qualys、Palo Alto Networks、Sophos、Splunk、Sumo Logic、Symantec、Turbot 等。

图 10-9 是一个使用 Amazon Detective 进行安全监控的截图示例。

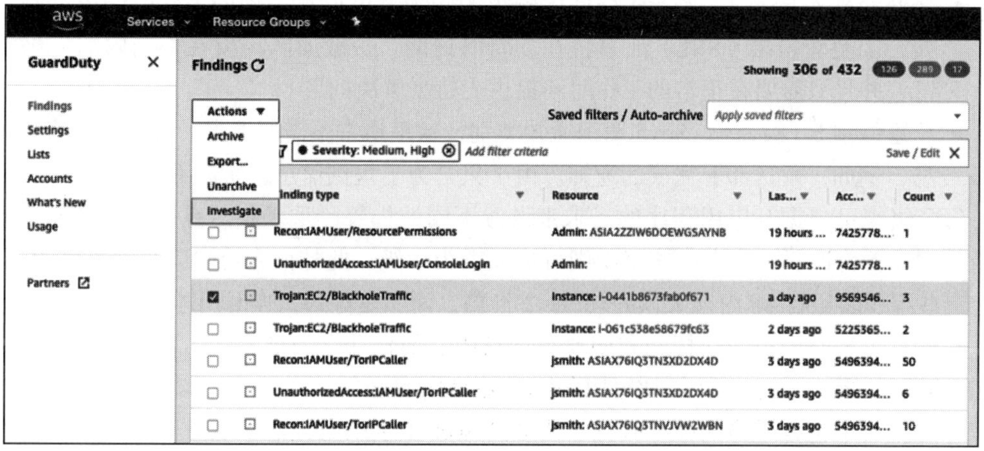

图 10-9　安全监控仪表盘

在应用监控工具对系统的组件进行监控时，对监控工具本身的监控也是至关重要的。应确保对监控工具的主机进行监控。例如，如果将监控工具托管在 Amazon Elastic Compute Cloud（EC2）中，那么 AWS CloudWatch 可以监控 EC2 的健康状况。

2. 告警处理和事件响应

监控是卓越运维执行阶段的一部分，另一部分则涉及告警及相关响应行动。在设置告警时，你可以定义系统的阈值以及在何时需要发出告警。例如，如果服务器 CPU 利用率达到 70%，并且持续 5min，那么监控工具就会记录下服务器的 CPU 高利用率，并向运维团队发出告警，让他们在系统崩溃之前采取行动，将 CPU 利用率降下来。运维团队可以通过手动添加服务器来应对此事件。如果已经实施了自动化，那么告警会触发自动伸缩以按需添加更多的服务器，并且还会自动向运维团队发送通知，这样运维团队就可以在稍后跟进处理。

在通常情况下，你需要定义告警类别，运维团队会根据告警的严重程度来准备相应的响应行动。以下严重程度级别提供了一个告警级别分类的示例。

- **严重级别 1**（Sev1）。Sev1 的告警最严重，需要优先解决。Sev1 问题是当客户受到重大影响，需要立即进行人工干预时才会发出的告警。Sev1 告警可能意味着整个应用程序瘫痪。团队一般需要在 15min 内对这类告警做出响应，并且需要 7×24h 的支持来解决问题。
- **严重级别 2**（Sev2）。Sev2 是高优先级的告警，可以在工作时间内处理。例如，应用程序已经启动，但针对特定产品类别的评分和评论系统无法工作。团队需要在 24h 内响应这类告警，并在正常的工作时间内提供支持来解决这个问题。

- **严重级别 3**（Sev3）。Sev3 是中等优先级的告警，可以在几天的工作时间内来处理，例如，服务器磁盘的空间将在 2 天内占满。一般团队需要在 72h 内响应这类告警，在正常的工作时间内提供支持来解决问题。
- **严重级别 4**（Sev4）。Sev4 是低优先级的告警，可以在一周的工作时间内处理，例如，**安全套接层**（SSL）证书将在 2 周内到期。一般团队需要在一周内响应这类告警，并且只需要在正常的工作时间提供支持来解决问题。
- **严重级别 5**（Sev5）。Sev5 属于通知类别，这里通常不需要上报，可以只是简单的信息，例如，发送部署完成的通知。由于只是为了提供信息，所以不需要响应。

每个组织可根据其应用程序的需求来设置不同的告警严重级别。有些组织可能希望将严重程度设置为四级，还有一些组织则可能设置为六级。此外，告警响应时间也可能不同。也许有些组织希望在 6h 内全天候处理 Sev2 告警，而不是等到工作时间才处理这些问题。

在设置告警时，请确保标题和摘要描述清晰且简洁明了。通常，告警会被发送到移动设备（以短信形式）或邮箱（以邮件形式），并且内容必须简单明了，以便立即采取行动。应确保在正文中包含适当的指标数据，诸如 "Web-1 生产服务器中磁盘已满 90%" 之类的信息，而不仅仅是说磁盘已满。图 10-10 显示了一个告警仪表盘的示例。

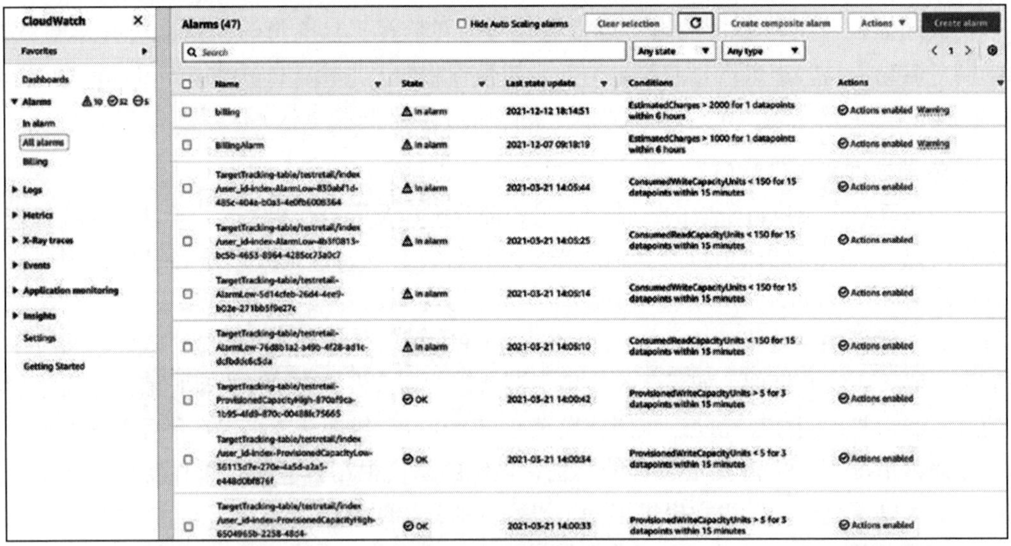

图 10-10　告警仪表盘

如图 10-10 所示，当一个名为 testretail 的 NoSQL Amazon DynamoDB 数据表使用较低的写入容量单位并导致不必要的额外成本时，进程中就会有一个告警。底部三个告警的状态为 OK，因为在监控过程中收集的数据都在阈值范围内。可能会有其他告警显示数据不足，这意味着没有足够的数据来确定所监控的资源的状态。只有当它能够收集足够数据并显示 OK 状态时，你才可以认为该告警是不存在问题的。

测试关键告警的事件响应至关重要，它可以确保你能够按照已定义的 SLA 进行响应。确保合理的设置阈值，以便你有足够的空间来解决问题，并且不要发送太多告警，以免造成告警疲劳。确保一旦问题解决，就将告警复位，并准备好再次捕获告警事件。

这里的事故是指对系统和客户造成负面影响的任何计划外中断。在事故发生期间的第一反应应该是恢复系统和恢复客户体验。修复问题可以在系统恢复并开始运行后再进行。自动告警有助于主动发现事故，并将用户影响降到最低。如果整个系统瘫痪，则可以自动将故障转移到灾难恢复站点，而主系统可以在之后进行修复和恢复。

例如，Netflix 使用拥有 Chaos Monkey（混沌猴）的 Simian Army（https://netflixtechblog.com/the-netflix-simian-army-16e57fbab116）来测试系统可靠性。Chaos Monkey 会对生产服务器进行随机终止，以测试系统能否在不影响终端用户的情况下应对事故。同样，Netflix 还有其他工具来测试系统架构的各个维度，比如，Security Monkey、Latency Monkey，甚至是 Chaos Gorilla，它们可以模拟整个可用区域的中断。

监控和告警是实现卓越运维的重要组成部分。所有监控系统通常都集成了告警功能。一个全自动的告警和监控系统可以让运维团队提高维护系统健康的能力，能够更专业地采取行动，并在用户体验方面表现卓越。

在对应用程序运行环境监控的实施过程中，通过持续改进并实现卓越运维非常重要。接下来让我们更详细地了解如何改进卓越运维。

10.2.3　卓越运维的改进阶段

任何流程、产品或应用程序都需要持续改进才能表现卓越。卓越运维需要持续改进，才能随着时间的推移而成熟。你应该在 RCA 的过程中不断地实施小步增量改进，从各种运维活动中吸取经验教训。

从失败中吸取经验教训将有助于预测任何可能的预期（如部署）或意外（如利用率激增）的运维事件。你应该在运维手册中记录所有的经验教训和更新补救措施。在以下这些领域，需要适当的工具来进行运维改进。

- IT 运维分析（ITOA）。
- 根因分析（RCA）。
- 审计和报告。

1. IT 运维分析

IT 运维分析（ITOA）是指通过从各种资源中收集数据，以制定决策并预测可能遇到的潜在问题的实践。为了改进卓越运维，分析所有运维事件和活动是必不可少的事项。分析故障将有助于预测未来可能发生的事故，并使团队做好时刻应对事故的准备。

应实现一种机制来收集运维事件、跨工作负载的各种活动和基础设施变更的日志，还应该跟踪记录活动的详细信息，并维护活动历史记录，以便审计。

大型组织可能有数百个产生大量数据的系统。因此，需要一种机制来提取和存储一段时间（如 90 天或 180 天）内的所有日志和事件数据，以便进行深入分析。ITOA 使用大数据架构来存储和分析来自各地的 TB 级数据。ITOA 有助于识别单一工具无法发现的问题，并能够帮助确定各种系统之间的依赖关系，提供整体视图。

如图 10-11 所示，每个系统都有自己的监控工具，它们有助于深入了解和维护各个系统组件。对于运维分析，你需要将这些监控数据提取到一个集中的地方。将所有的运维数据收集在一处，让其成为唯一可信来源，你就可以在那里查询所需的数据并运行分析，以获得有意义的洞见。

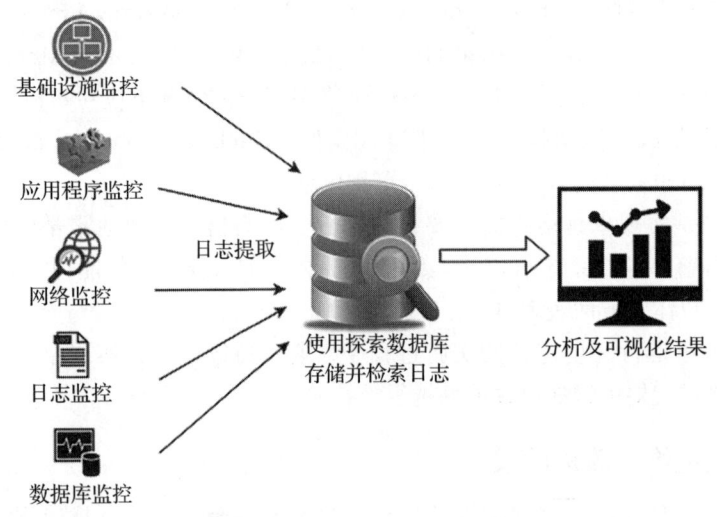

图 10-11　ITOA 的大数据方法

要创建运维分析系统，可以使用可伸缩的大数据存储，如 AWS **简单存储服务**，也可以将数据存储在本地的 Hadoop 集群中。对于数据提取，可以在每台服务器中安装代理，它能够将所有监控数据发送到集中存储系统。你也可以使用 Amazon CloudWatch 代理从每台服务器收集数据，并将其存储在 S3 中。

有一些第三方工具（如 ExtraHop 和 Splunk）同样可以帮助从各种系统中提取数据。

数据收集到集中存储后，就可以进行转换，以便于搜索和分析。可以使用 Spark、MapReduce、AWS Glue 等大数据应用程序来实现数据的转换和清洗。为了实现数据的可视化，你可以使用一些商业智能（BI）工具，如 Tableau、MicroStrategy、Amazon QuickSight 等。在这里，我们讨论的是通过构建一个**提取、转换和加载**（ETL）数据的流水线来进行运维分析的过程。

在第 13 章中将介绍更多细节，并进一步通过机器学习来对未来事件进行预测分析。在第 14 章中将学习更多有关机器学习的知识。

2. 根因分析

为了持续改进，防止同样的问题再次发生是至关重要的。如果你能正确地发现问题，那么就可以制定并应用有效的解决方案。要想解决问题,关键在于要能够定位问题的根本原因。"5 问"(5Whys)方法是一个简单而又最有效的技术,可以找出问题的根本原因。

使用"5 问"方法,需要组织团队对某一事件进行回顾,并通过连续提出五个问题以确定问题的根本原因。举个例子,数据没有显示在应用程序的监控仪表盘中。你可以问如下五个"为什么"来找到根本原因。

问题:应用程序仪表盘不显示任何数据。
1)为什么:因为应用程序无法与数据库连接。
2)为什么:因为应用程序的数据库连接错误。
3)为什么:因为网络防火墙没有配置到数据库端口。
4)为什么:因为配置端口是手动检查,基础设施团队反馈漏掉了。
5)为什么:因为团队没有自动化的技能和工具。
根本原因:在创建基础设施时,手动配置错误。
解决方法:实施自动创建基础设施的工具。

在上述示例中,第一个问题看起来和应用程序有关。经过"5 问"方法的分析,发现其实存在一个更大的问题,因而需要引入自动化来防止类似事件的发生。

RCA 可以帮助团队记录经验教训,并在此基础上不断完善,以实现卓越运维。应确保更新和维护类似 Runbook 这样的自动化代码,并在团队中分享最佳实践。

3. 审计和报告

审计是识别系统中任何来自内部或外部干扰的恶意活动并提供预防建议的重要活动之一。如果应用程序需要符合监管机构[例如,PCI、HIPPA、**联邦风险和授权管理计划**(FedRAMP)、**国际标准化组织(ISO)**等]的要求,审计活动就变得尤为重要。大多数合规监管机构需要对系统进行定期审计,并验证系统的每项活动,以编写合规报告并颁发证书。

审计是预防和检测事故的关键。黑客可能会悄悄地进入你的系统,并在无人察觉的情况下系统地窃取信息,而定期的安全审计可以发现隐藏的威胁。你还可能希望通过定期审计来确定资源是否在不需要时处于闲置状态,进而优化成本。此外,审计可以确定资源需求和可用容量,以便对其进行规划。

除了告警和监控,运维团队还需要通过审计来让系统免受任何侵害。IT 审计可以确保对 IT 资产和授权许可的保护,并保证数据的完整性和足够的运维保障,从而实现组织目标。图 10-12 展示了使用 Amazon Macie 存储在 Amazon S3 的数据审计报告,这是一项数据安全和数据隐私服务,它使用机器学习和模式匹配来发现和保护你在 AWS 中的敏感数据。

图 10-12 中的数据审计报告显示了数据可访问性、加密和数据共享报告,以及数据存储和大小等详细信息。

审计步骤包括计划、准备、评估和报告。任何风险项目都需要在报告中突出显示,并需要进行后续处理,以解决未解决的问题。

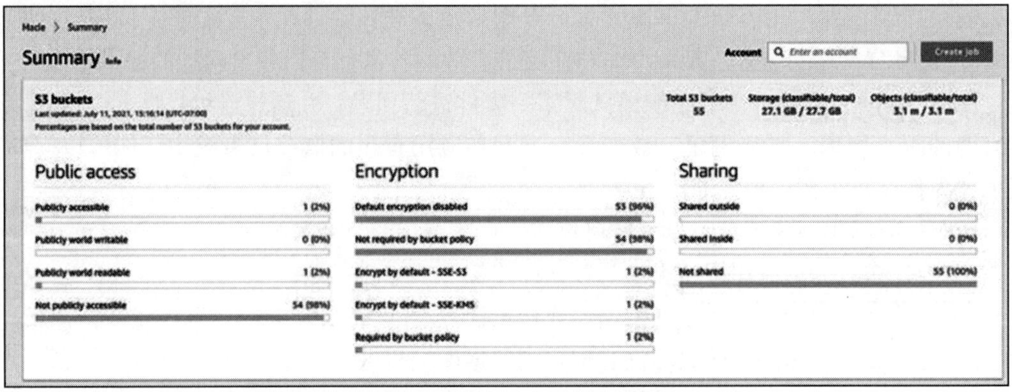

图 10-12　AWS Macie 数据审计报告

为实现卓越运维，团队应该能够执行内部审计，以确保所有系统都运行良好，并提供适当的警报以检测可能发生的事件。

10.3　在公有云中实现卓越运维

AWS、GCP、Azure 等公有云供应商提供了许多内置的能力和指南，以实现云上的卓越运维。云供应商提倡自动化，这是实现卓越运维最基本的要素之一。以 AWS 云为例，以下服务可以帮助实现卓越运维：

1）**规划**。卓越运维规划包括识别不足之处和提出相应的建议，通过脚本进行自动化以及管理服务器集群的更新和补丁安装。以下 AWS 服务可在规划阶段为你提供帮助。

- **AWS Trusted Advisor**。AWS Trusted Advisor 根据预设的最佳实践来检查工作负载，并提供实施建议。
- **AWS CloudFormation**。使用 AWS CloudFormation 可以将整个工作负载视为代码来进行管理，包括应用程序、基础架构、策略、治理和运维。
- **AWS Systems Manager**。AWS Systems Manager 提供了对云服务器进行批量打补丁、更新和整体维护的能力。

2）**执行**。实施卓越运维最佳实践和自动化后，需要对系统进行持续监控，以便能够对事件进行及时响应。以下 AWS 服务有助于系统监控、告警和自动响应：

- **Amazon CloudWatch**。Amazon CloudWatch 提供了数百个内置指标来监控工作负载的操作并根据定义的阈值触发告警。它提供了一个集中式日志管理系统并能够触发事件自动响应。
- **AWS Lambda**。AWS Lambda 可用于自动响应运维事件。

3）**改进**。在系统出现故障后，需要确定它们的模式和根本原因，以便持续改进。应遵循最佳实践来维护运维脚本的版本。以下 AWS 服务将帮助你识别系统的不足并进行改进：

- **Amazon OpenSearch**。Amazon OpenSearch 有助于从经验中进行学习。应使用 OpenSearch 来分析日志数据，以深入了解问题，并尝试通过分析从经验中学习。
- **AWS CodeCommit**。AWS CodeCommit 通过将库、脚本和文档以代码的形式维护在中央仓库中，以便共享和学习。

AWS 提供各种功能，可以将工作负载和运维操作作为代码来运行。这些功能有助于自动化运维操作和事件响应。借助 AWS，你可以轻松地替换出现故障的组件，并在不影响生产环境的情况下对发生故障的资源进行分析。

在 AWS 上，如 AWS CloudTrail 这样的工具可以将所有系统操作、工作负载活动以及基础设施的日志进行聚合，以创建历史活动记录。你可以使用 AWS 工具来查询和分析系统一段时间内的操作，并找出尚待改进之处。在云端，由于所有资源都提供了 API 接口和 Web 界面，而且位于同一层级，所以对资源的发现非常容易。你还可以从云端监控本地工作负载。

实现卓越运维的过程是一个持续发现和持续改进的过程。应分析每一个故障，以改进系统运维。应理解应用程序负载的需求，将常规运维操作记录在运维手册中，在处理问题时应遵循规定步骤，并实施自动化和建立监控和告警机制，这样，运维工作就能够为处理任何故障事件做好准备。

10.4 小结

根据运维需求进行持续改进，并利用 RCA 从以往的事件中吸取经验教训，这样就可以实现卓越运维。你可以通过提高运维水平来实现业务的成功，此外，为应用程序构建快速响应部署能够提高运维效率，遵循运维的最佳实践能够使工作负载表现卓越。

本章介绍了实现卓越运维的设计原则。这些原则倡导自动化运维、持续改进、增量变更、故障预测和响应准备，还介绍了卓越运维的各个阶段以及相应的技术选型。在规划阶段，你了解了 IT 资产管理，以跟踪 IT 资源的库存资产，并利用配置管理确定它们之间的依赖关系。

在卓越运维执行阶段，介绍了告警和监控。通过各种示例了解了不同的监控类型，其中包括基础设施、应用程序、日志、安全和平台监控。此外，还探讨了告警的重要性，以及如何定义告警的严重级别和与之对应的响应。

在卓越运维的改进阶段，介绍了通过大数据流水线来分析 IT 运营和使用"5 问"方法来执行 RCA，以及审计的重要性（审计可以使系统免受任何恶意行为和未被注意的威胁的侵害）。此外还介绍了云上的卓越运维以及可用于 AWS 卓越运维的各种内置工具。

到目前为止，我们已经学习了性能、安全、可靠性和卓越运维方面的最佳实践。在下一章中将继续探讨成本优化方面的最佳实践、优化系统整体成本的各种工具和技术，以及如何利用云上的多种工具来管理 IT 支出等。

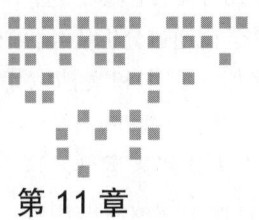

第 11 章

成本考量

在服务客户的同时提高利润率是任何企业的首要目标之一。当项目启动时,成本是讨论的关键因素。升级应用程序和添加新的产品功能,很大程度上取决于能获得多少资金。产品的成本是每个人的责任,对成本的考量需要贯穿产品生命周期的每个阶段(从规划到产品上线)。本章将帮助你了解优化 IT 解决方案和运营成本的最佳实践。

成本优化是一个持续的过程,需要在不牺牲客户体验的前提下谨慎地管理。成本优化并不意味着降低成本,而是通过最大化**投资回报率**(ROI)来降低业务风险。在规划任何成本优化措施之前,需要先了解客户的需求,并采取相应的行动。在通常情况下,如果客户追求的是质量,那么他们会接受更高的价格。

本章将介绍解决方案成本优化的各种设计原则。在架构的各阶段和各组成部分都需要考虑成本问题。还将介绍如何选择正确的技术以确保各个层面的成本优化。

在本章结束时,你将了解到在不影响业务敏捷性和成果的情况下优化成本的各项技术。你将学到多种成本监控方法以及如何通过技术治理来控制成本。

11.1 成本优化的设计原则

成本优化包括在降低企业运营成本的同时,提高企业价值和降低运营风险。你需要通过估算预算和预测支出来规划成本优化。为了实现成本收益,你还需要制订和实施成本节约计划,并密切监控支出。

在实现成本优化之前,我们先看一下与其相关的几个原则。下面将讲述帮助优化成本的常见设计原则。你会发现,所有的成本优化设计原则都是密切相关、相辅相成的。

11.1.1 计算总拥有成本

在通常情况下,组织往往会忽略**总拥有成本**(TCO),并根据购买软件和服务的前期成本(即资本)做出决策,即**资本支出**(CapEx)。虽然确定前期成本至关重要,但从长远来看,TCO 最为重要。TCO 包括资本支出(CapEx)和**运营支出**(OpEx),涵盖了应用程序生命周期的方方面面。CapEx 成本包括企业为获取服务和软件而预先支付的价格,而 OpEx 则包括软件应用程序的运行、维护、培训和报废的成本。在计算长期的投资回报率时,应该考虑所有的相关成本,以便做出更具战略性的决策。

例如,当购买一台冰箱时,它将 24h 不间断地运行,你会考虑节能等级来将电费保持在更低的水平。你准备在前期支付更高的价格,因为你知道随着时间的推移,总成本会因为节省用电而降低。

现在让我们举一个数据中心的例子。这涉及一个前期的硬件采购成本,即 CapEx。然而,数据中心的设置需要额外的持续运维成本,即 OpEx,包括加热、冷却、机架维护、基础设施管理、安全等。

举一个典型的使用案例,当你购买和实施软件时,将图 11-1 所示的成本纳入考虑范围来计算 TCO。

让我们进行更详细的介绍,对于成熟软件产品(如 Oracle 或 MS SQL 数据库),每个 TCO 组件都有以下常见的成本。

1)**采购和建设成本**。该类成本是获取软件和部署软件的前期成本。其包括以下内容:

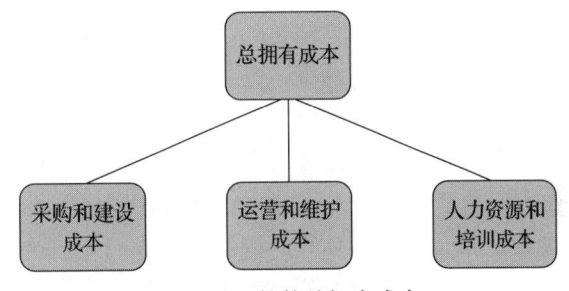

图 11-1 软件总拥有成本

- 软件购买费用,包括购买软件用户许可证的费用。
- 硬件成本,包括用来部署软件所购买服务器和存储设备的费用。
- 实施成本,包括为生产运行做好准备所投入的时间和精力而付出的费用。
- 迁移费用,包括将数据转移到新系统的费用。

2)**运营和维护成本**。该类成本是为了让软件在服务业务应用时保持持续运行而持续支付的服务费用。其包括以下内容:

- 软件维护和支持费用。
- 补丁和更新费用。
- 优化费用。
- 维护硬件服务器的数据中心成本。
- 安全保障。

3）**人力资源和培训成本**。该类成本是培训工作人员的间接费用，以便他们能够使用该软件进行业务活动。其包括以下内容：
- 招聘和培训应用管理工作人员的费用。
- 招聘和培训信息技术支持人员的费用。
- 聘请职能和技术顾问的费用。
- 开展培训和购买培训工具的费用。

通常用户在寻求解决方案时会存在多种选择（如订阅 Salesforce CRM 这样的 SaaS 产品）。SaaS 模式大多是基于订阅的，所以你需要确定能否通过更多的使用次数来获得预期的投资回报率。你可以采取混合方式，选择云上的**基础设施即服务**（IaaS）来代替硬件投资，并安装成熟软件产品。当然，如果现成的软件不能满足需求，你也可以选择自己搭建。在任何情况下，你都应该计算 TCO，以便做出可以使投资回报率最大化的决定。接下来让我们来看一下预算和预测规划，它将有助于控制 TCO，从而获得更高的 ROI。

11.1.2 规划预算和预测

每个企业都需要规划其支出并计算投资回报率。规划预算可以为组织和团队在成本控制方面提供指导。组织应规划 1～5 年的长期预算，这有助于它们根据所需的资金来经营业务，再将这些预算细化到各个项目和应用程序层面。在解决方案设计和开发过程中，团队需要考虑现有的预算，并据此做出相应的规划。预算有助于量化业务目标，预测则提供了对成果的估算结果。

从长远来看，你可以将预算规划视为重要的战略规划，而预测则可以更多从战术层面提供估算，并决定业务方向。在应用程序开发和运维过程中，如果没有预算和预测，你可能很快就会失去对预算的控制而造成超支。这两个术语可能会让人感到困惑，所以让我们通过表 11-1 来了解预算和预测之间的明确区别。

表 11-1 预算与预测的区别

预算	预测
体现你想实现的业务目标的未来结果和现金流	体现业务的收入和现状
长期计划，如 1～5 年的计划	按月度或季度计划
根据业务驱动因素，调整的频率较低，可能一年一次	按月度或季度计划
帮助决定业务方向，如根据实际成本与预算成本进行组织结构调整	有助于调整短期业务费用，如增加人员配置
通过比较计划成本与实际成本，帮助确定业绩	不是用于调整绩效，而是用于简化进度

预测信息可以帮助你立即采取行动，而预算可能会因为市场的变化而变得无法实现。如图 11-2 所示，当你完成日常的设计和开发工作时，基于历史支出做出的预测可以促使你调整下个月的成本。

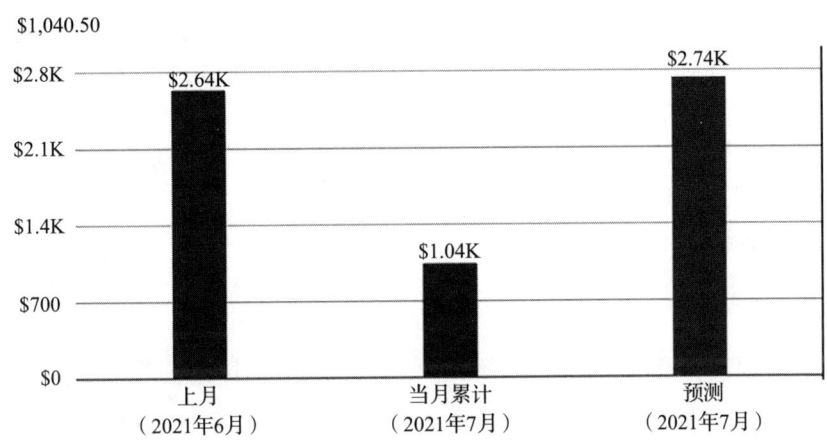

图 11-2 账单与预测报告

在图 11-2 的账单和预测报告中，你的每月预算是 2000 美元，而预测显示到月底你将超支。在这里，预测有助于让你采取行动控制成本，使之不超过预算。下一节我们来看通过管理需求和服务来提高成本效率的机制。

11.1.3 管理需求和服务目录

几乎每个组织都有一个集中的 IT 团队，它与内部业务伙伴（如各业务部门的应用程序开发团队和支持团队）合作。IT 团队管理着对 IT 基础设施的需求，其中包括所有软件、硬件和管理应用程序托管服务的成本。在通常情况下，业务伙伴对他们使用的 IT 服务的成本驱动因素缺乏了解，例如，应用程序开发往往会过度配置开发或测试环境，造成额外的成本，而业务伙伴通常对此了解甚少。

从组织的不同部门或业务单元获得正确的规模和需求预测，有助于达到供需平衡。通过将所有需求整合在统一的地方，组织可以从规模经济中获益。你可能会实现较低的可变成本，因为大型合同可以实现较高的规模经济。将来自所有部门或业务单元的需求汇总起来，能获得更低的采购价格。

组织可以采取以下两种方法之一来管理需求和服务。

- **需求管理**。为了在现有的信息技术（IT）环境（在这些环境中，你可能会发现超支现象很普遍）中节省成本，你可以采取需求导向的方法。它有助于在短期内提高成本效率，因为你没有引入很多新服务。你可以分析历史数据，了解产生新需求的因素，并挑出过度配置的案例。同时应该在 IT 团队和业务伙伴之间建立一个流程，以简化 IT 服务的运营成本。
- **服务目录管理**。如果对新服务有需求，而你又没有太多历史数据，那么你可以采取服务导向的方法。在这种方法中，你需要了解哪些服务的需求最常见，并为此创建一个目录。例如，如果开发团队要求获得一台 Linux 服务器和一台 MySQL 数据库来创建开发环境，那么 IT 团队可以创建服务目录，帮助开发团队获得所需的资源。以此类推，IT 团队也可以识别出最常见的一组服务，并详细记录每项服务的成本。

每一种方法都可以在短期和长期内显著节约成本。然而，这类转型带来了重大的挑战，因为你需要改变项目规划和审批流程。业务团队和财务团队需要对业务增长和 IT 能力增强之间的明确关系保持一致的理解。成本模型需要围绕最有效的方法建立，即将云、数据中心和成熟软件产品结合起来。

11.1.4　跟踪支出

通过跟踪支出，你可以了解每个系统的成本，并为它们标记上系统或业务所有者。透明的支出数据有助于确定投资回报率和奖励业务负责人（那些能够优化资源和降低成本的负责人）。它可以帮助你确认一个部门或项目每个月的成本是多少。

节约成本是一项共同的责任，你需要建立一种机制让每个人对节约成本负责。在通常情况下，组织都会引入**计费机制**或**用量机制**，以便在组织各单元之间分担成本责任。

在用量机制中，中心化的计费账户向组织各单元通报其支出情况，但不向其收取实际金额。在计费机制中，一个组织内的每个业务单元在一个总收款人账户下管理自己的预算。主账户每月根据各业务单元的 IT 资源消耗情况向其收取费用。

当组织开始实施成本控制时，最好先以用量机制作为起点，随着组织模式的成熟，再转向计费机制。对于每个业务单元，应该通过设置提醒来建立支出意识，使团队在接近预测或预算的消耗量时可以被及时提醒。应创建一种可以通过将成本适当地分配给正确的业务举措来监控和控制成本的机制，为每个团队的成本支出建立问责制，提供成本支出可见性。成本跟踪将有助你了解团队运作情况。

每项工作的工作量都是不同的，你应该按照你的工作量制定适当的定价模式，从而最小化成本。应建立机制，通过实施成本优化的最佳实践来确保业务目标的实现。你可以通过定义标签策略和采用制衡方法来避免过度支出。

11.1.5　持续成本优化

如果你遵循成本优化的最佳实践，那么你应该对现有活动的成本情况了如指掌。随着时间的推移，总有可能降低那些已经迁移和成熟的应用程序的成本。成本优化应该持续进行，直到识别省钱机会的成本超过你要节省的金额。在达到这一点之前，应该不断监控你的支出，寻找新的节约成本的方法。你还应该不断寻求可以通过去除闲置资源来节约成本的领域。

对于一个成本和性能达到平衡的架构而言，要确保采购的资源得到充分的利用，避免出现大量闲置的 IT 资源，如闲置的服务器实例等。如果利用率指标出现偏差，成本呈现出异常的高低变化，将对组织的业务产生不利影响。

需要仔细考虑成本优化的应用级指标。例如，引入归档策略来控制数据存储容量。为了优化数据库，应该检查数据库部署需求是否合适，比如，数据库的多地部署是否真的有必要，或者提供的**每秒输入输出量**（IOPS）是否满足你的数据库使用需求。为了减少管理和运维费用，你可以使用 SaaS 模式，它将帮助员工专注于应用程序和业务。

为了找出差距并应用必要的变更来节约成本，应该在项目生命周期中实施资源管理和变更控制流程。你的目标是帮助组织尽可能地设计出最优和成本效益最高的架构，并不断寻找可以直接降低成本的新服务和功能。

接下来我们来学习有助于成本优化和提升 ROI 的技术。

11.2 成本优化的技术选型

为了获得竞争优势，保持快速增长，企业加大了对技术的投入。在经济不稳定的环境下，成本优化成为一项必不可少但又充满挑战的任务。很多企业为了降低采购流程、运营、供应商等方面的成本而投入了大量的时间进行研究。许多公司甚至将共享数据中心、呼叫中心和工作空间作为节约成本的方法。有时，组织也会推迟升级，以避免购买新的昂贵的硬件。

如果组织能跨业务单元对整体信息技术架构进行更广泛的研究，就可以节省更多的费用。改进现有架构可以为公司带来更多的业务机会，即使这需要在预算上多做一点调整。接下来将介绍一些已识别出的重点领域，如迁移上云、简化架构、虚拟化和共享资源等技术，这些技术将帮助企业节约成本并获得更多收益。

11.2.1 降低架构复杂度

组织往往缺乏集中的 IT 架构，这导致每个业务部门都试图建立一套自己的工具。缺乏整体控制会导致产生大量重复系统和不一致的数据。

各个业务单元中的 IT 举措是由其短期目标驱动的，并没有与组织的长期愿景（如整个组织的数字化转型）保持一致。此外，它还让维护和升级这些系统更加复杂。应采取简单的步骤来定义既定标准并避免重复，这有助于节省成本。

在图 11-3 中可以看到，左侧是一个复杂的架构，各业务单元负责自己的应用程序，没有任何标准化，这就造成了具有大量依赖关系的重复应用程序。这种架构造成了较高的成本和风险。任何新的尝试都需要很长的时间才能推向市场，从而失去竞争优势。标准流程（右侧）则可以提供整体的视角和高度的灵活性，通过自动化来构建敏捷的环境，这有助于降低整体成本，并带来更显著的投资回报率。

要降低架构复杂度，首先要消除重复，并确定能在业务单元间重用的功能。在对现有架构进行差距分析的过程中，你会发现有很多代码和现有组件，甚至项目都可以在整个组织间进行重用来支持业务需求。为了降低 IT 架构的复杂度，应考虑那些符合业务需求并满足投资回报率的开箱即用的解决方案。如果实在没有其他选择，也可以选择自行定制。

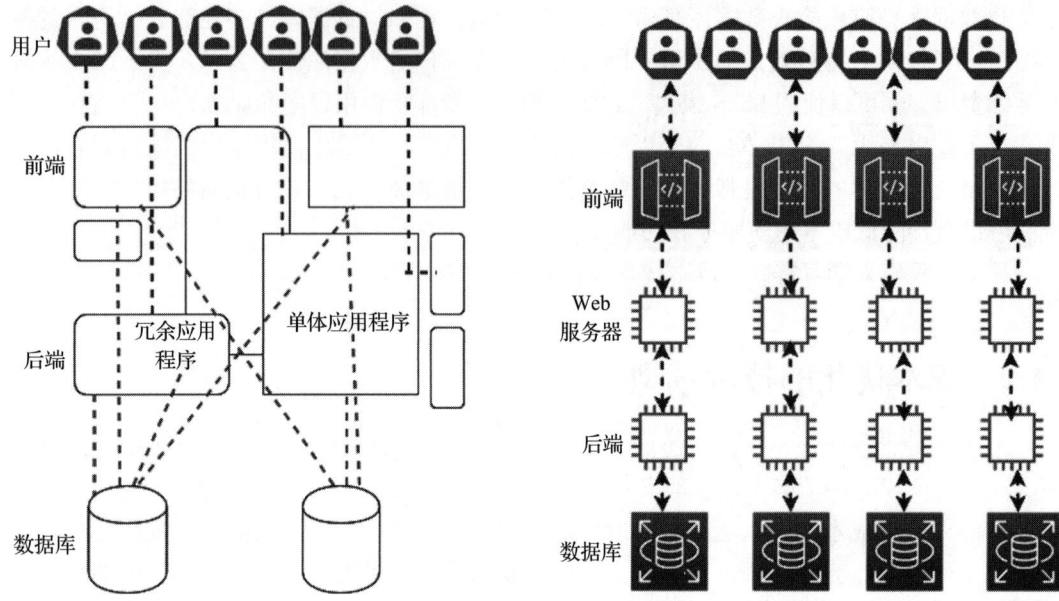

图 11-3 架构标准化

任何新的应用程序都需要有更易于访问的集成机制，以通过**面向服务的架构**（SOA）与现有系统进行交互。统一整个应用程序的用户界面设计，从中定义一套标准的 UI 包，从而可以在任何新的应用程序中复用。

同样，其他模块也可以通过面向服务的设计得到复用。第 6 章已经介绍了 SOA 模式，它有助于让软件的各个部分能保持独立工作，同时还能相互通信，从而构建一个完整的系统。

在模块化的开发模式下，每个团队都可以开发新服务，为了避免重复，组织中其他团队可以重用已有的服务。例如，为了向电子商务网站的客户收取货款而开发的支付服务，也可以用来向供应商管理系统中的供应商付款。作为架构师，你应该帮助团队设计面向服务的架构，每个团队将单独的架构组件作为可以独立开发的服务来处理。在微服务架构的帮助下，可以用模块化的方式来部署整个应用程序，如果某个组件不能正常工作，可以在不影响整个应用程序的情况下做出调整。

一旦建立了集中式 IT 架构，采取模块化的方法有助于降低成本。向 IT 架构团队赋权，有助于让组织各单元保持与公司一致的愿景，并支持其他并行项目遵循整体战略。它还有助于在其他经常被忽视的关键服务部门中提供一致性，如法务、会计和人力资源部门。

在 IT 架构团队的帮助下，你可以得到很好的反馈，并确保项目能满足业务诉求和具体需求。通过跨团队监控整体架构，如果发现有重复的工作、项目、流程或系统与业务需求不一致的情况，架构师可以提出与此对应的改进建议。集中式架构会降低复杂性和减少技术债务，带来更多的稳定性并提高质量。接下来让我们来了解一下如何提升 IT 效率。

11.2.2 提高 IT 效率

如今，每个公司都在使用和消耗 IT 资源。大批服务器、笔记本计算机、存储以及软件使用许可证消耗了大量成本。有时某些资源无法被充分利用，甚至被遗失、闲置或错误地安装，从而消耗大量资金，许可证就是其中一种。IT 团队可以通过跟踪使用过的软件许可证和撤销额外的许可证来优化许可证成本，还可以通过与供应商协商批发折扣来节省成本。

为了提高 IT 效率，可以取消那些需要额外资金和资源的不合规项目。此外，你应该帮助团队重新制定策略，选择持续支持或终止那些多余的，或者和战略存在分歧的项目。优化成本可以考虑以下方法：

- 重新评估支出高的项目，因为它们可能不符合业务愿景。重塑那些价值高，但不直接服务于 IT 战略的项目。
- 降低那些几乎没有业务价值的项目的优先级，即使它们与 IT 战略一致。
- 取消不符合 IT 战略且价值低的项目。
- 注销或停用闲置的应用程序。
- 对旧系统进行现代化技术改造，从而降低高昂的维护成本。
- 通过对现有的应用程序重复利用来避免重复实施。
- 找到任何可能的机会整合数据，开发集成数据模型（详见第 13 章）。
- 对整个组织的供应商采购进行整合，以节省 IT 支持和维护的成本。
- 整合任何执行同样任务的系统，如支付和访问控制。
- 消除昂贵的、浪费的、超支的项目和支出。

迁移上云可以有效地增加 IT 资源、降低成本。AWS 等公有云提供了按需付费的模式，只为使用的资源付费。例如，开发者桌面可以在非工作时间和周末关闭，这样能减少高达 70% 的工作空间成本。又如，批处理系统只需要在处理作业时才会启动，任务结束后可以立即关闭。它的工作原理就像你为了节省电费在不需要的时候关闭电器一样。

应用自动化是提高整体 IT 效率的重要机制。自动化不仅有助于消除成本高昂的人力资源，还可以减少执行日常工作的时间并消除错误。应尽可能地将 IT 活动自动化，例如，配置资源、运行监控作业和处理数据。

在决定优化成本的同时，应确保正确地权衡利弊，以改善结果。举个例子，如果你要去一座主题公园，你想去玩很多有趣的游乐设施，那么你愿意支付更高的价格，因为物有所值。为了吸引更多的顾客，如果厂商决定降低价格，做出调整，减少有趣的游乐设施，那么你有可能会去另一座主题公园，因为你追求的是快乐时光。这时，竞争者将获得优势，吸引现有顾客，而厂商将失去生意。在这个例子中，降低成本增加了商业风险，并不是正确的成本优化方法。

优化成本的目标应该是可被衡量的，衡量标准应该同时关注业务产出和系统成本。量化的措施有助于了解增加产出和降低成本的影响。组织和团队层面的目标必须与应用程序的终端用户保持一致。组织层面的目标是跨组织业务单元的,而在团队层面,它们将更多地与各个系统保持一致。确定目标可以确保系统在其生命周期内不断改进。例如,你可以设定一个目标,降低交易或订单所产生的成本,每季度降低 10%,或者每 6 个月降低 15%。

11.2.3 实施标准化和架构治理

组织需要制定策略来分析错位和过度消耗的领域,降低复杂性,并制定指导方针来挑选适当和有效的系统,并在需要的时候设计和实施流程管理。创建和实施这些指导方针将帮助企业建立标准的基础设施,减少重复的项目实施并降低复杂性。

为了实施治理,需要在整个组织中设置资源上限。通过**基础设施即代码**(IaC)的方式管理服务目录,这样有助于确保团队不会由于过度配置资源而超出其分配量。应该建立某种机制来理解业务需求并迅速响应。在建立资源限制和定义更改资源限制的流程时,要同时考虑到资源创建和回收。

在企业中,多个应用程序通常由不同的团队运营。从营收划分来看,这些团队通常属于不同的业务单元。确定应用程序和业务单元或团队的资源成本,可以推动资源被有效地利用,并有助于降低成本。你可以根据成本归属和团队、业务单元或部门的要求来分配资源。为了构建成本结构,你可以在账户结构化的同时为资源打上标签。

如图 11-4 所示,你可以根据组织或业务单元[如人力资源部(HR)和财务部(Finance)]分配它们自己的专属账户。例如,在图 11-4 中,人力资源部有单独的工资(Payroll)账户和营销(Marketing)账户,而财务部有单独的销售(Sales)账户和营销(Marketing)账户。

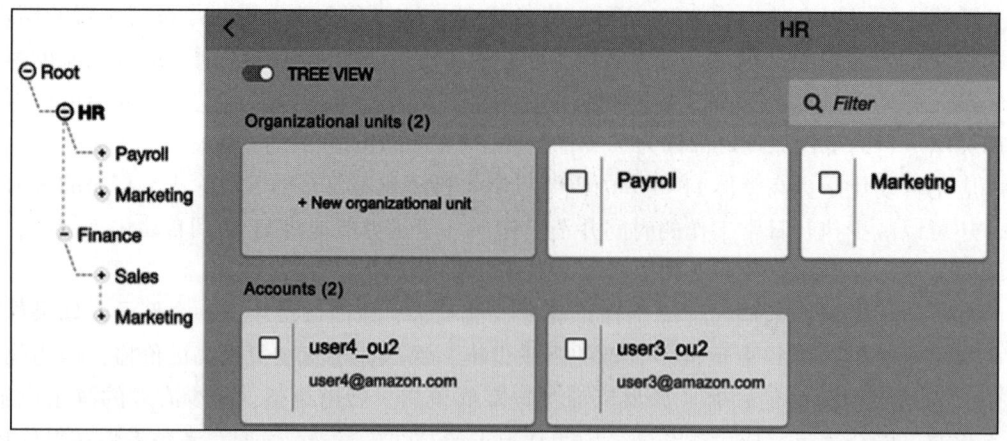

图 11-4 企业组织单元的账户结构

在图 11-4 的账户结构策略中,你可以在每个业务单元和部门层面控制成本。将计费机制应用到各个部门,并用更小的颗粒度来深化成本的责任,这有助于优化成本。账户结构化有助于在整个组织中应用更高级别的的安全性和合规性。由于每个账户都关联到上级账户，通过整合整个组织的支出，可以在超高的资源需求领域从供应商那里赢得大力度的优惠政策。

如图 11-5 所示，为了获得全面的成本可视性和资源整合，你可以在团队级别为每个配置的资源打上标签，从而提供更精细的控制。

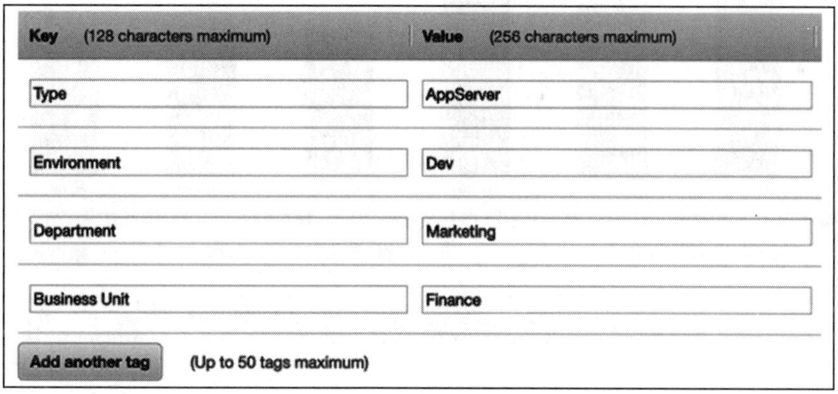

图 11-5　通过资源标签实现成本可视化

在图 11-5 中可以看到标签策略，它说明该服务器是用于应用程序部署的，由开发团队使用。同时，该服务器属于财务业务单元的市场部。通过这种方式，组织可以看到精细化的成本支出，团队在支出上也会更加节俭。但是，与部门和业务单元层面的计费机制相比，你可能希望在团队层面采用用量机制。

你可以定义适合自己的标签机制，为任何资源附加一个标签，如资源名称和所有者名称。几乎每个公有云提供商都会默认提供标签功能。对于数据中心，可以嵌入服务器元数据，如 DNS 名称或主机名。标签不仅可以帮助你组织成本，还有助于设置资源上限、安全性和合规性，它还可以成为一个很好的库存管理工具，并且可以用来持续关注组织各个层面对资源日益增长的需求。图 11-6 所示为 **AWS:CreatedBy** 标签下的成本报告截图。

企业领导者应该通过评估整体需求来构建高效的 IT 架构。开发健壮的 IT 架构，并定义跨职能团队的治理结构，以建立问责制，这需要团队的全力合作。此外，应建立架构审查标准，为新项目创建基线，确保系统符合正确架构，并确定改进路线。

让企业内部所有受影响的利益相关者参与资源的使用和成本的讨论。CFO 和应用程序所有者必须了解资源消耗和采购选择。部门领导必了解整体业务模式和每月的计费流程，这将有助于为业务部门和整个公司指明方向。

应确保第三方供应商能理解和配合达成企业的财务目标，并适时调整他们的合作模式。供应商应该提供他们所负责和开发的应用程序的成本分析。组织内的每个团队都应该能够将来自管理层的业务、成本或使用因素转化为对系统的调整，从而帮助应用程序能实施并实现公司的既定目标。

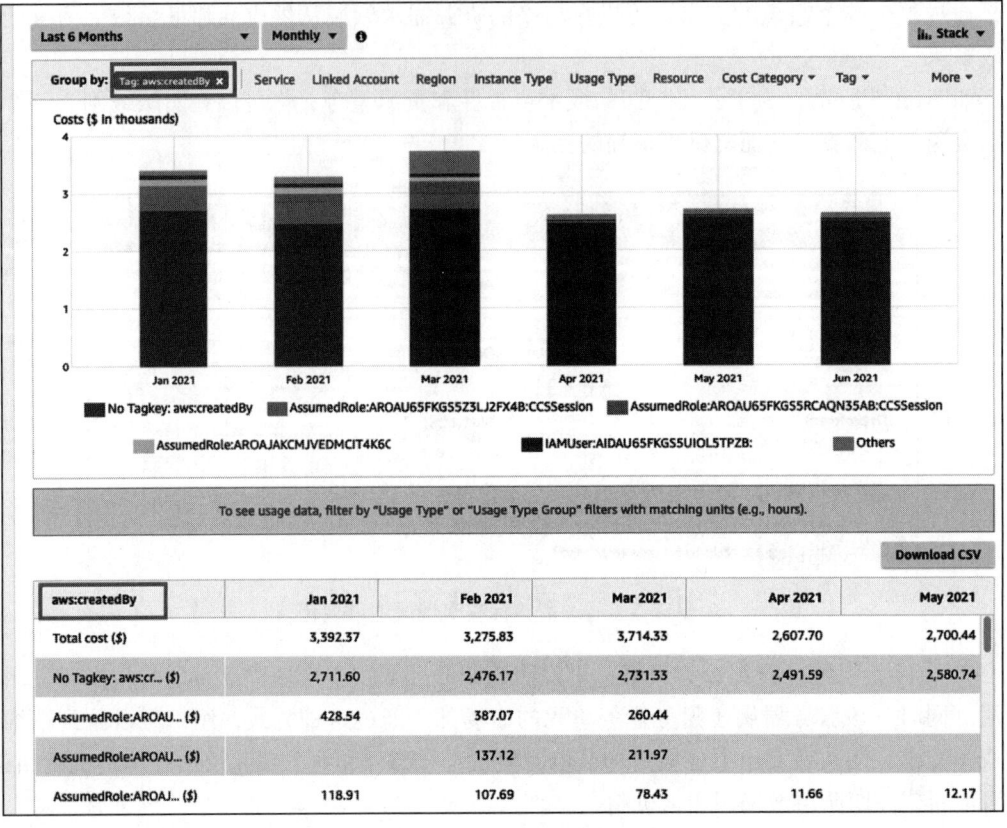

图 11-6 成本报告截图

11.2.4 成本监控和报告

精确的成本构成有助于确定业务单元和产品的盈利能力。成本跟踪则帮助你将资源分配到正确的地方，提高投资回报率。了解成本驱动因素有助于你控制业务支出。

为了优化成本，必须了解整个组织的支出模式。需要了解一段时间内 IT 成本支出的情况，以便识别节约成本的机会。可以采取必要的步骤来优化成本，并通过创建成本趋势的可视化视图来了解影响，该视图需要显示整个组织中资源和部门的历史成本及预测。团队需要通过记录所有的数据点来收集数据，并监控分析这些数据，然后创建一个可视化的报告。

为了识别节约成本的机会，需要详细了解工作负载的资源利用率。成本优化取决于你预测未来支出，并根据预测结果制定调整成本和使用情况的方针的能力。以下是可以通过数据可视化来节约成本的主要领域：

- 识别最重大的资源投资。
- 分析和了解支出和使用数据。

- 预算和预测。
- 当支出超过预算或预测阈值时发出告警。

图 11-7 中的报告截图显示的是 AWS 6 个月的资源支出情况。从中可以看到，数据仓储服务 Amazon Neptune 消耗的成本最高，且从 2021 年 3 月份以来呈上升的趋势。由于业务部门可以直观地看到 5 月和 6 月的高成本，它提示系统管理员对成本优化进行深入研究并找到过度配置的资源。管理员通过停止额外的服务器来执行清理，这将降低成本。

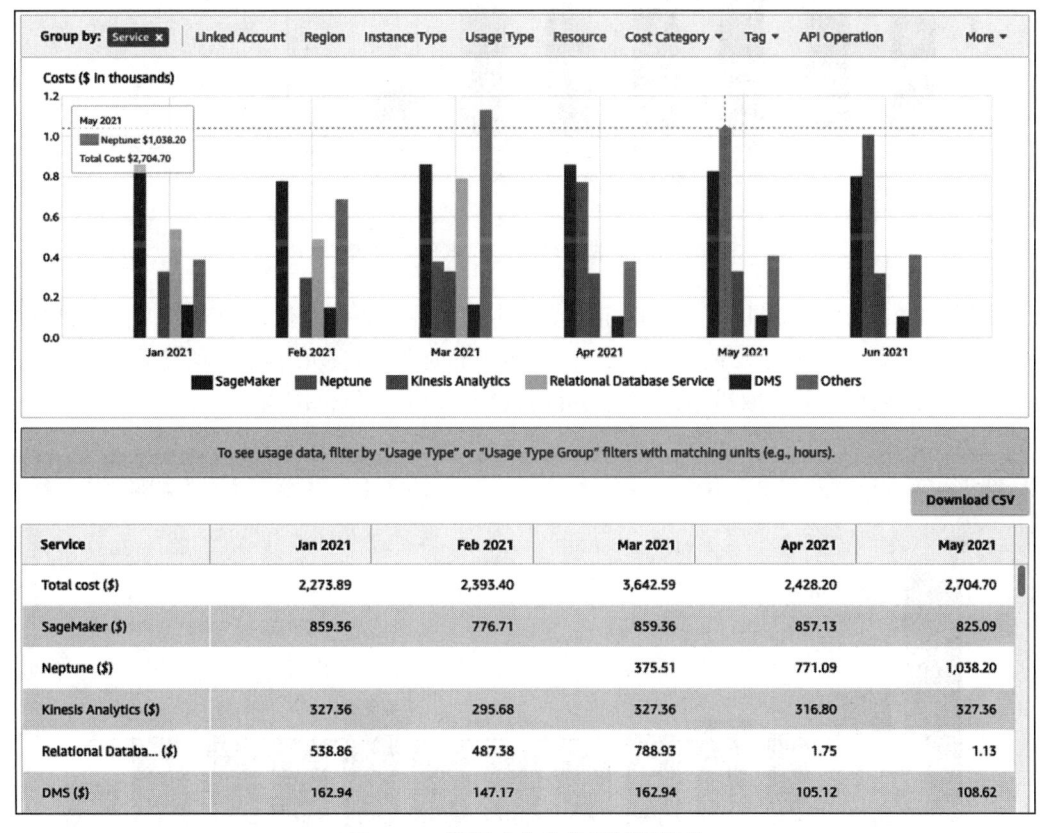

图 11-7　资源成本和使用情况报告

该报告帮助企业负责人了解成本模式，并采取被动的方式控制成本。然而，被动的方式会造成隐性成本，在特定时期内无法做出决策，而预测可以帮助企业主动地提前做出决策。

在图 11-8 所示的报告中，**实心条**显示的是日常成本支出，**空心条**显示的是预测支出。从报告中可以看出，未来几周成本可能会增加，这时可以采取行动了解成本构成，从而控制成本。

根据预算监控成本，可以让你主动控制成本。当支出达到预算的某一阈值时（例如，50% 或 80%）触发告警，有助于审查和调整持续成本。

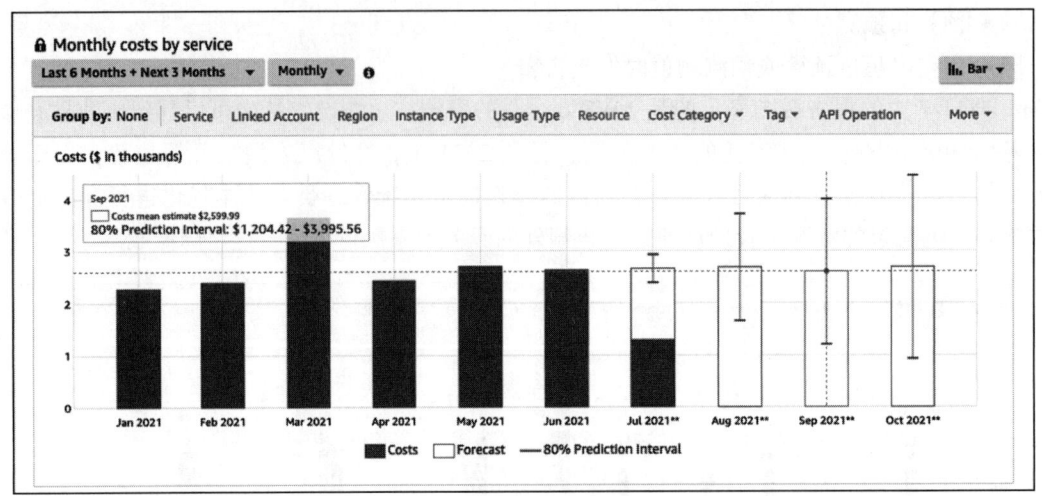

图 11-8　成本趋势与成本预测报告

如图 11-9 所示，你可以直观地确定当前成本与预算成本的对比，2020 年 7 月，该项预算的成本特别高，已达到 7397.29 美元。而给定预算是 2500 美元。IT 管理员应能够分析以下每月报告的数据，并采取措施优化成本并将其降至每月预算范围内。

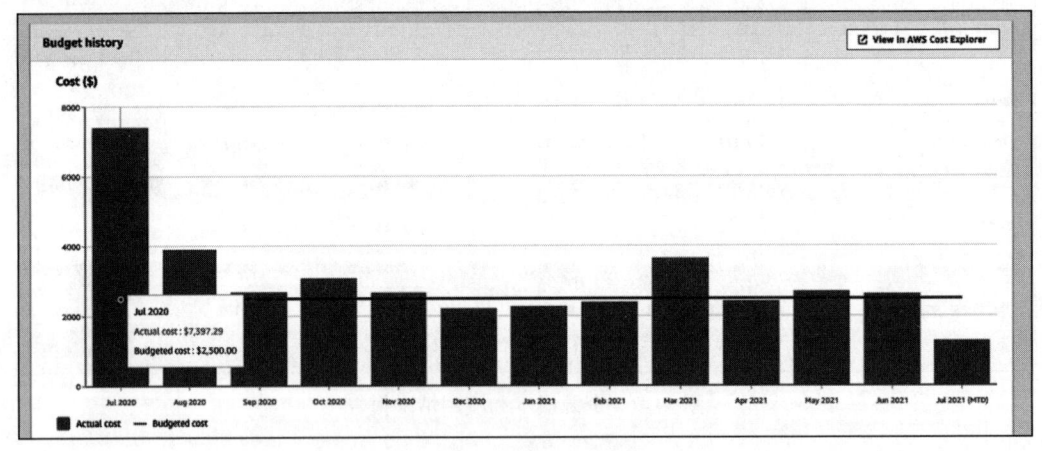

图 11-9　成本和预算报告

成本和预算报告可以帮助你采取积极主动的行动来控制成本。将你的实际成本投入与预算和预测结合起来，可以在日常工作中控制成本。

当实际成本达到预算或预测中的某个阈值时，可以设置告警。它将通过邮件或手机短信主动提醒相关人员采取主动行动控制成本。

从图 11-10 中可以看到，当实际成本达到预算的 80% 时，系统将发送告警。也可以设置多个告警，当成本达到预算或预测的 50% 或 80% 时，就可以触发告警。

图 11-10　实际成本的告警设置

　　成本控制的方法之一是通过资源监控来对环境进行适当的调整，并在资源过度使用或未充分使用时触发警报。可以使用 Splunk 或 CloudWatch 等监控工具和自定义日志对资源进行分析，其中可以监控系统的应用程序内存利用率等自定义指标，以便进行适当的调整。资源利用率低也可以作为一条识别成本优化机会的标准。例如，可以分析和监控 CPU 利用率、RAM 利用率、网络带宽和应用程序的连接数。

　　在调整环境规模时，需要小心处理，以确保不会影响客户体验。以下是在执行规模调整时应采用的最佳实践：

- 确保监控能反映终端用户的体验。选择正确指标，例如，性能指标应该覆盖用户 99% 的请求 – 响应时间，而不是参考平均响应时间。
- 选择合适的监控周期，如每时、每天或每周。例如，如果每天进行分析，你可能会错过每周或每月的高利用率周期，从而导致系统供应不足。
- 比较节约的成本与变更成本。例如，为了调整成本，可能需要执行额外的测试或申请额外的资源。这种成本效益分析将有助于资源分配。

　　根据业务需求来衡量应用程序的利用率，例如，预计到月底或旺季会有多少用户请求。识别并优化利用率的差距，可以让你节约成本。为此，应使用正确的工具，涵盖从成本控制到系统利用率，以及由于变化对客户体验的影响等各个维度，然后通过报表来了解成本变化对业务 ROI 的影响。

　　公有云遵循不同的成本模型，通常采用按需付费的模式。使用云资源时必须非常谨慎，因为每一秒都计入你的成本，如果你忽视成本优化和监控，成本可能会很高。接下来让我们详细了解公有云中的成本优化。

11.3 公有云上的成本优化

AWS、Microsoft Azure 和 Google Cloud Platform（GCP）等公有云以按需付费的模式提供了巨大的成本优化空间。公有云成本模式允许客户将资本支出调整为可变支出，在消耗 IT 资源的同时支付 IT 资源的费用。得益于规模经济，运维费用通常较低。上云后随着时间的推移将会得到持续降价的好处，也将获得更高的成本效益。另一个优势是，可以通过 AWS 等云供应商获得额外的工具和功能，这将令企业更具敏捷性。

在定义云成本结构模型时，你需要转换思维模式，因为它与大多数企业已经遵循了几十年的传统成本结构有很大区别。在云上，你可以随时随地使用所有的基础设施，这也需要更强的控制和监管力度。

云提供了一些成本治理和规范化的工具。例如，在 AWS 中，你可以设置每个账户的服务限制，开发团队能使用的服务器不能超过 10 台，而生产环境可以拥有所需数量的服务器和数据库，并具备一定的伸缩空间。

在云上，所有的资源都与账户相关联，因此很容易在一个统一的地方跟踪 IT 资源库存，并监控其使用情况。除此之外，云供应商还提供了一些工具来收集各种 IT 资源的数据并提供建议。如图 11-11 所示，AWS Trusted Advisor 会爬取账户中的所有资源，并根据资源利用率提供节约成本的建议。

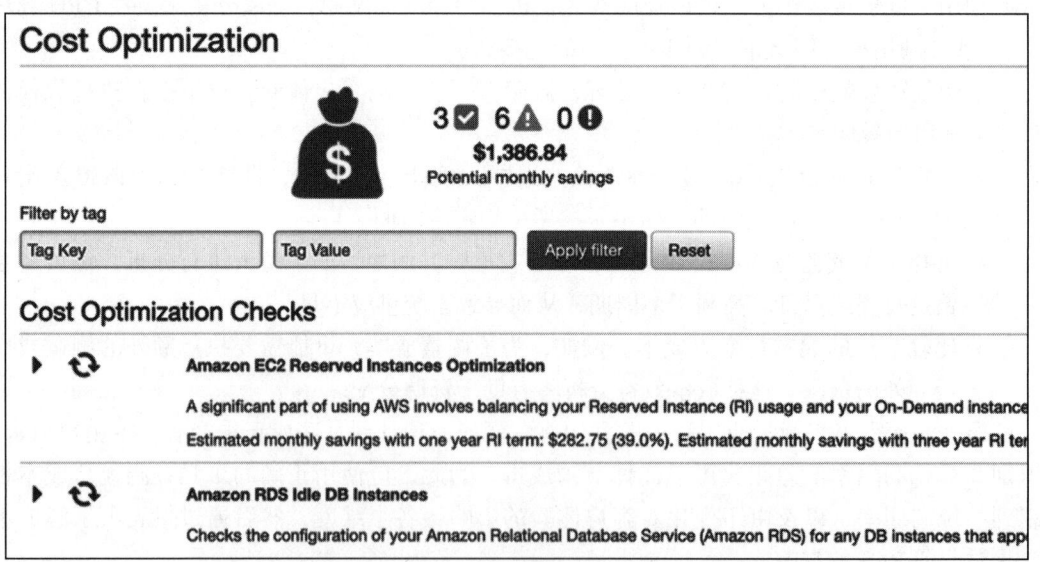

图 11-11　AWS Trusted Advisor 的成本控制建议

在图 11-11 中，AWS Trusted Advisor 检测到应用服务器（弹性计算云、EC2）保持着很高的利用率，于是建议通过预付 1 年的费用来购买一个备用实例，这样就可以节约 40% 的成本。在进一步的检查中发现了一个利用率不高的数据库（Amazon RDS），于是建议将其关闭来节省费用。

云平台可以为节约成本提供一个很好的价值主张。首先，你可以创建混合云，在本地数据中心和云之间建立连接。你可以将开发和测试服务器迁移上云，以确定成本结构和可能的成本优化点。一旦建立了云上的成本治理机制，就能根据成本效益分析结果将更多工作负载迁移上云。不过，你还需要评估具体工作负载是否可以迁移上云，并确定具体迁移策略。第 5 章已介绍了云迁移的相关知识。

越来越多的公有云供应商提供托管服务，这消除了所有基础设施维护成本以及配置告警和监控的开销。托管服务可以随着服务采用率的提高而降低成本，从而降低总拥有成本。

11.4 小结

成本优化需要从项目启动就开始（概念验证到其实施，以及上线后的运维）持续投入精力，需要不断审查架构和成本节约的工作。

本章介绍了成本优化的设计原则。在做出任何采购决定之前，应该考虑软件或硬件整个生命周期的总拥有成本。规划预算和跟踪预测有助于你在成本优化的道路上保持正确的方向。要始终跟踪费用支出，并在不影响用户体验或业务价值的情况下寻找可能的成本优化机会。

本章还介绍了成本优化的各种技术，其中包括通过简化企业架构来降低架构复杂性，并制定团队都能遵循的标准。建议通过识别闲置和重复的资源来避免浪费，并通过资源需求来协商批量采购价格。在整个组织中应用标准化来限制资源供应，并制定标准的架构。根据预算和预测来跟踪实际成本数据，可以帮助你采取前瞻性的行动。此外，也介绍了各种有助于控制成本的报告和告警，还介绍了云上的成本优化，这可以帮助你进一步获得价值。

自动化和敏捷性是提高资源效率的一些主要因素，而 DevOps 可以实现大量的自动化。下一章将介绍各种 DevOps 组件和 DevOps 策略，以最自动化的方式高效部署工作负载。

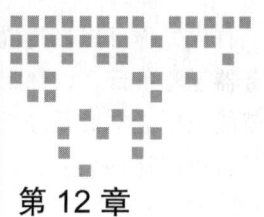

第 12 章

DevOps 和解决方案架构框架

在传统的环境中，开发团队和 IT 运维团队各自为政。开发团队从业务负责人那里收集需求并开发应用程序。系统管理员只负责运维和满足正常运行时间的要求。在开发生命周期中，这些团队通常不会有任何直接的沟通，彼此很少了解对方的流程和要求。

每个团队都有自己的一套工具、流程和方法，这样不仅非常多余，有时，它们之间还会产生冲突。例如，开发团队和**质量保证**（QA）团队可以在**操作系统**（OS）的特定补丁上测试构建。然而，运维团队则是在生产环境中的不同操作系统版本上部署相同的构建，问题随之产生，交付也因此延迟。

DevOps 是一种方法论，它强调通过促进开发人员和运维团队之间协作和协调来持续交付产品或服务。团队在开发、交付产品或服务的过程中，如果依赖多种应用、工具、技术、平台、数据库和设备，那么 DevOps 方法将非常具有建设性。

虽然还有与 DevOps 文化不同的其他方法，但都是为了实现共同的目标，即通过共享责任来提高运营效率，在最短的时间内交付产品或服务。DevOps 有助于在不影响质量、可靠性、稳定性、弹性或安全性的情况下完成交付。

在本章结束时，你将了解 DevOps 在应用程序部署、测试和安全方面的重要性。你将学习 DevOps 最佳实践，以及实现相关实践的不同工具和技术。

12.1 DevOps 的介绍

在 DevOps（**开发运维**的简称）方法中，开发团队和运维团队在软件开发生命周期的构建和部署阶段协同工作，分担责任，并提供持续反馈。在整个构建阶段，软件构建会在类生产环境中被频繁地测试，这样有助于及早发现缺陷。

有时，你会发现一个应用程序的开发及运维由一个团队负责，工程师在整个应用程序生命周期中工作，从开发、部署到运维。这样的团队需要掌握一系列的技能，而不限于单一技能。从项目启动到部署至生产环境，测试和安全团队也需要更紧密地与运维、开发团队合作。

速度使组织能够快速解决客户需求并在竞争中保持领先。好的 DevOps 实践鼓励软件开发工程师和专业运维人员更好地在一起工作。这有助于更密切的合作和沟通，从而缩短产品**上市时间**，让发布更加可靠，提高代码质量，也使系统更易于维护。

开发人员可以从运维团队提供的反馈中获益，并据此制定测试和部署策略。系统管理员不必在生产环境中部署有缺陷或未经测试的软件，因为他们参与了构建阶段。由于软件开发和交付生命周期中的所有利益相关者都在协作，他们还可以评估他们计划在流程的每个环节中使用的工具，以验证设备之间的兼容性，还可以确定该工具是否可以在团队之间共享。

DevOps 是文化与实践的结合。它要求组织改变其文化，打破产品开发和交付生命周期中所有团队之间的壁垒。DevOps 不仅是指开发和运维，还涉及整个组织，包括管理层、业务/应用程序负责人、开发人员、QA 工程师、发布经理、运维团队和系统管理员。

DevOps 作为首选的运维文化，越来越受欢迎，特别是对于那些身处云计算或分布式计算的组织。

12.2　DevOps 的好处

DevOps 的目标是建立可重复、可靠、稳定、弹性和安全的持续交付模式，这些特性可以提高运营效率。为了实现这一目标，团队必须协作并参与到开发和交付的过程中。所有技术团队成员都应该具备开发流水线中所涉及的流程和工具的经验。成熟的 DevOps 流程能带来的好处如图 12-1 所示。

下面将进一步详细介绍 DevOps 的这些好处：

- **速度**。快速地发布产品功能有助于适应客户不断变化的业务需求，扩大市场。DevOps 有助于企业更快地取得成效。
- **快速交付**。DevOps 通过流水线来自动化完成从代码构建到代码部署并发布到生产环境的端到端过程，从而提高效率。快速交付有助于更快地进行创新，更快地修复错误和发布功能等有助于企业或组织获得竞争优势。
- **可靠性**。DevOps 提供了所有的检查功能，以确保交付质量并快速安全地更新应用程序。DevOps 实践（如 CI/CD）将自动化测试和安

图 12-1　DevOps 的好处

全检查嵌入其中，为终端用户体验提供了保障。
- **可伸缩性**。DevOps 通过将各个环节自动化，帮助基础设施和应用程序实现按需伸缩。
- **合作**。DevOps 建立了一种主人翁文化，使团队对自己的工作负责。运维和开发团队在共担责任的模式下一起工作。团队间的协作流程得到了简化，从而提高了效率。
- **安全性**。在敏捷环境中，频繁的变更需要更严格的安全检查。DevOps 将安全和合规性的最佳实践自动化，并监控它们，通过自动化的方式纠正错误。

DevOps 消除了过去以孤岛方式工作的开发人员和运维团队之间的壁垒。DevOps 模式优化了开发团队的生产力和系统运维的可靠性。团队间紧密协作，有助于提高效率和改善质量。团队对其所提供的服务拥有完全的自主权，这通常会超越传统的角色范围，并形成致力于以客户为中心，解决问题的思维模式。

12.3 DevOps 的组成部分

DevOps 的工具和自动化将开发及系统运维结合在一起。以下是 DevOps 实践的关键组成部分：
- 持续集成和持续交付（CI/CD）。
- 持续监控和改进。
- 基础设施即代码（IaC）。
- 配置管理（CM）。

自动化是贯穿所有要素的最佳实践。自动化流程可以让你以快速、可靠以及可重复的方式有效地执行这些操作。自动化会涉及脚本、模板和其他工具。在一个蓬勃发展的 DevOps 环境中，基础设施是作为代码来管理的。自动化使 DevOps 团队能够快速配置和调试测试及生产环境。接下来介绍 DevOps 各个部分的更多细节。

12.3.1 CI/CD

在 CI（**持续集成**）实践中，开发人员频繁地将代码提交到代码仓库并频繁地构建。每次构建都会通过自动化的单元测试和集成测试来进行验证。在 CD（**持续交付**）实践中，代码变更被频繁地提交到代码库并进行构建。构建的代码被部署到测试环境中，并执行自动化测试（也可能还有手工测试）。成功的构建需要通过测试并被部署到预生产或生产环境。图 12-2 说明了 CI/CD 在软件开发生命周期中的影响。

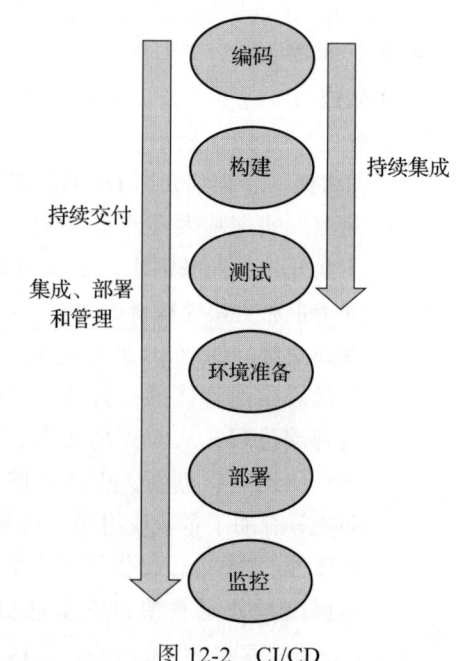

图 12-2　CI/CD

如图 12-2 所示，CI 指的是软件开发生命周期中的构建和单元测试阶段。在代码仓库中提交的每次变更都会触发一次自动构建和测试。CD 是 CI 的延伸，它将 CI 产生的构建物进一步部署到生产环境中。在 CI/CD 实践中，多名团队成员同时处理同一份代码。他们都必须使用最新的工作版本来完成自己的工作。代码仓库维护着不同版本的代码供团队访问。你可以从代码仓库中查看代码，也可以在本地副本中进行修改或编写新的代码，同时编译和测试代码，然后频繁地将代码提交回代码仓库。

CI 自动化了软件发布过程的大部分工作。它创建了一个自动化的流程来进行构建和测试，然后进行阶段性更新。然而，开发人员必须手动触发最后向生产环境部署的过程。CD 在 CI 的基础上进一步延伸，在完成构建阶段后，将所有代码变更部署到测试环境和 / 或生产环境中。如果正确实施 CD，开发人员将始终拥有已通过测试和可部署的构建。

图 12-3 大致呈现了与应用程序自动化相关的理念，从代码提交到代码仓库，再到部署流水线，展示了从构建到生产环境的端到端过程，开发人员将代码变更迁入代码仓库，然后持续集成服务器会拉取代码。CI 服务器触发构建，以创建带有新的应用程序二进制文件和相应依赖关系的部署包。这些新的二进制文件被部署到目标开发或测试环境中。同时，二进制文件也会被迁入工件库中进行安全的版本控制存储。

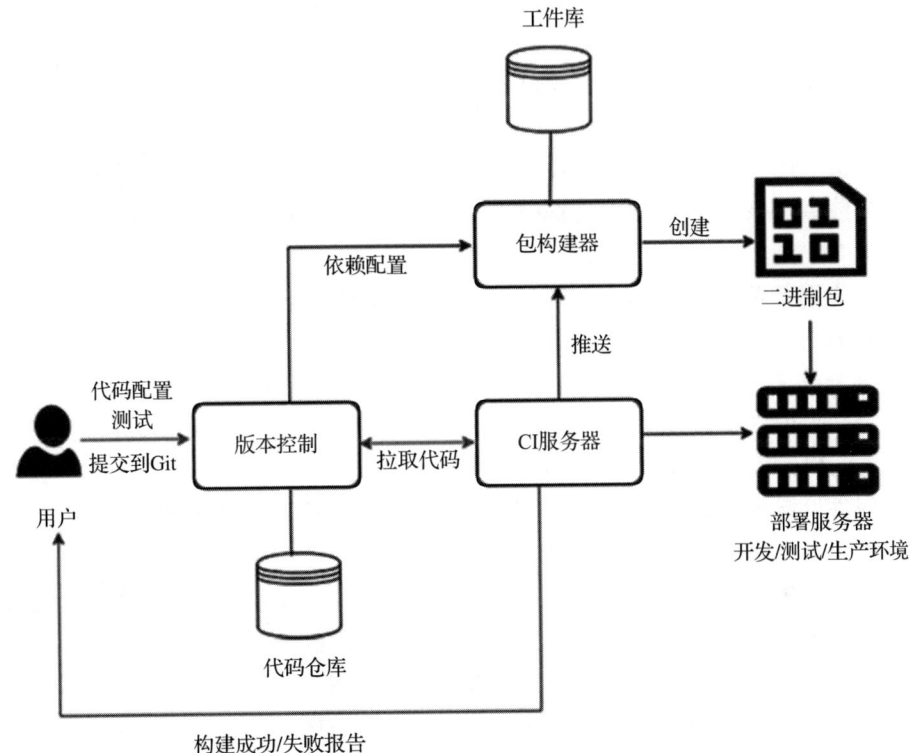

图 12-3　DevOps 中的 CI/CD

在CI/CD中，软件开发生命周期的各个阶段，如代码构建、部署和测试都是通过DevOps流水线自动完成的。部署和环境准备阶段的自动化需要使用IaC脚本。监控可以使用各种监控工具实现自动化。

一个健壮的CD流水线还可以自动为测试和生产环境提供基础设施，并实现对测试和生产环境的监控及管理。CI/CD为团队提供了诸多好处，例如，通过节省代码的构建、测试和部署时间来提高开发人员的生产力。它可以帮助开发团队快速检测和修复故障，并将新功能更快地发布到生产环境中。

CD意味着每个变更都满足部署到生产环境的条件，而不是开发人员提交的每一个变更都会部署到生产环境中。当变更在类生产环境中被暂存和测试时，就会启动人工审批流程，并等待审批通过后再来完成生产环境的部署。因此，在持续交付实践中，部署到生产环境变成了一个商业决策，而且最终通过工具自动完成。

12.3.2 持续监控和改进

持续监控有助于了解应用程序和基础设施的性能对客户的影响。你可以通过分析数据和日志了解代码变更对用户的影响。现在，应用程序和基础设施需要 $7 \times 24h$ 不间断服务并持续更新，主动监控变得必不可少，你可以通过创建告警和执行实时分析来更主动地监控服务。

你可以跟踪各种指标来监控和改进DevOps实践。下面的例子是一些与DevOps相关的指标：

- **变更量**。该指标是指开发的用户故事的数量、新代码的行数，以及修复的错误数量。
- **部署频率**。该指标是指团队部署应用程序的频率。这个指标一般应该保持稳定或呈现上升趋势。
- **从开发到部署的准备时间**。该指标是指从开发周期开始到部署结束的时间，它可以用来识别发布周期中效率较低的步骤。
- **部署失败率**。该指标是指失败部署的百分比，包括遭遇中断的部署次数，它应该是一个较低的数字。该指标应与变更量一起审查。如果在变更量不高的情况下，部署失败的次数较多，则应分析潜在的失败原因。
- **可用性**。该指标是指追踪有多少发布导致的故障可能会违反**服务水平协议**（SLA）。应用程序的平均停机时间是多少？
- **客户投诉量**。该指标是指客户提交的投诉数量，它是衡量应用程序质量的指标之一。
- **用户增长带来的流量**。该指标是指注册使用应用程序的新用户数量以及由此产生的流量增长，它可以帮助你通过扩展基础设施来支撑工作负载的增长。

在新的变更发布到生产环境后，持续监控应用程序的性能是不可或缺的。既然我们已经讨论到了运行环境的自动化，那就让我们来探讨更多关于IaC的细节。

12.3.3 基础设施即代码

基础设施的置备、管理，甚至停用，都需要消耗大量的人力资源。此外，反复尝试手工构建和修改环境还可能导致大量错误。不管是根据以往的经验，还是记录完善的运维手册，人为犯错的可能性都只是统计上的概率问题。

我们可以将创建完整环境的任务自动化实现。任务自动化有助于毫不费力地完成重复性任务，这具有较高的价值。通过 IaC，我们可以以模板的形式定义基础设施。单个模板可能包含整个环境或者环境中的某一部分。更重要的一点是，这个模板可以重复使用，即一次又一次地创建相同的环境。

在 IaC 的实践中，基础设施是通过代码和 CI 来配置和管理的。IaC 模型可以帮助你与基础设施进行大规模的程序化交互，并通过自动进行资源配置来避免人为错误。如此一来，你就可以像管理其他代码一样，使用基于代码的工具来处理基础设施。由于基础设施是通过代码来管理的，所以应用程序可以使用标准化的方法进行部署，任何补丁和版本都可以重复更新，而不会出现任何错误。Ansible、Terraform、Azure Resoure Manager、Google Cloud Deployment Manager、Chef、Puppet 和 AWS CloudFormation 等都是时下流行的基础设施即代码的脚本工具。

以下是来自 AWS CloudFormation 的代码示例，它为 AWS 云平台上的自动化基础设施提供基础设施即代码功能。

```
{
"AWSTemplateFormatVersion" : "2010-09-09",
"Description" : "Create a S3 Storage with parameter to choose own bucket name",
"Parameters": {
    "S3NameParam" : {
        "Type": "String",
        "Default" : "architect-book-storage",
        "Description" : "Enter the S3 Bucket Name",
        "MinLength" : "5",
        "MaxLength" : "30"
            }
        },

"Resources" : {
    "Bucket" : {
        "Type" : "AWS::S3::Bucket",
        "DeletionPolicy" : "Retain",
            "Properties" : {
                "AccessControl" : "PublicRead",
                "BucketName" : {"Ref" : "S3NameParam" },
                "Tags" : [ {"Key" : "Name" , "Value" : "MyBucket"} ]
                    }
        },
```

```
"Outputs" : {
    "BucketName" : {
        "Description" : "BucketName" ,
        "Value" : { "Ref" : "S3NameParam"}
                }
            }

}
```

上述代码创建了 Amazon S3 对象存储,用户可以选择已提供的存储名称,如图 12-4 所示。

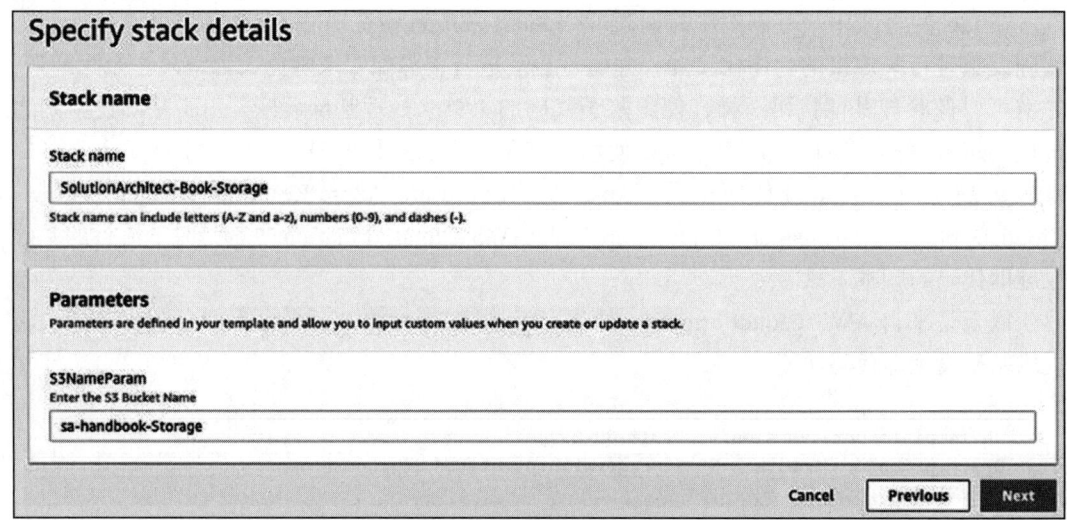

图 12-4　AWS CloudFormation 中的 IaC 功能

在执行代码后,将创建 Amazon S3 对象存储,如图 12-5 所示,可以在 Outputs 中看到。

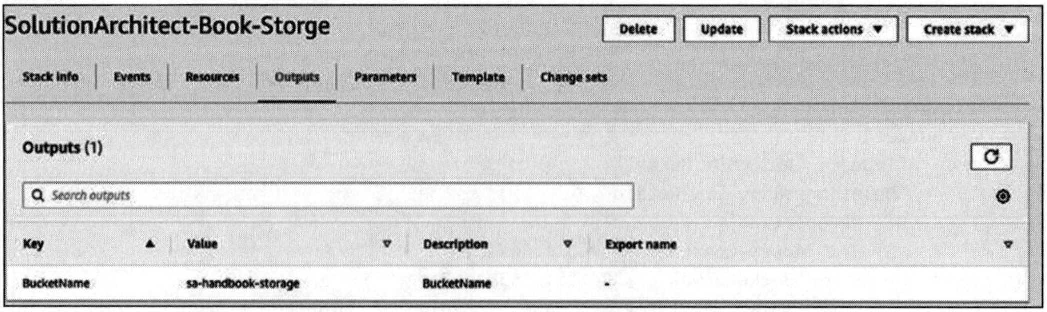

图 12-5　用 AWS CloudFormation 自动创建 Amazon S3 对象存储

所提供的代码可以被多个团队用来创建任意数量的 Amazon S3 存储。由于数据十分重要,管理员选择添加桶 `"DeletionPolicy":"Retain"`,这使得即使基础设施被关闭,数据依然是安全的,存储不会被删除。你可以看到如何使用 IaC 实现不同组织之间的标准化、一致性和遵从性。配置管理是 DevOps 过程的另一个重要方面。接下来让我们了解更多。

12.3.4 配置管理

配置管理(CM)是利用自动化来标准化整个基础设施和应用程序的资源配置的过程。配置管理工具(如 Chef、Puppet 和 Ansible)可以帮助你管理 IaC 和自动化大多数系统管理任务,包括服务器置备、配置和管理 IT 资源。通过在开发、构建、测试和部署阶段实现资源配置的自动化和标准化,可以确保一致性并避免因错误配置而导致的失败。

配置管理还允许你在按下按钮时将相同的配置自动部署到数百个节点上,这样一来就能提高运维效率。配置管理还能用来部署配置变更。

虽然你可以使用注册表或数据库来存储系统配置,但除存储外,配置管理应用程序还可以帮助实现版本管控。配置管理也是一种跟踪和审计配置变更的方式。如果有必要,你甚至可以维护多个版本的配置设置来支持软件的不同版本。

配置管理工具包括管理服务器节点的控制器。例如,Chef 需要在它管理的每一台服务器上安装一个客户端代理程序,在控制器上安装 Chef 主程序。Puppet 也是通过中心服务器以同样的方式工作。Ansible 则采用的是分散式的方式,不需要在服务器节点上安装代理软件。表 12-1 显示了几种流行的配置管理工具之间的粗略比较。

表 12-1 Ansible、Puppet、Chef 的比较

维度	Ansible	Puppet	Chef
运行机制	控制器通过**安全外壳协议**(SSH)将配置变更应用到服务器	Puppet 主节点将变更同步到其他节点	Chef 工作站从服务器中查找变更并将变更推送到其他节点
架构	任意服务器都能成为控制器	由 Puppet 主节点进行集中控制	由 Chef 主节点进行集中控制
脚本语言	YAML	基于 Ruby 的领域特定语言	Ruby
脚本术语	剧本(Playbook)和角色(Role)	清单(Manifest)和模块(module)	配方(Recipe)和食谱(Cookbook)
测试执行	先后次序	无先后次序	先后次序

CM 工具为任务自动化需求提供了特定领域的语言和一系列功能。其中有些工具要求一定的知识储备和学习能力,团队必须花费时间来学习这些工具。AWS 提供了一个名为 OpsWorks 的托管平台来管理云中的 Chef 和 Puppet。如图 12-6 所示,它提供了各种属性以通过自动化来管理 IT 基础架构。

由于安全正在成为组织的重中之重,因此在追求完全自动化的过程中,安全考量也是当务之急。为了避免人为错误,组织正在利用 DevOps 实施严格的安全实施和监控,俗称 DevSecOps。我们将在下一节中进一步探讨 DevSecOps(开发、安全和运维的简称)。

层	实例
 一层是一组实例的蓝图。它指定实例的资源、安装的包、配置文件和安全组 添加一层	 一个实例代表了一个服务器资源。它可以划分到一个或多个层,这些层决定了这个实例的资源和配置 添加一个实例或注册一个服务器
应用程序	部署和命令
 应用程序表示存储在存储库中的代码。你希望在应用服务器实例上运行该代码 添加一个应用程序	 你可以将代码从存储库部署到适当的服务器,或者在栈中的一些或所有实例上运行命令 部署一个应用或运行一条命令
资源	监控
 通过资源页面,你可以使用栈中的任何账户的弹性ip地址,卷或RDS实例 寄存器资源	 AWS OpsWork使用Amazon Cloud-Watch提供13个自定义指标,对栈中的每个实例进行详细监控 显示监控
权限	标签 NEW
 权限指定导入的IAM用户如何访问此栈。如果需要导入用户,请进入"用户"页面 管理权限	 你可以指定要应用于栈中的资源的标记。标签可以帮助你在成本分配报告中识别资源 管理栈标签

图 12-6 托管在 AWS OpsWorks 服务的配置管理工具 Chef 和 Puppet

12.4 什么是 DevSecOps

我们现在比以往任何时候都更加注重安全性。在很多情况下,高安全性是赢得客户关注的唯一途径。DevSecOps 关注自动化安全和规模化安全实施。开发团队时刻在进行变更,DevOps 团队则将变更发布到生产环境中(变更往往是面向客户的)。DevSecOps 则需要在整个流程中确保应用程序的安全性。

DevSecOps 不是为了审计代码或 CI/CD 工件。组织应该实施 DevSecOps 来获得效率和敏捷性,但不牺牲对安全性的验证。自动化的力量在于提高产品功能发布的敏捷性,同时通过实施必要的措施以保持安全性。DevSecOps 方法的结果是将安全内置,而不是事后补救。DevOps 为了提高效率以加快产品发布生命周期,而 DevSecOps 则是在不减慢产品发布周期的情况下验证所有构件。

要在企业中引入 DevSecOps 方法,首先要在整个开发环境中建立坚实的 DevOps 基础,因为安全是每个人的责任。为了建立开发团队和安全团队之间的协作，应该从一开始就将安全考量嵌入架构设计中。为了避免任何安全漏洞，应自动持续地进行安全测试，并将其构建到 CI/CD 流水线中。为了跟踪任何安全漏洞，应将监控范围扩大，通过实时监控设计预期与实际状态的漂移量，将安全和合规性纳入其中。监控还应实现告警、自动补救和删除不合规的资源。

将一切都代码化是基本的要求，它开启了无限的可能性。DevSecOps 的目标是保持创新的步伐，它应该满足安全自动化的步调。可伸缩的基础设施需要可伸缩的安全措施，所以需要自动化的事件响应措施来实现持续的合规性和验证。

12.5 结合 DevSecOps 和 CI/CD

需要将 DevSecOps 实践嵌入 CI/CD 流水线的每一步。DevSecOps 通过管理分配给每个服务器正确的角色和访问授权，确保构建服务器（如 Jenkins）被加固，以防止任何安全事故，从而确保 CI/CD 流水线的安全性。除此之外，我们还需要确保所有的工件都得到验证，代码分析也要到位。最好通过自动化持续合规性验证和事件响应补救来为事件响应做好准备。

图 12-7 显示了在 DevSecOps 和 CI/CD 流水线的每个阶段都需要测试安全边界，以尽早发现安全性和政策的合规性问题。

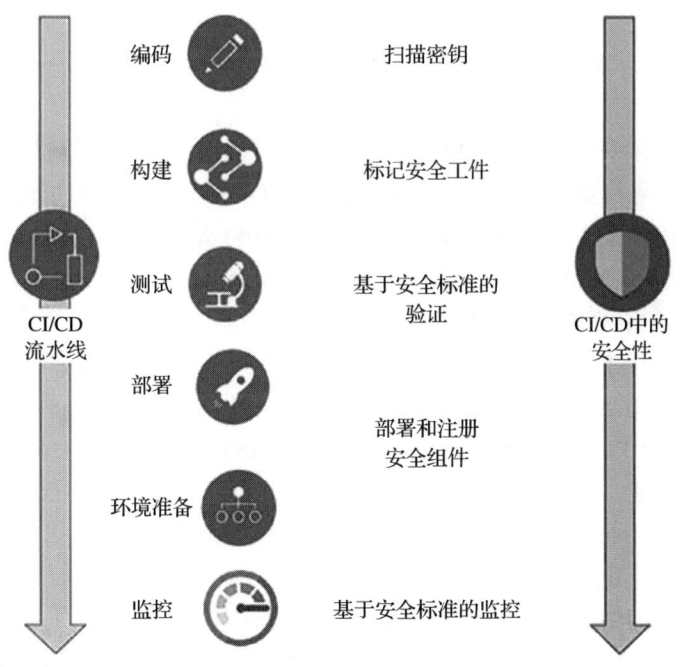

图 12-7　DevSecOps 和 CI/CD

你可以在每个集成点识别不同的问题，例如：

- 在编码阶段，扫描所有代码，以确保没有密钥或访问密钥被硬编码在代码行之间。
- 在构建阶段，标记所有安全工件，如加密密钥和访问令牌管理等。
- 在测试阶段，扫描配置，通过安全测试确保满足所有安全标准。
- 在部署和环境准备阶段，确保所有安全组件都已注册。执行校验，确保构建物没有被篡改。
- 在监控阶段，监控所有违反安全标准的情况，以自动化的方式执行持续审计和验证。

为了识别不同阶段的安全漏洞，你可以将多个工具集成到 DevSecOps 流水线中，并汇总漏洞发现结果。**应用程序安全测试**（AST）是使用自动化测试、分析和报告安全漏洞的工具，它对于应用程序开发至关重要。AST 软件可分用于扫描软件应用程序中的安全漏洞，大致可以分为以下四类：

- **软件组合分析**（SCA）。SCA 评估开源软件的安全性、许可证合规性和代码库中的代码质量。SCA 尝试检测包含在项目依赖关系中的公开披露的漏洞。流行的 SCA 工具有 OWASP 依赖检查、Synopsys 的 Black Duck、WhiteSource、Synk 和 GitLab。
- **静态应用程序安全测试**（SAST）。在代码编译之前，SAST 会扫描应用程序。SAST 工具在开发人员编码时向他们提供实时反馈，帮助他们在代码构建阶段之前修复问题。它是一种白盒测试方法，它通过分析源代码以找到使应用程序容易受到攻击的安全漏洞。SAST 最好的一点是，它可以在 DevOps 周期的早期，在编码期间被引入，因为它不需要可工作的应用程序，并且可以在不执行代码的情况下发生。流行的 SAST 工具有 SonarQube、PHPStan、Coverity、Synk、Appknox、Klocwork、CodeScan 和 Checkmarx。
- **动态应用程序安全测试**（DAST）。DAST 通过在应用程序运行时模拟对应用程序的外部攻击来寻找安全漏洞。它试图通过检查应用程序暴露接口的漏洞和缺陷来从外部渗透到应用程序中，这种黑盒安全测试也被称为 Web 应用程序漏洞扫描器。流行的 DAST 工具有 OWASP ZAP、Netsparker、Detectify Deep Scan、StackHawk、Appknox、HCL AppScan、GitLab 和 Checkmarx。
- **交互式应用程序安全测试**（IAST）。当应用程序运行时，通过自动化测试或验证应用程序功能的活动以检查是否存在安全漏洞。IAST 分析代码的安全漏洞并实时报告，不会给 CI/CD 流水线增加额外的时间。IAST 工具部署在 QA 环境中，以实现自动化测试功能。目前流行的 IAST 工具有 GitLab、Veracode、CxSAST、Burp Suite、Acunetix、Netsparker、InsightAppSec 和 HCL AppScan。

在后续章节，将介绍如何将上面的一些工具集成到 DevOps 流水线中。DevSecOps 和 CI/CD 使我们有信心根据公司安全策略对代码进行验证。

它有助于避免在后续的部署中由于不同的安全配置而导致任何基础设施和应用程序的故障。DevSecOps 在不影响 DevOps 创新步伐的前提下，保持了敏捷性，确保了规模化的安全性。让我们来了解 DevOps 流水线中的 CD 策略。

12.6　实施 CD 策略

CD 提供了现有版本到新版本应用程序的无缝迁移。通过 CD 实现的最流行的技术如下：
- **就地部署**：在当前服务器中更新应用程序。
- **滚动部署**：在现有的服务器中逐步推出新版本。
- **蓝绿部署**：逐步将现有服务器替换为新服务器。
- **红黑部署**：瞬间从现有服务器切换到新服务器。
- **不可变部署**：完全建立一套新的服务器。

接下来我们来详细探讨每种技术。

12.6.1　就地部署

就地部署是一种在现有服务器集群上推出新应用程序版本的方法。更新是在一次部署行动中完成的，因此需要一定程度的停机时间。另一方面，这种更新几乎不需要任何基础设施的改变。也不需要更新现有的**域名系统**（DNS）记录。部署过程本身比较快。如果部署失败，重新部署是恢复的唯一选择。

作为一个简单的解释，你是用新的版本（v2）替换应用程序基础设施上现有的应用程序版本（v1）。就地更新成本低，部署速度快。

12.6.2　滚动部署

在滚动部署中，服务器集群被划分成不同子组，所以不需要同时更新。在部署过程中，同一服务器集群会使用不同的子群分别运行旧版和新版软件。滚动部署方式有助于实现零宕机，因为如果新版本部署失败，那么整个集群中只有一个子组的服务器受到影响，这样风险最小，因为其余的服务器集群仍然会正常运行。滚动部署方式虽然有助于实现零宕机，但是部署时间比就地部署略长。

12.6.3　蓝绿部署

蓝绿部署背后的理念是，蓝色环境是现有的生产环境，承载着实时流量。同时，还提供了一个绿色环境，除运行新版的代码外，它与蓝色环境完全相同。当需要部署时，将生产流量从蓝色环境路由到绿色环境。如果在绿色环境中遇到任何问题，可以通过将流量路由回先前的蓝色环境来完成回滚。DNS 切换和自动伸缩组交换是蓝绿部署中最常用的两种重新路由流量的方法。

使用自动伸缩策略，随着应用程序规模的扩大，逐渐用运行新版本应用程序的实例替换现有实例。这个选项最好用于少量版本发布和少量代码变更的情况。另一种选择是利用 DNS 路由在应用程序的不同版本之间执行复杂的负载均衡。

如图 12-8 所示，在创建运行应用程序新版本的生产环境后，你可以使用 DNS 路由将一小部分流量转移到新环境中。

用小部分生产流量来测试绿色环境，这种方法叫作**金丝雀分析**。如果环境在功能上有问题，你能马上判断出来，并在对用户造成重大影响之前将流量切换回来。若一切正常，则可以继续逐步转移流量，测试绿色环境处理负载的能力。持续监控绿色环境以检测问题，可以有机会将流量切换回来，从而限制爆炸半径。最后，当所有指标都正常后，停用蓝色环境，释放资源。

蓝绿部署有助于实现零宕机，并提供简单的回滚机制。你可以根据自己的需要定制部署的时间。

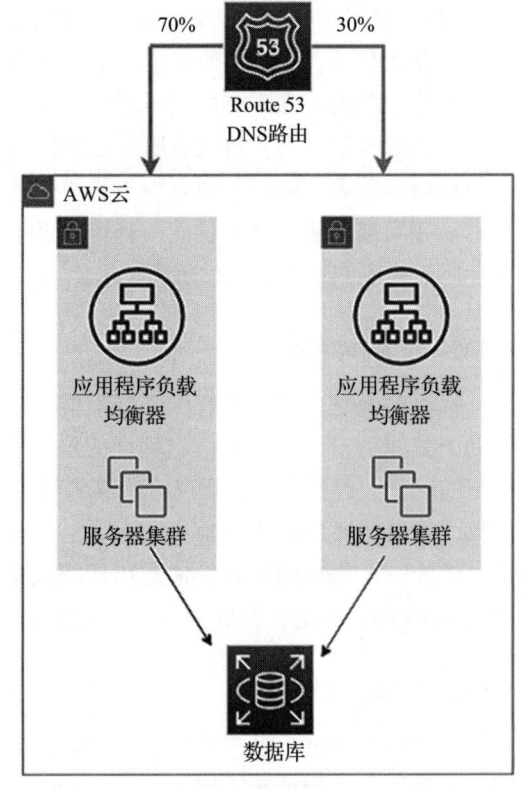

图 12-8　蓝绿部署通过 DNS 进行逐步切换

12.6.4　红黑部署

在红黑部署中，在启动新版本的系统之前，首先要进行金丝雀测试。金丝雀用最新版本的应用程序替换了大约 1% 的现有生产系统，并监控最新版本是否会出现错误。如果金丝雀测试得以通过，系统就被认为可以部署了。

为了准备切换，新版本的系统与旧版本的系统需要同时运行。新系统的初始容量是通过检查当前在生产中运行的实例数量来手动设置的，并将此数量设置为新的自动伸缩组的期望容量。一旦新系统启动并运行，两个都是红色系统。当前版本是唯一接受流量的版本。

可以使用 DNS 服务将系统从现有版本切入到新版本。此时，旧版本被视为黑色；它仍在运行，但不接受任何流量。如果检测到新版本有任何问题，那么恢复就变得很简单，只要将 DNS 服务指向托管旧版本的负载均衡器即可。

红黑部署也被称为暗部署，与蓝绿部署略有不同。在红黑部署中，DNS 会突然从旧版本切换到新版本，而在蓝绿部署中，DNS 会逐渐增加流量到新版本。可以将蓝绿部署和暗部署结合起来，同时运行两个不同版本的软件。系统中存在两套不同的代码实现，但只有一套被激活，可以通过特性开关切换到另一套代码实现。此部署方式可用作 beta 测试，还可以利用这种方式明确地启用新功能。

12.6.5　不可变部署

如果应用程序具有未知的依赖关系，则不可变部署或一次性升级是一个更容易的选择。老旧的应用程序基础设施，随着时间的推移，已经反复打了无数个补丁，升级变得越来越困难。这种类型的升级技术在不可变的基础设施上比较常见。

在发布新版本时，在终止旧实例的同时上线一组新的服务器实例。对于一次性升级，可以通过 Chef、Puppet、Ansible 和 Terraform 等部署服务来设置克隆环境，或者将它们与自动伸缩结合使用以管理更新。

除了停机时间，还需要在设计部署策略时考虑成本。考虑需要更换的实例数量和部署频率，以此来确定成本。权衡预算和停机时间，采取最适合的方法。

本节介绍了各种 CD 策略，这些策略可以帮助应用程序的发布更加高效省心。为了实现高质量的交付，需要在每一步都进行测试，这往往需要花费大量的精力。DevOps 流水线有助于更好地实现自动化测试，提高系统发布的质量和频率。接下来让我们来了解更多关于 CI/CD 流水线中的持续测试的内容。

12.7　在 CI/CD 流水线中实施持续测试

DevOps 有助于基于客户反馈、新功能需求或市场趋势而不断变化业务场景。健壮的 CI/CD 流水线可以确保在更短的时间内纳入更多的功能/用户反馈，并让客户可以更早地使用新功能。

通过频繁地检查代码，并在 CI/CD 流水线中内置合理的测试策略，可以确保高质量地完成反馈闭环。持续测试是平衡 CI/CD 流水线的关键。虽然快速添加软件功能是一件好事，但需要通过持续测试确保功能始终保持高质量。

单元测试是测试策略中最大的一部分。它们通常在开发人员的机器上运行，速度最快、成本最低。一般的经验法则是将 70% 的测试工作纳入单元测试。在这个阶段发现的错误可以相对更快地修复，而且复杂度更低。

单元测试通常由开发人员执行，一旦完成编码，就会被部署，以进行集成和系统测试。这些测试需要自己的环境，有时还需要单独的测试团队，但这使得测试过程的成本增加。一旦团队确保所有功能都能按预期工作，运维团队就需要运行性能和合规性测试。这些测试需要类生产环境，成本会更高。另外，**用户验收测试**（UAT）也需要类生产环境，这也会带来更多的开销。

如图 12-9 所示，在开发阶段，开发人员进行单元测试，以测试代码的变更/新特性。测试通常在编码完成后，在开发人员的机器上进行。

同时建议对代码变更进行静态代码分析，对代码覆盖率、编码准则的遵守情况进行检查。没有依赖关系的小型单元测试运行得更快。因此，开发人员可以快速发现测试是否存在故障。

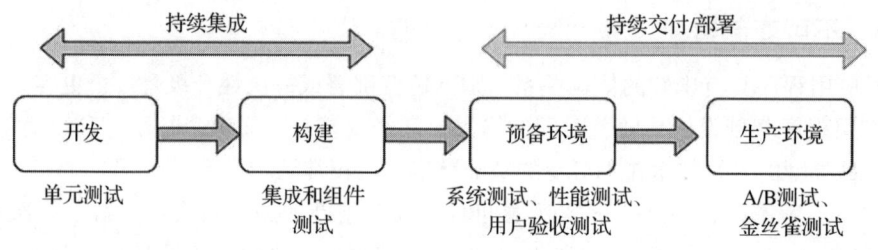

图 12-9　CI/CD 中的持续测试

构建阶段是测试单个组件本身与其他不同组件之间集成的第一阶段。构建阶段也是测试开发人员提交的代码是否破坏了任何现有的特性和进行回归测试的绝佳时机。

预备环境是生产环境的镜像。在这个阶段要进行端到端的系统测试（UI、后端逻辑和 API 都要进行广泛的测试）。性能测试则验证应用程序在特定工作负载下的性能，包括负载测试和压力测试。UAT 也在这个阶段进行，目的是为生产部署做好准备。合规性测试是为了测试行业特定的监管合规性。

在生产阶段，使用 A/B 测试或金丝雀分析等策略来测试新的应用程序版本。在 A/B 测试中，新的应用程序版本被部署到一小部分生产服务器上，并测试用户的反馈。根据用户对新应用程序的接受程度，逐步将新版本部署到所有的生产服务器中。

在软件开发中，往往不清楚哪种特性的实现在现实世界中更容易被接受。有一个专门的计算机科学学科——**人机交互**（HCI）就是专门用来回答这个问题的。虽然 UI 专家有几条准则来帮助他们设计合适的界面，但在通常情况下，最好的设计选择只能通过观察用户能否使用该设计完成特定的任务来确定。

如图 12-10 所示，A/B 测试是一种测试方法，即把两个或两个以上不同版本的特性分发给不同的用户组。收集每个版本的使用情况的详细指标，UI 工程师分析这些数据，以确定今后应该采用哪种实现。

启动多个不同版本的应用程序，每个版本都包含一个新特性的不同实现。DNS 路由可以用来将大部分流量发送到当前版本，同时也将一部分流量分发给运行新特性的系统版本。大多数 DNS 解析器都支持把 DNS 轮询解析作为流量分发的有效方法。

负载和性能测试是另一个重要事项。对于基于 Java 的应用程序，你可以使用 JMeter 通过建立 **Java 数据库连接**（JDBC）来对关

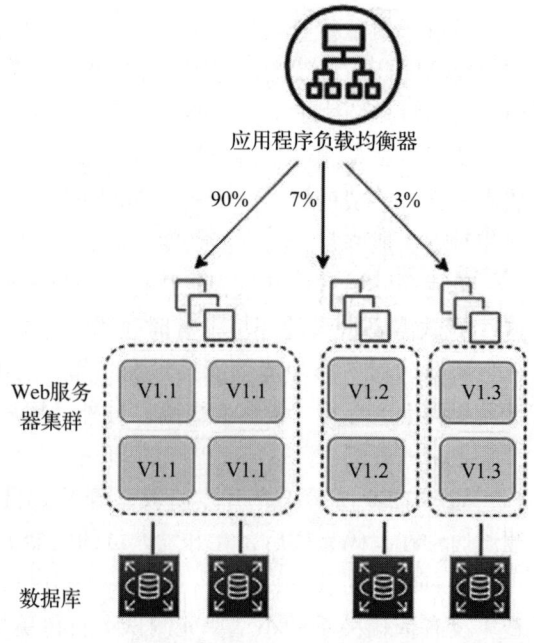

图 12-10　应用 A/B 测试的特性实验来划分用户

系型数据库进行压力测试。对于 MongoDB，你可以使用 Mongo-Perf，它可以在数据库上生成可重现的负载并记录响应时间，然后你可以测试使用数据库的组件和服务，并同时测试了数据库。

度量实例负载的一种常见方法是微基准测试。在微基准测试中，测试系统中的一个小的子组件（甚至是一段代码）的性能，然后尝试从这个测试结果中推断出大致的性能数据。在对服务器进行测试时，可以在一个新的实例类型上测试系统的某个部分，并将该测试结果与当前系统上相同部分的测试结果进行比较，当前系统使用的是不同类型的服务器和配置。

12.8 CI/CD 的 DevOps 工具

要建立 CI/CD 流水线，开发人员需要各种工具。这些工具包括代码编辑器、源存储库、构建服务器、部署工具，以及编排整个 CI 流水线的工具等。我们来看一下流行的 DevOps 开发工具的技术选择，包括云端的工具和运行在本地环境中的工具。

12.8.1 代码编辑器

DevOps 需要编写代码，通常需要编写脚本来将环境自动化。你可以使用 ACE 编辑器或基于云的 AWS Cloud9 集成开发环境（IDE）；可以在本地计算机上使用基于 Web 的代码编辑器，或在本地服务器中安装代码编辑器，该编辑器连接到应用程序所在环境（如开发、测试和生产环境），以便与之进行交互。开发环境是存储项目文件和运行开发应用程序工具的地方。你可以将这些文件保存在本地的实例或服务器上，或将远程代码仓库克隆到开发环境中。AWS Cloud9 IDE 是作为托管服务提供的云原生 IDE。

ACE 编辑器可以让你快速、轻松地编写代码。它是一个基于网页的代码编辑器，但提供的性能类似于流行的基于桌面的代码编辑器，如 Eclipse、Vim 和 Visual Studio Code（VS Code）等。它具有标准的 IDE 特性，如实时语法和匹配的括号高亮显示、自动缩进和补全、在选项卡之间切换、与版本控制工具集成，以及多个光标选择等。它可以处理大文件，在有几十万行代码的文件中没有输入延迟。它内置了对所有流行编程语言的支持以及调试工具，也可以安装自己的工具。对于基于桌面的 IDE，VS Code 和 Eclipse 是其他可供 DevOps 工程师选择的流行代码编辑器。

12.8.2 源代码管理

源代码仓库的选择也很多样。你可以设置、运行和管理自己的 Git 服务器，并全权负责。你也可以选择使用托管服务，如 GitHub 或 Bitbucket。如果你正在寻找一个云解决方案，那么 AWS CodeCommit 提供了一个安全、高度可伸缩、可管理的源代码控制系统，你可以在这里托管私人 Git 仓库。

你需要为代码仓库设置身份认证和授权来进行访问控制，授权团队成员读取或写入代码。你可以在传输和存储的过程中对数据加密。当你将代码推送到代码仓库（Git Push）时，它会对数据进行加密，然后再将其存储。当你从代码仓库中拉取数据（Git Pull）时，它会解密数据，然后将数据返回。用户必须是经过身份认证的用户，具有代码仓库的适当访问权限。数据在传输过程中可以通过基于 HTTPS 或 SSH 协议的加密网络连接进行加密传输。

12.8.3 CI 服务器

CI 服务器也被称为构建服务器。随着团队在多个分支上工作，将变更合并回主干就变得很复杂。在这种情况下，CI 起到了不可或缺的作用。CI 服务器提供了"钩子"，当代码提交到仓库时，该事件会触发构建。几乎在每一个版本控制系统中都能看到"钩子"，它表示在指定的必要动作发生时会触发自定义脚本。"钩子"既可以在客户端运行，也可以在服务器端运行。

合并请求是开发人员在将工作合并到通用代码分支之前通知和审查对方工作的一种常见方式。CI 服务器提供了 Web 界面，以便在将其添加到最终项目之前，对修改进行审查。如果变更存在问题，可以拒绝开发人员的合并请求，让其按照组织的编码要求进行调整。

如图 12-11 所示，将服务器端"钩子"与 CI 服务器结合使用，可以提高集成的速度。

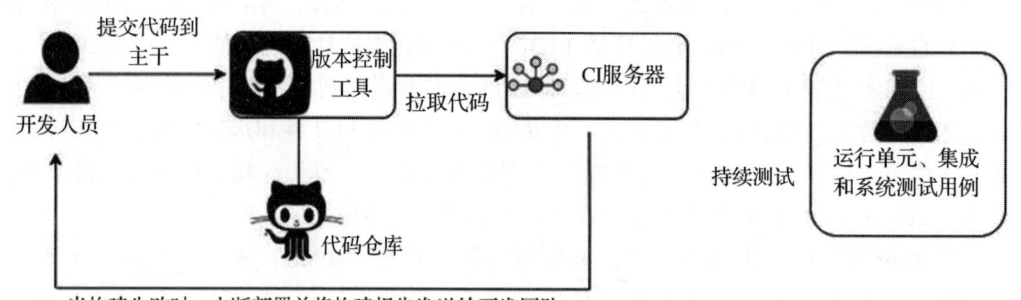

图 12-11　CI 自动化

如图 12-11 所示，使用"post-receive"，指导新的分支在 CI 服务器上触发测试，以验证新的构建是否正确集成，以及所有单元是否正确运行。开发人员会收到测试失败的通知，然后知道只有在问题被修复后，才能将他们的分支与主线合并。开发人员可以从分支进行构建，在那里测试变更，并在决定是否将分支合并到主线之前，了解变更是否正确。

当分支合并到主干时，运行集成和单元测试会大大提高效率。自定义"钩子"也被用来触发对合并后的主干代码执行测试，并阻止任何无法通过测试的合并。集成最好也使用 CI 服务器完成。

Jenkins 是构建 CI 服务器最受欢迎的工具。但是，你必须自己维护服务器的安全和更新补丁。对于云原生工具和托管服务，可以使用托管的代码构建服务，如 AWS CodeBuild，它无需服务器管理，并以按需付费的模式大大降低了成本。该服务可根据你的需求进行扩展。团队被授权专注于提交代码，并让服务构建所有的工件。

如图 12-12 所示，你可以将 Jenkins 集群托管在 AWS Elastic Compute Cloud（EC2）服务器的集群中，并根据构建负载自动伸缩。

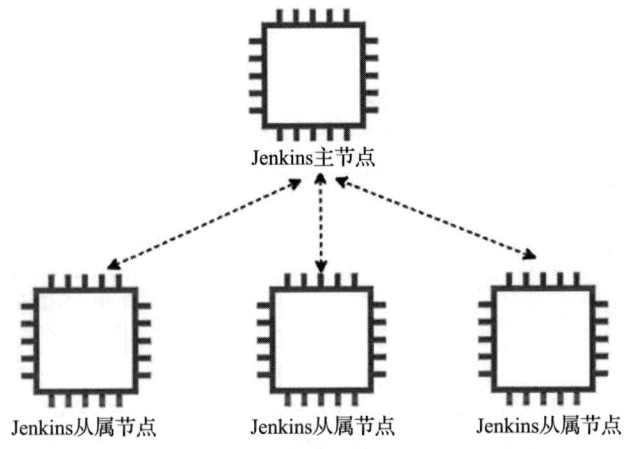

图 12-12　Jenkins CI 服务器的自动伸缩

Jenkins 主节点 在过载的情况下，会将构建分派到从属节点实例。当负载降低时，Jenkins 主节点会自动终止从属实例。

CI 服务器通过与跨开发团队各成员之间的协作，帮助你从源代码仓库中构建正确的代码版本，而代码部署则帮助团队为测试和发布代码做好准备，并供终端用户使用。接下来让我们详细了解代码部署。

12.8.4　代码部署

一旦构建完成，就可以使用 Jenkins 服务器进行部署，或者选择云原生的 AWS CodeDeploy 托管服务。你也可以使用其他流行的工具，如 Chef 或 Puppet 来创建部署脚本。指定部署配置的选项有：

- **OneAtATime**。每次只会在部署组中的一个实例上安装新的部署。如果在给定实例上的部署失败，部署脚本将停止部署并返回一个错误响应，其中详细说明了成功和失败安装的数量。
- **HalfAtATime**。向部署组中一半的实例安装新部署。如果这一半实例成功安装了新版本，则部署成功。对于生产/测试环境来说，HalfAtATime 是一个很好的选择，在这种环境中，一半的实例更新到新的版本，而另一半的实例在生产环境中仍然可以使用旧的版本。
- **AllAtOnce**。每个实例在下一次轮询部署服务时都会安装最新的可用版本。此选项最适合用于开发和测试部署，因为它有可能在部署组中的每个实例上安装无法正常工作的版本。

- **自定义**。你可以使用此命令创建自定义部署配置,指定在给定时间内部署组中必须存在的健康主机的数量。该选项比 OneAtATime 更加灵活。它允许在一个或两个已经损坏或配置不当的实例上出现部署失败的可能性。

图 12-13 说明了部署生命周期中的事件。

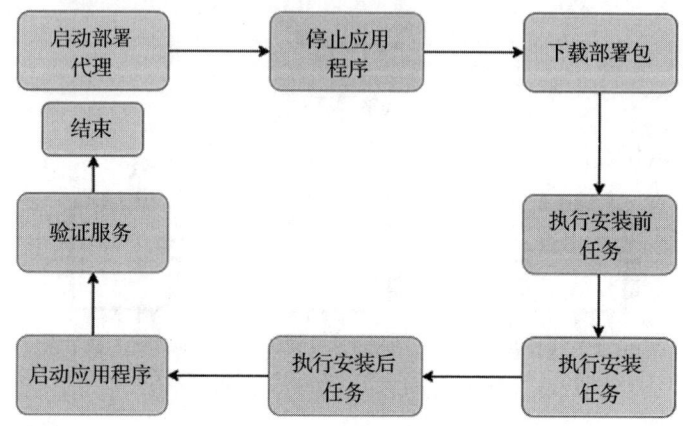

图 12-13 部署生命周期的事件

部署代理通过一系列步骤来执行部署,这些步骤称为生命周期事件。在图 12-13 中,浅色框中显示的步骤可由人工干预控制;但是,深色框中显示的步骤是自动的,由部署代理控制。以下是关于每个步骤的细节:

- **停止应用程序**。为了触发部署,首先要做的是停止应用服务器,以便在复制文件时停止服务。软件应用服务器包括但不限于 Tomcat、JBoss 或 WebSphere 等。
- **下载部署包**。在应用服务器停止后,部署代理服务器开始从工件仓库(如 JFrog Artifactory)下载提前构建好的部署包。该仓库存储了应用程序二进制文件,可以用于在应用程序新版本发布前的部署和测试。
- **执行安装前任务**。部署代理服务器会触发预安装步骤,如创建当前版本的备份,以及通过脚本进行所需的配置更新。
- **执行安装任务**。在此步骤中,部署代理会启动应用程序的安装程序。例如,运行 Ant 或 Maven 脚本来安装 Java 应用程序。
- **执行安装后任务**。在应用程序安装完成后,部署代理会触发此步骤。它可能包括更新安装后的配置,如本地内存设置和日志参数。
- **启动应用程序**。在此步骤中,代理服务器会启动应用程序,并通知运营团队成功或失败。
- **验证服务**。验证步骤在其他一切工作完成后启动,让你有机会对应用进行完整性检查。它包括执行自动完整性测试和集成测试等步骤,以验证应用程序的新版本是否已正确安装。当测试成功时,代理服务器也会向团队发送通知。

至此已分别介绍了各种代码部署策略和步骤。然而,要建立一个自动化的 CI/CD 流水线，你还需要将所有 DevOps 步骤拼接起来。接下来将介绍更多关于代码流水线的知识，它可以帮助建立端到端的 CI/CD 流水线。

12.8.5 代码流水线

代码流水线就是要把所有的东西协调在一起，实现持续交付（CD）。在 CD 中，整个软件发布过程（包括构建和部署到生产发布）是完全自动化的。经过一段时间的实践，你可以建立一个成熟的 CI/CD 流水线，在这个流水线上，自动化生产发布过程，实现特性的快速部署和获得客户的即时反馈。你可以使用云原生托管服务（如 AWS CodePipeline）来协调构建整个代码流水线，也可以使用 Jenkins 服务器。

代码流水线使你能够向 CI/CD 流水线中的各个阶段添加不同的操作事项。每个操作都可以与执行该动作的工具相关联。代码流水线中各阶段操作和对应工具如下：

- **源代码**。应用程序代码需要存储在一个具有版本控制的中央仓库中，该仓库被称为源代码仓库。一些流行的代码仓库有 AWS CodeCommit、Bitbucket、GitHub、**并发版本系统**（CVS）、Subversion（SVN）等。
- **构建**。构建工具从源代码仓库中提取代码，并创建一个应用程序二进制包。常用的构建工具有 AWS CodeBuild、Jenkins、Solano CI 等。在构建完成后，可以将二进制文件存储在 JFrog 等工件仓库中。
- **部署**。部署工具可以在服务器中部署应用程序二进制文件。一些流行的部署工具有 AWS Elastic Beanstalk、AWS CodeDeploy、Chef、Puppet、Jenkins 等。
- **测试**。自动测试工具可以帮助你完成和执行部署后的验证。常用的测试验证工具有 Jenkins、BlazeMeter、Ghost Inspector 等。
- **执行**。你可以使用基于事件的脚本来执行备份和告警任务。任何脚本语言，如 shell 脚本、PowerShell 和 Python 都可以用来执行各种自定义活动。
- **审批**。审批是 CD 的一个重要步骤。你可以通过自动的电子邮件触发器要求手动审批，也可以通过工具自动审批。

本节介绍了各种用于管理软件开发生命周期（SDLC）的 DevOps 工具，包括代码编辑器、代码仓库以及构建工具、测试工具和部署工具，而需要集成到 DevOps 流水线中的其他工具包括持续日志记录、持续监控和运维处理，具体可回顾第 10 章。至此已经介绍了每个 SDLC 阶段的各种 DevOps 技术。现在，让我们进一步学习最佳实践和反模式。

12.9 实施 DevOps 的最佳实践

在构建 CI/CD 流水线时，应根据需要创建一个项目并将团队成员添加到其中。项目仪表盘将部署流水线的代码流可视化展示，监控构建，触发告警，并跟踪应用程序活动。图 12-14 展示了一条清晰的 DevOps 流水线。

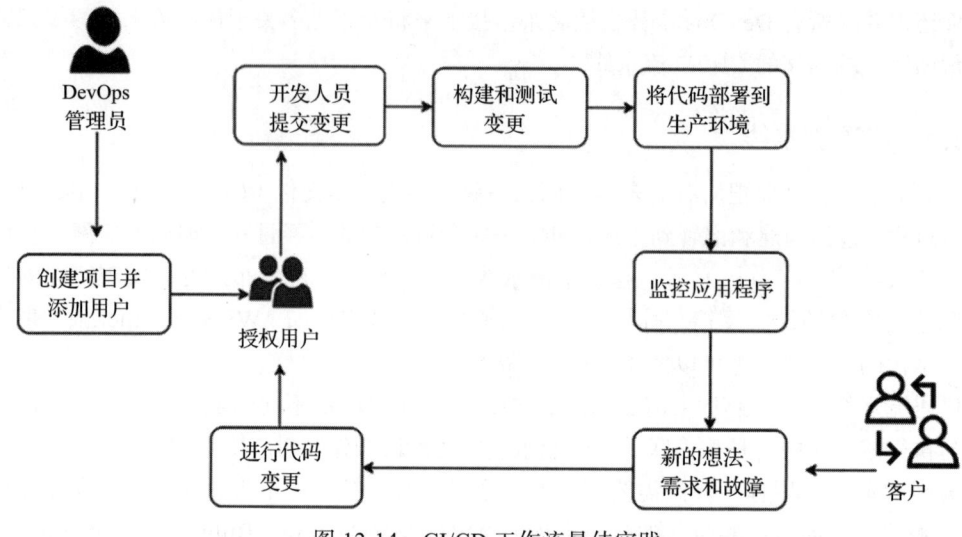

图 12-14　CI/CD 工作流最佳实践

在设计 CI/CD 流水线时要考虑以下几点：

- **定义阶段**。可以有开发、集成、系统、用户验收和生产阶段。有些组织还包括开发、alpha、beta 和发布阶段。
- **每个阶段的测试类型**。每个阶段可以有多种类型的测试，如单元测试、集成测试、系统测试、UAT、冒烟测试、压力测试和生产阶段的 A/B 测试。
- **测试的顺序**。测试用例可以并行运行，也可以按顺序运行。
- **监控和报告**。监控系统缺陷和故障，并在故障发生时发送通知。
- **基础设施置备**。为每个阶段提供基础设施的方法。
- **回滚**。定义回滚策略，以便在需要时回滚到以前的版本。

如果系统中存在一些可以用自动化代替的人工环节，那会拖慢你的交付进程。所以，使用 CD 来自动化这些环节能加速你的交付进程。

有一个常见的反模式是在代码中保存构建的配置值，甚至让开发人员在构建过程中使用不同的工具，这会导致开发人员之间的构建不一致。如果试图去排查为什么特定的构建在一个环境中可以工作，而在其他环境中不能工作，那么需要花费大量的时间和精力。为了克服这个问题，最好将构建配置从代码中分离出来。将这些配置外置到工具中，可以使它们在不同的构建之间保持一致，以更好地实现自动化，并使构建过程能够更快地规模化。不采用 CD 实践可能会导致在发布的最后一刻（比如，在半夜）还要匆忙地修复构建物。让 CD 流程支持"快速失败"，以减少在最后一刻发生意外的可能性。

为了将应用架构最佳实践应用到程序开发的每一步，可以遵循"十二要素"方法论，正如其官网（https://12factor.net/）所推荐的那样，"十二要素"方法论被企业广泛应用于 Web 应用程序的端到端开发和交付。这适用于所有编码平台，而不用考虑采用何种编程语言。这些要素已贯穿本书的各个章节。如今，大多数应用程序都是以 Web 应用程序的形式构建的，并充分利用了云平台的优势。

12.10 在云中构建 DevOps 和 DevSecOps

前几节已经介绍了构建 CI/CD 流水线需要多个工具，在此基础上添加安全自动化会增加复杂性。从头开始集成各种工具并汇集安全漏洞发现也会是一项极具挑战的任务。而像 AWS 这样的公有云供应商可以灵活地构建 DevSecOps 流水线，轻松地集成云原生工具和第三方工具，并汇集安全发现。图 12-15 的 DevSecOps 流水线架构涵盖了 CI/CD 实践，包括 SCA、SAST 和 DAST 工具，以可视化的方式体现了安全自动化理念。

如图 12-15 所示，当开发者在 GitHub 中提交代码时，CI/CD 流水线会被触发。使用 AWS CloudWatch 生成一个事件来启动 AWS CodePipeline。AWS CodePipeline 编排 CI/CD 流水线，包括代码提交、构建和部署。AWS CodeBuild 将构建打包，并将工件上传到 AWS CodeArtifact。AWS CodeBuild 从 AWS 参数存储中检索认证信息，例如，扫描工具令牌以启动扫描任务。

在流水线中集成 AST 工具可以实现 DevSecOps。CodeBuild 使用 SCA 工具（如 Synopsys 的 Black Duck 或 WhiteSource）和 SAST 工具（如 SonarQube 或 Coverity）扫描代码。SCA 或 SAST 可能会检测到需要提交到 AWS 安全 Hub 的漏洞。AWS CodeBuild 调用 Lambda 函数来将所有安全扫描发现合并到 AWS 安全 Hub 下的一个位置。当应用程序通过自动测试来验证应用程序的功能时，你也可以添加 IAST，如 Veracode 或 CxSAST。如果应用程序经测试没有发现安全漏洞，CodeDeploy 将代码部署到 AWS Elastic Container Service（ECS）临时环境中。

成功部署以后，CodeBuild 使用 OWASP ZAP 或 Appknox 工具触发 DAST 扫描。同样，如果存在漏洞，CodeBuild 将调用 Lambda 函数，该函数将安全发现发布到 AWS 安全 Hub。假设 DAST 没有发现安全问题。此时构建可以提前获得批准，流水线通知审批者进行审批操作，构建将被推送到 AWS ECS 生产环境中。在 CI/CD 流水线运行期间，AWS CloudWatch 监控所有的变更，并通过 SNS 通知功能向 DevOps 和开发团队发送电子邮件通知。

AWS CloudTrail 跟踪任何关键更新，例如，流水线更新、删除和创建，并向 DevOps 团队发送通知，以便于审计。此外，AWS Config 会跟踪所有配置变更。

对于 DevSecOps，使用 AWS IAM 中所定义的角色应用于 CI/CD 流水线安全，只能访问所需的资源。任何静止和传输中的流水线数据都必须使用加密和 SSL 技术。你也可以使用 AWS 参数存储来存储敏感信息，如 API 令牌和密码。

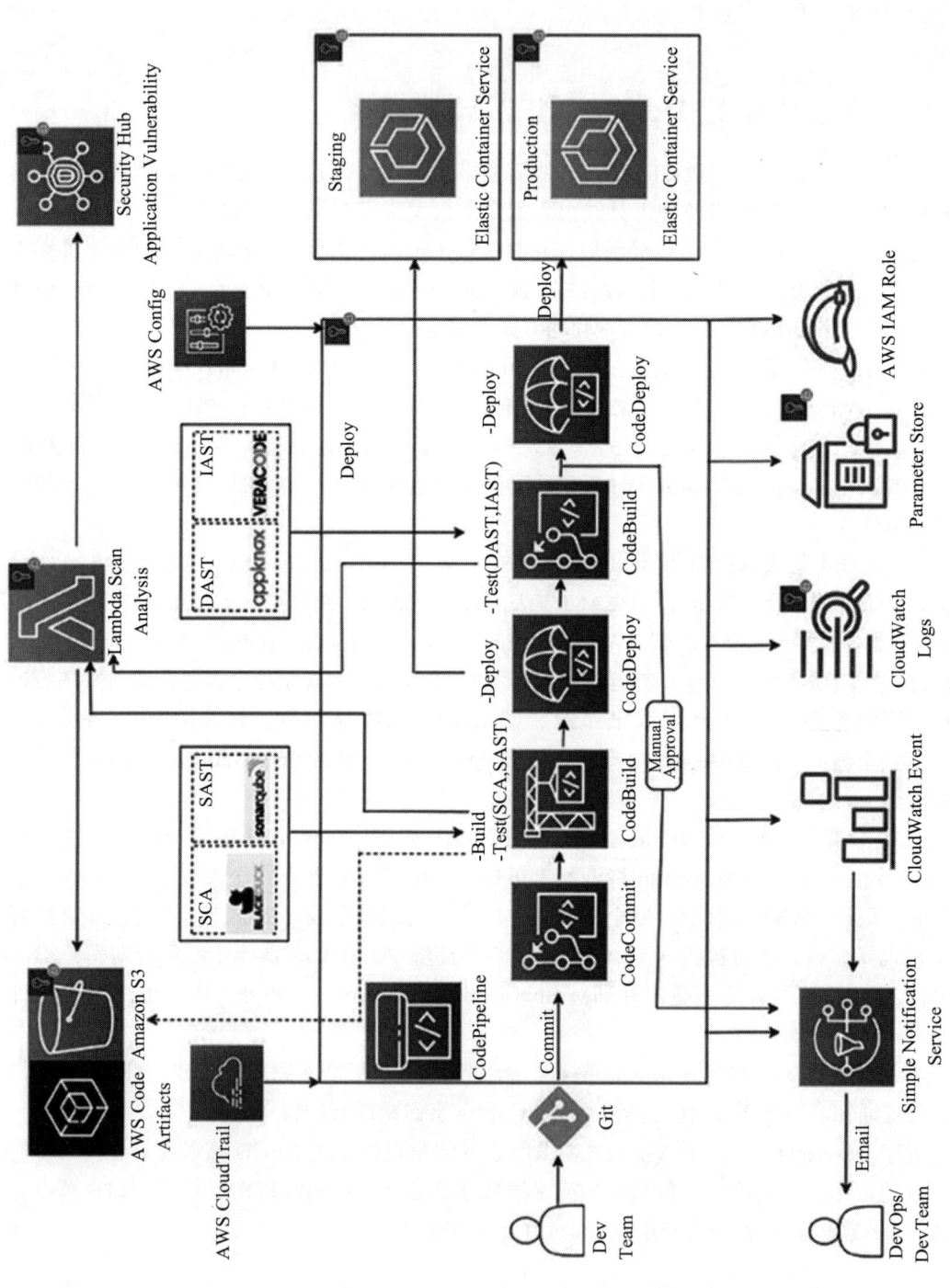

图 12-15　AWS 公有云上的 DevSecOps CI/CD 架构

在安全 Hub 的一个位置汇集所有安全发现并提供自动修复功能。你可以根据安全发现触发 Lambda 函数以采取所需的修复操作。例如，如果有人不小心打开了一个 SSH 端口给所有人，它可以自动阻止服务器的互联网流量。自动化减轻了 DevOps 和安全团队的负担，因为它们现在可以通过工具来解决安全漏洞，而不是登录多个仪表盘去监控告警。

对于组织或团队来说，在应用程序开发的早期阶段识别安全威胁可以大大降低应用程序变更的成本。以自动化的方式进行安全威胁识别可以加速这些变更的交付。DevSecOps 流水线对于构建频繁变更的应用程序开发环境至关重要。

DevOps 集文化、实践和工具于一体。DevOps 实践使组织能够快速交付新的应用程序特性。DevSecOps 更进一步将安全性集成到 DevOps 中。借助 DevSecOps，你可以快速提供安全且合规的应用程序变更，同时运行与自动化一致的操作。

12.11 小结

本章介绍了健壮的 DevOps 实践中的关键组成部分，包括 CI、CD 以及持续监控和改进。只有通过无时无刻地应用自动化，才能实现 CI/CD 的敏捷性。为了实现自动化，本章介绍了 IaC 和配置管理。此外还有各种自动化工具，如 Chef、Puppet 和 Ansible，以实现配置管理的自动化。

安全是首要任务，因此本章介绍了 DevSecOps，也就是安全方面的 DevOps。CD 是 DevOps 的关键方面之一。本章介绍了各种部署策略，包括滚动部署、蓝绿部署和红黑部署等。测试是保证产品质量的另一个重要方面，本章讲解了 DevOps 中持续测试的概念，以及 A/B 测试如何通过在真实环境中获取客户的直接反馈来帮助改进产品。

此外，本章还介绍了 CI/CD 流水线中的各个阶段和可以使用的工具和服务，以及可以实现坚固的 CI/CD 流水线的最佳实践方案；阐明了每项服务是如何工作的，并讨论了如何集成服务以构建复杂的解决方案。

至此，我们介绍了解决方案架构涉及的各个方面。伴随着企业数字化的进程，每个企业都持续积累了大量的数据，因此它们会投入很多精力去了解和分析自己的数据。在下一章中将继续介绍如何收集、处理和使用数据。

第 13 章

解决方案架构的数据工程

在互联网和数字化时代,世界各地都在以飞快的速度产生大量的数据。如何从这些海量数据中快速获得洞见是一个挑战。我们需要不断创新以摄取、存储和处理这些数据,从而获得业务成果。

随着云技术、移动技术和社交技术的融合,基因组学和生命科学等众多领域正在以越来越快的速度发展。通过挖掘数据来获得更多的洞见正呈现出巨大的价值。流处理系统与批处理系统的一个根本区别是能否处理无限数据。现代流处理系统需要以低延迟的方式处理高速输入的数据,并持续产生结果。

大数据的概念不仅仅包含数据的收集和分析。对于组织来说,数据的实际价值是它可以用来获取洞见,并为组织创造竞争优势。并非所有的大数据解决方案都必须以可视化结果为终点。许多解决方案,如**机器学习**(Machine Learning,ML)和预测分析,将这些答案以编程的方式传入其他软件或应用程序,这些软件或应用程序从答案中提取信息,并按照设计的方式进行响应。

与大多数事情一样,想要越快获得结果,所需要的成本就越高,大数据也不例外。有些答案可能不是立即需要的,因此解决方案的延迟和吞吐量可以灵活地放宽到数小时内完成。其他的响应(例如,在预测分析或机器学习领域)可能需要在数据可用时尽快完成。

在本章结束时,你将了解如何设计大数据和分析架构。你将学到大数据流水线的不同步骤,包括数据摄取、存储、处理和可视化,以及各种架构模式。

13.1 什么是大数据架构

收集到的海量数据也可能会造成问题。随着积累的数据越来越多，管理和迁移数据及其底层的大数据基础设施变得越来越困难。云供应商的兴起促进了将应用程序迁移上云的能力的提升。众多的数据源导致数据量增长、数据生成速度增快和数据种类增多。由计算机生成的常见数据源如下：

- **应用服务器日志**：应用程序和游戏日志。
- **点击流日志**：用户点击和浏览网站记录。
- **传感器数据**：气象、水、风能和智能电网。
- **图像和视频**：交通和监控摄像头。

计算机生成的数据涵盖了从半结构化的日志数据到非结构化的二进制数据。这些数据源产生的数据能通过模式匹配或相关性分析在社交网络和在线游戏方面提供建议。你还可以使用计算机生成的数据来跟踪应用程序或服务的行为，如博客、评论、电子邮件、图片和品牌认知。

人造数据包括电子邮件搜索记录、自然语言处理数据、对产品或企业的情感分析数据，以及产品推荐数据。社交图谱分析可以根据你的朋友圈生成产品推荐，推送你可能感兴趣的工作，甚至根据你的朋友圈中的生日、纪念日等进行提醒。

数据分析团队在向组织提供最大价值时可能遇到的典型问题包括：

1）**对客户体验和运营的洞察力有限**。为了创造新的客户体验，组织需要更好地了解其业务。复杂而昂贵的数据收集和处理系统，以及额外的扩展成本要求组织限制其收集和分析的数据类型和数量。

2）**需要更快地决策**。这个问题由两部分组成：
- 传统数据系统不堪重负，现有的系统负载需要很长时间才能完成。
- 更多决策需要在几秒钟或几分钟内做出，需要系统实时收集和处理数据。

3）**通过机器学习实现创新**。企业正在增加和壮大数据科学团队，以帮助优化和发展业务。数据科学家需要使用他们所选择的工具去更容易地访问数据，而不需要传统的繁文缛节和流程，这会降低他们的速度。

4）**技术人员和自动扩展的基础设施的成本**。在本地管理基础设施的客户难以快速扩展以满足业务需求。管理基础设施、高可用性、可伸缩性和运营监控都很难，尤其在伸缩方面。AWS托管服务允许客户专注于构建数据应用程序，而不是管理工具。

在**大数据架构**中，数据流水线一般以数据为起点，以洞见为终点。如何从起点到终点则取决于一系列的因素。图13-1展示了一个用于设计数据架构的数据工作流水线。

如图13-1所示，大数据流水线的标准工作流程包括以下步骤：

1）通过合适的工具收集（摄取）数据。
2）持久化存储数据。

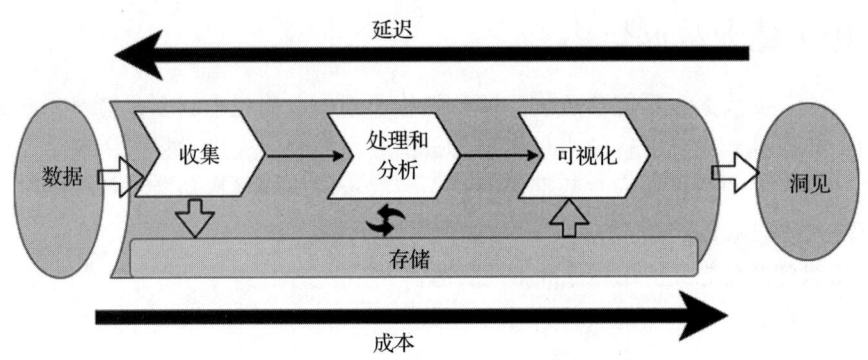

图 13-1　大数据架构设计中的数据流水线

3）数据处理或分析。从存储中获取数据，对其进行操作，然后再次存储处理后的数据。

4）数据被其他处理/分析工具使用，或者被同一工具再次处理，从数据中获得进一步的结果。

5）为了使结果对业务用户有用，使用**商业智能**（BI）工具将结果可视化，或者将结果输入机器学习算法进行预测。

6）一旦将合理的结果呈现给用户，就为他们提供了数据洞见，他们可以基于这些洞见进行进一步的业务决策。

你在流水线中部署的工具决定了获得结果的时间，也就是从数据被创建到获得洞见之间的延迟。在考虑延迟的同时，设计数据架构的最佳方法是确定如何平衡吞吐量与成本，因为更高的性能和随之而来的低延迟通常会导致更高的成本。

13.2　大数据处理流水线设计

许多大数据架构所犯的关键性错误之一是试图用一个工具处理数据流水线的多个阶段。用一个服务器集群来端到端地处理从数据存储和转换到数据可视化的整个流水线可能是最简单的架构，但它也是最容易发生故障的。这种紧耦合的大数据架构通常不能根据需求提供吞吐量和成本的最佳平衡。在设计数据架构时，请使用 FLAIR 原则，如下所述：

- F：可查找性（Findability）。查看可用数据资产和访问元数据的能力，元数据包括所有权、数据分类、数据治理和合规要求等必要属性。
- L：血缘（Lineage）。查找和追溯数据源，理解并可视化数据从数据源流入到被消费的能力。
- A：可访问性（Accessibility）。对数据资产访问进行安全授权的能力。这也需要网络基础设施的支持，以使数据访问更加高效。
- I：互操作性（Interoperability）。数据存储的格式可以被大多数系统或至少内部系统处理。

- R：可重用性（Reusability）。数据的结构是已知的，数据源的归属是明确的，可能涵盖 MDM（主数据管理）概念。

建议数据架构师将数据摄取、存储、处理和获取洞见的流水线解耦。特别是将存储和处理分为多个阶段，这样做有很多好处，包括提高容错能力。例如，如果在第二轮处理中出了问题，或者专门用于处理该任务的硬件出现故障，不必从流水线的起点重新开始，系统可以从第二个存储阶段恢复。将存储与各个处理层解耦，使你能够对多个数据存储进行读写。

图 13-2 说明了设计大数据架构流水线时需要考虑的各种工具和流程。

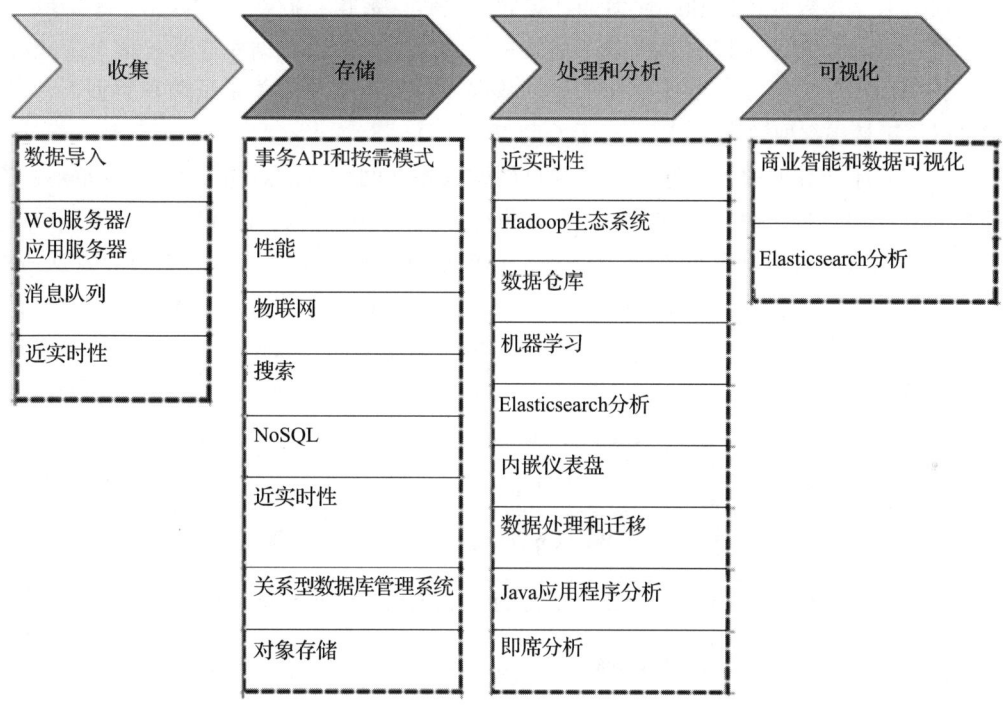

图 13-2　大数据架构设计中的工具与流程

为大数据架构进行工具选型时，应该考虑以下几点：
- 数据结构。
- 最大可接受的延迟。
- 最低可接受的吞吐量。
- 系统终端用户的典型访问模式。

数据结构会影响数据处理工具以及存储位置的选择。数据的顺序及要存储和检索的数据对象的大小也是必须要考虑的因素。获得结果的时间取决于解决方案如何权衡延迟/吞吐量和成本。

用户访问模式是需要考虑的另一个重要因素。有些作业需要定期快速连接许多相关的表，有些作业则需要每天或按更低频率使用存储的数据。有些作业需要比较来自各种数据源的数据，而有些作业只需要从一个非结构化表中提取数据。了解终端用户最常使用数据的方式将有助于确定大数据架构的广度和深度。接下来，我们将更深入地探讨大数据架构中的每个流程和涉及的工具。

13.3 数据摄取

数据摄取是指数据传输和存储前的数据收集过程。数据来源众多。数据主要摄取自数据库、流、日志和文件。其中，数据库是最主要的数据来源。数据库通常包括上游核心事务系统，应用程序的数据主要保存在那里。数据库有关系型和非关系型两种类型，有多种技术可以用来从中提取数据。

流是时间序列数据的无限序列，如来自网站或物联网设备的点击流数据，通常会发布到托管的 API 中。日志由应用程序、服务和操作系统产生。数据湖提供了一个单一可信数据来源，可以将所有数据存储在一个地方，并打破组织中各个业务部门之间的数据孤岛。在 13.7 节中，你将了解有关数据湖的更多知识。文件来自自建的文件系统，或者通过 FTP 或 API 从第三方数据源获得。如图 13-3 所示，应该根据不同的数据类型和数据收集方式来确定理想的摄取方案。

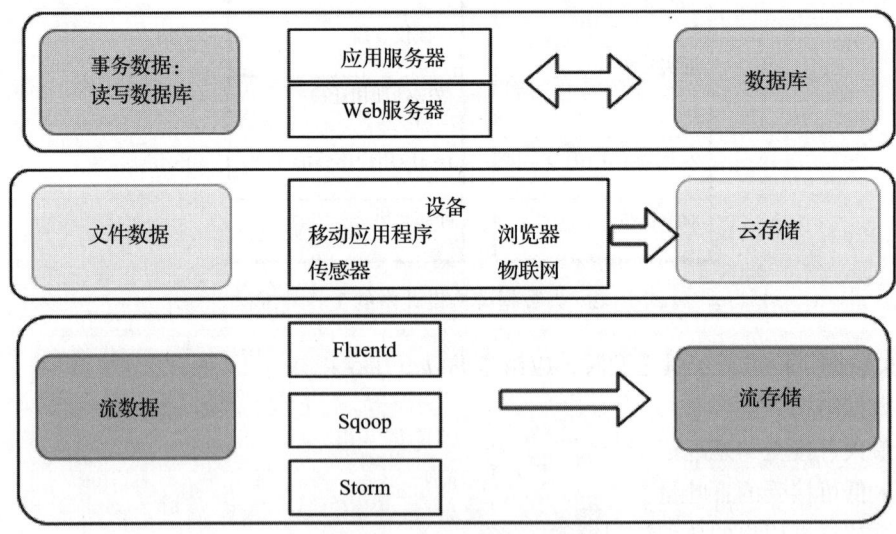

图 13-3　数据摄取类型

如图 13-3 所示，事务数据必须能够被快速存储和检索。终端用户需要快速、直接地访问数据，这使应用服务器和 Web 服务器成为理想的摄取方式。出于同样的原因，NoSQL 和

关系型数据库管理系统（RDBMS）等通常是这类流程的最佳解决方案。

通过独立文件传输的数据通常从连接的设备中摄取。与事务数据相比，很多文件数据并不需要被快速存储和检索。对于文件数据，其传输往往是单向的，数据由多个资源产生，并被摄取到单个对象或文件存储中，以供以后使用。

流数据（如点击流日志）应通过合适的解决方案（如 Apache Kafka 或 Fluentd）来摄取。最初，这些日志被存储在 Kafka 等流存储解决方案中，因此它们可以实现实时处理和分析。长期存储这类日志最好采用低成本的解决方案，如对象存储。

流存储将收集系统（生产者）与处理系统（消费者）解耦，为传入的数据提供了一个持久化的缓冲区。数据可以被处理，并且你可以根据需求以一定的速率泵送数据。让我们了解一些常用的数据摄取技术。

13.3.1 数据摄取的技术选型

流行的数据摄取和传输的开源工具如下：

- **Apache DistCp**。DistCp 代表"分布式拷贝"（Distributed Copy），是 Hadoop 生态系统的一部分。DistCp 工具用于在集群内或集群间复制大型数据。DistCp 利用 MapReduce 自带的并行处理分发能力实现数据的高效快速复制。它将目录和文件分发到 Map 任务中，将文件分区从源端复制到目标端。DistCp 还可以跨集群进行错误处理、恢复和报告。
- **Apache Sqoop**。Sqoop 也是 Hadoop 生态系统项目的一部分，它能够对 Hadoop 和 RDBMS 等关系型数据存储之间的数据传输提供帮助。Sqoop 允许你将数据从结构化数据存储导入 Hadoop 分布式文件系统（Hadoop Distributed File System，HDFS），或将数据从 HDFS 导出到结构化数据存储中。Sqoop 使用插件连接器连接到关系型数据库。你可以使用 Sqoop 扩展 API 构建新的连接器，也可以使用内置连接器来支持 Hadoop 和常见关系型数据库系统之间的数据交换。
- **Apache Flume**。Flume 是一款开源软件，主要用于摄取大量的日志数据。Apache Flume 以分布式的方式可靠地将数据收集、汇总到 Hadoop。Flumes 适用于流数据的摄取和分析。

还有更多的流处理开源项目，如 Apache Storm 和 Apache Samza，可以帮助可靠地处理无界数据流。

13.3.2 数据摄取上云

AWS 等公有云供应商提供了一系列大数据服务，用于大规模地存储和处理数据。以下服务可以将数据迁移到 AWS 云并充分利用云供应商提供的可伸缩性：

- **AWS Direct Connect**。AWS Direct Connect 在 AWS 云和数据中心之间提供速度高达 10Gbit/s 的私有连接。专用网络连接可减少网络延迟，提高带宽吞吐量。与数据必须跳过多个路由器的互联网连接相比，它提供了更可靠的网络速度。Direct

Connect 可以在你或 Direct Connect 合作伙伴管理的路由器（取决于你是否与 AWS Direct Connect 的其中一个接入点位于同一地区）与 AWS 机房中的路由器之间建立交叉连接。该项服务提供了公共和私有的**虚拟接口**（Virtual Interface，VIF）。你可以使用私有 VIF 直接访问在 AWS 上的**虚拟私有云**（Virtual Private Cloud，VPC）内运行的资源，使用公共 VIF 访问 AWS S3 等服务的公共端点。

- **AWS Snowball**。如果你想将大量数据（如数百万亿字节或千万亿字节的数据）传输上云，通过互联网传输可能需要数年时间。AWS Snowball 提供了一个防篡改的 80TB 存储设备，可以传输大量数据。它类似于可以插入本地数据存储服务器的大容量硬盘，可以加载所有数据，并将其运送到 AWS。AWS 会把你的数据放在云存储的指定位置。AWS Snowball 还提供其他服务，如 Snowball Edge，它在配备计算能力的同时，还配备了 100TB 的存储空间，可以从偏远位置（比如在游轮或者石油钻井上）处理数据。它就像一个小型的数据中心，你可以在这里加载数据，并利用内置的计算功能进行一些分析。设备一上线，数据就可以加载到云上。如果你有 PB 级的数据，那么可以使用 Snowmobile，它是一个 45 英尺（1 英尺 = 0.3048 米）长的物理集装箱，可以一次性将 100PB 的数据从数据中心传输到 AWS 云。

- **AWS Data Migration Service**（DMS）。AWS DMS 可以轻松安全地将数据库和数据仓库迁移或复制到 AWS。在 DMS 中，你可以创建一个数据迁移任务，该任务将通过源端点连接到本地数据，并使用 AWS 提供的存储（如 RDS 和 Amazon S3）作为目标端点。DMS 支持完整的数据转储和正在进行的**变更数据捕获**（Change Data Capture，CDC）。DMS 还支持同构（MySQL 到 MySQL）和异构（MySQL 到 Amazon Aurora）数据库迁移。

AWS 还提供了很多其他工具，如 AWS DataSync，用于从本地持续传输文件到 AWS，再如 AWS Transfer for SFTP，用于从 SFTP 服务器安全地摄取数据。在摄取数据的过程中，需要将数据放到合适的存储中，以满足业务需求。同样，其他公有云供应商（如 Azure 和 GCP）也提供了各种选择来将数据从本地摄取到云上。流数据的摄取和分析也同样非常重要。接下来将介绍可供选择的存储技术以及如何选择。

13.4 数据存储

在为大数据环境设置存储时，最常见的一个错误是使用一个解决方案（通常是 RDBMS）来处理所有的数据存储需求。

可用的工具有很多，但没有哪个工具能解决所有问题。单一的解决方案不一定能满足所有需求，适合当下环境的最佳解决方案可能需要组合各种存储方案，从而能更好地平衡延迟和成本。理想的存储解决方案是使用合适的工具来完成相应的作业。图 13-4 将多个与数据和存储技术选型相关的因素结合在一起。

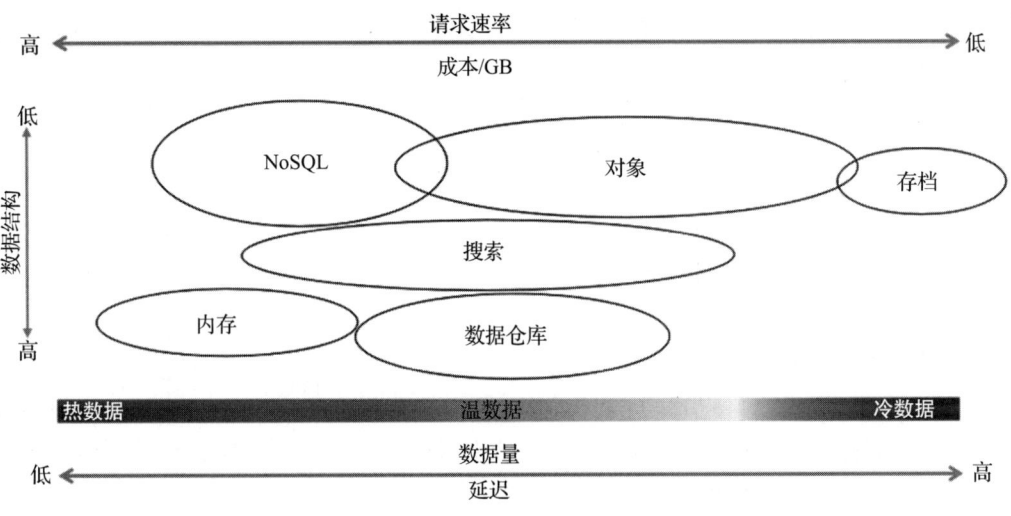

图 13-4 理想的数据存储

如图 13-4 所示，选择数据存储取决于以下因素：

- **数据结构如何？** 它是否遵循特定的规范模式，就像 Apache Web 日志（日志通常没有很好的结构，因此不适合关系型数据库）一样，是否具有标准化的数据协议和约定的接口？它是完全随意的二进制数据吗？（就像图像、音频、视频和 PDF 文档那样）它是具有通用结构的半结构化数据，但是不同记录具有潜在的高可变性吗？（就像 JSON 或 CSV 那样）
- **新数据需要在多久后能被查询到？** 是随着新记录的流入而决策的实时场景（例如，营销经理根据转化率做出调整，或者网站根据用户行为相似度做出产品推荐），还是按每日、每周或每月批量处理的场景（比如模型训练、制作财务报表或产品性能报告）？或是介于两者之间的场景（比如用户联络邮件，它不需要实时响应，但可以在用户动作和触点之间有几分钟甚至几小时的缓冲期）？
- **摄取数据的大小是多少？** 是随着数据的到来而逐条地摄入数据（例如，来自 REST API 的 JSON 数据最多时只有几千字节），还是大批量的记录（比如系统集成和第三方数据源）一次性到达？或是介于两者之间（比如，将几个小批量的点击流数据聚合在一起进行更高效的处理）？
- **数据的总容量及其增长率是多少？** 你是在处理 GB 和 TB 级别的数据，还是计划存储 PB 甚至 EB 级别的数据？对于你的特定分析用例而言，需要多少这样的数据？大多数查询是否只需要特定时间段内的滚动窗口数据？或者，你是否需要一种机制来查询你历史数据集的全部内容？
- **在任意特定位置存储和查询数据的成本是多少？** 当涉及任意计算环境时，我们通常需要在性能、韧性和成本之间做出平衡。若存储能提供更好的性能和韧性，则它的成本往往也更高。你可能希望对 PB 级的数据进行快速查询，但为了满足成本要求，你可能只能查询压缩格式的 TB 级数据。

最后，你会对数据执行什么类型的分析查询？它是否会用固定的指标来绘制仪表盘？它是否会参与由各种业务维度驱动的大范围数字聚合？它是否用于诊断，利用字符串标记进行全文搜索和模式分析？

在确定了数据的所有特性并了解了数据结构后，就可以评估数据存储需要使用哪种解决方案。让我们了解存储数据的各种解决方案。

数据存储的可选技术

正如我们讨论的，单一工具无法面面俱到。需要为作业选择恰当的工具，而数据湖可以让你建立高度可配置的大数据架构来满足特定需求。业务问题的范围太广、太深、太复杂，一种工具无法解决所有问题，在大数据和分析领域尤其如此。

例如，热数据需要在内存中存储和处理，因此适合用缓存或内存数据库（如 Redis 或 SAP Hana）。AWS 提供了 ElastiCache 服务，可生成托管的 Redis 或 Memcached 环境。NoSQL 数据库是面向高速但小规模记录（例如，用户会话信息或物联网数据）的理想选择。NoSQL 数据库对于内容管理也很有用，可以存储数据目录。让我们先了解一下最流行和最常用的结构化数据存储。

1. 结构化数据存储

结构化数据存储已经存在了几十年，是人们最熟悉的数据存储技术。大多数事务型数据库（如 Oracle、MySQL、SQL Server 和 PostgreSQL）都是行式数据库，因为要处理软件应用程序的频繁数据写入。企业经常将事务型数据库同时用于报表，在这种情况下，需要频繁读取数据，但数据写入频率要低得多。随着数据读取的需求越来越强，有更多的创新进入了结构化数据存储的查询领域，比如列式文件格式的创新，它有助于提高数据读取性能，满足分析需求。

基于行的格式将数据以行的形式存储在文件中。虽然基于行的写入方式是将数据写入磁盘的最快方式，但它不一定能最快地读取数据，因为你必须跳过很多不相关的数据。基于列的格式将所有的列值一起存储在文件中，这样会带来更好的压缩效果，因为相同的数据类型现在被归为一组。通常，它还能提供更好的读取性能，因为你可以跳过不需要的列。

我们来看结构化数据存储的常见选择。例如，你需要从订单表中查询某个月的销售总数，但该表有 50 列。在基于行的架构中，查询时会扫描整个表的 50 列，但在列式架构中，查询时只会扫描订单销售列，因而提高了数据查询性能。我们再来详细介绍关系型数据库，重点介绍事务数据和数据仓库如何处理数据分析的需求。

（1）关系型数据库

RDBMS 比较适合**在线事务处理**（OLTP）应用程序。流行的关系型数据库有 Oracle、

MSSQL、MariaDB、PostgreSQL 等。其中一些传统数据库已经存在了几十年。许多应用程序，包括电子商务、银行业务和酒店预订，都是由关系型数据库支持的。关系型数据库非常擅长处理表之间需要复杂联合查询的事务数据。从事务数据的需求来看，关系型数据库应该坚持**原子性、一致性、隔离性、持久性**（ACID）原则，具体如下：

- **原子性**。事务将从头到尾完全执行，一旦出现错误，整个事务就会回滚。
- **一致性**。一旦事务完成，所有的数据都要提交到数据库中。
- **隔离性**。要求多个事务能在隔离的情况下同时运行，互不干扰。
- **持久性**。在任何中断（如网络或电源故障）的情况下，事务应该能够恢复到最后已知的状态。

通常，关系型数据库中的数据被卸载到数据仓库解决方案中，用于报告和聚合。让我们学习更多关于数据仓库的知识。

（2）数据仓库

数据仓库更适合**在线分析处理**（OLAP）应用程序。数据仓库提供了对海量结构化数据的快速聚合功能。虽然这些技术（如 Amazon Redshift、Netezza 和 Teradata）旨在快速执行复杂的聚合查询，但它们并没有针对大量并发写入进行过优化。所以，数据需要分批加载，使得仓库无法在热数据上提供实时洞察。

现代数据仓库使用列式存储来提升查询性能，例如，Amazon Redshift、Snowflake 和 Google BigQuery。得益于列式存储，这些数据仓库提供了非常快的查询速度，提高了 I/O 效率。除此之外，Amazon Redshift 等数据仓库系统还通过在多个节点上并行查询以及**大规模并行处理**（MPP）来提高查询性能。

数据仓库是中央存储库，可以存储一个或多个数据库的累积数据。它们存储当前和历史数据，用于创建业务数据的分析报告。虽然数据仓库集中存储多个系统的数据，但它们不能被视为数据湖。数据仓库只能处理结构化的关系型数据，而数据湖则可以同时处理结构化的关系型数据和非结构化的数据，如 JSON、日志和 CSV 数据。

Amazon Redshift 等数据仓库解决方案可以处理 PB 级的数据，并提供解耦的计算和存储功能，以节省成本。除列式存储外，Redshift 还使用数据编码、数据分布和区域映射来提高查询性能。比较传统的基于行的数据仓库解决方案包括 Netezza、Teradata 和 Greenplum。

然而，数据仓库导致不同应用程序的数据被放置在不同的物理位置。然后，数据架构师必须围绕数据仓库构建全新的基础设施。随着文本、物联网、图像、音频和视频等企业数据种类的增加，数据仓库的局限性变得明显。此外，ML 和 AI 的兴起引入了迭代算法，需要直接的数据访问，而不是基于 SQL。

2. NoSQL 数据库

NoSQL 数据库（如 Dynamo DB、Cassandra 和 Mongo DB）可以解决在关系型数据库中经常遇到的伸缩和性能挑战。顾名思义，NoSQL 表示非关系型数据库。NoSQL 数据库存储数据时没有显式和结构化机制来链接不同表中的数据（没有连接、外键和强制范式）。

NoSQL 运用了多种数据模型，包括列式、键值、搜索、文档和图表。NoSQL 数据库提供可伸缩的性能，具有高可用性和韧性。NoSQL 通常没有严格的数据库模式，每条记录都可以有任意数量的列（属性），这意味着某一行可以有 4 列，而同一个表中的另一行可以有 10 列。分区键用于检索包含相关属性的值或文档。NoSQL 数据库是高度分布式的，可以复制。NoSQL 数据库非常耐用，可以在保持高可用的同时不会出现性能问题。

（1）SQL 与 NoSQL 数据库对比

SQL 数据库已经存在了几十年，大多数人可能已经非常熟悉关系型数据库。我们来看 SQL 数据库和 NoSQL 数据库之间的一些重大区别（见表 13-1）。

表 13-1 SQL 数据库和 NoSQL 数据库之间的一些重大区别

属性	SQL 数据库	NoSQL 数据库
数据模型	在 SQL 数据库中，关系模型将数据规范化为包含行和列的表。模式包括表、列的数量、表之间的关系、索引和其他数据库元素	NoSQL 数据库不强制执行模式。通常用分区键从列集中检索值。它存储半结构化数据，如 JSON、XML 或其他文档（如数据目录和文件索引）
事务	基于 SQL 的传统 RDBMS 支持并符合 ACID 的事务性特点	为了实现水平伸缩，保持数据模型的灵活性，NoSQL 数据库可能会牺牲一部分传统 RDBMS ACID 的属性
性能	基于 SQL 的 RDBMS 会在存储昂贵的情况下优化存储，尽量减少对磁盘的占用。对于传统 RDBMS 来说，性能主要取决于磁盘。为了实现性能查询优化，需要创建索引和修改表结构	对于 NoSQL 来说，性能取决于底层硬件集群的大小、网络延迟以及应用程序如何调用数据库
伸缩	对基于 SQL 的 RDBMS 数据库来说，用高配置的硬件进行垂直伸缩是最容易的。此外，还可以让关系表跨分布式系统，如执行数据分片	NoSQL 数据库可以使用低成本硬件的分布式集群来提高吞吐量而不影响延迟，从而实现水平伸缩

根据数据特点，市面上有各种类别的 NoSQL 数据存储，用于解决特定的问题。让我们来看一下 NoSQL 数据库的类型。

（2）NoSQL 数据库类型

NoSQL 数据库的主要类型如下：

- **列式数据库**。Apache Cassandra 和 Apache HBase 是流行的列式数据库。列式数据存储有助于在查询数据时扫描某一列，而不是扫描整行。如果物品表有 10 列 100 万行，而你想查询库存中某一物品的数量，那么列式数据库只会将查询应用于物品数量列，而无须扫描整个表。
- **文档数据库**。最流行的文档数据库有 MongoDB、Couchbase、MarkLogic、DynamoDB、DocumentDB 和 Cassandra。你可以使用文档数据库来存储 JSON 和 XML 格式的半结构化数据。

- **图数据库**。流行的图数据库包括 Amazon Neptune、JanusGraph、TinkerPop、Neo4j、OrientDB、GraphDB 和 Spark 上的 GraphX。图数据库存储顶点和顶点之间的链接称为边。图可以建立在关系型数据库和非关系型数据库上。
- **内存式键值存储**。最流行的内存式键值存储是 Redis 和 Memcached。它们将数据存储在内存中,用于数据读取频率高的场景。应用程序的查询首先会查询内存数据库,如果缓存中存在可用数据,则不会命中主数据库。内存数据库很适合存储用户会话信息,这些数据会导致复杂查询和频繁请求数据,如用户资料。

NoSQL 有很多用例,但要建立数据搜索服务,需要对所有数据建立索引。让我们来看更多关于搜索数据存储的知识。

3. 搜索数据存储

Elasticsearch 是大数据场景(如点击流和日志分析)最受欢迎的搜索引擎之一。搜索引擎能很好地支持对具有任意数量的属性(包括字符串令牌)的温数据进行特定查询。

Amazon OpenSearch Service 提供了数据搜索功能和对开源 Elasticsearch 集群的支持,并提供 API 访问。它还提供了 Kibana 作为可视化工具,对 Elasticsearch 集群中存储的索引数据进行搜索。AWS 管理集群的容量、伸缩和补丁维护,省去了运维开销。日志搜索和分析是常见的大数据应用场景,OpenSearch 可以帮助你分析网站、服务器、物联网传感器的日志数据。OpenSearch 和 Elasticsearch 被大量的行业应用程序使用,如银行、游戏、营销、应用监控、广告技术、欺诈检测、推荐和物联网等。现在也可以使用基于 ML 的搜索服务,如 Amazon Kendra,它们利用自然语言处理技术提供更高级的搜索功能。

4. 非结构化数据存储

当你有非结构化数据存储的需求时,Hadoop 似乎是一个完美的选择,因为它是可伸缩、可扩展的,而且非常灵活。它可以运行在消费级设备上,拥有庞大的工具生态系统,而且运行起来似乎很划算。Hadoop 采用主节点和子节点模式,数据分布在多个子节点上,由主节点协调作业,对数据进行查询运算。Hadoop 系统依托于大规模并行处理(MPP),这使得它可以快速地对各种类型的数据进行查询,无论是结构化数据还是非结构化数据。

在创建 Hadoop 集群时,从服务器上创建的每个子节点都会附带一个被称为本地 Hadoop 分布式文件系统(HDFS)的磁盘存储块。你可以使用常见的处理框架(如 Hive、Ping 和 Spark)对存储数据进行查询。但是,本地磁盘上的数据只在相关实例的生命期内持久化。

如果使用 Hadoop 的存储层(即 HDFS)来存储数据,那么存储与计算将耦合在一起。增加存储空间意味着必须增加更多的机器,这也会提高计算能力。为了获得最大的灵活性和最佳成本效益,需要将计算和存储分开,并将两者独立伸缩。总的来说,对象存储更适合数据湖,以经济高效的方式存储各种数据。基于云计算的数据湖在对象存储的支持下,可以灵活地将计算和存储解耦。让我们了解更多关于对象存储的知识。

5. 对象存储

对象存储是指使用单元来存储和访问数据，单元通常被称为桶。在对象存储中，文件或对象不会被分割成数据块，而是将数据和元数据保存在一起。存储在桶中的对象数量没有限制，可以使用 API（通常是 HTTP GET 和 PUT）对桶进行读写。通常，对象存储不是挂载在操作系统上的文件系统，因为基于 API 的文件请求延迟较高并且操作系统缺少文件级锁定的能力。对象存储提供了伸缩性，并具有扁平的名称空间，减少了管理开销和元数据管理。对象存储在公有云中越来越流行，可以在云中构建一个可伸缩的数据湖。最流行的对象存储是 Amazon S3、Azure Blob 存储和 GCP 中的 Google Storage。

6. 区块链数据存储

随着加密货币的兴起，区块链越来越广为人知。区块链技术支持构建分散的应用程序，这些应用程序可以由多方验证，而不是依赖于单个权威机构。区块链通过促进区块链网络（点对点网络）实现去中心化验证，在该网络中，参与者可以访问共享数据库来记录事务。这些事务被设计为不可变的，并且可以独立地验证。

区块链不仅涉及加密。区块链技术有助于解决两种类型的客户需求。在第一种情况下，多方与一个集中的权威机构一起工作，以维护可验证的交易记录。例如，制造商可以将多个系统的数据存储在一个集中的分类账中。一旦出现问题，制造商就可以快速追踪缺陷的根本原因并采取预防措施。类似地，政府重要记录办公室可以实现一个集中的分类账，在一个单一的地方维护其公民可信和完整的数字历史重要记录，如出生证明和结婚证。

在第二种情况下，多方可以在分布式环境中一起工作而不需要中心化授权机构。例如，金融机构可以直接与保险、交易供应商和银行等多方合作，从而减少跨境支付和资产转移的时间和复杂性。同样，零售商可以与第三方忠诚计划合作，为客户建立无缝的奖励计划，而不需要中央银行或第三方供应商来处理奖励。

为了保持记录的完整性，客户需要一个集中的分类账来记录所有应用程序数据的更改，作为不可变的记录维护在分类账数据库中。

这个数据库应该是高性能的、不可变的和可加密验证的，无须构建复杂的审计表或设置区块链网络。其中一个分类账数据库是 Amazon Quantum Ledger Database（QLDB），它在应用程序中维护了一个完整的、可验证的数据更改历史，并以中心化的方式管理该应用程序。

客户需要分类账提供的不可变和可验证的功能，并希望允许多方在没有可信的中央权威机构的情况下进行交易。在这种情况下，他们可以使用可伸缩的区块链服务。如果你正在寻找托管的区块链，一些最流行的区块链网络包括 Amazon Managed Blockchain（AMB）、R3 Corda、Ethereum 和 Hyperledger。

流数据处理曾经是一项小众技术，但现在它变得越来越普遍，因为每个组织都希望从实时数据处理中快速获得洞见。让我们了解更多关于流数据存储的知识。

7. 流数据存储

流数据是一个没有开始和结束的连续数据流。现在，来自各种实时资源的大量数据需要快速存储和处理，如股票交易、自动驾驶汽车、智能空间、社交媒体、电子商务、游戏、打车应用程序等。Netflix 根据你正在观看的内容提供实时推荐，Lyft 拼车使用流数据实时连接乘客和司机。

- **Amazon Kinesis。** Amazon Kinesis 提供三种功能。第一种是 Kinesis Data Streams（KDS），它是一个存储原始数据流的地方，以便对所需的记录进行任何的下游处理。第二种是 Amazon Kinesis Data Firehose（KDF），它可以方便地将这些记录传输到常见的分析环境中，如 Amazon S3、Elasticsearch、Redshift 和 Splunk。Firehose 将自动缓冲流中的所有记录，并根据可配置的时间或数据大小阈值（取决于哪一个阈值先达到），将记录作为单个文件或一组记录推送到目标存储位置。第三种是 Kinesis Data Analytics（KDA），通过执行 SQL 操作对流的记录进行分析。其输出随后可以流转到下游流存储中，以构建整个无服务器的流式流水线。
- **Amazon Managed Streaming for Kafka（MSK）。** MSK 是一个完全托管的、高可用的、安全的服务。Amazon MSK 在 AWS 云中的 Apache Kafka 上运行应用，而不需要 Apache Kafka 基础设施管理的专业知识。Amazon MSK 提供了一个托管 Apache Kafka 集群和一个 ZooKeeper 集群来维护配置，并为数据摄取和处理构建了生产者和消费者。
- **Apache Flink。** Flink 是另一个用于流数据和批处理数据的开源平台。Flink 由一个流数据流引擎组成，它可以处理有界数据流和无界数据流。有界数据流有定义的开始和结束，而无界数据流只有开始没有结束。Flink 也可以在其流引擎上执行批处理，并支持批处理优化。
- **Apache Spark Streaming。** Spark Streaming 以高吞吐量和容错、可伸缩的方式帮助摄取实时数据流。Spark Streaming 将传入的数据流进行批量处理，然后发送给 Spark 引擎进行处理。Spark Streaming 使用了 DStreams，DStreams 是弹性分布式数据集（Resilient Distributed Dataset，RDD）的序列。
- **Apache Kafka。** Kafka 是最流行的开源流媒体平台之一，它可以帮助你发布和订阅数据流。Kafka 集群将记录的流存储在一个 Kafka 主题中。生产者可以在 Kafka 主题中发布数据，消费者可以通过订阅 Kafka 主题获得输出数据流。

流存储需要持久化连续的数据流，并在需要时提供维护顺序的能力。在 13.7 节，你将了解更多关于流架构的知识。在摄取和存储数据之后，重要的是按照所需的结构处理数据，以便为业务洞见进行可视化和分析。

13.5 数据处理和分析

数据分析是对数据进行摄取、转换和可视化的过程，用来发掘对业务决策有用的洞见。

在过去的十年里，越来越多的数据被收集，客户希望从数据中获得更有价值的洞见。

这些客户还希望能在最短的时间内（甚至实时地）获得这种洞见。他们希望有更多的特定查询，以便回答更多的业务问题。为了回答这些问题，客户需要更强大、更高效的系统。

批处理通常涉及查询大量的冷数据。在批处理过程中，可能需要几小时才能获得业务问题的答案。例如，你可能会使用批处理在月底生成账单报告。实时的流处理通常涉及查询少量的热数据，只需要很短的时间就可以得到答案。基于 MapReduce 的系统（如 Hadoop）就是支持批处理作业类型的平台。数据仓库是支持查询引擎类型的平台。

流数据处理需要摄取数据序列，并根据每条数据记录进行增量更新。通常，它们摄取连续产生的数据流，如计量数据、监控数据、审计日志、调试日志、网站点击流以及设备、人员和商品的位置跟踪事件。

图 13-5 展示了使用 AWS 云技术栈来处理、转换并可视化数据的数据湖流水线。

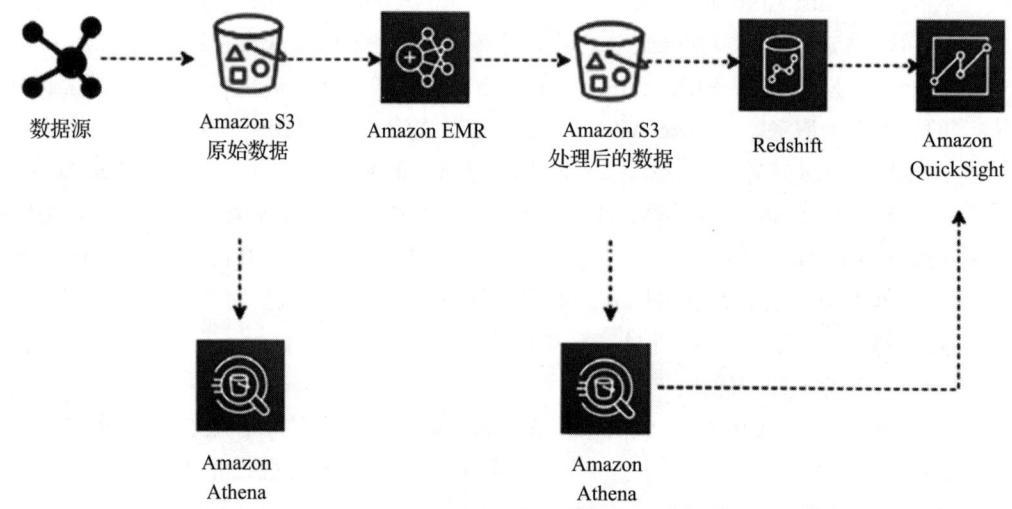

图 13-5　使用数据湖 ETL 流水线处理数据

在这里，**提取、转换、加载**（ETL）流水线使用 Amazon Athena 对存储在 Amazon S3 中的数据进行特定查询。从各种数据源（例如，Web 应用服务器）摄取的数据会生成日志文件，并持久保存在 S3 中。然后，这些文件将被 Amazon Elastic MapReduce（EMR）转换和清洗成产生洞见所需的形式并加载到 Amazon S3 中。Amazon EMR 在云中提供了托管的 Hadoop 服务器，使用各种开源技术（如 Hive、Pig、Spark 等）执行数据处理。

用 COPY 命令将这些转换后的文件加载到 Amazon Redshift，并使用 Amazon QuickSight 进行可视化。使用 Amazon Athena，你可以在数据存储时直接从 Amazon S3 中查询，也可以在数据转换后查询（从聚合后的数据集）。你可以在 Amazon QuickSight 中对数据进行可视化，也可以在不改变现有数据流的情况下轻松查询这些文件。

让我们来看一些流行的数据处理工具。

数据处理和分析的技术选型

以下是一些最流行的数据处理技术，可以帮助你对海量数据进行转换和处理：

- **Apache Hadoop** 使用分布式处理架构，将任务分发到服务器集群上进行处理。分发到集群服务器上的每一项任务都可以在任意一台服务器上运行或重新运行。集群服务器通常使用 HDFS 将数据存储到本地进行处理。在 Hadoop 框架中，Hadoop 将大的作业分割成离散的任务，并行处理。它能在数量庞大的 Hadoop 集群中实现大规模的伸缩性。它还设计了容错功能，每个工作节点都会定期向主节点报告自己的状态，主节点可以将工作负载从没有积极响应的集群中重新分配出去。Hadoop 最常用的框架有 Hive、Presto、Pig 和 Spark。

- **Apache Spark** 是一个内存处理框架。Apache Spark 是一个大规模并行处理系统，它有不同的执行器，可以将 Spark 作业拆分，并行执行任务。为了提高作业的并行度，可以在集群中增加节点。Spark 支持批处理、交互式和流式数据源。Spark 在作业执行过程中的所有阶段都使用**有向无环图**（Directed Acyclic Graph，DAG）。DAG 可以跟踪作业过程中数据及沿袭转换情况，并将 DataFrames 存储在内存中，有效地最小化 I/O。Spark 还具有分区感知功能，以避免网络密集型的数据混洗。

- **Hadoop 用户体验**（Hadoop User Experience，HUE）使你能够通过基于浏览器的用户界面而不是通过命令行在集群上进行查询并运行脚本。HUE 在用户界面中提供了最常见的 Hadoop 组件。它可以基于浏览器查看和跟踪 Hadoop 操作。多个用户可以登录 HUE 的门户访问集群，管理员可以手动或通过 LDAP、PAM、SPNEGO、OpenID、OAuth 和 SAML2 认证管理访问。HUE 允许你实时查看日志，并提供一个元存储管理器来操作 Hive 元存储内容。

- **Pig** 通常用于处理大量的原始数据，然后再以结构化格式（SQL 表）存储。Pig 适用于 ETL 操作，如数据验证、数据加载、数据转换，以及以多种格式组合多个来源的数据。除了 ETL，Pig 还支持关系操作，如嵌套数据、连接和分组。Pig 脚本可以使用非结构化数据和半结构化数据（如 Web 服务器日志或点击流日志）作为输入。相比之下，Hive 总是要求输入数据满足一定模式。Pig 的 Latin 脚本包含关于如何过滤、分组和连接数据的指令，但 Pig 并不打算成为一种查询语言。Hive 更适合查询数据。Pig 脚本根据 Pig Latin 语言的指令编译并运行，以转换数据。

- **Hive** 是一个开源的数据仓库和查询包，运行在 Hadoop 集群之上。SQL 是一项非常常见的技能，它可以帮助团队轻松过渡到大数据世界。Hive 使用了一种类似于 SQL 的语言，叫作 HQL（Hive Query Language），这使得在 Hadoop 系统中查询和处理数据变得非常容易。Hive 简化了用 Java 等编码语言编写程序来执行分析作业的复杂性。

- **Presto** 是一个类似 Hive 的查询引擎，但它的速度更快。它支持 ANSI SQL 标准，该标准很容易学习，也是最流行的技能集。Presto 支持复杂的查询、连接和聚合功能。与 Hive 或 MapReduce 不同，Presto 在内存中执行查询，减少了延迟，提高了查询性能。在选择 Presto 的服务器容量时需要小心，因为它需要有足够的内存。当内存溢出时，Presto 作业将重新启动。

- **HBase** 是作为开源 Hadoop 项目的一部分开发的 NoSQL 数据库。HBase 在 HDFS 上运行，为 Hadoop 生态系统提供非关系型数据库。HBase 有助于将大量数据压缩并以列式格式存储。同时，它还提供了快速查找功能，因为其中很大一部分数据被缓存在内存中，集群实例存储也同时在使用。

- **Apache Zeppelin** 是一个建立在 Hadoop 系统之上的用于数据分析的基于 Web 的编辑器，又被称为 Zeppelin Notebook。它的后端语言使用了解释器的概念，允许任何语言接入 Zeppelin。Apache Zeppelin 包括一些基本的图表和数据透视图。它非常灵活，任何语言后端的任何输出结果都可以被识别和可视化。

- **Ganglia** 是一个 Hadoop 集群监控工具。但是，你需要在启动时在集群上安装 Ganglia。Ganglia UI 运行在主节点上，你可以通过 SSH 访问主节点。Ganglia 是一个开源项目，旨在监控集群而不影响其性能。Ganglia 可以帮助检查集群中各个服务器的性能以及集群整体的性能。

- **JupyterHub** 是一个多用户的 Jupyter Notebook。Jupyter Notebook 是数据科学家进行数据工程和 ML 最流行的工具之一。JupyterHub Notebook 服务器为每个用户提供基于 Web 的 Jupyter Notebook IDE。多个用户可以同时使用他们的 Jupyter Notebook 来编写和执行代码，从而进行探索性数据分析。

- **Amazon Athena** 是一个交互式查询服务，它使用标准 ANSI SQL 语法在 Amazon S3 对象存储上运行查询。Amazon Athena 建立在 Presto 之上，并扩展了作为托管服务的特定查询功能。Amazon Athena 元数据存储与 Hive 元数据存储的工作方式相同，因此你可以在 Amazon Athena 中使用与 Hive 元数据存储相同的 DDL 语句。Athena 是一个无服务器的托管服务，这意味着所有的基础设施和软件运维都由 AWS 负责，你可以直接在 Athena 基于 Web 的编辑器中执行查询。

- **Amazon Elastic MapReduce**（EMR）本质上是云上的 Hadoop。你可以使用 EMR 来发挥 Hadoop 框架与 AWS 云的强大功能。EMR 支持所有最流行的开源框架，包括 Apache Spark、Hive、Pig、Presto、Impala、HBase 等。EMR 提供了解耦的计算和存储，这意味着不必让大型的 Hadoop 集群持续运转，你可以执行数据转换并将结果加载到持久化的 Amazon S3 存储中，然后关闭服务器。EMR 提供了自动伸缩功能，为你节省了安装和更新服务器的各种软件的管理开销。

- **AWS Glue** 是一个托管的 ETL 服务，它有助于实现数据处理、数据编目和机器学习转换，以查找重复记录。AWS Glue 数据目录与 Hive 数据目录兼容，并在各种数据源（包括关系型数据库、NoSQL 和文件）间提供集中的元数据存储库。AWS Glue 建立在 Spark 集群之上，并将 ETL 作为一项托管服务提供。AWS Glue 可为常见的用例生成 PySpark 和 Scala 代码，因此无须从头开始编写 ETL 代码。Glue 作业授权功能可处理作业中的任何错误，并提供日志以了解底层权限或数据格式问题。Glue 提供了工作流，通过简单的拖放功能帮助你建立自动化的数据流水线。

数据分析和处理是一个庞大的主题，值得单独写一本书。本节概括地介绍了数据处理的流行工具，还有更多的专有和开源工具可供选择。作为解决方案架构师，你需要了解市场上的各种工具，以便针对组织的用例选择恰当的工具。

为了获得数据洞见，业务分析师可以通过报表和仪表盘执行针对性的查询和分析。下一节将介绍数据可视化。

13.6 数据可视化

数据洞见用来解答重要的业务问题，例如，消费者收入、各地区的利润或不同渠道的广告投放效果等。大数据流水线从不同数据源收集了大量的数据。然而，公司很难了解每个地区的库存、盈利能力和虚假账户费用的增长信息。一些为满足合规要求不断收集的数据也可以产生业务价值。

BI 工具的两个重大挑战是实施成本和实施解决方案所需的时间。我们来看一些数据可视化技术。

数据可视化的技术选型

数据可视化平台可以帮助你根据业务需求准备具有数据可视化的报告，流行的数据可视化平台有：

- **Amazon QuickSight** 是一个基于云的 BI 工具，用于企业级数据可视化。它自带各种预设好的可视化图形，如线图、饼图、树状图、热图、直方图等。Amazon QuickSight 拥有一个**超快、可并行的内存计算引擎**（Super-fast, Parallel, In-memory Calculation Engine, SPICE），能够快速渲染可视化视图。它还可以执行数据准备任务，如重命名和删除字段、更改数据类型，以及将计算结果设置为新字段。QuickSight 还提供了基于机器学习的可视化洞见和其他基于机器学习的功能，如自动预测。
- **Kibana** 是一个开源的数据可视化工具，用于流数据可视化和日志探索。Kibana 可以与 Elasticsearch 深度集成，Elasticsearch 更是将其作为默认选项，在其上提供数据搜索服务。与其他 BI 工具一样，Kibana 也提供了常见的可视化图，如直方图、饼图和热图，同时还提供了内置的地理空间支持。
- **Tableau** 是最流行的 BI 工具之一，用于数据可视化。它使用了可视化查询引擎，这是一个专门用于分析大数据的引擎，其速度比传统查询更快。Tableau 提供了拖放用户界面，并且能够混合来自多个数据源的数据。
- **Spotfire** 采用内存计算，响应速度更快，可以分析来自各种资源的海量数据集。它提供了将数据绘制到地图上并在 Twitter 上分享的功能。Spotfire 有建议功能，可以自动检查数据，并就如何最好地将其可视化提出建议。
- **Jaspersoft** 可以实现自助式报告和分析。它也提供拖放式报表设计器。
- **Power BI** 是 Microsoft 提供的一个流行的 BI 工具。它提供了包括多种可视化选择的自助式分析功能。

对于解决方案架构师来说，数据可视化是一个必要且庞大的课题。作为解决方案架构师，你需要了解各种可用的工具，并根据业务中数据可视化的需求做出正确的选择。

你现在已经了解了各种数据流水线组件，从摄取、存储、处理到可视化。在下一节中，让我们将它们放在一起，学习如何编排大数据架构。

13.7 设计大数据架构

大数据解决方案由数据摄取、存储转换、可视化等组成，并且以重复的方式来运营日常业务。你可以使用前面几节中了解的开源或云技术来构建这些工作流。

首先，你需要通过回顾业务用例来了解哪种架构风格适合你。你需要了解大数据架构的终端用户，并创建一个用户画像来更好地理解需求。为了识别大数据架构的目标用户，你需要理解以下几点：
- 在你的组织中，他们属于哪些团队、单位或部门？
- 他们的数据分析和数据工程水平如何？
- 他们通常使用什么工具？
- 你需要迎合员工、客户或组织的合作伙伴吗？

以零售连锁商店分析为例，可以识别以下角色：
- **产品经理**角色，负责产品线/代码，但只能看到其产品的营业额。
- **商店经理**角色，想要知道单个商店的销售营业额和产品组合（只能看到他们的商店）。
- **管理员**角色，可以访问所有数据。
- **数据分析师**，访问所有数据，但 PII 数据需要脱敏。
- **客户保留经理**，想要了解重复的客户流量。
- **数据科学家**，需要访问原始数据和处理过的数据来提供建议和预测。

一旦你理解了你的用户角色，接下来就需要确定这些角色想要解决的业务用例，例如：
- 随着时间的推移，有多少客户的消费增加了？有多少客户的消费减少了？描述这些客户。
- 随着时间的推移，在那些消费增加的客户中，哪些类别的增长速度更快？
- 随着时间的推移，在那些消费减少的客户中，哪些类别的客户黏性降低了？
- 哪些人口统计因素（如家庭规模、是否有孩子、收入）似乎会影响客户支出？哪些人口统计因素会影响特定类别的客户黏性？
- 是否有证据表明直接营销提高了整体黏性？

- 针对某一类别的直接营销能否提高其他类别的客户黏性？

当你获得用例的详细信息时，构建数据架构的基本方法是理解用户的访问模式和数据留存方式，可以使用以下查询进行分析：

- 关键用户和角色多久运行一次他们的报告、查询或模型？
- 他们对数据新鲜度的期望是什么？
- 他们对数据粒度的期望是什么？
- 为了进行分析，最常访问哪部分数据？
- 你打算保留数据多长时间用于分析？
- 数据在什么时候可以从数据湖环境中释放出来？

当你处理数据的时候，总会有一些敏感的东西。每个国家和地区都有其本地的合规性要求，解决方案架构师需要了解这些要求，例如：

- 你的企业有哪些合规性要求？
- 你是否受数据所在地、数据隐私或数据脱敏要求的约束？
- 谁有权查看数据集中的哪些记录和哪些属性？
- 你将如何强制要求删除记录？
- 你可以在哪里存储数据，例如，本地、境内或全球？

作为数据架构师，你还需要考虑投资回报，以及它将如何帮助整体业务决策。要理解这一点，你可能需要了解以下几点：

- 你的数据湖支持哪些主要的业务流程和决策？
- 这些决策需要什么样的粒度级别？
- 数据延迟对业务决策的影响是什么？
- 你打算如何衡量成功？
- 所投入的时间和物资的预期回报是多少？

最后，你希望构建一个数据架构，在这个架构中，你可以灵活地进行技术选择。例如，使用云服务和开源技术的同时，尽可能利用现有的技能和投资。你希望构建大数据解决方案，利用并行性来实现高性能和可伸缩性。最好确保大数据流水线的任何组件都可以独立伸缩，以便根据不同的业务负载进行调整。

为了充分发挥解决方案的潜力，你希望提供与现有应用程序的互操作性，以便大数据架构的组件也能用于机器学习处理和企业 BI 解决方案。它将使你能够创建跨数据工作负载的集成解决方案。让我们了解一些大数据架构模式。

13.7.1 数据湖架构

数据湖是结构化数据和非结构化数据的集中存储库。数据湖是公司中不同类型数据的组合。它已经成为一个可以存储所有企业数据的低成本存储系统（如 Amazon S3）。你可以使用通用 API 打开文件格式（如 Apache Parquet 和 ORC）并访问数据。数据湖按原样存储数据，如果使用开源文件格式，那么对数据进行直接分析和机器学习将成为可能。

数据湖正在成为在集中存储库中存储和分析大量数据的一种流行方式。由于数据可以按当前格式原样存储，因此不需要将数据转换为预定义的模式，从而提高了数据摄取的速度。如图 13-6 所示，数据湖是企业中所有数据的单一真实来源。

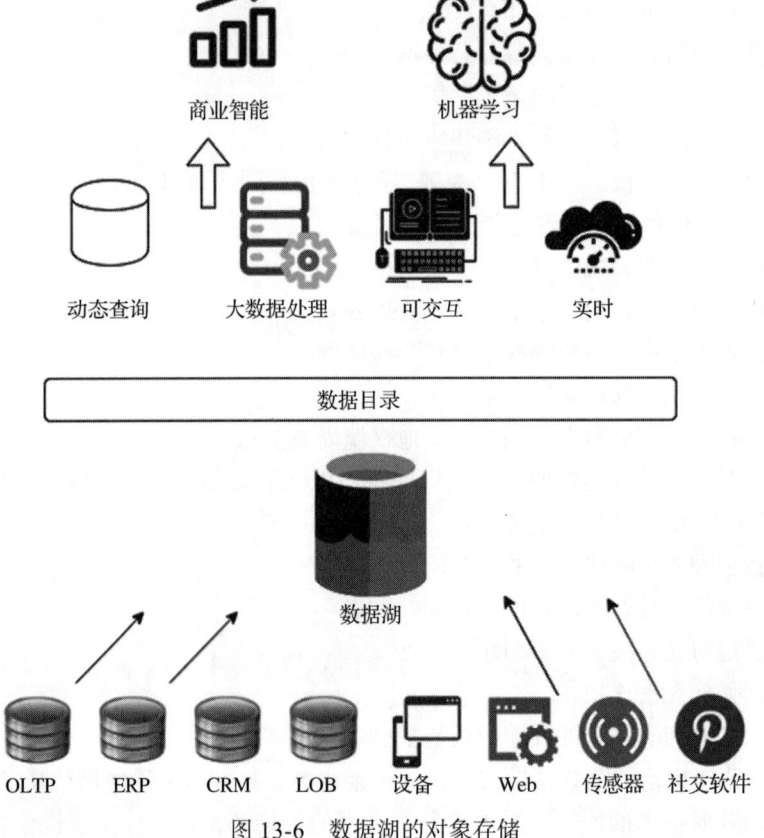

图 13-6　数据湖的对象存储

数据湖的好处如下：

- **从各种来源摄取数据**。数据湖可以让你在一个集中的位置存储和分析来自各种来源（如关系型数据库、非关系型数据库以及流）的数据，以产生单一的真实来源。它解答了一些问题，例如，为什么数据分布在多个地方？单一真实来源在哪里？
- **采集并高效存储数据**。数据湖可以摄取任何类型的数据，包括半结构化数据和非结构化数据，不需要任何模式。这就回答了"如何从各种来源、各种格式的数据中快速摄取数据，并高效地进行大规模存储"的问题。
- **随着产生的数据量不断伸缩**。数据湖允许你将存储层和计算层分开，分别对每个组件进行伸缩。这就回答了"如何随着产生的数据量进行伸缩"的问题。

- **将分析方法应用于不同来源的数据**。通过数据湖，你可以在读取时确定数据模式，并对从不同资源收集的数据创建集中的数据目录。这使你能够随时、快速地对数据进行分析。这回答了"能否将多种分析和处理框架应用于相同的数据"的问题。

你需要为数据湖提供一个能无限伸缩的数据存储解决方案。将处理和存储解耦会带来巨大的好处，包括能够使用各种工具处理和分析相同的数据。虽然这可能需要一个额外的步骤将数据加载到对应工具中，但使用 Amazon S3 作为中央数据存储比传统存储方案有更多的好处。图 13-7 展示了使用 AWS 服务的数据湖视图。

图 13-7 描述了一个使用 Amazon S3 存储的数据湖。将数据从各种资源（如关系型数据库和主数据文件）摄取到集中存储。所有数据都以其原始格式存储在数据湖的原始层中。使用 AWS Glue 服务对该数据进行编目和转换。AWS Glue 是 AWS 云平台中基于 Spark 框架的无服务器数据编目和 ETL 服务。转换后的数据存储在数据湖的处理层中，可以用于不同的目的。数据工程师可以使用 Amazon Athena（一个建立在托管 Presto 实例之上的无服务器查询服务）运行特定查询，并使用 SQL 直接从 Amazon S3 查询数据。业务分析师可以使用 Amazon QuickSight、Tableau 或 Power BI 为业务用户构建可视化，或者在 Amazon Redshift 中加载选择性数据来创建数据仓库集市。最后，数据科学家可以使用 Amazon SageMaker 来使用这些数据进行机器学习。

数据湖还有其他好处。它能让你的架构永不过时。假设 12 个月后，可能会出现你想要使用的新技术。因为数据已经存在于数据湖，你可以以最小的开销将这种新技术插入工作流程。通过在大数据处理流水线中构建模块化系统，将 AWS S3 等通用对象存储作为主干，当特定模块不再适用或有更好的工具时，可以自如地替换。

一个工具不能做所有的事情。你需要使用正确的工具来完成正确的工作，而数据湖使你能够构建一个高度可配置的大数据架构，以满足你的特定需求。商业问题太过广泛、深入和复杂，一个工具无法解决所有问题，尤其是大数据和分析。

然而，随着时间的推移，组织意识到数据湖有其局限性。由于数据湖使用廉价的存储设备，组织尽可能多地将数据存储在数据湖中，从而提供了对文件开放和直接访问的灵活性。由于数据质量和细粒度的数据安全问题，数据湖很快就变成了**数据沼泽**。然而，为了解决数据湖的性能和质量问题，组织将数据湖中的一小部分数据处理为下游数据仓库，以便在 BI 应用程序中用于重要决策。

数据湖和数据仓库之间的双系统架构需要持续的数据工程来维护和处理这两个系统之间的数据。每个数据处理步骤都有导致数据质量下降的失败风险，而保持数据湖和数据仓库的一致性是困难和昂贵的。除支付持续的数据处理成本外，用户还为复制到仓库的数据支付两倍的存储成本。为了解决双系统的问题，一种叫作湖屋（也称为湖仓一体）的新型架构正在兴起。让我们了解更多关于湖屋架构的细节。

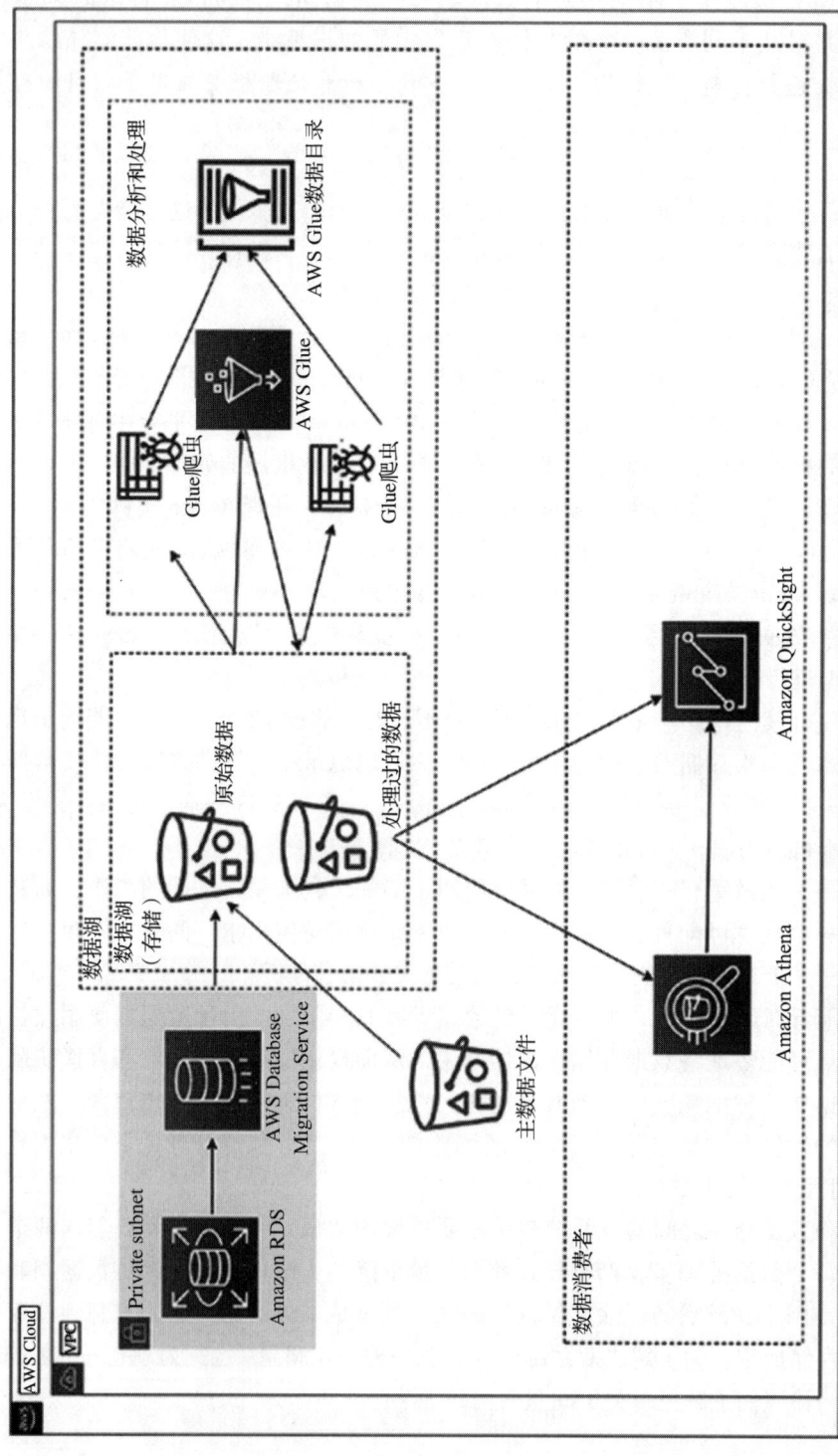

图 13-7　AWS 平台的数据湖架构

13.7.2 湖屋架构

为了解决数据湖和数据仓库的局限性，一种被称为湖屋的新架构范式出现了。湖屋架构旨在充分利用两者的优势，利用数据湖的规模以开放格式摄取和存储不断增长的待分析数据，并利用数据仓库支持 SQL 查询，提供用户友好的界面。湖屋架构主要包含：

- 开放数据格式的数据存储。
- 解耦存储和计算。
- 事务保证。
- 支持多种消费需求。
- 安全且受治理。

湖屋架构数据处理的各个阶段如图 13-8 所示。

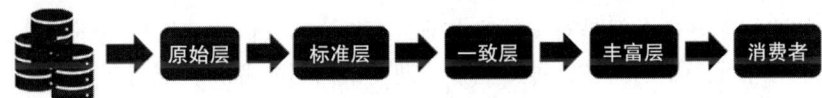

图 13-8　湖屋架构层

这些层的描述如下：

- **原始层**。该层作为所有源数据的着陆区，数据格式由源数据提供。这里的数据可以存储更长的时间并归档，以便进行审计和重现。
- **标准层**。根据来源不同，原始层的数据可以是各种特定的格式，标准层在执行格式验证、格式转化、数据质量控制、数据标记和数据清洗后，将数据存储为标准格式（通常是 Parquet）。数据清洗的一个典型示例是将 DateTime 格式标准化为标准格式（如 ISO 8601）。存储在这里的数据也为分析查询进行了优化，因为它们被分区并以列存储格式存储。这些数据通常也被编纂到一个中央数据目录中以供发现。这一层在组织中提供标准化的原始数据。
- **一致层**。通常，在任何组织中，一些公共实体/主题领域都得到了很好的定义，并且在整个组织中得到了普遍的理解和使用。这些实体可以被视为已确认的实体，并最终进入一致层。这些公共实体的定义需要集中治理，因为它们通常是基于组织的主数据形成的。所有这些实体也记录在中央数据目录中，具有明确的所有权和 PII/PCI 元数据、保留、用途等。集中管理一致实体的好处之一是明确企业所有权。由于组织中有多个参与方使用该数据，如果所有权是分布式的，则定义可能会变得不明确，而这些一致实体的历史维护和保留、治理以及数据管理可能会成为一个挑战。
- **丰富层**。这更多是一个逻辑层，因为它针对的是数据工程团队，他们结合一致实体和标准化的原始数据来创建其数据产品。首先，这些以业务领域为中心的团队将拥有许多对特定业务领域有用的最终产品，然而，在某些情况下，这些产品也可能对其他业务领域有用。这些被称为具有适当业务定义的"黄金数据集"，可以被转移到数据湖进行共享。这一层的所有最终产品数据集也应该添加到中央数据目录中，并带有适当的标签、元数据和数据集的用途。

图 13-9 展示了一个使用 Redshift Spectrum 进行数据共享的湖屋架构示例。Amazon Redshift Spectrum 提供了从数据湖查询数据的能力，而无须将数据存储在数据仓库中。假设你已经在使用 Amazon Redshift 进行数据仓库的构建。在这种情况下，你不需要将整个数据加载到 Amazon Redshift 集群。你仍然可以简单地使用 Spectrum 直接从 Amazon S3 数据湖查询数据，并将其与数据仓库数据结合起来。

使用图 13-9 中的 S3 API，数据从预部署的**企业数据仓库**（Enterprise Data Warehouse，EDW）被摄取到 S3 中。AWS Glue 用于单独存储元数据、信用数据和贷款数据。贷款部门的数据分析师将被授予对贷款数据的只读访问权，以便进行数据访问。类似地，信用分析师将被授予对信用数据的只读访问权。对于数据共享，如果信用分析师需要访问贷款数据，则可以向信用分析师提供贷款数据的只读模式。

湖屋架构有很多好处，但是对于某些大型组织来说，它们的应用程序环境很复杂，由地理上分离的业务单元来驱动。在这种情况下，湖屋架构不能解决这个问题。这些业务部门建立了数据湖和数据仓库作为它们的分析来源。每个业务单元可以合并多个内部应用程序数据湖以支持其业务。集中式企业数据湖或数据湖仓很难实现，因为它们的变更速率通常很低，很难满足不同业务单元的所有需求。要处理这个问题，你需要面向领域的去中心化数据所有权和架构。这就是数据网格发挥作用的地方。让我们学习更多关于数据网格架构的知识。

13.7.3 数据网格架构

数据网格和数据湖架构之间的主要区别是，数据有意保持分布式，而不是试图将多个领域组合成一个集中管理的数据湖。数据网格提供了一种模式，允许大型组织连接大型企业中的多个数据湖或湖仓，并促进与合作伙伴、学术界甚至竞争对手的共享。数据网格标志着在管理大型分析数据集的架构和组织范式方面的转变。该范式建立在四个原则之上：

1）面向领域的去中心化所有权和架构。
2）数据服务即产品。
3）具有集中审计控制的联邦数据治理。
4）使数据可消费的通用访问权限。

数据网格是一种解决以下维度的组织架构：面向领域的去中心化数据所有权和架构、数据即产品、自助数据基础设施即平台，以及联邦计算治理。它鼓励数据驱动的敏捷性，并通过轻量级集中式策略支持领域自治。数据网格通过明确的问责来隔离数据资源，以提供更好的所有权。数据网格的核心概念是将数据领域作为节点存于数据湖账户中。

数据生产者将一个或多个数据产品提供给数据网格账户中的中央目录，在该账户中，联邦数据治理被应用于数据产品的共享，交付可发现的元数据和可听性。数据使用者搜索数据目录并通过数据网格模式接受资源共享来获得对数据产品的访问权。图 13-10 是 AWS 云中的一个数据网格架构。

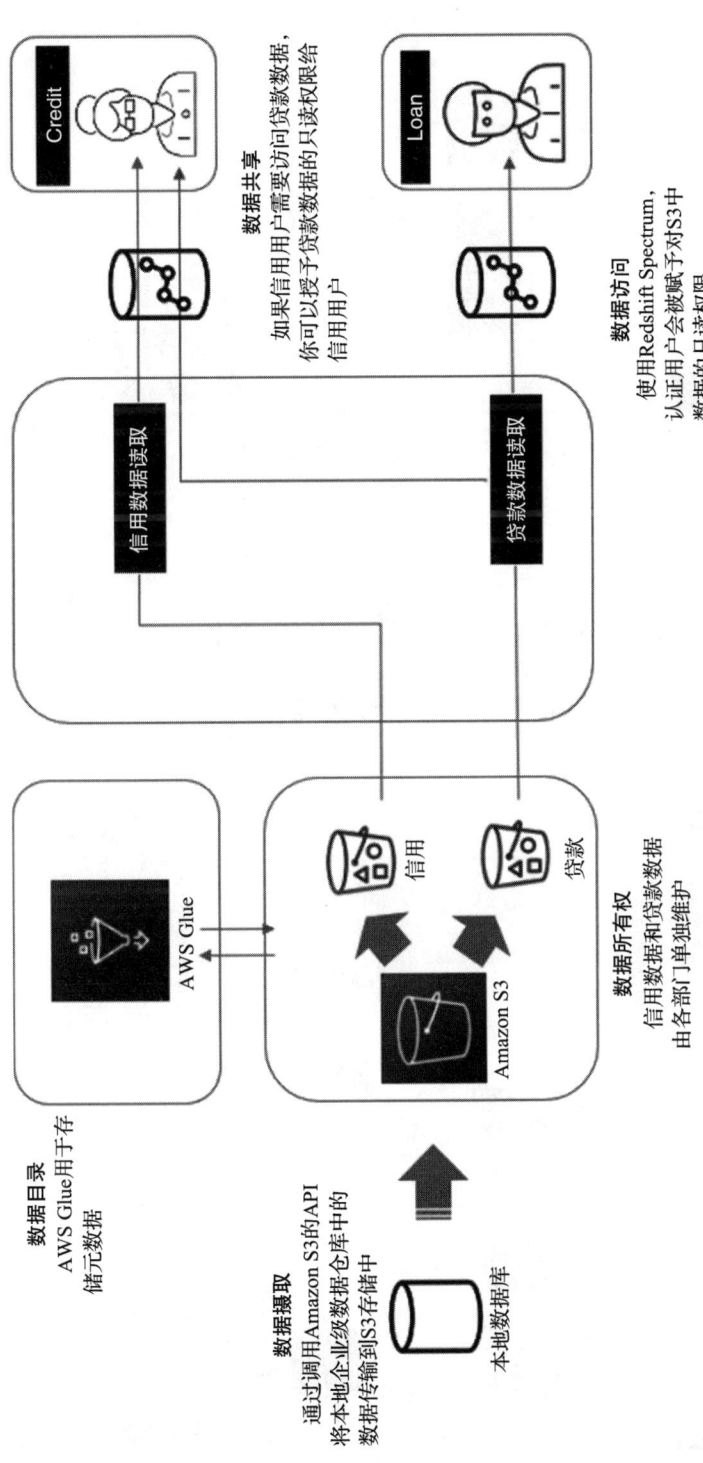

图 13-9 使用 Redshift Spectrum 的 AWS 云平台上的湖屋架构

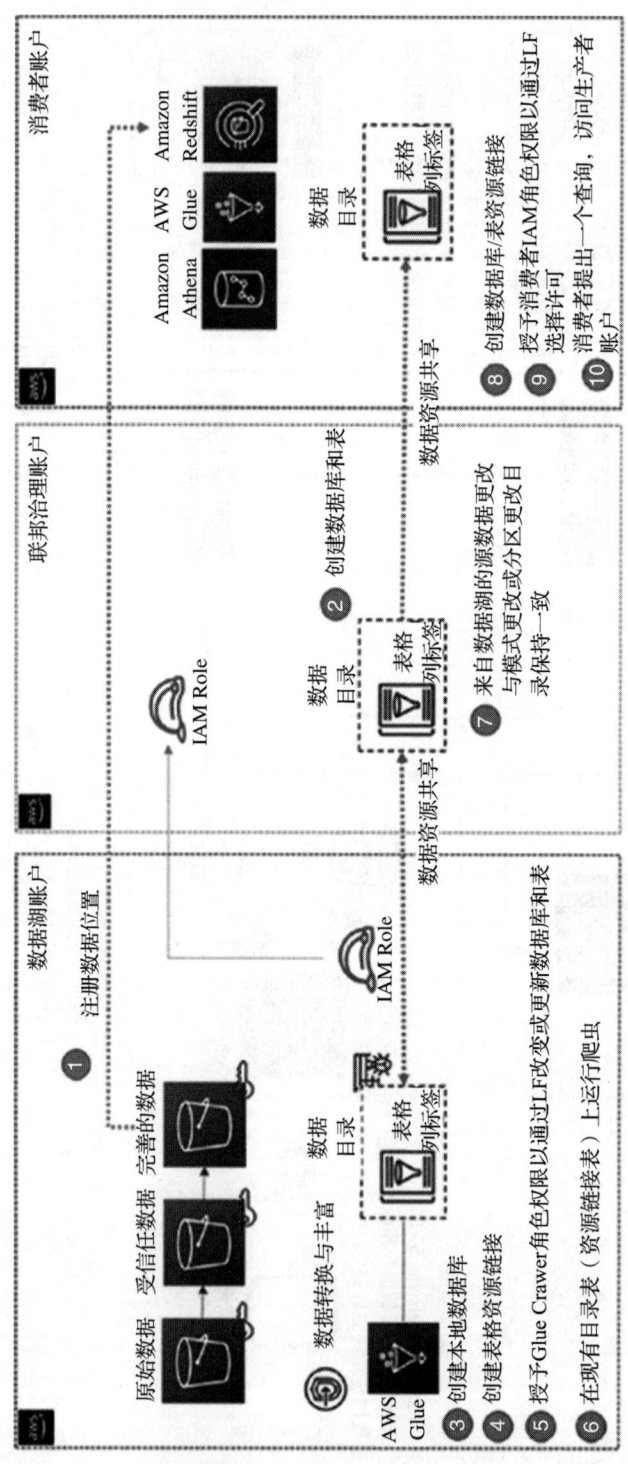

图 13-10 AWS 云平台中的数据网格架构

如图 13-10 所示，构建一个数据网格需要如下组件：
- 注册数据产品的 AWS 中央账户，由数据库、表、列和行组成。
- 集中管理的访问控制标签和标签访问策略。
- 实现与消费者共享的存储数据权限。权限可以是直接的，也可以基于标签。
- 对生产者和消费者账户及其发布的数据产品应用安全和治理策略。

使用数据网格架构，你可以加速业务领域湖仓的独立交付。数据网格增强了域内的数据安全性和合规性，并支持数据产品的自助创建、发现和订阅，允许使用者透明地访问数据产品。有一个日益增长的需求，即根据客户需求提供快速洞见和快速行动，这使得流数据分析成为任何业务的一个重要方面。让我们了解更多关于流数据分析架构的细节。

13.7.4 流数据架构

流数据是增长最快的数据段之一。你需要从各种资源中获取实时数据，如视频、音频、应用程序日志、网站点击流和物联网遥测数据，并快速处理，以提供快速的业务洞见。流数据用例遵循类似的模式：数据从数据生产者通过流存储和数据消费者流到存储目的地。数据源不断生成数据，通过摄取阶段传递到流存储层，在那里数据被持久地捕获并用于流处理。流处理层对存储层中的数据进行处理，并将处理后的信息发送到指定的目的地。

流数据架构的不同之处在于它需要以非常高的速度处理连续的海量数据流。这些数据通常是半结构化的，需要大量的处理才能获得可操作的洞见。在设计流数据架构时，你需要轻松地扩展数据存储，同时从时间序列数据获得实时模式识别。

你需要考虑产生数据流的生产者，例如，物联网传感器，如何存储数据并使用实时数据处理工具处理，最后如何实时查询数据。图 13-11 显示了在 AWS 平台中使用托管服务的流数据分析流水线。

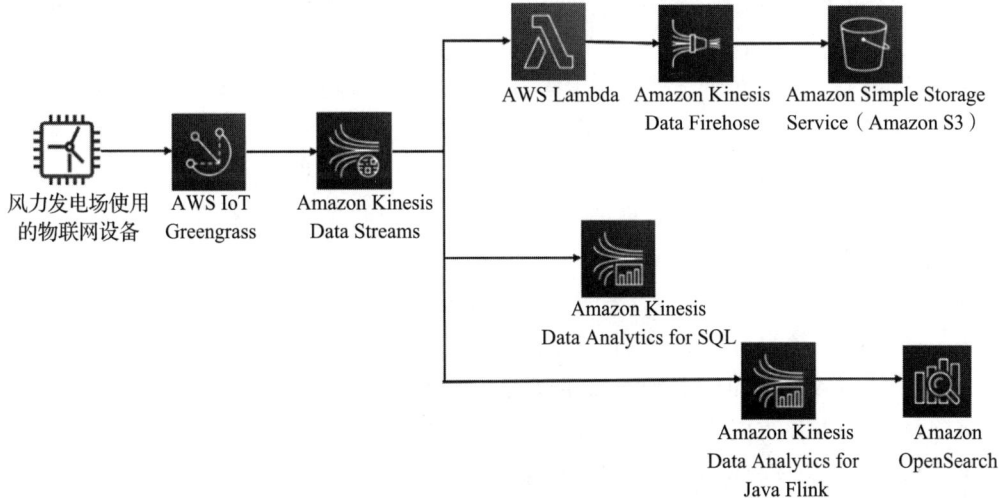

图 13-11　物联网数据的流数据分析

在图 13-11 中，系统从风电场摄取数据，以了解风力涡轮机的健康状况和速度。实时控制风力涡轮机是很重要的，以避免在风速超过风力涡轮机极限的情况下导致昂贵的维修费用。

风力涡轮机数据通过 AWS 物联网被摄取到 Kinesis Data Streams。Kinesis Data Streams 可以保留流数据长达一年，并提供重放能力。接下来通过扇出技术将数据传递到多个资源中，你可以使用 Lambda 处理数据，并将其存储到 Amazon S3 中，以便使用 Amazon Kinesis Data Firehose 进行进一步分析。

你可以使用 Kinesis Data Analytics for SQL 进行简单的 SQL 查询，对流数据执行实时查询。你可以使用 Java Flink 的 Kinesis Data Analytics 自动化数据流水线来实时转换流数据，并将处理后的数据存储在 Amazon OpenSearch 中以获得数据洞见。你可以在 OpenSearch 上添加 Kibana 来实时可视化风力涡轮机数据。

这些用例面临的挑战是开发人员创建流数据服务所需的资源和最佳实践（如访问控制、日志记录功能和数据集成）所需的时间和工作。上述解决方案与数据无关，且易于定制，使客户能够快速修改预先配置的默认值，并开始编写包含特定业务逻辑的代码。

13.8 大数据架构的最佳实践

在前面的部分中，你了解了各种大数据技术和架构模式。让我们看看图 13-12 所示的参考架构图，其中包含数据湖架构的不同层级，以了解最佳实践。

图 13-12 描述了一个使用 AWS 云平台的数据湖架构中的端到端数据流水线，包括以下组件：

- AWS Direct Connect 用于在本地数据中心和 AWS 之间建立高速网络连接，实现数据迁移。如果你有大量的归档数据，那么最好使用 AWS Snow 系列产品将其迁移到线下。
- 数据摄取层包含各种组件，使用 Amazon Kinesis 来摄取流数据，使用 AWS **数据迁移服务**（DMS）来摄取关系数据，使用 AWS Transfer for SFTP 进行安全文件传输，以及使用 AWS DataSync 在云和预部署系统之间更新数据文件。
- 使用 Amazon S3 对所有数据进行集中存储，其中数据存储具有多个层来存储原始数据、处理过的数据和归档数据。
- 一个云原生数据仓库解决方案，Amazon Redshift、Redshift Spectrum 支持湖屋架构。
- 一个使用 Amazon Athena 的特定查询功能。
- 一个使用 AWS Glue 基于 Spark 的快速 ETL 流水线。
- Amazon EMR 重用现有的 Hadoop 脚本和其他 Apache Hadoop 框架。
- Amazon Lake Formation 在数据湖层面建立全面的数据目录和细粒度访问控制。
- Amazon SageMaker 的 AI/ML 扩展。

第 13 章 解决方案架构的数据工程 ❖ 293

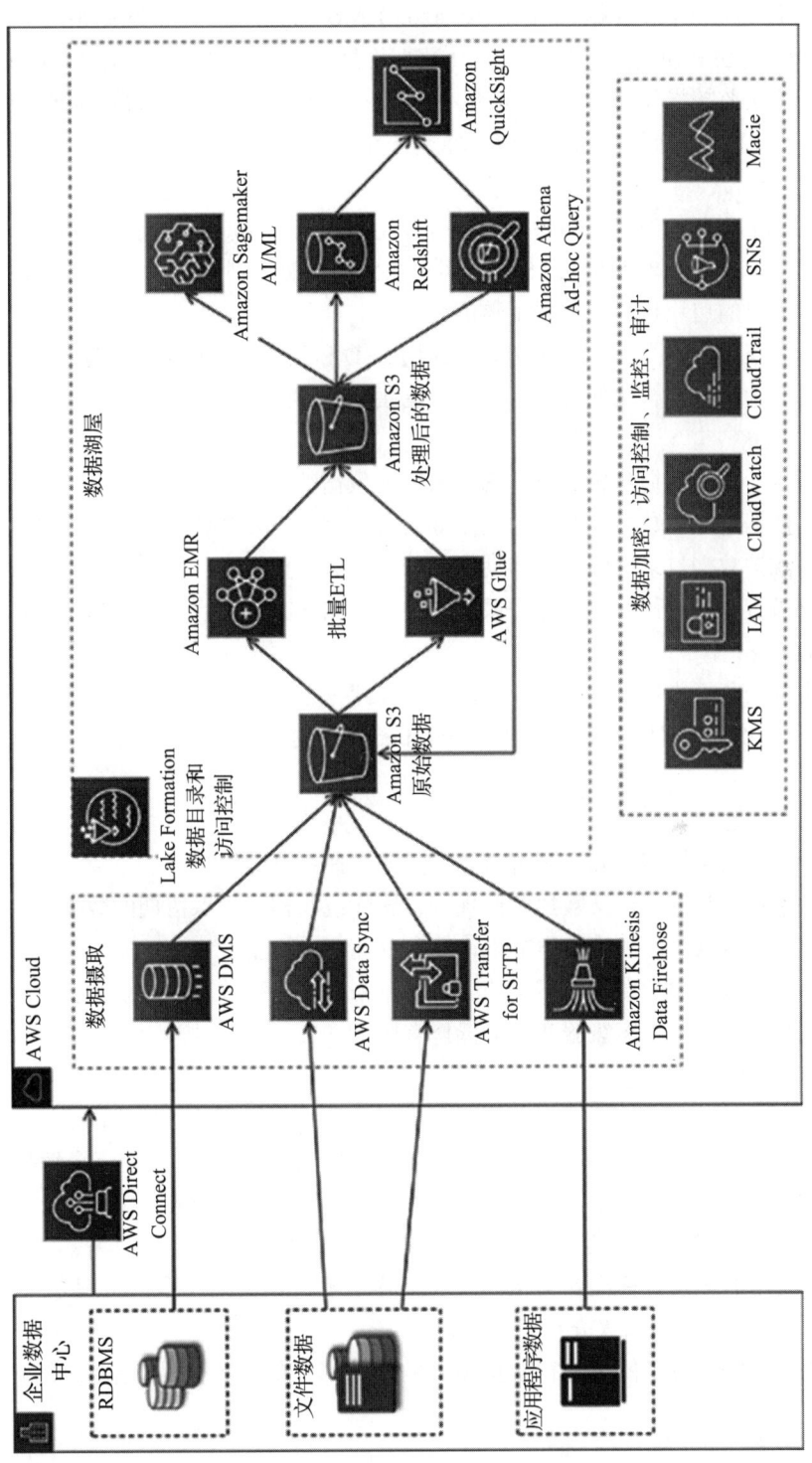

图 13-12 数据湖参考架构

其他组件包括用于数据加密的 Amazon KMS（密钥管理服务）、用于访问控制的 Amazon IAM（身份和访问管理）、用于 PII 数据检测以坚持数据合规性的 Amazon Macie（如 PCI-DSS）、用于监控操作的 CloudWatch，以及用于审计数据湖活动的 CloudTrail。

你需要使用以下标准来验证你的大数据架构：

（1）安全

- 使用基于资源的访问控制对数据进行分类，并定义相应的数据保护策略。
- 使用用户权限和**单点登录**（SSO）实现强大的身份识别基础。
- 为审计目的启用环境和数据可追溯性。
- 在所有层应用安全性，并在所有层使用 SSL 和加密来保护正在传输和静止的数据。
- 让人们远离数据，比如锁定对生产数据集的写访问。

（2）可靠性

- 使用自动化的数据分析和数据编目来保证数据整洁。
- 使用数据仓库和数据湖之间的数据分级来管理数据资产的生命周期、转换和过期。
- 通过维护数据目录中的数据移动历史来维持数据血缘。
- 为分析流水线设计韧性，监控系统 SLA，实现 ETL 作业故障的自动恢复。
- 性能效率
- 使用数据分析来提高数据验证性能，并构建一个净化层。
- 持续优化数据存储，例如，使用 Parquet 格式的数据压缩、数据分区、文件大小优化等。

（3）成本优化

- 采用一个消费模型，确定是否需要特定或快速查询。
- 删除不用的数据。定义数据保留规则，删除或归档超出保留期的数据。
- 使用基于数据湖的解决方案解耦计算和存储。
- 对不同的数据源和卷使用不同的迁移策略来实现迁移效率。
- 使用托管和应用程序级服务来降低持有成本。

（4）卓越运维

- 使用 CloudFormation、Terraform 和 Ansible 等工具实现运维即代码。
- 自动化操作，例如，使用 Step Functions 或 Apache Airflow 构建一个编排层。
- 通过持续监视和自动化 ETL 作业故障的恢复，提前预测故障。
- 衡量工作负载的健康状况。

你可以使用上述检查标准作为指南来验证你的大数据架构。数据工程是一个非常广泛的主题，需要多本书籍来深入介绍每个主题。

在本章中，你学习了使用流行架构模式的数据工程的各种组件，这将帮助你开始并更深入地探索该主题。

13.9 小结

在本章中，你了解了大数据流水线设计的大数据架构和组件。你了解了数据摄取以及用于流批数据处理的各种技术选型。由于云是存储当今生成的大量数据的中心，因此你了解了在 AWS 云生态系统中可用于摄取数据的各种服务。

数据存储是处理大数据的核心之一。你了解了各种类型的数据存储，包括结构化数据和非结构化数据、NoSQL 和数据仓库，以及与每种数据存储相关联的适当技术选型。你了解了数据湖架构及其好处。

收集和存储数据之后，你需要对其进行转换，以深入了解该数据并将业务需求可视化。你了解了根据数据需求选择开源和基于云的数据处理工具的数据处理架构和技术选型。这些工具可以帮助你根据数据的性质和组织的需求获得数据洞见和可视化。

你了解了各种大数据架构模式，包括数据湖、湖屋、数据网格、流数据架构以及各架构参考实践。最后，通过将你所学的全部知识放在一起，你学习了大数据架构最佳实践。

当你收集到更多的数据时，获得未来的洞见总是有益的，尤其对业务。要根据历史数据预测未来的结果，通常需要机器学习。让我们在下一章中学习更多关于机器学习的知识，以及如何构建面向未来的数据架构。

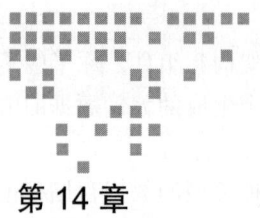

第 14 章

机器学习架构

在 13 章中,你学习了如何摄取和处理大数据,并获得洞见来了解你的业务。在传统的业务运营方式中,组织的决策者查看过去的数据,并使用他们的经验来规划公司未来的方向。它不仅涉及业务愿景的建立,还包括通过预测和满足客户需求来改善最终用户体验或自动化日常决策活动(如贷款批准)。

然而,由于庞大的数据量,人的大脑现在已经很难处理所有数据并预测未来。这正是**机器学习**(ML)通过查看大量历史数据来帮助我们预测未来行动路线的用武之地。目前,大多数企业要么正在投资机器学习,要么正在规划这样做。它正迅速成为一种帮助企业脱颖而出的技术——通过创造新产品、服务和商业模式来创新并获得竞争优势。

机器学习非常适合解决业务问题,因为它在整个公司的不同业务线中可能有无数使用场景,并对业务带来极大的影响。商业领域和政府可以从部署机器学习工具中受益,这些工具可以帮助它们在更短的时间内获得更好的结果。AI/机器学习是一个跨不同业务线解决问题的好方法,例如,通过人工智能呼叫中心提高客户服务水平,或通过使用基于机器学习的个性化营销活动来帮助营销团队实现针对不同客群的个性化营销目标。

在本章结束时,你将知道如何设计机器学习架构。你将了解各种机器学习模型和机器学习工作流。你将了解通过特征工程、模型训练、推理和模型评估创建机器学习模型流水线的过程。

14.1 什么是机器学习

机器学习带来更好的客户体验,更高效的业务运营,更快、更准确的决策。随着计算能力的提高和数据的扩散，机器学习已经从外围能力发展为跨行业的企业和组织的差异化核心竞争力。机器学习用例可以应用于大多数企业，如个性化产品和内容推荐、呼叫中心智能化、虚拟身份验证和智能文档处理，还有针对特定行业（如制药行业的临床试验或制造业的装配线质量控制）构建的定制用例。

假设你的公司想为了新玩具的上市而向潜在客群发送营销优惠，你需要设计一个系统来识别营销活动的目标客群。客群可能是数以百万计的用户，你需要对他们进行预测分析，而机器学习可以帮助你解决这一复杂问题。

机器学习就是利用技术手段根据历史数据来发现趋势、模式，并计算数学预测模型。机器学习可以帮助解决以下复杂问题：

- 当你可能不知道如何创建复杂的代码规则来做决定时。例如，如果你想从图像和语音中识别人们的情绪，但无法通过简单的方法编写逻辑来实现这一点。
- 当你需要分析大量的数据来进行决策，但数据量太大，无法高效完成时。例如，虽然人类可以检测垃圾邮件，但数据量太大，人工快速完成不切实际。
- 当你需要根据个人数据调整和个性化用户行为，以便让相关信息动态有效时。例如，个性化的产品推荐或网站个性化。
- 当有很多任务和很多可用数据，但你无法快速跟踪信息来做出有规则的决策时。例如，欺诈检测和自然语言处理。

人类根据自己的分析结果和经验来处理数据预测。使用机器学习，你可以训练计算机根据现有数据提供专业知识，并根据新数据做出预测。下面列出了一些行业机器学习用例：

- **预测性维护**。在故障发生前，根据传感器数据预测故障，其包括预测汽车车队、制造设备和物联网传感器的故障和**剩余使用寿命**（RUL）。关键的价值是增加车辆和设备的使用时间和促进成本节约。该用例广泛应用于汽车业和制造业。
- **需求预测**。使用历史数据更快地预测关键需求指标，并围绕生产、定价、库存管理和采购/重新进货做出更准确的商业决策。关键的价值是满足客户需求，通过减少剩余库存来降低库存持有成本，减少浪费。此用例主要用于金融服务、制造、零售和**快消品**（CPG）行业。
- **欺诈检测**。自动化检测潜在的欺诈活动，并对其进行标记以供审查。关键的价值在于降低反欺诈成本，并保持客户信任。此用例主要用于金融服务和在线零售行业。
- **信用风险预测**。在信用申请中对个体是否会偿还贷款（通常称为信用违约）进行预测。关键的价值是识别偏差和满足监管要求。此用例主要用于金融服务和在线零售行业。
- **从文件中提取和分析数据**。理解书面和数字文件及表格中的文本，提取信息，并使用这些信息来对项目进行分类和做出决定。此用例通常用于医疗保健、金融服务、法律、机械、电气，以及教育行业。
- **个性化推荐**。根据历史趋势定制推荐。此用例常见于机械和电气、零售和教育（最可能推荐课程）行业。

- **客户流失预测**。预测客户流失的可能性。此用例通常用于零售、教育和**软件即服务**（SaaS）。

机器学习背后的主要思想是将一个训练数据集提供给机器学习算法，让它从新的数据集中预测一些东西，例如，将一些股市趋势历史数据提供给机器学习模型，让它预测未来6个月到1年的市场波动情况。

在开发机器学习解决方案时，数据和代码必须被小心地结合在一起，并且应该以一种受控的方式发展，以实现健壮和可伸缩的机器学习系统的共同目标；用于训练、测试和推断的数据将随着时间的推移、跨不同来源而变化，并且需要通过更改代码来满足这些变化。如果没有系统的方法，代码和数据的演变可能会出现分歧，从而导致在生产中出现问题，妨碍顺利部署，并导致难以跟踪或重现的结果。下一节将介绍数据科学如何与机器学习并驾齐驱。

14.2　使用数据科学和机器学习

机器学习就是与数据打交道。训练数据和标签的质量对机器学习模型的成功至关重要。高质量的数据能让机器学习模型更准确，预测更正确。在现实世界中，数据往往存在多种问题，如缺失值、噪声、偏差、离群值等。数据科学的部分作用就是对数据进行清洗，让它为机器学习做好准备。

要进行数据准备，首先要了解业务问题。数据科学家通常非常渴望直接沉浸到数据里，开始编码并产生洞见。然而，如果对业务问题没有清晰的理解，那么获得的任何洞见都很有可能无法解决问题。在迷失于数据中之前，先明确用户故事和业务目标更加重要。在切实理解业务问题之后，你可以开始缩小机器学习问题类别的范围，并确定机器学习是否适合解决特定业务问题。

数据科学包括数据收集、分析、预处理和特征工程。探索数据为我们提供了必要的信息，如数据质量和清洁度、数据中有趣的模式，以及开始建模后可能的前进路径。

数据准备是建立机器学习模型的第一步。它非常耗时，占机器学习开发时间的80%。数据准备一直被认为是烦琐的和资源密集型的，因为数据的固有性质是"脏的"，不适合原始形式的机器学习。"脏"数据可能包括丢失或错误的值、异常值等。特征工程通常需要转换输入，以提供更精确和高效的机器学习模型。

数据准备通常需要多个步骤。虽然大多数独立的数据准备工具提供数据转换、特征工程和可视化，但很少有工具提供内置的模型验证。所有这些数据准备步骤都被认为是独立于机器学习的，我们需要的是一个框架，它能在一个地方提供所有这些功能，并与机器学习流水线的其他部分紧密集成。因此，在将数据准备模块部署到生产环境之前，需要对它们进行管理和集成。

如图14-1所示，数据预处理和创建机器学习模型是相互关联的，数据准备将严重影响模型，而选择的模型反过来影响需要准备的数据类型。找到正确的平衡点需要高速迭代（不断试错），这是一门艺术。

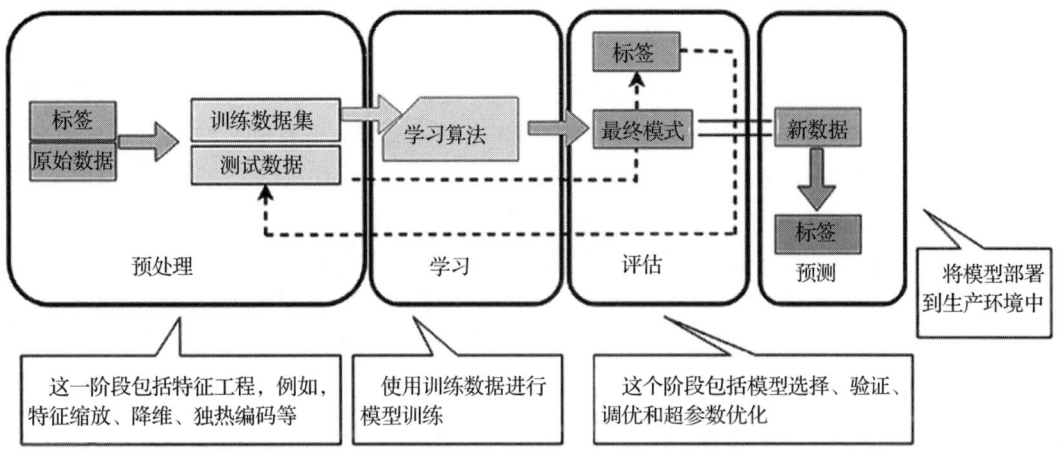

图 14-1　机器学习工作流

如图 14-1 所示，机器学习工作流包括以下阶段：

- **预处理**。在这个阶段，数据科学家对数据进行预处理，并将其划分为训练、验证和测试数据集。机器学习模型使用训练数据集进行训练，并使用验证数据集进行评估。一旦模型就绪，就可以使用测试数据集来测试它。考虑到数据量和业务用例，一般需要将数据划分为训练集、测试集和验证集，可以将 70% 的数据用于训练，10% 用于验证，20% 用于测试。特征是数据集的独立属性，它可能影响也可能不影响结果。特征工程是为了找到正确的特征，它可以帮助提高模型的准确性。标签是你的目标结果，它取决于特征选择。为了选择正确的特征，你可以采取降维的方式从数据中过滤和提取最有效的特征。
- **学习**。在学习阶段，要根据业务用例和数据选择合适的机器学习算法。学习阶段是机器工作流的核心，在此阶段可在训练数据集上训练机器学习模型。为了获得精准的模型，你需要对各种超参数进行实验，并进行模型选择。
- **评估**。一旦机器学习模型在学习阶段得到训练，就要用已知的数据集来评估其准确性。使用预处理阶段保留的验证数据集来评估模型。如果模型预测精度无法分辨验证数据中的异常，则需要根据评估结果对模型进行必要的调整。
- **预测**。预测也被称为推理。在这个阶段，部署模型并进行预测。这些预测可以实时进行，也可以按批次进行。

根据数据输入，在通常情况下，机器学习模型可能会有过拟合或欠拟合的问题，你必须考虑到这些问题才能得到正确的结果。

14.2.1 评估机器学习模型——过拟合与欠拟合

当模型过拟合时,它将无法泛化。当模型在训练集上表现良好,但在测试集上表现不佳时,就可以确定模型过拟合。

这通常表明,该模型对于训练数据量来说过于灵活,而这种灵活性使它除了能够记住数据外,还记住了噪声。过拟合对应的是高方差,训练数据的微小变化会导致结果的巨大差异。

当模型欠拟合时,模型无法捕获训练数据集中的基本模式。在通常情况下,欠拟合表明模型太简单或解释变量太少。欠拟合的模型灵活度不够,无法对真实模式进行建模,对应的是高偏差,这表明结果在某个区域显示出系统性的拟合不足。

图 14-2 说明了过拟合与欠拟合的明显区别,与它们对应的是拟合良好的模型。

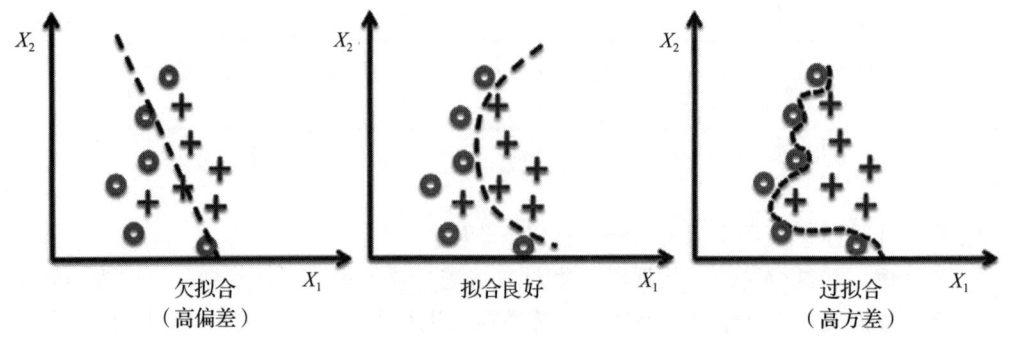

图 14-2 机器学习模型的过拟合与欠拟合

机器学习模型正试图在两个数据点类别之间进行分类。ML 模型正试图确定客户是否会购买某个产品。图 14-2 显示了三种不同机器学习模型的预测。可以看到,过拟合模型在训练中遍历了所有的数据,但未能将算法泛化,使算法对训练数据集之外的其他真实数据有效。欠拟合模型遗漏了几个数据点,产生了不准确的结果。良好拟合的模型在大多数情况下都能提供准确的数据点预测结果。创建好的机器学习模型就像艺术创作一样,你可以通过模型调优找到契合点。

机器学习算法是整个机器学习工作流的核心,可以分为监督学习和无监督学习。

14.2.2 监督学习算法和无监督学习算法

在监督学习中,算法会获得一组训练示例,其中数据和目标是已知的。它可以预测包含同样属性的新数据集的目标值。对于监督算法,需要人工干预和验证,例如,对照片进行分类和标记。

在无监督学习中,算法会得到大量数据,它必须找到数据之间的模式和关系。它可以从数据集中得出推论。

在无监督学习中,不需要人工干预,例如,它根据上下文对文档进行自动分类。它解决了训练示例无法提供正确的结果的问题，算法必须通过聚类找到数据中的模式。

强化学习则是另一类机器学习，在强化学习中，你不告诉算法什么动作是正确的，而是在每个动作后给它一个奖励或惩罚。

用于监督学习的流行机器学习算法类型如下：

- **线性回归**。我们以房价为例来解释线性回归。假设我们从市场上收集了大批房价及房屋面积数据，并绘制成二维图。现在我们尝试寻找一条最贴合这些数据点的线，并用它来预测一个新尺寸房子的价格。
- **逻辑回归**。根据输入估计某种事物属于二元对立分类两边的概率。
- **神经网络**。在神经网络中，机器学习模型就像人类的大脑一样，一层层的节点相互连接。每个节点都是一个多元线性函数，具有单变量非线性变换。神经网络可以表示任何非线性函数，解决难以解释的问题，如图像识别。神经网络的训练成本高，但预测速度快。
- **k 近邻算法**。找到与你要分类的新观测值的 k 个最邻近的实例，如果这 k 个实例多数属于某个类，就把该新观测值分为这个类。例如，如果你想把你的数据归为 5 个簇，那么 k 值将是 5。
- **支持向量机**（SVM）。支持向量是研究领域的一种流行方法，但在工业界不那么流行。SVM 将边际距离（决策边界（超平面）和支持向量（最接近边界的训练示例）之间的距离）最大化。SVM 不具有内存效率，因为它存储支持向量，而支持向量随着训练数据的大小而增长。
- **决策树**。在决策树中，节点根据特征进行拆分，使父节点与其拆分的节点之间具有最显著的**信息增益**（Information Gain，IG）。决策树易于解释且灵活，不需要很多特征变换。
- **随机森林和集成方法**。随机森林是一种集成方法，可以对多个模型进行训练，将它们的结果通过多数投票或平均的方式整合起来。随机森林是一组决策树。每棵树从不同的随机样本中学习。从原始特征集中随机选择特征应用到每棵树上。随机森林通过为每棵树随机选择训练数据集和特征子集来增加多样性，通过平均机制来减少方差。
- **k 均值聚类**。使用无监督学习来寻找数据模式。k 均值通过最小化到最近的聚类中心的距离之和来迭代地将数据划分成 k 个聚类。它首先将每个实例分配给最近的中心，然后根据分配的实例重新计算每个中心。k 的值必须由用户指定。

Zeppelin、RStudio 和 Jupyter Notebooks 是数据工程师进行数据发现、清洗、改进、标注，以及为机器学习模型训练做准备最常见的环境。Spark 提供了 Spark 机器学习库，包含很多常见的高级评估算法（如回归、页面排名、k 均值等）的实现。

对于利用神经网络的算法，数据科学家会使用 TensorFlow 和 MXNet 等框架，或者 Keras、Gluon 或 PyTorch 等更高级别的抽象。这些框架和常用算法可以在 Amazon SageMaker 服务中找到，该服务提供了一个完整的机器学习模型开发、训练和托管的环境。由于云正在成为机器学习模型训练的首选平台，所以让我们了解一些可用的机器学习云平台。

14.3 云上机器学习

机器学习开发是一个复杂而昂贵的过程。在机器学习工作流的每个步骤中，从耗时且无差异的数据收集和准备，到选择正确的机器学习算法（通常经过不断试错实现），再到冗长的训练时间导致的成本增加，都存在一些障碍。然后是模型调优，这可能是一个非常长的周期，需要调整数千种不同的组合。一旦你部署了一个模型，你必须监视它，然后扩展和管理它的生产。

为了解决这些挑战，所有主要的公有云供应商都提供了机器学习平台，以更低成本训练、调优和部署机器学习模型。例如，Amazon SageMaker 是提供端到端机器学习服务最流行的平台之一。SageMaker 为用户提供了一个集成的工作台。通过 SageMaker Studio 将工具集合在一起。用户可以通过 SageMaker Studio 立即启动 Jupyter Notebook 和 Jupyter Lab 环境。SageMaker 还提供完整的实验管理、数据准备，以及流水线自动化和编制，以帮助数据科学家提高生产率。SageMaker 还提供了一个完全托管的 RStudio 平台，这是 R 开发人员用于机器学习和数据科学项目最流行的 IDE 之一。

SageMaker 在云上提供完全托管的服务器，使数据科学家和开发人员更容易使用。除了笔记本计算机，SageMaker 还提供了其他托管的基础设施功能。从分布式训练任务、数据处理任务，甚至模型托管，SageMaker 负责与构建、训练和托管模型相关的所有伸缩性、补丁维护、高可用性等。同样，GCP 为 Google Cloud AI 平台提供了不同的服务来进行机器学习实验，Microsoft Azure 提供了 Azure Machine Learning Studio。

除了托管的机器学习平台，云供应商还提供现成的**人工智能（AI）**服务。AI 服务允许开发人员在任何应用程序中添加智能，而不需要机器学习技能。预先训练的模型为你的应用程序和工作流提供现成的智能，以帮助你完成个性化客户体验、预测业务指标、翻译对话、从文档中提取含义等工作。例如，AWS 提供了 Amazon Comprehend AI 服务，该服务拥有预先训练的模型，支持多种语言的实体检测、关键短语检测和情感分析。

数据科学家利用托管的云环境进行数据准备，通过一些配置建立模型训练集群，然后开始训练工作。完成后，在你学习算法和机器学习工作流以构建机器学习流水线时，他们可以一键部署模型，通过 HTTP 提供推断服务。让我们进一步了解在设计机器学习架构时需要考虑的一些重要事项。

14.4 构建机器学习架构

创建机器学习流水线包含多个阶段，需要迭代式改进。从松散的代码集合中构建一个健壮且可伸缩的工作流是一个复杂且耗时的过程，而且许多数据科学家没有构建工作流的经验。机器学习工作流可以定义为包含多个步骤的编排序列。数据科学家和机器学习开发人员首先需要打包许多代码片段，然后指定它们应该执行的顺序，跟踪每个步骤之间的代码、数据和模型参数依赖关系。

监控用于训练和预测的数据变化给机器学习工作流的构建带来了额外的复杂度，因为数据的变化可能会引入偏差，导致不准确的预测。除了监测数据，数据科学家和机器学习开发人员还需要监测模型预测，以确保它们是准确的，不会随着时间的推移而向特定结果倾斜。因此，可能需要几个月的编码和调整才能使各个代码片段按照正确的顺序和预期的方式执行。

机器学习架构要保护模型制品，并且为模型开发和训练提供自助服务能力。机器学习架构应该自动化地捕获模型开发生命周期中的所有证据，贯穿开发、训练和部署。机器学习应用程序应该使用 CI/CD 流水线来集成模型管理和部署的变更控制系统。机器学习环境应该使用预定义好的安全配置。下面介绍一些机器学习架构组件，并以 Amazon Web Services（AWS）机器学习平台为例，帮助你更好地理解它们。

14.4.1 准备和标注

为机器学习准备数据，你需要进行数据处理，例如，特征工程、数据验证、模型评估和模型解释；也需要对数据集进行预处理，将输入数据集转换为机器学习算法需要的格式。你可以使用前面章节所提到的处理数据和执行分析的各种工具和技术，根据你的机器学习需求来处理数据。像 Amazon SageMaker 这样的托管机器学习平台还提供了数据管理器和特征存储功能，使数据处理工作更容易。Amazon SageMaker 是一个完全托管的服务，提供快速构建、训练和部署机器学习模型的能力。其他机器学习平台有 Azure ML Studio、H2O.ai、SAS、Databricks、Google AI 平台。

在数据处理过程中，经常需要对数据进行标注，在进行图像处理时，这就变得很费力。数据标签帮助你快速建立和管理高度精确的训练数据集。你可以使用第三方供应商，如 Labelbox、CrowdAI、Docugami 和 Scale，帮助你对图像进行标注。你还可以使用 SageMaker Ground Truth 等人工智能服务自动化标注过程，该服务不断从人类提供的标签中学习，以提高标注质量。自动标注显著降低标签成本；在数据准备好后，下一步是选择合适的算法并构建模型。

14.4.2 选择和构建

在创建机器学习模型时，首先要清楚地了解业务问题，这将帮助你选择正确的算法。如前面章节所述，你可以从一组算法和机器学习框架中进行选择，包括监督和无监督机器学习算法。一旦为用例选择了合适的算法来构建模型，就需要一个训练和开发模型的平台。

Jupyter Notebooks 和 RStudio 是数据科学家构建机器学习模型最流行的平台。你可以使用像 Amazon SageMaker 这样的云平台来启动 Jupyter Notebooks 或 RStudio Workbench。AWS 为 SageMaker Studio 和 RStudio 提供了基于 Web 的可视化界面，在那里你可以执行所有的机器学习开发步骤。

要选择你的模型，你可以针对各种问题类型选择不同的内置机器学习算法，或者在云市场中获得数百种算法和预先训练的模型，从而轻松地快速入门。下一步是训练和调整模型。

14.4.3 训练和调优

最好是使用分布式计算集群进行训练，并输出应用程序训练的结果。模型调优也称为超参数优化，这是提高训练结果准确性的关键。你需要在数据集上调整设置超参数，使用算法运行训练任务，进而找到最佳的模型版本。模型的好坏是由你设置好的度量标准来决定的，如果你设置了正确的超参数值，在预先设置好的度量标准下，将产生一个表现最好的模型。

在调优模型时，你需要具有调试模型的能力，以便在训练期间捕获实时指标，例如，训练和验证、混淆矩阵和学习梯度，进而提高模型的准确性。你需要获取输入参数、配置和结果，并将它们存储为实验，这样你可以根据它们的特征搜索以前的实验，用它们的结果审视以前的实验，并直观地比较实验结果。大多数托管的机器学习平台（如 Amazon SageMaker）都提供了所有这些特征，比如，模型自动调优、实验和调试器。

Amazon SageMaker 还提供了 Autopilot 功能，可以自动查看原始数据并应用特征处理器。它选择最佳的算法、训练，调优多个模型，跟踪它们的表现，并根据表现对模型进行排名。一旦准备好了模型，你需要在生产中部署它并管理它，以获得有帮助的洞见。

14.4.4 部署和管理

你需要将训练过的模型部署到生产环境中，以便开始为实时或批量数据生成预测。你需要跨多个位置为机器学习实例应用自动伸缩，以实现高可用性，并为应用程序设置 RESTful HTTPS 端口。你的应用程序需要有一个对机器学习端口的 API 调用，以实现低延迟和高吞吐量。这种类型的架构允许你快速地将新模型集成到应用程序中，因为模型更改不再需要更改应用程序代码。

数据可能根据季节性或不可预测的事件迅速变化，因此必须监控模型的准确性和业务相关性，并矫正概念漂移。目前，影响部署模型准确性的一个重要因素是，用于生成预测的数据与用于训练模型的数据并不相同。例如，不断变化的经济状况可能会推动新的利率水平出现，进而影响购房预测。这被称为概念漂移，即模型用来进行预测的模式已不再适用。你需要自动检测已部署模型中的概念漂移，并提供详细的告警，以帮助识别问题的来源。

在大多数深度学习应用程序中，使用经过训练的模型（一个被称为推断的过程）进行预测可能是应用程序计算成本的一个重要组成部分。首先，对于模型推断，一个 GPU 实例可能太大。另外，优化深度学习应用程序的 GPU、CPU 和内存需求也具有挑战性。你需要在不更改代码的情况下向生产实例添加 GPU 支持的推断加速，从而解决这些问题。

模型兼容性是部署期间的另一个关键因素。一旦使用 MXNet、TensorFlow、PyTorch

或 XGBoost 构建和训练了一个模型，你就需要从 Intel、NVIDIA 或 ARM 中选择目标硬件平台。你需要编译经过训练的模型，以高效地运行程序，也可以将编译后的模型部署到边缘设备，以提供高性能和低成本的推断。在学习构建和部署模型的各个阶段，你应该能够运行大规模的机器学习推断应用程序，如图像识别、语音识别、自然语言处理、个性化和欺诈检测。让我们看看连接所有组件的参考架构。

14.5　机器学习参考架构

图 14-3 所示的架构描述了一个在 AWS 云平台上构建的基于客户数据的银行贷款审批工作流。

这里将利用摄取到云上的客户数据和机器学习来决定客户贷款申请是否通过。

在设计图 14-3 所示架构时，需要考虑以下基本设计原则作为指导。

- 训练流：

1）数据集使用 S3 进入工作流。这些数据可能是原始的输入数据，也可能是预先处理过的本地数据集。

2）Ground Truth 用于为机器训练模型数据集建立高质量训练标签。如果需要，使用 Ground Truth 服务来标注数据。

3）在将数据集传递给 SageMaker 之前，AWS Lambda 可以用于数据集成、准备和清洗。

4）数据科学家与 SageMaker 交互，以训练和测试模型。SageMaker 使用的 Docker 镜像存储在 ECR 中，可以通过以下构建流程步骤创建的自定义工具集来自定义镜像，也可以使用预构建的 Amazon 镜像。

5）将模型制品作为部署阶段的一部分存储到 S3 中。SageMaker 模型的输出也可以使用 Ground Truth 来标注数据。将预先构建和训练完成的模型存放到 S3 中，并使用 SageMaker 进行部署。

6）AWS Lambda 可以基于存储在 S3 中的新模型制品触发审批工作流。

7）使用 Amazon Simple Notification Service 提供一个基于人工干预的自动或手动审批工作流，以部署最终的模型。支持 Lambda 函数从 SNS 中获取输出以部署模型。

8）DynamoDB 存储用于审计跟踪的所有模型元数据、操作和其他相关数据。

9）为了托管最终的模型，我们将端口与相关的配置作为工作流最后一步的一部分进行部署。

- 构建流：

1）SageMaker Notebook 实例用于准备和处理数据，以及训练和部署机器学习模型。这些 Notebook 可以通过 SageMaker 服务的 VPC 端口访问。

2）CodeCommit 提供了源代码库，用于触发 SageMaker 使用的任何自定义 Docker 镜像所需的构建任务。

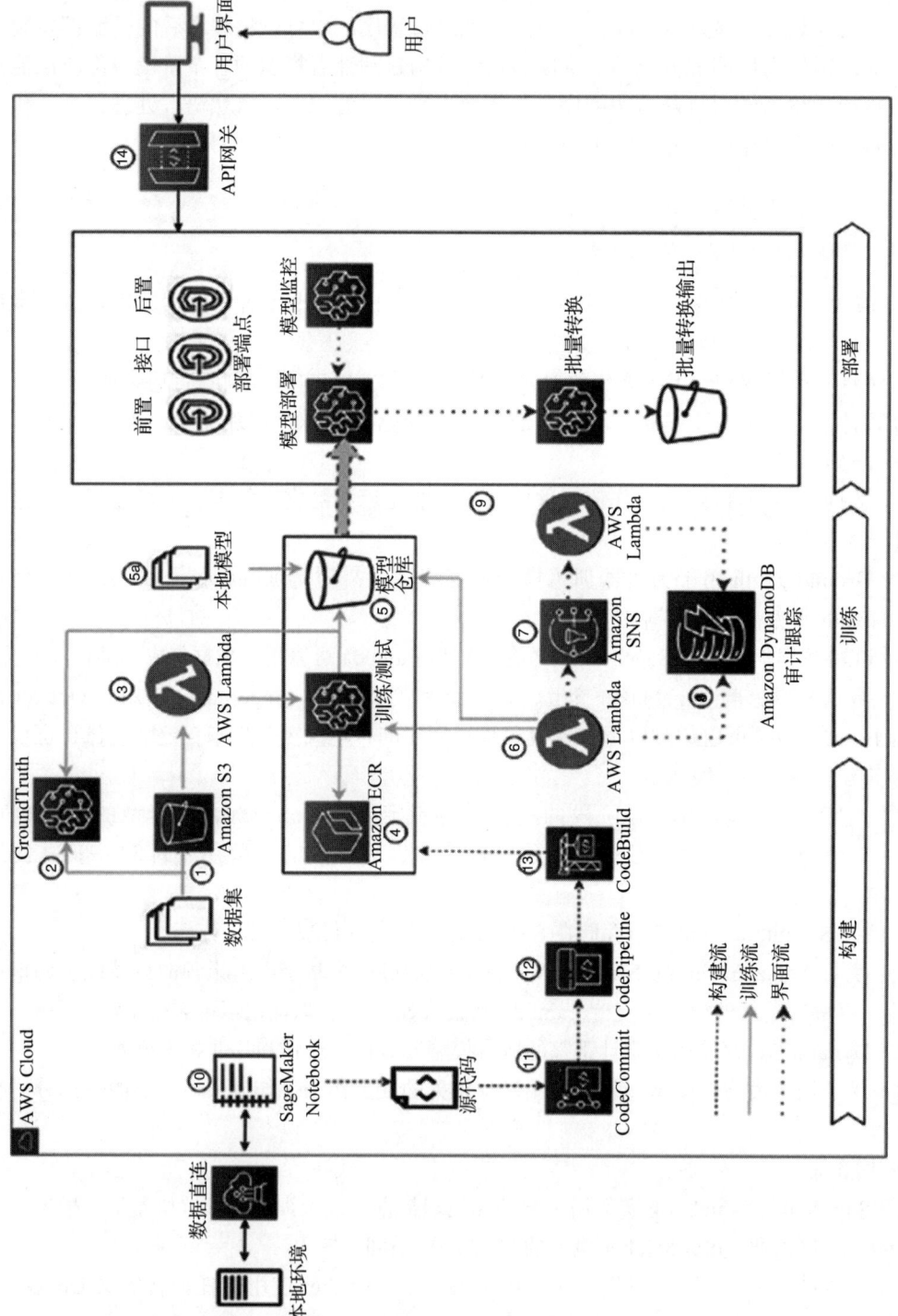

图 14-3　AWS 云中的机器学习架构

3）CodePipeline 服务管理定制 Docker 镜像的端到端构建流水线，并在构建/测试阶段使用 CodeBuild 服务。

4）CodeBuild 将构建并执行自定义 Docker 镜像的单元测试，并将其推送到 Amazon ECR（这个过程可以集中管理，也可以由有需求的业务单元单独管理）。

- 界面流：

1）由于 SageMaker 端口是私有的，使用 Amazon API 网关将模型端点公开给终端用户进行推断。

2）批处理转换作业通常用于获取整个数据集的推断。使用训练好的模型和数据集，将批处理作业的结果存储在 S3 中。

3）SageMaker 模型监控用于监控生产模型，并对它们的质量问题发出告警。

本节教你如何使用 CI/CD 流水线构建机器学习架构，并遵循机器学习架构设计原则。在这本书的前面，你了解了 DevOps 来自动化和优化你的开发工作负载。随着机器学习成为主流，MLOps 在大规模机器学习中变得非常重要。让我们探索关于 MLOps 的更多使用细节。

14.6 机器学习运维

机器学习工作流是一组开发和执行以生成数学模型的操作，该模型最终被设计用于解决现实世界的问题。但是这些模型本身，除概念证明以外没有任何价值，除非它们被部署到生产中。机器学习模型最终都需要部署到生产环境中以提供业务价值。

其核心是，**机器学习运维**（MLOps）将一个实验性的机器学习模型引入生产系统。MLOps 是一种不同于传统 DevOps 的新兴实践，因为机器学习开发生命周期和机器学习制品是不同的。机器学习开发生命周期涉及训练数据的使用模式，MLOps 工作流对数据变更、数量和质量敏感。此外，成熟的 MLOps 应该支持对机器学习开发生命周期内活动和生产模型的监控。

MLOps 框架的实现使组织更容易有信心构建成熟的 MLOps，从而消除大量的重复编码工作。与任何其他工作一样，你希望通过应用安全性、可靠性、高可用性、性能和部署阶段的低成本等最佳实践来开发 MLOps。让我们看看 MLOps 的一些原则。

14.6.1 MLOps 原则

任何代码、数据或模型的变更都应该触发机器学习开发流水线中的构建过程。在开发机器学习系统时，机器学习流水线应该遵循以下 MLOps 原则：

1）**自动化**。机器学习模型在生产中的部署应该是自动化的。MLOps 团队应该实现端到端机器学习工作流的自动化，从数据工程到生产中的模型推断，无需任何人工干预。MLOps 流水线可以基于诸如定时任务、消息队列、监控、数据变更、模型训练代码变更和应用程序代码变更等事件触发模型训练和部署。

2）**版本控制**。与 DevOps 一样，版本控制是 MLOps 的基础。每个机器学习模型和相关脚本版本都应该维护在一个版本控制系统中，如 GitHub，以使模型可重现和可审计。

3）**测试**。机器学习系统需要广泛的测试和监控。每个机器学习系统至少应具有以下三个测试范围：

- 特征和数据测试，包括验证数据质量和为机器学习模型选择正确的特征。
- 模型开发测试，包括业务度量测试、模型腐化测试和模型性能验证测试。
- 机器学习基础设施测试，包括机器学习 API 测试、完整的机器学习流水线集成测试以及训练和生产服务器可用性测试。

4）**可复现性**。机器学习工作流的每个阶段都应该是可复现的，这意味着数据处理、模型训练和模型部署在相同的输入条件下应该产生相同的结果。这将确保一个健壮的机器学习系统。

5）**部署**。MLOps 是一种机器学习工程文化，包括 CI/CD 和**持续训练/持续监控**（CT/CM）。自动化的部署/测试有助于在早期阶段快速发现问题。这使得快速修复错误和从错误中学习成为可能。

6）**监控**。在生产环境中，由于数据漂移等原因，模型表现可能会下降。这意味着新的模型必须不断地投入生产，以解决表现下降或提高模型的公平性。一旦模型被部署，就需要对其进行监控，以确保模型按预期执行。

在本节中学习了 MLOps 设计原则之后，让我们考虑一些在机器学习工作负载中应用 MLOps 的最佳实践。

14.6.2　MLOps 最佳实践

由于使用机器学习解决业务问题存在许多频繁变更的内容（数据、模型或代码）和挑战，MLOps 是一项具有挑战性的任务。

根据上一节中列出的原则，工程师/全栈数据科学家应该在部署机器学习解决方案时采用如下最佳实践，这将有助于在机器学习项目中减少"技术债务"和"维护开销"，以最大化业务价值。

- **设计考虑**。为了开发一个可维护的机器学习系统，架构/系统设计应该是模块化的，并且尽可能是松耦合的。拥有松耦合的架构可以让团队独立工作，而不依赖其他团队的支持和服务，这样团队就能够快速工作并向组织交付价值。
- **数据验证**。数据验证对于一个成功的机器学习系统非常关键。在生产中，数据可能会产生各种各样的问题。如果数据的统计属性与训练数据的属性不同，那么训练数据或抽样过程就是错误的。**数据漂移**可能导致连续几批数据的统计属性发生变化。数据漂移可能会导致模型表现随着时间的推移而下降，因为与机器学习模型训练期间使用的数据相比，输入数据属性会发生变化。
- **模型验证**。重用模型不同于重用软件。你需要调优模型以适应每个新场景。在将模型推广到生产之前，验证模型是非常重要的。要在实时数据上使模型的表现满意，你应该执行在线和离线数据验证。

- **模型实验跟踪**。始终跟踪 ML 模型实验。实验可能包括尝试不同的代码组合（预处理、训练和评估方法）、数据和超参数。每一个独特的组合都会产生你需要与其他实验进行比较的指标。
- **代码质量检查**。每个模型规范（创建模型的训练代码）都应该经过一个代码审查阶段。最好将代码质量检查作为由代码合并请求触发的流水线的第一步。
- **命名约定**。在机器学习代码中遵循标准的命名约定（如 Python 编程中的 PEP8）有助于缓解"任何更改改变一切"（CACE）观念的挑战。它还可以帮助团队成员快速熟悉你的项目。
- **模型预测服务性能监控**。除了评估与业务目标相关的模型性能的项目指标（如 RMSE 和 AUC-ROC）外，延迟、可伸缩性和服务更新等运维指标的监控对于避免业务损失也至关重要。
- **持续训练**（CT）和**持续监控**（CM）**过程**。由于数据漂移等原因，模型性能可能会在生产中下降。这意味着必须不断地将新的模型部署到生产环境中，以提高模型的公平性。这就需要 CT/CM。
- **资源利用**。在训练和部署阶段了解系统的需求可以帮助你的团队优化实验的成本。

MLOps 在人工智能产业化中发挥着至关重要的作用。MLOps 结合了机器学习、DevOps 和数据工程，目的是在生产中可靠、高效地构建、部署和维护机器学习系统。深度学习是解决复杂的机器学习问题的首选机制，让我们来了解更多关于深度学习的细节。

14.7 深度学习

机器学习不仅仅是预测数字，还可以用神经语言处理解决复杂的问题。这些问题包括由人类大脑处理的复杂场景，例如，构建一个模仿人类的自动聊天机器人、阅读手写文本、图像识别、转录视频/音频，以及将文本转换为音频，反之亦然。**深度学习**能够通过模仿人脑来解决此类问题。

机器学习需要一组使用监督学习的预先定义的标签数据，而深度学习使用一个用于无监督学习的神经网络，通过使用大量数据来开发机器的学习能力，并模拟人类大脑的行为。深度学习是一个多层神经网络，你无须预先做数据标记。然而，你可以使用有标签数据和无标签数据进行深度学习，这取决于你的用例。图 14-4 展示了一个简单的深度学习模型。

在图 14-4 中，深度学习模型有相互连接的节点，输入层通过各个节点提供数据输入。这些数据通过多个隐藏层计算输出，并通过输出节点层交付最终的模型推断。输入层和输出层是可见层，学习过程在中间层通过权重和偏差进行，如图 14-5 所示。

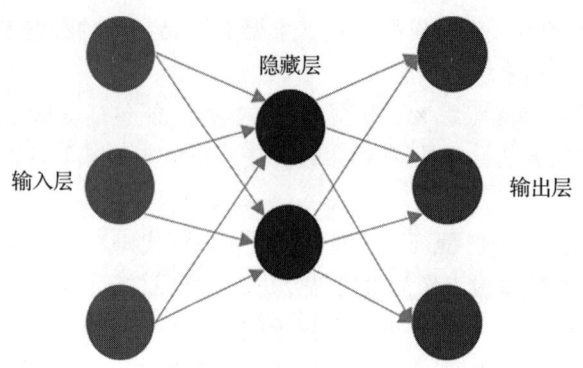

图 14-4　深度学习层结构

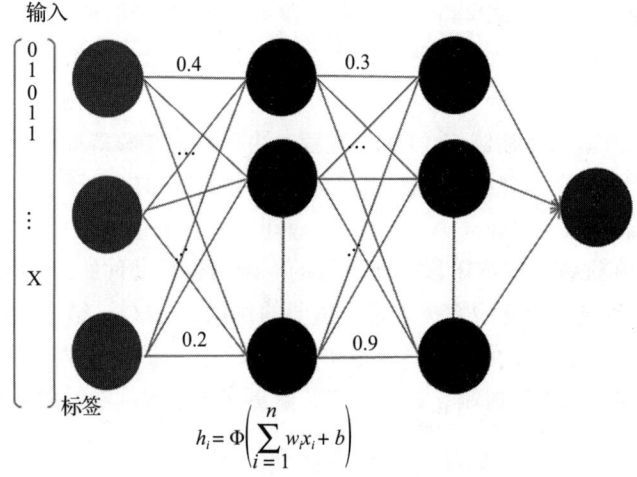

图 14-5　深度学习神经网络模型

你可以看到中间有一系列隐藏层，每一层对这些相互连接的节点应用一些权重函数，以便像人类大脑一样开启学习模式，以提供所需的结果。你可以看到**标签数据**作为输入，并通过各个神经网络节点，节点之间用数字标明权重（0.2、0.4、0.3 和 0.9）。

权值是一个神经网络参数，用于在隐藏层内转换输入数据。权重决定输入对输出的影响程度。它表示节点之间连接的强度。如果节点 A 到节点 B 的权值较大，则表示神经元 A 对神经元 B 的影响较大。权值接近于零，则表示改变这个输入不会对输出产生影响。如果权重为负值，则意味着增加输入将减少输出，反之亦然。

上述学习方法称为**前向传播**，即数据从输入层流向输出层。另一种被称为**反向传播**的技术使用算法来计算预测中的误差，然后通过在各层中向后移动来训练模型，从而调整函数的权重和偏差。通过前向传播和后向传播，可以建立一个神经网络来进行预测和修正错误，并随着训练算法逐渐变得更加准确。

深度学习有不同类型的神经网络。最常见的两种是：**卷积神经网络（CNN）**，用于计算机视觉和图像分类；**循环神经网络**（RNN），用于自然语言处理和语音识别。一些最流行的构建神经网络模型的框架有：

- TensorFlow。它是机器学习的一个开源软件库。TensorFlow 的主要 API 是用 Python 编写的，并且对其他语言有实验性的支持。它内置了对许多神经网络架构的支持。
- MXNet。MXNet 也是一个用 C++ 原生实现的用于深度学习的开源软件库，并内置了对许多网络架构的支持。它的 API 支持多种语言，如 Python、Scala、Clojure、R、Julia、Perl 和 Java（仅限推断）。

除了上面提到的，其他流行的深度学习框架还有 PyTorch、Chainer、Caff2、ONNX、Keras、Gluon 等。本节的目的是为你提供深度学习的高阶视图。这是一个复杂的主题，需要一整本书来涵盖基础知识。每个框架都有多本书进行说明。深度学习模型训练需要大量的数据处理能力，成本可能非常高。然而，公有云提供商（如 AWS、GCP 和 Azure）可以很容易地提供高性能的基于 GPU 的实例，以使用现付现用的方法来训练这些模型。

现在，机器学习适用于任何地方，包括解决客户问题，如预测性维护，为企业提供准确的预测，或为最终用户构建个性化的建议。机器学习用例不仅局限于客户问题，而且还可以通过预测伸缩、优化工作负载、识别日志模式、在错误导致生产问题之前修复错误，或者预测 IT 基础设施的预算来帮助你处理 IT 应用程序。因此，对于解决方案架构师来说，了解机器学习用例和相关技术是很重要的。

总的来说，机器学习和人工智能是非常广泛的主题，需要阅读多本书籍来更详细地理解它们。在本章中，你学习了机器学习模型、类型和机器学习工作流的概述。

14.8 小结

在本章中，你学习了机器学习工作流的机器学习架构和组件。你了解了数据和机器学习是如何联系在一起的。利用特征工程获取高质量的数据，建立正确的机器学习模型是非常必要的。

通过识别模型过拟合和欠拟合的情况，你了解了机器学习模型验证。你还了解了各种监督学习算法和无监督学习算法。由于云正在成为机器学习模型训练和部署的首选平台，你了解了流行的公有云提供商中的机器学习平台。

此外，你还学习了机器学习工作流，包括数据预处理、建模、评估和预测，以及如何在 AWS 云平台中构建机器学习架构。MLOps 是将机器学习模型投入生产的关键。你了解了 MLOps 原则和最佳实践。最后，你还学习了深度学习，它通过模仿人类大脑来帮助你解决复杂的问题。

有数百万台小型设备连接到互联网上，统称为物联网。你需要了解云中的各种组件，以便收集、处理和分析物联网数据，从而产生有意义的洞见。在下一章中，你将了解物联网用例的更多细节并解决它们。你还将了解物联网系统所面临的挑战以及用于扩展它们的技术。

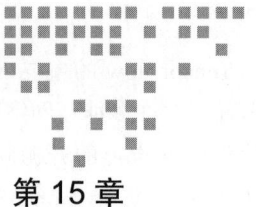

第 15 章

物联网架构

随着互联网连接的增加,越来越多具有小内存和计算能力的小型设备开始出现。这些传感器连接各种物理实体,如家庭报警器、热传感器和汽车,来自数以百万计的连接设备的数据需要被收集和分析。例如,从多个传感器收集的天气数据可以为风力发电和农业提供天气预报。在家庭、工厂、油井、医院、汽车和成千上万的其他地方,数以亿计的联网设备正在助力数字化转型,这些设备产生了大量的数据并呈指数式增长。

物联网(Internet of Things,IoT)不仅是来自传感器和设备的数据集合。全面的物联网解决方案包括设备、本地数据收集与分析,以及收集、存储和分析数据的云服务。你需要与设备集成,以便在没有互联网连接的情况下进行操作,当网络可以连接时,它们可以连接到互联网报告数据和状态。

物联网解决方案需要设备连接和消息传递服务、集群管理和设备更新服务。它们需要确保设备和集群的安全,包括审计和异常检测。除此之外,你还应该为有噪声和断续的物联网数据执行分析功能。为了实时获得完整的业务价值,你应该构建机器学习模型,然后将它们部署到设备上,以优化流程和结果。

在本章结束时,你将了解如何设计物联网解决方案架构,以及物联网解决方案的各个组件,包括设备管理、设备连接、设备安全,并通过分析和机器学习从物联网数据中获得洞见。

15.1 什么是物联网

想象一下,如果你知道所有事物的状态,并能对数据进行分析,你会解决什么问题?物联网可在任何地方告知一切事物的状态。物联网是指通过 IP 地址连接到互联网的物理设备组成的网络生态系统。虽然物联网设备的数量正在成倍增长,但当前利用物联网设备的复杂性也在随之增长。

你需要从物联网传感器摄取数据,通过流存储分析并快速提供结果。在家庭、医疗机构、工厂、汽车和许多其他地方都有大量的设备。你越来越需要解决方案来连接这些设备,收集、存储和分析设备数据,以提高运营效率。

物联网解决方案为你提供从所有这些设备中收集数据的能力,并获得洞见。物联网是AI/ML、机器人、视频分析、移动和语音等新兴技术的关键推动者。物联网是这些新兴技术的核心,因为访问设备数据对于训练机器学习模型、交付智能和提高业务效率至关重要。

企业正在使用物联网解决多个工业场景,例如:

- **优化制造**。通过捕捉机器性能数据,你可以提高工业流程的性能和生产率。你可以对机器的性能产生洞见,并在部件损坏前进行预测性维护更换。
- **医疗保健**。通过物联网,你可以随时随地为患者提供医疗保健服务。医生可以远程监控患者的健康状况,并在出现任何健康警报时采取行动。现在,每个人都在使用嵌入可穿戴设备(如 Apple Watch 和 Fitbit)的健康应用程序,以便更好地了解自己的健康状况,并直接与基层医疗机构共享健康数据。
- **库存跟踪**。物联网有助于保持零库存和优化仓库运营成本。你可以跟踪库存水平和自动下达补货订单。通过物联网传感器,你几乎可以实现从接单到补货、包装和运输的整个仓库操作的自动化。
- **互联家庭**。使用物联网设备,如智能开关、智能恒温器和智能摄像头,可以增强家庭、建筑和城市中的用户体验。你可以使用智能设备操作整个设施并优化容量,或为家庭配备智能安全设备,帮助你随时随地监控家中的情况。
- **农业**。这是人类赖以生存的一个重要领域,湿度、天气和温度的物联网传感器有助于更高效地种植更健康的农作物。你可以结合湿度传感器和天气预报的数据来决定什么时候给农作物浇水。
- **能源效率**。通过物联网,你可以更有效地管理能源资源,如实时监控风电场和太阳能电场的能源生产,并制定维护计划。
- **改变交通运输**。物联网正在通过车联网和自动驾驶汽车塑造交通运输的未来。你可以看到的最流行的例子是特斯拉汽车,它配备了物联网传感器,并通过实时收集数千个数据点来提供全自动驾驶功能。
- **增强安全性**。物联网设备通过持续监控并在任何设备故障或安全事件发生前提供告警,以立即采取行动,帮助改善家庭、办公室和工厂的安全。

物联网战略赋予企业构建新服务和持续改进产品服务所需的智能,享受与客户建立更好的关系。数据驱动会让你做出更快、更智能的决策,从而带来收入增长和更高的运营效率。通过物联网,企业要么提高效率、降低成本,要么构建全新的服务和产品,推动新业务的发展。这些都是物联网设备架构面临的最关键挑战。你需要确保设备的安全性和有序管理,并对其进行数据收集和产生洞见。让我们进一步了解物联网架构的各种属性。

15.2 物联网架构组件

在上一节提到的场景中，组织中有多个设备横跨多条产品线。它们需要一个架构来摄取各种遥测度量和属性，以支持用户和服务应用程序的实时使用。在高层次上，物联网架构由三个组件组成，如图 15-1 所示。

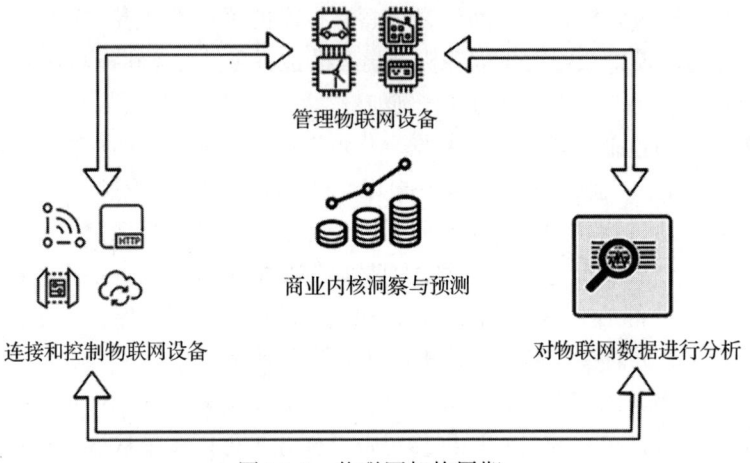

图 15-1　物联网架构周期

如图 15-1 所示，物联网架构周期包含三个要素：

- **管理物联网设备**。构建物联网解决方案，需要部署大量设备，从数千台到数百万台不等。这些设备应该能够生成用例所需的数据，并根据需要在边缘执行操作。首先需要弄清楚的是，如何才能制造出能在边缘运行的设备？
- **连接和控制物联网设备**。管理数以百万计的设备并确保其安全是一项乏味的任务。最重要的是，你希望它们被升级到最新的软件/固件，或者它们可能需要在不同版本中进行维护。为了便于管理，还需要对它们进行分组，并确保它们安全连接。你需要了解的第二件事是如何大规模控制、管理和保护你的设备。
- **对物联网数据进行分析**。一旦你的设备被部署和连接，你需要收集大量高速到达的数据，并获得具有业务价值的洞见。

最后，你需要设计如何让你的物联网数据变得有意义并采取适当的行动。

因此，现在要构建物联网架构，你需要掌握上述架构周期的三个要素。在深入研究架构时，你希望在前面的每个要素中嵌入可选技术项的示例。让我们更详细地探索物联网架构的第一个要素，更深入地学习物联网设备软件管理。

15.2.1 管理物联网设备

当涉及物联网设备时，你希望了解如何构建和操作边缘智能设备软件。随着互联网可用性的增加，几乎每一个设备都配备了对微控制器或微处理器的支持。一个**微控制器单元**

（MCU）是包含一个简单的处理器与内存的单芯片；它被用于工业传感器、恒温器、智能开关和灯泡等设备。微控制器占所有已连接和可连接设备的 80% 以上。一个**微处理器单元**（MPU）扩展了边缘设备的计算和处理能力。它具有外部连接的内存和 I/O 组件；这些都是功能更强大的设备，比如，笔记本计算机、台式计算机、摄像机和路由器。现在让我们学习微控制器设备管理和连接。

1. 微控制器设备管理

说到基于微控制器的设备，FreeRTOS 是最流行的**实时操作系统**（RTOS）之一。FreeRTOS 包括一个内核和一组物联网库，适用于所有行业部门，使你可以轻松安全地将小型、低功耗设备连接到更强大的边缘设备和网关。FreeRTOS 通过简单的编程连接到基于微控制器的设备，收集数据进行分析，并且跨数百万台设备扩展物联网应用程序。它有助于通过安全凭据和密钥管理来确保边缘设备的安全，还可以通过传输层加密来确保数据安全。

MCU 设备可以通过 MQTT Pub/Sub 消息或基于 HTTPS 的文件下载来连接到 AWS IoT Core，以摄取和分析数据。MQTT 是用于物联网的 OASIS 标准消息传递协议。它是一种轻量级的发布/订阅消息传输方式，非常适合用较少的代码占用和最小的带宽连接远程设备。FreeRTOS 扩展了蜂窝 LTE 和 Wi-Fi 抽象层，这有助于在没有云连接的情况下持续通信、收集数据和采取行动。

FreeRTOS 为设备安全提供了 AWS IoT Device Defender 库，当设备端指标偏离预期行为时，可以方便地上报设备端指标，以检测异常。Device Defender 也可以持续审查与 FreeRTOS 设备相关的物联网配置，以确保它们符合安全最佳实践，如审查和监控设备、上报 TCP 连接、检测异常。

FreeRTOS 完全受支持并与 AWS 云集成。AWS IoT Device Management 为集成了代码签名的 FreeRTOS 设备提供完全集成的固件更新服务，并支持**空中激活**（OTA）软件更新。OTA 是物联网价值主张的关键部分，也是端到端安全解决方案的重要组成部分。

由于 MCU 设备变得越来越强大，并提供了将数据分析能力扩展到边缘的能力，AWS 提供了 IoT Greengrass 来将这些设备连接到 AWS 云。此外，FreeRTOS 提供了方便的 API，可以轻松地连接到 AWS Greengrass 设备。即便 Greengrass Core 设备与云的连接断开，Greengrass 组中的 FreeRTOS 设备也可以继续通过本地网络相互通信，所以即使是间歇性连接，你的应用程序也可以继续运行。让我们来了解一下 MPU 设备管理并构建数据源附近的数据收集能力。

2. 微处理器设备管理

集中采集物联网数据并进行分析以获取洞见并不总是可行的。你需要在无法连接互联网的情况下（如飞机、游轮或偏远地区）收集边缘数据并在本地执行分析。它也适用于由于合规要求或需要超快延迟而不能在其他位置存储数据的情况，例如，在工厂管理机器人集群。在这种情况下，你的边缘设备需要减少延迟、降低成本，并提高合规性。通常，MPU

是这些情况下的首选，因为它们比 MCU 设备强大得多。它们也可以作为网关，在边缘管理多个 MCU 设备。

AWS 提供 IoT Greengrass 帮助你将 AWS 服务扩展到设备上，对设备生成的数据进行本地操作，以获得即时的数据洞见并采取行动。有了 Greengrass，设备不需要把你的数据发送到遥远的云端；当毫秒级的延迟不可接受时，数据可以存储在本地。此外，它还提供了一种选择，可以只将需要的数据发送到云端，从而降低成本。当数据需要根据数据主权法律保留在本地时，支持 Greengrass 的设备可以继续路由并处理本地消息，以确保数据是安全的，并保留在本地。

AWS IoT Greengrass 由两部分组成——物联网边缘运行时和云服务。在设备上使用 Greengrass 边缘运行时，可以帮助客户通过本地处理、数据管理和机器学习推断来赋予设备智能化，并无缝连接到 AWS 云服务。

Greengrass 云服务允许客户在其设备群上远程部署和管理物联网应用程序。图 15-2 是基于 IoT Greengrass 在 AWS 云中的预集成分析和机器学习服务的全景图。

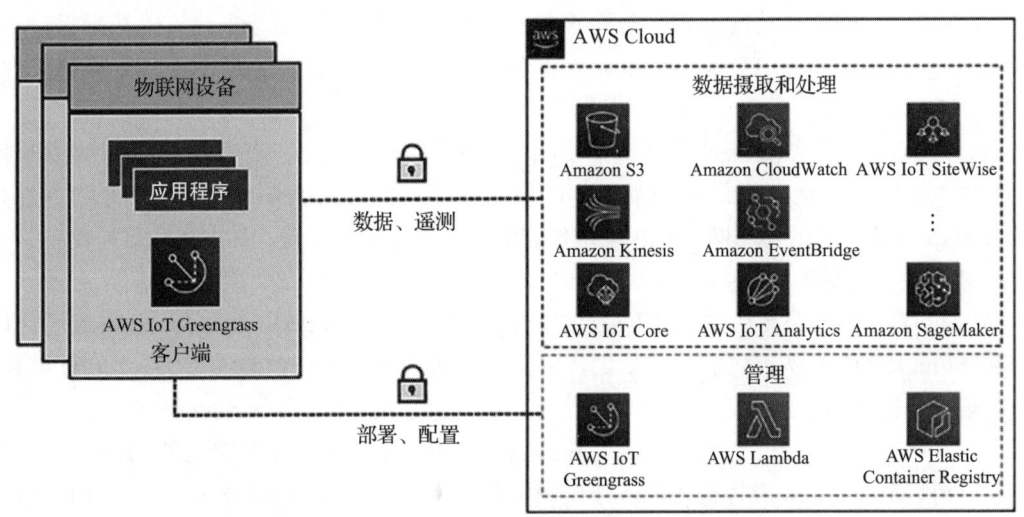

图 15-2　AWS IoT Greengrass 预集成 AWS 云服务

有时，物联网设备并不直接连接到云。它们在本地与集线器或网关通信，然后这些集线器连接到云。对于这类场景，Greengrass 边缘运行时可以安装在集线器或网关上，并帮助设备开发人员在其网关上构建、部署和管理物联网边缘应用程序。此外，网关还能为本地连接到它的所有设备提供智能。

AWS Greengrass 嵌入了本地 lambda 计算、本地消息传递、影子设备，用于数据和状态同步，并确保连接设备中的通信安全。OTA 使 Greengrass Core 的安装更新更简单，也更容易使用 AWS IoT Device Management 访问新功能、修复漏洞和进行安全增强。

最后，你要确保设备与云物联网服务连接并工作。AWS 提供物联网设备测试仪，它是一个自动化测试应用程序，帮助你在选择好的设备上测试 FreeRTOS 或 AWS IoT Greengrass。你可以在 MCU 设备的微控制器板驱动程序上测试 FreeRTOS 云连接、OTA 和安全库是否正常工作。对于 MPU 设备，你可以测试设备的 CPU 架构、Linux 内核配置和驱动程序的组合是否适用于 AWS Greengrass。

现在，让我们进一步了解架构设备连接和控制的第二个组件，以连接、管理和保护你的设备。

15.2.2 连接和控制物联网设备

如今，你有数百万台设备每秒产生数十亿字节甚至万亿字节的数据。所以下一个问题是，如何安全地连接数据并处理大规模生成的数据？这不仅关于数据摄取，你还需要考虑其他因素，例如：

- **身份识别服务**。你需要身份识别服务来管理设备的授权，并提供大规模的唯一标识。IoT Core 为你提供了根证书和客户端证书，或让物联网平台为你生成证书。物联网平台需要支持 SigV4、X.509 和自定义身份认证，同时通过物联网策略提供精细到 MQTT 主题级别的访问控制。
- **设备网关**。设备网关将设备安全地连接到数据中心或云。数据网关应该在大型设备群首次接入时，自动为设备分配唯一标识，并使用即时注册来实现设备的自动注册。数据网关应该安全地将设备连接到云或数据中心和其他大规模设备。在连接可靠性方面，数据网关需要建立长连接，以便通过 MQTT、WebSocket 或 HTTP 进行双向通信，并通过 TLS 1.2 相互认证进行安全通信。
- **消息代理**。它处理数据消息并将其路由到数据中心或云。消息代理需要通过可伸缩、低延迟和可靠的消息路由机制从物联网设备路由数据。它需要为解耦的设备和应用程序提供发布/订阅，并促进双向消息流。物联网消息代理可以帮助你随时了解和控制设备状态，为离线设备保留消息，并为 MQTT 扩展对**服务质量**（QoS）消息的支持。

（1）QoS 级别 0 意味着消息最多一次传递。它也被称为**发送即遗忘**（fire and forget），即没有消息传达保证，因为接收方没有确认消息是否收到。

（2）QoS 级别 1 保证消息至少向接收方传递一次，但也可能由于相同消息的重新传递导致消息重复。

（3）QoS 级别 2 是 MQTT 中的最高服务级别。它保证每个消息只接收一次；然而，它是最慢的方法，在发送方和接收方之间需要四次握手。

- **规则引擎**。它根据业务需要在设备上触发操作。规则引擎摄取大量数据，对其进行预处理，使数据可用于其他分析、报告和可视化服务。规则引擎需要内置用于数学、字符串操作、日期等的函数，以便进行数据转换，并提供数据过滤功能，在将数据路由到机器学习和分析等其他服务之前过滤数据。

- **影子设备**。它使应用程序能够与设备交互，即使设备处于离线状态，也能随时随地了解和控制设备状态。影子设备通过维护离线设备的最后一个已知状态来表示设备状态，比如，灯泡的最后一个已知颜色是红色。影子设备根据应用程序的操作进行实时状态变化，并通过状态变化控制设备，例如，将灯泡的颜色改变为蓝色。一旦设备的连接建立起来，它就会自动同步。
- **设备注册**。它使设备能够自动注册并有助于管理设备。设备注册表定义和编目设备，以便于通过执行简单的搜索管理设备（比如，2016 年生产了哪些设备？），或者通过定义事物类型（例如，宝马和奥迪属于"车"类型）来支持设备之间的属性和策略标准化。为了进一步简化，你可以在风力涡轮机中定义传感器组，从而简化对运行作业和策略设置的管理。最好使用托管的物联网平台，如 AWS IoT Core，它提供了所有上述服务。AWS IoT Core 允许任意数量的设备安全连接到云和其他设备，而不需要你提供服务器。你可以路由和处理来自连接设备的数据，并使应用程序在设备离线时也能与它们交互。IoT Core 在数据的基础上提供分析、人工智能和机器学习等 AWS 服务，以作为云生态系统的一部分。
- **AWS IoT Device Management（DM）**。它帮助注册、组织、监控和远程管理不断增长的连接设备。它能够批量注册许多设备，将设备组织成组，执行 OTA 固件更新，并通过一个完全托管的 Web 应用程序方便地对所有物联网设备进行端到端管理。
- **AWS IoT Device Defender（DD）**。它是一个完全托管的物联网安全服务，持续保证连接设备群的安全。它监控与设备和整个设备群相关联的物联网资源，以发现可能表明存在潜在安全问题的异常行为。如果有些东西看起来不正常，比如，从设备到未经授权的 IP 地址的流量或可能表明设备正在参与 DDoS 攻击的出站流量峰值，那么 Device Defender 就会发出警告。最后，通过与 IoT Device Management 的集成，IoT Device Defender 让你采取正确的行动，以保护你的设备。

AWS 提供 IoT Core、Device Management 和 Device Defender，统称物联网连接和控制服务，它们提供连接、管理和保护设备的能力。当你从数百万台物联网设备收集数据时，从数据中获得洞见变得非常重要。让我们了解关于物联网数据分析技术的更多细节。

15.2.3　对物联网数据进行分析

物联网数据分析具有挑战性，因为它不是高度结构化的数据，后者通常由专为商业智能和网络分析而设计的分析工具处理。相反，物联网数据来自间歇性连接的移动机械上的传感器、Wi-Fi 或无线覆盖较差的控制器，以及大量其他信号丢失或减弱的地方。来自这些设备的数据经常会有显著的偏差和虚假数据。此外，通常只有在外部数据源的其他数据上下文中，物联网数据才有意义。例如，农民需要通过预测田间降雨量来丰富湿度传感器数据，以确定何时给农作物浇水。

所采集的现实世界物联网数据需要与其他数据（如时间、位置和其他信息）相结合来丰富数据，这给企业带来了挑战。为了使应用程序运行良好，它们经常需要设计自定义逻辑来清除虚假数据，填补数据中的空白，并使用上下文信息来丰富数据。它们还需要在为应用程序处理数据之前适当地存储过程数据。这需要定制代码，还需要花费时间来构建、测试和维护，并增加了物联网应用程序的处理成本。

你可以看到，在物联网应用程序中有许多常见的数据管理和分析任务，包括处理和丰富数据、数据库的供给和分区，以及编写复杂查询。随着设备的发展、集群规模的变化和新的分析需求的出现，所有的数据处理都需要不断开发。例如，C3 IoT 公司提供复杂的分析，AWS 等云供应商已经创建了 AWS IoT Analytics 等服务，以便大规模执行物联网数据分析。

AWS IoT Analytics 是一种可大规模收集、预处理、丰富、存储、分析和可视化物联网设备数据的托管服务。它允许你只收集你想要存储的数据，并将原始数据转换为有意义的信息。

大多数物联网数据都是时间戳绑定的，因此 AWS IoT Analytics 将设备数据存储在时间序列数据存储中，以便进行分析，更深入地了解资产的运行状况和性能，并可视化物联网数据集。

总之，要设计物联网架构，你应该根据硬件选择、软件环境和使用场景为物联网项目选择合适的设备软件。如果你使用高度受限的设备，通常，微控制器建议使用 FreeRTOS 和 IoT Device SDK。如果你有微处理器支持的物联网设备，你可以使用 AWS IoT Greengrass。Greengrass 使用预先构建的处理和连接能力来加速你的设备应用程序的开发，并在边缘远程部署和管理设备软件。

一旦你准备好你的设备，你可以使用 AWS IoT Core、Device Management 和 Device Defender 来连接和控制你的设备，并使用 AWS IoT Analytics 对收集的数据进行数据分析。由于云正在成为大规模数据收集和分析的首选场所，我们将以领先的云提供商之一 AWS（Amazon Web Services）提供的物联网服务为例进行说明。现在，让我们了解更多关于云上物联网的知识。

15.3 云上物联网

由于物联网解决方案可能是复杂和多维的，你需要消除在业务中实现物联网的复杂性，并安全地帮助客户将任意数量的设备连接到中央服务器。谈到物联网，云提供商已经提供了托管服务产品，以实现数百万台设备的可伸缩性。一些最流行的云物联网平台有 Google Cloud IoT、AWS IoT Core、Azure IoT Hub、IBM Watson IoT 和 Oracle IoT。让我们来看看 AWS 物联网提供的产品，以了解物联网系统的工作原理；其他云提供商（如 GCP 和 Azure）也提供类似的物联网产品。

AWS 云帮助处理设备数据，并随时读取和设置设备状态。AWS 提供了可按需扩展的基础设施，因此组织可以深入了解其物联网数据，构建物联网应用程序和服务，以更好地服务于客户，并帮助其业务充分利用物联网平台的能力。

AWS 物联网的组成部分如图 15-3 所示。

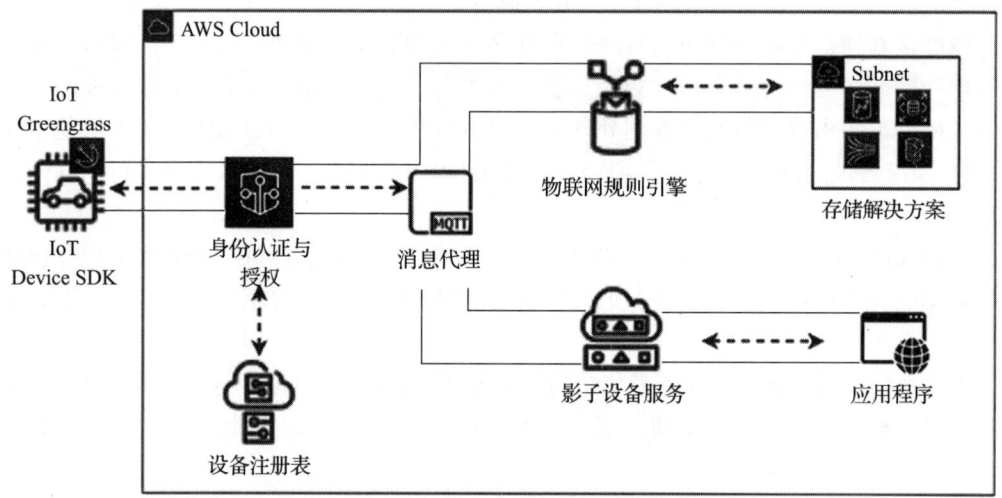

图 15-3　AWS 平台上的物联网架构

以下为图 15-3 中物联网各组成部分的详细信息及连接方式：

- **IoT Greengrass**。AWS IoT Greengrass 安装在边缘设备上，帮助向 AWS 云发送物联网消息。
- **IoT Device SDK**。AWS IoT Device SDK 帮助将物联网设备连接到你的应用程序中。IoT Device SDK 提供了应用程序与设备连接和认证的 API。它使用 MQTT 或 HTTP 在设备和 AWS 物联网云服务之间交换消息。IoT Device SDK 支持 C 语言、Arduino 和 JavaScript。
- **身份认证与授权**。通过 AWS 物联网实现设备间的相互认证和加密，仅与授权设备进行数据交换。AWS 物联网使用 SigV4 和 X.509 证书等认证机制。你可以通过证书进行远程授权，将身份认证添加到所有连接的设备中。
- **消息代理**。消息代理支持 MQTT 和 HTTP，并在物联网设备和云服务（如 AWS 物联网规则引擎、影子设备和其他 AWS 服务）之间建立安全通信。
- **物联网规则引擎**。物联网规则引擎有助于管理用于物联网数据处理和分析的数据流水线。规则引擎查看物联网数据，执行流分析，并连接到其他 AWS 存储服务，如 Amazon S3、DynamoDB 和 Elasticsearch。
- **影子设备服务**。当设备由于远程地区的网络连接丢失而离线时，影子设备服务可以帮助你维护设备的状态。一旦设备上线，它就可以从影子设备中恢复其状态。任何连接到设备的应用程序都可以通过使用 RESTful API 从影子设备中读取数据来继续工作。
- **设备注册表**。设备注册表有助于识别物联网设备，并帮助管理数百万台设备。注册表存储设备元数据，如版本、制造商和读取方法（例如，华氏温度和摄氏温度）。

到目前为止，你已经熟悉了云中的物联网服务产品。随着物联网在制造业中处理机器数据和优化生产变得越来越普遍，它衍生了**工业物联网**（IIoT）的概念。现在让我们对它进行更深入的了解。

15.4 构建工业物联网解决方案

工业客户想获得对其工业数据的洞见，并实现诸如降低能源成本、减少故障检测和修复设备问题、发现生产线低效、提高产品质量和产量等结果。这些客户正在提高来自机器和**产品生命周期**（PLC）系统的**操作技术**（OT）数据的可见性，以便在生产线或机器出现故障时进行**根因分析**（RCA）。此外，通过实时了解机械的微中断，物联网在不影响产品质量的情况下提高了产量。

构建和维护跨多个源、站点或工厂的数据收集和组织是具有挑战性的。组织需要所有资产有一致性的展现，这些资产可以很容易地与用户共享，并用于在工厂、跨工厂和公司级别构建应用程序。使用内部服务器收集和组织的数据隔离在工厂内部。由于缺乏开放和可访问的数据，大多数在本地收集的数据从未被分析就被丢弃了。

最佳实践是从工业设施常见的数据库中提取数据，将其转移到数据中心或云上的集中存储中，将其构造成便于用户和应用程序搜索的结构。在这些数据的基础上，你可以获得通用的工业性能指标，如**设备综合效率**（OEE），监控跨多个工业设施的操作，并构建应用程序来分析工业设备数据，防止出现代价高昂的设备问题，并减少生产上的偏差。在设计工业物联网架构时，需要完成以下步骤：

- 从工业设备、数据服务器和历史数据库中摄取数据。
- 收集、整理、分析大规模工业数据。
- 使用 OPC-UA、Modbus、Ethernet/IP 等工业协议和标准从现场设备中读取数据。
- 创建物理资产、工艺设备数据流的可视化表示，并计算工业性能指标。
- 访问本地仪表盘，查看设备的实时和历史数据，即使网络暂时断开也要保持可用。
- 使用资产数据创建本地或云应用程序，优化工厂产出质量、最大化资产利用率，并识别设备维护问题。

为了满足工业互联网日益增长的需求，AWS 等领先的云供应商提供了托管服务，AWS IoT SiteWise，它可以通过本地网关从工厂收集数据，对数据进行结构化和标签化，并生成实时 KPI 和指标，以做出更好的数据驱动决策。

从所有站点的设备收集数据，并通过 AWS IoT Core 发送到 AWS IoT SiteWise。然后创建模型资产，作为物理资产的虚拟表示。SiteWise 帮助对整个生产环境进行数字化、情景化和建模，而客户无须维护其基础设施。客户还可以使用丰富信息建模来表示复杂的设备层次结构。

事件管理对于检测跨复杂工业系统的变更至关重要。需要持续监视来自设备的数据，以识别它们的状态，检测变更，并在发生变更时触发适当的响应。AWS 提供 AWS IoT Events，通过构建简单的逻辑来评估传入的遥测数据，以检测设备或流程中的状态变化。它从数千个传感器的数据中检测事件，并触发响应，以优化运营。它可以更快地将问题通知维护团队，或通知设备关闭，而不是依靠人工检查部件、机器或产品。例如，当设备运行异常或应用修复程序时，你可以向技术支持代表发出告警。

因为你使用逻辑表达式而不是复杂的代码配置 AWS IoT Events，所以很容易针对变更进行调整，例如，添加新设备。你可以将集群设备扩展至数千台。AWS IoT Events 可以与其他处理和分析物联网数据的 AWS 服务集成，如 AWS IoT Core 和 AWS IoT Analytics。客户可以直接从 AWS IoT Events 控制台识别和接收他们需要评估的数据。IoT Events 可以触发 AWS Lambda、SQS、SNS、Kinesis Firehose、IoT Core 等的操作。让我们来看一个将所有部分组合在一起的工业互联网参考架构。

15.4.1 互联工厂物联网架构

互联工厂（CF）解决方案的设计目的是将各种能力结合在一起，以实现工厂的数字化转型。CF 使客户可以轻松地从其遗留系统中解禁数据，以近乎实时的方式可视化数据，执行更深入的分析以优化运营，并提高生产率和资产可用性。CF 产品的重点是将工业数据收集商品化和开发重用。让我们看一下图 15-4，它演示了在 AWS 云平台上实现互联工厂解决方案的物联网架构。

如图 15-4 所示，AWS IoT Greengrass 部署在工厂车间的边缘，搜集设备数据和从工厂服务器获取的其他数据。数据通过 IoT Core 进入 AWS 云，IoT SiteWide 帮助构建物理设备模型。来自各种设施的数据存储在 Amazon S3 中，以构建一个制造数据湖，并可以进一步将其加载到 Redshift 中成为数据仓库，通过 AWS Glue 构建 ETL 流水线进行数据处理，通过 Amazon Athena 进行特定查询。最后，你可以使用 QuickSight 为业务用户提供可视化数据。

流数据通过 Amazon Kinesis 进行转换和处理，并提供对产品设备的输入，或向车辆返回运输信息。你还可以看到机器学习组件执行生产预测，并将数据发布到 ERP 和 PLM 系统中，以优化生产效率。Amazon SageMaker 在边缘执行机器学习，从而了解设备运行状况并发出告警，以减少停机时间。

当需要给员工进行设备培训或模拟时，添加一个可视化层是有意义的。随着 AR/VR（增强现实/虚拟现实）的出现，这一切都成为可能。这就是数字孪生出现的原因。让我们了解更多关于数字孪生的细节。

第 15 章 物联网架构 ◆ 323

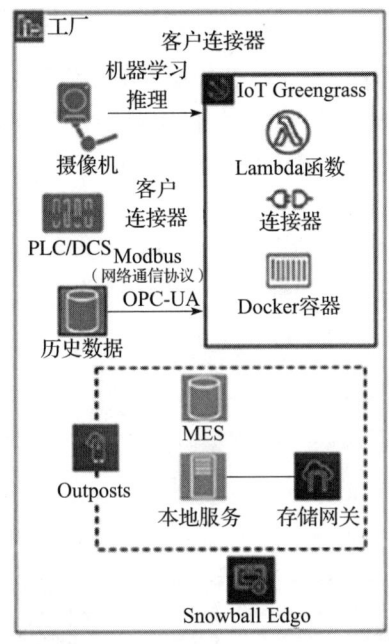

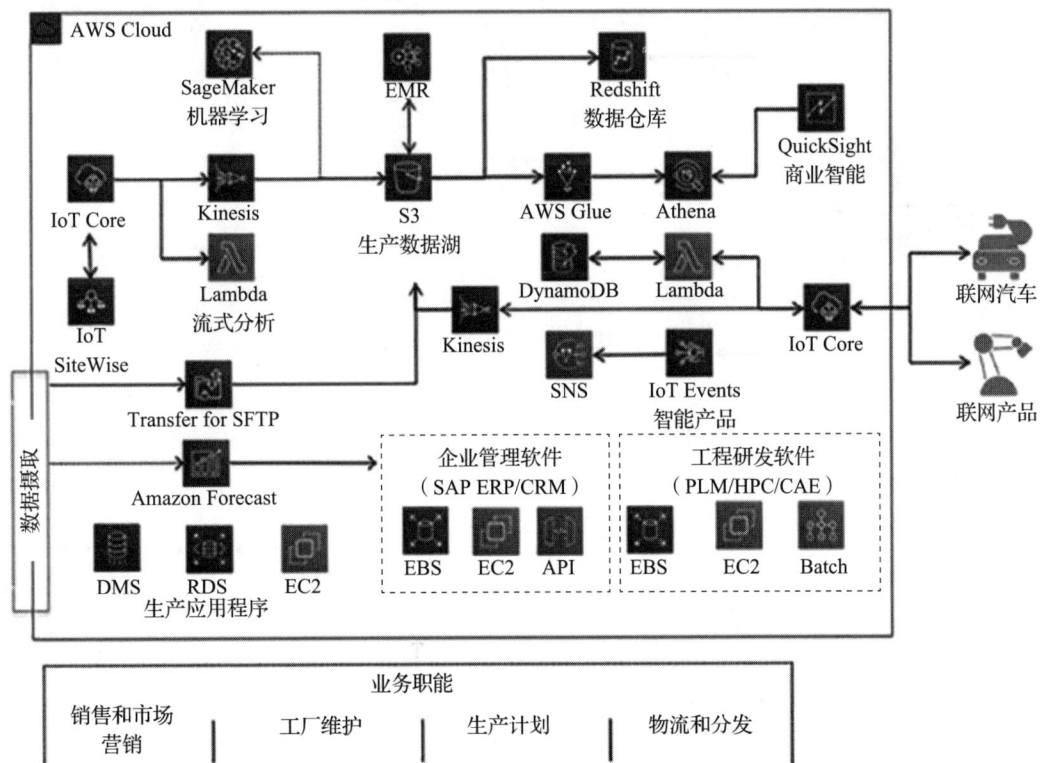

图 15-4 AWS 云上互联工厂架构

15.4.2 实现数字孪生

数字孪生是物理机器的数字副本。在数字孪生中，你使用 AR/VR 来实现实时数据的可视化"叠加"，构建机器的虚拟展示。结合机器学习，它可以实时查看机器的操作和健康数据；你可以从现实世界的行为中获得洞见，例如，执行主动维护模型。数字孪生可以方便地模拟假设场景，以确定机器的最佳 KPI，并构建沉浸式教育和培训，以操作设备。

数字孪生可以使用物联网持续收集实时数据，并可以通过数字副本控制机器的运行。它通过构建机器的生活模型提供了一种身临其境的体验，并有助于预警、预测和优化。构建数字孪生需要执行以下任务，如图 15-5 所示。

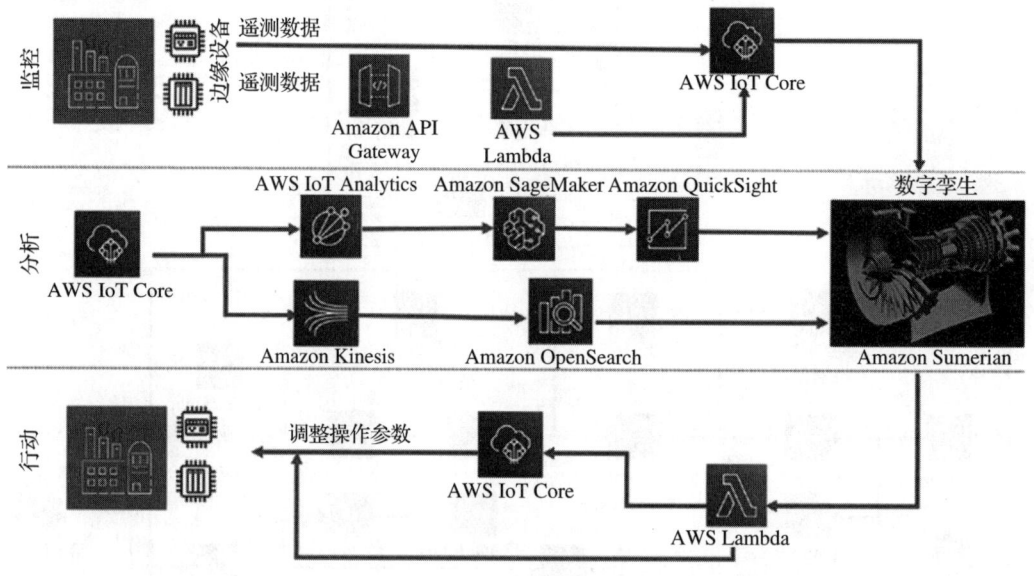

图 15-5　用数字孪生模拟机器的思维

如图 15-5 所示，数字孪生通过以下方式管理机器：

- **监控**。数字孪生通过在虚拟世界中复制的数字副本来收集和分析数据。机器遥测数据可以是来自云上的传感器数据，如 AWS，也可以使用 AWS IoT Core 的数据。工厂的数据可以通过在本地应用程序上构建一个 API 来获取。
- **分析**。要建立一个数字副本，你可以使用流行的 AR/VR 技术，如 Microsoft HoloLens、Amazon Sumerian 或 Oculus。你可以在数字副本上创建一个数据叠加，以展示数据如何从各种传感器流动。你可以使用 AWS IoT Analytics 进行进一步分析。要构建数据可视化和搜索功能，可以使用 Amazon OpenSearch 和 QuickSight。数字孪生可以通过使用 Amazon Alexa 等人工智能服务进行语音控制。机器学习功能可以使用 Amazon SageMaker 来实现，以训练、调优和部署机器学习模型。

- **行动**。当你获得数据洞见和预测时,你可以通过向运维团队发送信息来采取所需的行动。你可以使用 AWS IoT Events 和 AWS Lambda 创建自动运维工单来向现场人员通知运维申请。AWS IoT Core 可以接收你的消息,并将直接在机器上完成操作。

如果冷却风扇运行不正常或比预期的温度更高,你可以直接从数字孪生上停止机器。

让我们以一个飞机喷气式发动机的数字孪生参考架构为例,如图 15-6 所示。在这里,你可以使用物联网传感器实时收集发动机温度和速度数据,并在发动机的数字副本中显示数据叠加,以获得洞见并采取行动。

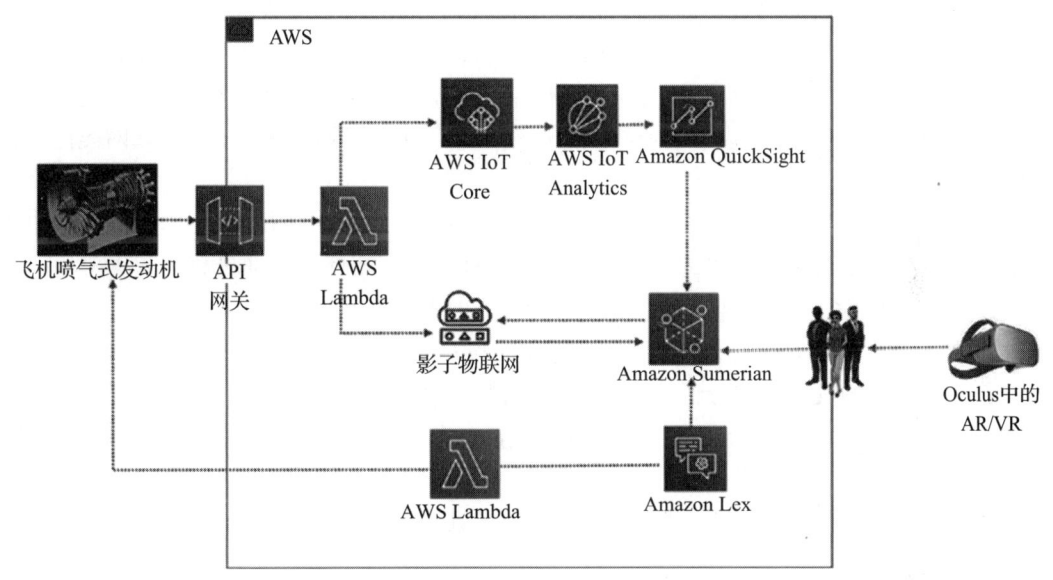

图 15-6 飞机喷气式发动机的数字孪生架构

如图 15-6 所示,温度和发动机转速数据通过 IoT Core 从喷气式发动机发送到 AWS 云。AWS IoT Analytics 处理在传感器中收集的数据,并在 Amazon QuickSight 仪表盘上可视化。飞机引擎现在的状态使用影子设备进行维护,所以如果传感器离线,你仍然可以执行模拟。在这里,使用 Amazon Sumerian 虚拟现实平台创建一个喷气式发动机数字副本,并部署在 Oculus 中。使用 Amazon Lex 人工智能服务,你可以通过语音或消息启动/停止现实世界中的引擎。

物联网是一个非常广泛的主题,值得写一整本书。在本章中,你了解了具有工业用途的物联网架构的各种组成部分。

15.5 小结

数百万台小型设备连接到互联网上,统称为物联网。在本章中,你了解了物联网和物联网架构的组成部分。物联网需要高速处理大量来自传感器和机器的非结构化遥测数据。

要处理此类数据，你需要有一个可伸缩的系统，你还通过 AWS 物联网服务的示例了解了云上物联网。

在构建物联网解决方案时，设备是中心要点之一。你了解了两种主要类型的设备软件——MCU 和 MPU，以及获取这些设备数据的方法。你了解了控制物联网设备的各种技术，包括设备认证、设备注册和大规模设备管理，以及 AWS IoT Device Management 服务。安全是最不容忽视的工作，它也适用于物联网设备；你了解了管理和确保物联网设备安全的各种机制与 AWS IoT Device Defender。

在收集和存储数据之后，需要对数据进行转换，以深入了解数据并可视化业务需求。你了解了云上用于收集、处理和分析物联网数据以产生有意义洞见的各种组成部分。工业物联网在优化生产和减少运营停机方面变得越来越流行。你了解了工业物联网以及 AWS IoT SiteWide 如何帮助大规模的工业物联网运营。你还详细了解了互联工厂物联网架构及其功能。

AR/VR 技术与物联网相结合，可提供身临其境的体验。你了解了数字孪生概念，即使用实时数据叠加创建物理机器的虚拟副本。你了解了一个喷气式发动机数字孪生架构，该架构具有使用数字孪生模型进行监控、分析和操作的不同组件。

到目前为止，我们已经依靠拥有大量 GPU 和 CPU 的超级计算机来解决大部分问题。但随着技术应用的发展，在分子分析和建立金融风险模型等复杂场景中需要数百万乃至数十亿种组合来解决问题的情况下，超级计算机的运行速度变得越来越慢。对于这类场景，量子计算可能是理想的技术。我们仍处于量子进化的早期阶段，但一些组织已经开始进行实验。在下一章中，你将了解量子计算及其使用场景和可用选项。

第 16 章 Chapter 16

量子计算

量子技术是一个快速发展的科学和工程交叉领域。到目前为止,我们一直依赖超级计算机来解决大多数问题,但**量子计算**(QC)以指数级加速复杂计算,从而产生了一个非常强大的超级计算机。在量子物理学中,量子是物理性质的最小单位,用来描述原子粒子的属性,如电子、中微子和光子。量子计算可以利用量子力学定律以新的方式处理信息,解决经典计算机无法解决的计算问题。

量子计算是计算领域的一种新范式,它加速了复杂问题的解决,其所带来的性能提升不是线性的,而是指数级的。这种计算方法可以改变化学工程、材料科学、药物发现、金融投资组合优化和机器学习。

量子计算仍处于研究阶段,可能需要几年时间才能商业化。量子技术是复杂的,但在本章中,你将以一种简化的方式学习量子计算的概念。

在本章结束时,你将了解量子计算的基础知识。量子计算机的工作原理,包括它们的组成部分、类型和各种使用场景。你还将了解量子算法背后的逻辑,如量子门和电路,以及量子计算机如何在幕后工作。

16.1 量子计算机的组成部分

量子计算机的基本组成部分是**量子位**。量子计算中的量子位与经典计算中的位类似,但它们的行为非常不同。接下来让我们学习更多关于量子位的知识。

16.1.1 量子位

经典位只能保存 0 或 1 的位置,但量子位可以保存 0 到 1 之间的位置,并且可以同时保存多个位置。量子位是科学家和工程师可以控制的量子系统的基本单位。量子位的例子有原子、分子和光子。

量子态由小标志">"表示,称为狄拉克符号。单个经典位由 0 或 1 表示,而单个量子位(Qubit)由"|0>"和"|1>"的复杂线性组合表示。量子位是具有复系数的二维向量,如图 16-1 所示。

在图 16-1 中,使用**布洛赫球**表示量子位。布洛赫球是量子位纯状态空间的一种表示,它以物理学家费利克斯·布洛赫(Felix Bloch)的名字命名。箭头表示量子位在任何给定时间内的状态。你可以在图 16-1 中看到"|0>"和"|1>"表示的两种状态。当表示为二维向量时,"|0>"和"|1>"的值为:

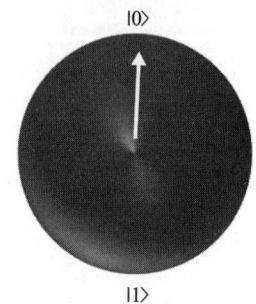

图 16-1 布洛赫球——量子位的抽象表示

$$|0> = \begin{pmatrix} 1 \\ 0 \end{pmatrix} \quad |1> = \begin{pmatrix} 0 \\ 1 \end{pmatrix}$$

除叠加外,两个量子位的可能状态可以是基本向量 |00>、|01>、|10>、|11>,这与两个经典位的可能状态(00 或 01 或 10 或 11)相反。

量子计算机利用了量子物理的独特行为,如叠加和纠缠。让我们来理解这些概念。

16.1.2 叠加

为了简化,让我们以抛硬币的经典例子来理解量子计算的各种概念。抛硬币的结果是正面或反面,概率是 50%,就像传统计算机一样。1bit 有两个可能的值——我们可以假设正面为 1,反面为 0。量子计算机使用量子位来处理信息,1 个量子位代表一个量子态,它可以是硬币被抛时的任何状态。想象一下,如果你看着一枚硬币,同时看到正面和反面,以及两者之间的所有状态,那么这枚硬币则处于叠加状态。

量子位本身并不是很有用。然而,我们可以通过创建许多空间并将它们以一种被称为叠加的状态连接起来,从而创建巨大的计算空间。在叠加态中,量子粒子代表了所有可能状态的组合。它们会波动,直到被观察和测量。在这种情况下,如果你同时抛 50 枚硬币,一个量子位可以是正面和反面的叠加,50 个量子位可以是 2^{50} 种状态的任意叠加。现在你可以看到,一个只有 50 个量子位的小型量子计算机可以存储从 2^{50} ~ 1,000,000,000,000,000 衍生出的一千万亿复数。

既然你已经了解了量子位,让我们看看两个量子位如何通过量子纠缠一起工作。

16.1.3 纠缠

纠缠是指量子粒子相互关联的能力。量子计算机可以以指数形式计算更多信息，并通过在系统中纠缠更多的量子位来解决更复杂的问题。纠缠的量子位形成一个单独的系统，通过相互联系绘制相关性并得到结果。你可以使用量子位的测量结果得出其他量子位的结论。

量子纠缠使得随机行为的量子位可以完全相互关联。在表 16-1 中，让我们通过比较经典位和量子位的属性来从编程的角度理解纠缠。

表 16-1　经典位与量子位的属性比较

属性	经典计算机：将 X 位复制到 Y 位	量子计算机：纠缠 X 量子位和 Y 量子位
相关性	复制后 X 位和 Y 位不相关	X 量子位和 Y 量子位相关；测量 X 会瞬间影响 Y
引用	可以通过（对相同数据的）引用赋值，这样 X 位和 Y 位可能指向相同的数据	纠缠的量子位单独存在，但它们相互关联
可逆性	这是不可逆的——像将 X 复制回 Y 这样的反向操作会破坏 Y	这是可逆的——纠缠的量子位 X 和 Y 可以被解除纠缠
纠正	为了纠正错误，可以从以前的副本中恢复	使用很多纠缠的量子位进行量子纠错

纠缠不是复制，见表 16-1。相比经典计算机，使用量子算法和量子纠缠可以更有效地解决特定的复杂问题，因为它可以关联多个量子位来进行计算，并利用它们来存储大量的数值。一组量子位可以通过叠加一次表示 2^{64} 个可能的值，这使得量子计算机可以解决标准计算机无法解决的复杂问题。

现在你了解了量子计算的组成部分。让我们进一步探索它们的工作机制，以及是什么让它们如此快速。

16.2　量子计算机的工作机制

在上一节中，你已经了解了量子位。物理的量子位是在实验室里构建的，要构建量子计算机，需要有一个容纳量子位的区域。

放置量子位单元的温度需要仅比绝对零度高一点，以最大限度提高量子位的一致性并减少干扰。低温有助于稳定和控制量子位。真空室也可以用来帮助减少振动和稳定量子位。信号可以通过各种方法发送到量子位，包括微波、激光和电压。

你一定很好奇量子计算机怎么跑得这么快。量子计算机之所以运行如此之快，是因为它会并行地尝试一个问题的所有答案。这是真的吗？好吧，其实并不是真的，不是说多重计算都发生在平行宇宙中。也就是说，通过叠加，量子位可以同时保存 0 和 1，并让它们通过纠缠相互影响。这为建立智能量子算法并得以加速计算开辟了新的可能性。

为了让量子计算机更快，一种被称为格罗弗搜索的量子算法颇有前途。假设你需要从包含 N 个项目的列表中找到一个项目。在传统计算机上，你平均需要检查 N/2 个项目，在最坏的情况下，你需要检查所有项目。在量子计算机上使用格罗弗搜索，你只需检查 $\sqrt{N}$ 个项目就可以找到这个项目。这大大提高了处理效率并节省了时间。例如，如果你想在 1 万亿的列表中找到一个项目，每个项目需要 1μs，在经典超级计算机上进行搜索可能需要一周多的时间，但在量子计算机上完成同样的任务只需几秒钟。

让我们用音乐制作来做类比。当音乐家演奏优美的音乐时，他们通过控制音乐和弦来演奏，这与量子计算机通过操纵状态向量的振幅来工作是一样的。要写一首歌，你需要找出你需要的音符，并把它们编排成音乐；以同样的方式给量子计算机编程，你把量子位安排到量子电路中，然后运行这个电路。最后，当你制作音乐时，你的乐队会聚在一起，以一种听起来不错的方式演奏乐器；同样，你设置量子电路，使给出的答案是最有可能的那个。

与经典计算机相比，量子计算机可以创造巨大的多维空间来表示非常大的问题。然后使用量子算法在这个空间中找到解决方案，并将它们转换成我们可以使用和理解的形式。由于叠加，量子位内在行为中的量子干涉可以影响其坍缩的概率。量子计算机的设计和制造是为了尽可能地减少噪声，确保得到最准确的结果。量子逻辑是由各种类型的逻辑门构成的。让我们学习更多关于构建量子逻辑的细节。

16.2.1 量子门

无论是经典计算机还是量子计算机，逻辑门都是一种构成其所必备的基本物理结构或系统，它接受一组二进制输入（1 和 0 或自旋向上 / 向下的电子）并给出单个二进制输出：1（即自旋向上的电子）或两种叠加态中的一种。决定结果的是布尔函数。你可以把布尔函数看作回答 Yes/No 问题的规则。门被组合成电路，电路又被组合成 CPU 或其他计算元件。

为了更好地理解门，让我们看看三维空间中的布洛赫球体，它代表了量子粒子的方向，比如，电子沿着相应轴的自旋。你在 16.1 节了解了布洛赫球体。

图 16-2 表示三维空间中的一个量子位；利用量子门，量子位可以沿着 X、Y 和 Z 轴处于自旋向上的状态。量子门在量子位上操作，而不是像经典门那样在 0 或 1 位上操作，这使得量子门可以使用叠加（0 和 1 之间的其他状态）和纠缠（将两个量子位关联起来以驱动一个结果）。

许多类型的门被用来构建量子电路，其中最简单的是单量子位泡利门。让我们了解更多关于泡利门的知识。

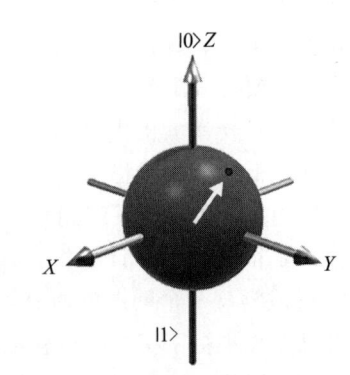

图 16-2 电子自旋及其轴的三维表示

1. 泡利门

泡利门是以沃尔夫冈·泡利（Wolfgang Pauli）命名的，它基于更著名的泡利矩阵。

泡利门对于计算单个电子自旋的变化是非常有用的。如今的量子门使用电子自旋作为量子位的首选属性。泡利门每次只作用于一个量子位。这就转换为简单的 2×2 矩阵，每个矩阵只有 4 个元素。泡利门有三种类型：泡利 X 门、泡利 Y 门和泡利 Z 门。

（1）**泡利 X 门**。泡利 X 门与经典的非门有关，通常被称为量子非门，如图 16-3 所示。

现在，如果你取单个量子位向量的线性状态，并将其通过一个泡利 X 门时，它将翻转到另一边，例如，从 |0> 到 |1>，反之亦然。

（2）**泡利 Y 门**。这看起来很像 X 门，但是用 i（-1 的平方根）代替左下角的 1，用 -i 代替右上角的 1，如图 16-4 所示。

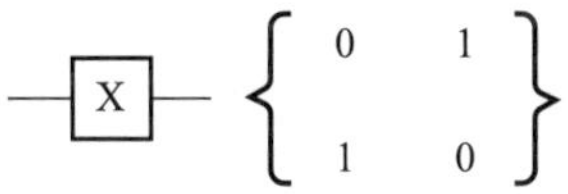

$$-\boxed{X}-\left\{\begin{array}{cc}0 & 1\\ 1 & 0\end{array}\right\} \quad\quad -\boxed{Y}-\left\{\begin{array}{cc}0 & -i\\ i & 0\end{array}\right\}$$

图 16-3　泡利 X 门 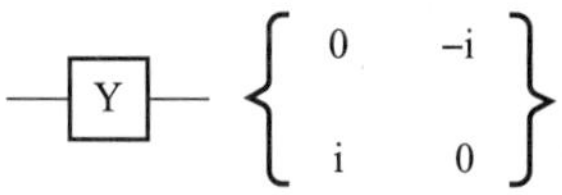　　　　　　　图 16-4　泡利 Y 门

当电子形式的量子位通过 Y 门时，它在 3D 空间中旋转到 Y 轴。

（3）**泡利 Z 门**。这看起来有点像 X 门的镜像，但在右下角有一个负号，如图 16-5 所示。

当以电子形式存在的量子位通过 Z 门时，它会在 3D 空间中翻转到 Z 轴。

Y 门和 Z 门也会改变一个量子位电子的自旋。但让我们看看另一个非常重要的门——阿达玛门，你会在各种量子电路中看到它。

2. 阿达玛门

阿达玛门也被称为 H 门，它在量子计算中随处可见。阿达玛门可以转换一个量子位的特定量子态，例如，同时自旋向上和自旋向下的叠加，如图 16-6 所示。

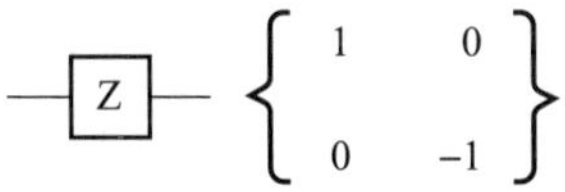

$$-\boxed{Z}-\left\{\begin{array}{cc}1 & 0\\ 0 & -1\end{array}\right\} \quad\quad -\boxed{H}-\frac{1}{\sqrt{2}}\left\{\begin{array}{cc}1 & 1\\ 1 & -1\end{array}\right\}$$

图 16-5　泡利 Z 门 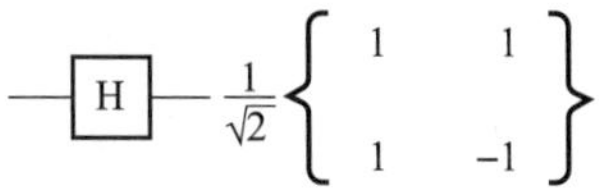　　　　　　　图 16-6　阿达玛门

一旦你让一个电子通过 H 门，它就会像硬币在空中一样，正面和反面各有 50% 的概率，当它落地时，将会是确定的正面或反面。H 门对于在量子程序中执行初始计算非常有用，因为它将初始化的量子位转换回它们的自然流体状态，以利用它们的全部量子能量。当 H 门同时运行于两种状态之间时，它映射 $X \to Z$ 和 $Z \to X$，因此，H 门需要叠加。

还有更多的量子门。让我们来探索一些流行的量子门。

3. 其他量子门

你一定会用到很多其他的量子门。有些门只操作单个量子位，而有些门则同时操作多个量子位。让我们看看更多在单个量子位上运行的门，它可以被可视化为围绕布洛赫球体的转换。

- X门。X门也称为翻转位,它围绕 X 轴旋转 π,使 Z 转换为 $-Z$,如果做两次,就再转换回来。
- Z门。Z门也被称为相位翻转,它围绕 Z 轴旋转 π,使 X 转换为 $-X$,如果做两次,就再转换回来。
- S门。S门围绕 Z 轴旋转 $\pi/2$,使 X 转换为 Y。该门进一步扩展了 H门,实现了复杂叠加。
- S'门。S'门为 S门的逆映射,使 X 转换为 $-Y$。它围绕 Z 轴旋转 $-\pi/2$。
- T门。T门围绕 Z 轴旋转 $\pi/4$。
- T'门。T'门为 T门的逆映射,围绕 Z 轴旋转 $-\pi/4$。

还有其他一些流行的门,如 Toffoli门、Fredkin门、非门平方根、Deutsch门、交换门(和交换门平方根)、受控非门(C-NOT)和其他受控门。但我们不会探索所有的门;我们已经讨论了上面的主要问题。你已经学习了基本门,所以让我们看看如何把它们放在一起,并建立一个量子电路。

16.2.2 量子电路

现在你已经了解了一些基本的量子门,所以下一个问题是如何执行量子逻辑。要构建量子算法,需要使用控制良好的量子位进行计算。这些量子位可以相互作用,并根据需要改变状态。算法通过使用量子门(矩阵)操纵量子态(向量)来构建。在经典计算机中,有三个输入的布尔电路,如图16-7 所示。

在图16-7 中,有多个布尔门的组合,其中与门使两个输入相乘,从 A 和 B 转换为 AB,B 和 C 转换为 BC。此外,一个或门使两个输入相加,从 B 和 C 转换为 $B + C$。你可以看到,通过将这些门放在一个电路中,算法已经建立起来。

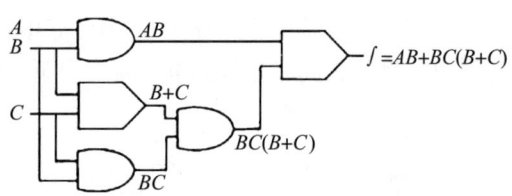

图 16-7 布尔电路中的操作

这就是经典计算机的工作方式。现在,让我们来看看量子电路,如图16-8 所示,你可以与上面的布尔电路比较。

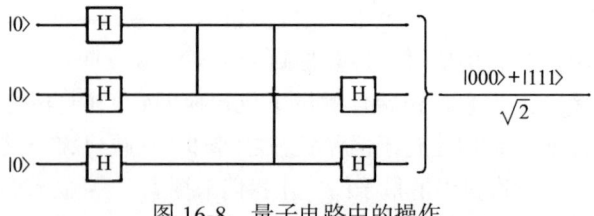

图 16-8 量子电路中的操作

在图16-8 中,你传递三个零向量状态的量子位。它们通过 H门并在后续的步骤中改变状态、创建叠加(我们在这里避免解释量子算法的细节,它超出了本章的范围),导致两种等可能的最终测量结果——[000] 和 [111],每个都除以 $\sqrt{2}$,如图 16-6

所示。

基本量子电路由三个基本模块组成：

（1）**初始化**。准备初始状态。

（2）**执行**。在量子位上执行单一门。

（3）**测量**。在某种参考基础上测量量子位。

在量子电路中，数字布尔电路问题被分解为几个基本构建块的序列，例如，上一节提到的一组通用门和一个实现容错的错误纠正过程。量子算法正在逐渐增多，比如：

- **数论**。因子分解、离散对数、子集和密码分析。
- **优化**。约束满足、求解线性系统、求解 ODE（常微分方程）、PDE（偏微分方程）。
- **神谕**。搜索、隐藏子组、隐藏移位、顺序查找。
- **模拟/近似**。节点不变量、QAOA（量子近似优化算法）、SDP、直接模拟。

我们不打算深入讨论算法的细节，因为这是一个非常广泛的话题。这些算法通常是与场景无关的，量子计算可以用于解决任何问题。当我们有一个通用的容错量子计算机时，这些算法将会很有帮助。在本节中，我们解释了量子计算机的基本组成部分，以理解未来十年的趋势。

量子计算机处于非常早期的阶段，有很多东西需要探索。只有当你的组织问题需要的计算和存储超出传统计算机限制的最大值时，你才会希望使用这种计算机，例如，一次计算数万亿的数字。

你已经看过基于门的量子计算；另一种量子计算被称为量子退火。在**量子退火**中，量子运算是模拟运算而不是基于门的数字运算。这些是更复杂和专门优化的机器。量子退火通过寻找问题的基态或系统的零点能量来编码解决方案。

让我们进入现实世界，看看可用的量子计算机硬件的类型。

16.3 量子计算机的类型

正如你在上一节中学到的，有两种量子计算范例。第一种是基于门的量子计算机，将更少、更高质量的量子位用于通用设备。大多数量子计算机都是基于门的，如 Rigetti 和 IonQ。

第二个量子计算范例涉及带有许多特殊目的量子位的量子退火，这些量子位是为特殊目的而构建的。D-Wave 基于量子退化构建量子计算机。D-Wave 提供多达 2000 个量子位的量子计算机。让我们来看看基于不同粒子类型的量子计算机。

- **捕获离子**。第一个量子逻辑门使用捕获的原子离子，在 1995 年被证明。它利用离子的两种内部状态，其位置由"离子阱"中的电场控制，作为它们的基本量子元素。每个离子的状态可以通过可控的微波辐射来改变。这些脉冲可以被安排成两个或多个离子的耦合状态，从而在离子之间产生纠缠。

- **里德伯原子**（Rydberg Atom）。这类似于捕获离子量子计算，但是使用中性原子作为量子位而不是带电离子。使用激光镊子来代替电场固定粒子。与捕获离子量子位一样，光脉冲和微波脉冲被用来操纵量子位。与捕获离子不同的是，它具有构建多维数组的潜力。
- **超导量子位**。这被认为是数字量子计算和量子退火的量子位模式的前沿。微波辐射被用来操纵这种状态。相邻的量子粒子可以通过电子耦合产生纠缠态。例如，由于电荷或磁通量的量子化状态，它们表现出量子化的能级。

随着量子计算获得越来越多的关注，AWS、Google、Microsoft Azure 和 IBM 等公有云供应商已经开始通过它们的云平台提供对量子计算机的便捷访问。让我们了解一些实际的例子，在这些例子中，量子计算非常有用。

16.4 现实生活中的量子计算

量子计算机是专门的量子系统的集合，可以在一段时间内被系统地控制以执行所需的任务。量子计算不是当前计算机的替代品，无法解决不需要复杂计算的问题。打个比方，灯泡与烛光，相当于量子计算与现有计算机。不管制造蜡烛的技术进步多少，都不能将蜡烛变成灯泡；它们是完全不同的技术。

让我们以 15 个人的座位安排为例。这个问题看起来很简单，但如果你仔细计算，有超过 1.3 万亿（15 的阶乘数）种可能的方式来安排这 15 个人。想象一下，如果你需要为 100 个人解决这个问题，你的计算将耗尽所有内存。经典的超级计算机没有如此大的内存来存储现实世界问题的无限组合。它们的设计方式意味着它们会花费很长时间一个接一个地分析每个组合。

同样，想想现实世界中的其他问题，例如，亚马逊希望优化司机在 100 个城市的路线，找到快速配送的最佳路线。再比如，制药公司想要建立一个药物再利用平台，通过模拟分子来更好地理解药物相互作用。这些问题很难用经典的计算机技术来解决，因为需要大量的计算。

其他一些可以由量子计算解决的实时用例包括：
- **优化**。优化可能是一个非常复杂的过程，包括在数百万种组合中找到正确的解决方案。你可以优化你的产品质量、成本和效率。通过量子算法解决复杂的优化问题，可以帮助我们更好地管理复杂的问题，如登机口分配、包裹递送、交通控制和能源存储。
- **机器学习**。在经典计算机上，机器学习已经在帮助商业和科学。然而，训练机器学习模型的成本相对较高，这阻碍了该领域的发展范围和潜力。量子计算机可以通过更快的训练和更大的数据量来加速这一领域的发展。
- **互联网搜索**。互联网搜索是另一个领域，你需要优化和索引数万亿条信息，量子计算可以帮助你更快地搜索大量甚至无限的数据。
- **模拟**。在计算过程中，量子计算机在模拟其他系统方面做得非常好。它们可以处理传统计算机无法处理的复杂系统。我们可以建模的量子系统包括药物模拟、光合作用、超导和复杂的分子形成等。
- **密码学**。使用 RSA 的经典密码学依赖于整数因子分解或离散对数的难解性。使用量子计算机可以更有效地解决加密和解密问题。

量子计算的工作原理与传统计算机完全不同。你现在理解了一些量子计算的用例，让我们了解有关量子计算机构建块的更多细节。

16.5 云中的量子计算

与其他技术一样，公有云供应商简化了量子计算的使用。购买量子计算机非常昂贵，而且它还处于初始阶段，短期内你可能看不到投资的回报。但你一定不想错过这个潮流，要进入这个即将到来的技术的大门，它有可能改变我们今天所看到的世界。公有云是访问量子计算机并尝试你的想法的最佳选择。

Amazon Web Services 提供了一个名为 Amazon Braket 的量子计算服务。AWS 没有量子计算机，但它通过自己的平台提供对其他基于门和基于退火的量子计算机的访问。AWS 可通过 Braket 平台访问 D-Wave 的 Advantage 和 2000 台量子位计算机、IonQ 和 Rigetti 量子计算机。Amazon Braket 提供了一个与硬件无关的量子平台，在 AWS 云中具有可扩展的电路模拟器，并与 AWS 云服务端到端集成。同样，Azure Quantum 也通过合作伙伴网络来运营量子计算服务。

Google Quantum AI 提供了基于超导的量子计算机的访问，该计算机基于 Sycamore 处理器，具有 54 个量子位。它有单量子位和双量子位电路。Google 提供了一个名为 Cirq 的 Python 框架来构建和优化量子电路。他们的 Weber 量子计算机有 53 个量子位。

IBM 的量子计算机是基于超导体的。IBM 使用超流体将超导体冷却到绝对零度以上的百分之一摄氏度。在电子通过超导体后，它们配对成一种叫作 Cooper 对的东西，这种东西通过一种叫作 Josephson 结的量子隧道。这些是超导量子位。通过以量子位发射光子，我们可以控制它的行为，让它持有、改变和读取信息。IBM 创建许多量子位并将它们以叠加状态连接起来，利用可编程门创建了巨大的计算空间。最后，量子纠缠可以让行为随机的量子位完全相互关联。使用量子纠缠的量子算法，可以比传统计算机更有效地解决特定的复杂问题。

量子计算是一个非常复杂和广泛的话题。我们现在还处于探索阶段，未来还会有更多的事情发生。要发掘量子计算机的全部潜力，并构建健壮、容错的量子计算机，可能还需要十年的时间。然而，本章应该已经给你下一次潜在技术革命的想法，以及未来解决复杂问题的可能性，这些问题在目前看来是不可能的，比如，太空旅行和人类基因组解码。

16.6 小结

量子计算在解决复杂问题方面有很大的潜力，即使是最强大的超级计算机也无法解决这些问题。现在世界已经开始建造量子计算机和算法，但我们只是触及皮毛，可能还需要 5～10 年的时间才能看到它的商业价值。

在本章中，你学习了关于量子计算的知识，以及一些实际的用例，在这些用例中，量子计算是有好处的。量子计算并不是所有问题的答案，它只适用于传统计算机无法解决的复杂计算。

你了解了量子计算机的关键组成部分——量子位，以及多个量子位如何在叠加和纠缠状态下一起工作，以解决一个复杂问题。你了解了量子计算机的工作机制，理解了为什么它们比经典计算机快。

为了对量子位进行操作，你学习了量子计算门，如泡利门和阿达玛门，它们适用于单个量子位，以及其他门。你们还学习了量子退火，这是一种不同的范式，它基于模拟门而不是数字门。此外，你将这些门放在一起，了解了量子计算电路与经典布尔电路的区别。

最后，你了解了各种类型的量子计算机及其背后的技术。

你还了解了量子计算机供应商，如 D-Wave、Rigetti 和 IonQ。你了解了 Amazon Braket 平台，该平台提供了以按需付费模式轻松访问多个量子计算机的能力。你了解了如何在 IBM 量子计算机和 Google 量子处理器上工作。

在本章中，我们展望了未来，许多拥有遗留系统的企业正在进行现代化改造。随着时间的推移，组织往往会积累技术债务，许多遗留应用程序都位于数据中心，从而产生成本并消耗资源。在下一章中，你将了解如何对遗留系统进行改造和使其现代化。你将了解遗留系统所面临的挑战，以及使其现代化的技术。

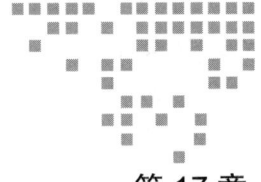

第 17 章　重构遗留系统

如今，组织运营的环境充满了挑战。变化的速度是前所未有的。监管机构不断提出新的合规和安全要求，新技术正在颠覆着消费者的期望和认识，而随着新参与者进入市场，生态系统也在不断演变。因此，组织正在重新定义它们的业务模式，以提供它们所需的以客户为中心、敏捷性和技术来吸引人才、保持竞争力和获得进一步成长。

应用程序现代化已经成为新业务模式下快速建立开发/测试环境、尝试新想法、开发新产品和服务的关键。除减少昂贵的基础设施投资需求外，新系统还能通过更广泛的技术组合来实现创新。

遗留系统是指在数据中心部署了几十年的应用程序，这些应用程序没有经过很多修改。在快速变化的技术环境中，这些系统会过时且难以维护。遗留系统的界定不只看它们的年代，有时还要看它们的底层架构和技术是否导致它们无法满足不断增长的业务需求。

通常，大型企业使用遗留系统来处理重要的日常业务。这些遗留系统遍布医疗、金融、交通、制造和供应链等行业。公司不得不花费巨资来维护和支持这些系统，这就使得对遗留系统的架构需求长久存在。

重构和使遗留应用程序现代化可以帮助组织更加敏捷和创新，并优化成本和性能。

本章将介绍遗留系统面临的挑战和问题，以及重新构建它们所用到的技术。重写复杂的遗留系统可能会有让业务中断的风险，因此，本章将介绍如何重构遗留系统或考虑将其迁移到更灵活的基础设施中。

在本章结束时，你将了解遗留系统面临的各种挑战和对其进行现代化改造的驱动因素。你将学到遗留系统现代化改造的各种策略和技术。由于公有云成为许多组织的首选策略，因此本章还将介绍遗留系统的云迁移。

17.1 遗留系统面临的挑战

遗留系统给企业带来了巨大的挑战。一方面，有些关键系统已经支撑了企业数十年之久；另一方面，这些遗留系统也拖慢了企业创新的步伐。

在当今这样一个充满竞争的环境里，终端用户正在寻求现代化、能够利用先进技术的应用程序。最新的功能通常只出现在最新的软件中，企业难以在遗留系统中加入这些功能来为终端用户提供好的体验。图 17-1 展示了遗留系统给企业带来的巨大挑战。

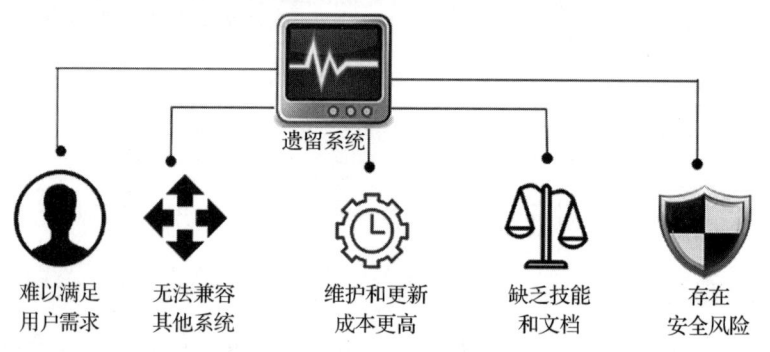

图 17-1 遗留系统所面临的挑战

在企业高层，CIO 负责管理各个业务流程的应用程序组合。根据组织的规模，应用程序的组合有数百种到数千种。在大型企业中有四个核心决策者：

- **首席信息官**（CIO）。CIO 负责有关业务应用程序的决策。这会决定是更新旧应用程序，还是使用 SaaS。通常优先考虑的是消费者体验/用户体验和供应链。
- **首席安全官**（CSO）。当 CIO 做出应用程序优先级的决策时，这些应用程序的转换或现代化将推动安全模型的现代化。这意味着要彻底重新审视过去的本地安全策略，将关注点从硬件设备转向云计算，并与理解云计算安全方法的第三方软件供应商合作。
- **大数据副总裁**。大数据副总裁会接收到前所未有的数据流。这带来了灵活和可伸缩的数据架构设计需求，以至于许多公司将大数据作为使用公有云的第二个驱动因素，仅次于开发人员的生产力。
- **基础设施与运维副总裁**。基础设施与运维副总裁必须经历大量的流程和人员技能更新，因为这个团队必须采用新工具，放弃旧工具，并转移到一个由 ITSM 和 DevSecOps 组成的新世界，使用无服务器、容器和 SaaS 的新工具开发新的现代化应用程序。这个团队正在以极快的速度更新他们的软件工具，但也面临着在更敏捷的同时降低成本的压力。

在深入研究解决方案之前，最好先了解清楚问题。接下来，我们进一步探讨遗留系统面临的挑战，以便更好地理解这些问题。

17.1.1 难以满足用户需求

以客户为中心是业务成功的关键,无法赶上最新的技术趋势将给业务带来巨大的损害。以诺基亚为例,它曾经引领过世界手机市场。在智能手机进入市场的时候,诺基亚仍然坚持使用传统的系统,这导致它几乎破产。柯达(摄像机行业最大的企业之一)也有着相似的故事。柯达无法进行数字创新,也就无法将这方面的创新纳入系统,导致其在 2012 年破产。这样的例子还有很多,很多大型企业由于没有进行遗留系统现代化改造和创新,最终导致其无法生存。

在当前技术日新月异、竞争激烈的环境下,用户有着非常高的要求。企业必须根据用户的多种不同要求做出应变。随着技术的发展,用户也会与时俱进,并开始使用最新、最流行的应用程序。如果你的竞争对手根据用户需求提供了新的功能,它们就可以抢先一步。

对于内部用户群体使用的企业应用程序来说,老旧的系统也会带来挑战。建立在大型机上的旧系统大多使用命令行,在数字时代,命令行对用户并不友好,而新一代的员工则要求使用更友好的系统来执行他们的日常任务。然而,你可能会面临来自管理层的巨大阻力,管理层可能已经使用遗留系统几十年了,并且已经习惯了。

大型企业的核心技术往往是过时的,甚至可以追溯到几十年前的系统。沿用传统的本地技术来运行核心系统的组织在为客户提供现代体验方面面临着严峻的挑战。许多系统是多次合并和收购的产物,导致割裂的数据孤岛、基础设施成本过高和开发速度缓慢。这会导致低效的处理和决策、缺乏业务敏捷性、糟糕的客户响应能力和高昂的维护成本。在这种情况下,IT 要满足内部利益相关者和客户的系统现代化需求是一个巨大的挑战。

17.1.2 维护和更新费用较高

由于遗留系统已经运行了几十年,它们可能看起来耗费比较少。但随着时间的推移,总体运营成本会更高,因为老旧系统的维护和更新通常更昂贵。

在通常情况下,这些更新并不是开箱即用的,而是需要大量的人工变通方法来维护系统。大多数遗留系统并不能很好地自动化,因此需要更多的人力工作。

遗留系统中有大量的专有软件,让许可费大大增加。除此之外,老旧的软件不再得到供应商的支持,在软件生命周期外购买额外的支持可能会非常昂贵。现代系统大多采用开源技术,使成本降低。遗留系统造成的运营中断可能需要更多的时间才能恢复,这导致耗费更高的运维费用。理解遗留系统技术(如 DB2、COBOL、Fortran、Delphi、Perl 等)的人员很难找到,这会大大增加招聘成本和系统风险。

遗留系统也给代码维护带来了巨大的挑战。未使用的代码给系统增加了不必要的维护成本和复杂度。遗留应用程序已经运行了几十年,随着时间的推移,在没有整理代码的情况下,许多新的变更被容纳进来,产生了大量的技术债。由于未知的影响和依赖,任何偿还技术债的举措都可能是危险的。因此,组织被迫投资维护多余的代码和系统,以免所做的重大变更会破坏系统。

然而，由于未知的依赖和停机风险，对遗留系统进行现代化改造可能代价高昂。在决定进行现代化改造时，需要仔细做好**成本效益分析**（Cost-Benefit Analysis，CBA），同时确定**投资回报率**（ROI）。由于利益相关者看不到现代化改造的直接效益，因此获取遗留系统现代化改造的预算会面临很大的挑战。

17.1.3 缺乏技能和文档

遗留技术（如大型机）有多个相互依赖的复杂组件。这些组件通常都是昂贵的专用服务器，而且不容易得到，所以很难自己培训这些技能。企业很难留住开发人员，而雇用具备旧技术和旧操作系统实践经验的人则难上加难。

在通常情况下，遗留系统有 20 年或更久的历史，而拥有这些技能的大部分技术人员已经退休。此外，这些系统没有适当的文档来记录这些年的工作。当老员工与新员工轮换时，有可能流失大量的知识。由于缺乏知识和未知的依赖，变更系统的风险更高。而基于系统的复杂性和技能的短缺，任何微小的功能需求都难以被满足。

大数据、机器学习、**物联网**（IoT）等前沿技术大多围绕着新的技术平台而构建。由于新技术没有与遗留系统进行很好的整合，如果组织不能充分使用新兴技术，就可能会输给竞争对手。现代化系统有助于将组织打造成一个创新的公司，大多数新一代员工都想在这样的公司工作，他们没有兴趣与遗留系统打交道。组织还需要将更大的开支放在遗留技术的开发和培训上。

在通常情况下，自动化有助于通过减少人力来降低成本。如今有很多工具可以实现现代化系统的自动化，例如，DevOps 流水线、自动化的代码审查和测试，遗留系统可能无法利用这些工具，从而产生额外的成本。

17.1.4 存在安全风险

对于任何组织和系统来说，安全都是重中之重。由于缺乏供应商的支持，在旧操作系统（如 Windows XP 或 Windows 2008）上运行的遗留系统更容易受到安全问题的影响。软件供应商会不断确定新的安全威胁，并发布补丁，让客户在最新的软件版本中应用补丁来保障安全。任何被供应商宣布为**寿命终止**（End of Life，EOL）的旧版软件都不会得到新的安全补丁，这使得运行在旧版软件上的应用程序暴露在各种安全威胁之下。

对于遗留应用程序的系统健康检查往往被忽略，这使得它们更容易成为安全攻击的目标。技能上的不足使得提供持续的支持和帮助变得困难，这意味着系统运行于不安全的环境中。仅仅一个漏洞就会导致很高的风险，使你的应用程序、数据库和关键信息暴露在攻击者面前。

除安全漏洞外，出于合规原因，遗留应用程序也很难维护。合规条款会随着时间的推移不断变化，为了对数据处理和使用方式执行更严格的安全合规条款，也为了遵守当地的管理和合规性要求，必须修改遗留系统。

例如，欧盟新颁布的**通用数据保护条例**（General Data Protection Regulation，GDPR）要求每个系统都必须提供某些功能，让用户可以要求删除其数据。虽然现代化系统可以以自动和自助服务的方式提供这些功能，但在遗留系统中，这种操作可能需要手动执行，并且变得更加复杂。因此，坚持合规性要求可能会导致更多的运维成本和时间。

17.1.5 无法兼容其他系统

除了终端用户之外，每个系统还需要与其他 IT 系统集成。这些系统可能来自不同部门、客户、合作伙伴或供应商。各系统需要以标准格式交换数据，而格式标准会随着时间的推移而不断发展。几乎每隔几年，文件和数据格式标准就会发生变化，以提高数据交换效率，而为了适应这种变化，大多数系统都需要调整。难以改变的遗留系统如果坚持使用旧的格式，可能会导致系统无法兼容，你的供应商和合作伙伴也可能不想集成这样的系统。无法适应标准会导致企业采用复杂的变通方案，降低生产力，从而让企业承担更大的风险。

为简单的业务需求增加变通方法，可能会使系统更加复杂。现代化系统建立在面向服务的架构上，通过独立添加新的服务，更容易适应新的需求。旧的系统往往建立在单体架构上，添加任何新功能都意味着要重新构建和测试整个系统。

现代架构是面向 API 的，它可以轻松地与其他系统集成，以减轻集成工作负担。例如，某些出租车预订应用程序使用 Google 地图进行**全球定位系统**（Global Positioning System，GPS）导航，或者使用 Facebook 和 Twitter 进行用户认证。由于缺乏 API，这些集成在遗留系统中变得更加困难，必须使用复杂的定制代码。

随着上游依赖系统的负载增加，遗留系统可能面临伸缩问题。通常，遗留系统建立在单体架构上，并依赖于硬件。对于单体系统来说，可伸缩性是一个很大的挑战，因为依赖于硬件，它不能进行水平伸缩，而垂直伸缩又受系统最大容量的限制。将单体应用程序拆分为微服务，可以解决伸缩挑战，有助于应对负载的变化。

除了软件维护，遗留系统所使用的硬件基础设施也十分昂贵，因为它们需要运行在某个特定的版本上。遗留系统还会将重复的数据和相似的功能分散到多个数据库中。由于单体架构的特性，整合难度大，也难以利用云基础设施的灵活性来节约成本。让我们来看看遗留系统现代化改造带来的一些重要好处。

17.2 遗留系统现代化改造的好处

通过满足日益增长的遗留系统现代化改造需求来创建未来的数字化战略有很多好处，如图 17-2 所示。

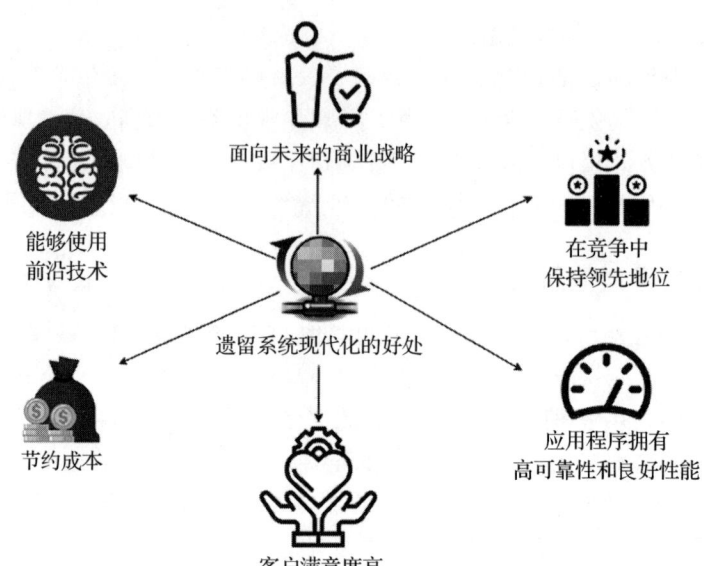

图 17-2　遗留系统现代化的好处

遗留系统现代化改造的显著优势如下：

- **客户满意度高**。使用最新技术可以带来更好的**用户界面**（User Interface，UI）、**用户体验**（User Experience，UX）和全渠道体验。消费者已经习惯了按个人喜好从各种设备、任何地点和任何时间实时获取信息。你不需要构建不同形态的 UI，一次构建就能让它在笔记本计算机、平板计算机和智能手机等设备上部署。快速而流畅的 UI 可以带来更好的客户体验和业务增长。
- **面向未来的商业战略**。应用程序现代化改造能让你更加敏捷，并具备创新能力。团队可以舒适地适应业务的变化需求，并与新技术一起发展。
- **在竞争中保持领先地位**。用户总是在寻找最新的事物，并倾向于使用新的应用程序来获得更好的体验。现代化改造将最新的技术趋势纳入，可以帮助你在竞争中保持领先地位。例如，语音技术已广泛地集成到应用程序中，人脸检测可以用来增强安全性。只有当应用程序采用最新技术时，这些才有可能实现。
- **应用程序拥有高可靠性和良好性能**。每个新版本的软件 API 和操作系统都试图解决和改善性能问题。使用最新的软件和硬件可以帮助你实现更好的性能、可伸缩性和高可用性。遗留系统的现代化改造可以帮助你减少运维宕机的情况，提高安全性。
- **能够使用前沿技术**。遗留系统无法帮你从数据中获得洞见，而洞见可以帮助你显著地提升业务。通过更新数据库并创建数据湖，你可以进行大数据分析并使用机器学习，以获得各种洞见。当员工有机会使用新技术时，他们更愿意留下来为你工作。
- **节约成本**。总的来说，任何现代化改造都可以通过减少运维操作、提供更简单的升级来节省成本。利用开源软件可以降低许可成本，硬件的灵活性有助于采用云支付模式（按需付费模式），而自动化有助于减少日常工作所需的人力资源，提高整体效率。

通过迁移遗留的核心系统，组织可以实现其核心系统的现代化，以降低运营成本，将后台处理的手工工作自动化，消除数据孤岛，改善客户体验，并更快地启动新的面向市场的应用程序。

然而，遗留系统现代化改造有很多好处，但整个过程可能非常复杂，需要付出很多努力。为了采取正确的方法，需要对遗留系统进行仔细的评估。

17.3 遗留系统现代化改造策略

通常，遗留系统会被排除在企业的整体数字战略之外，只有在有需求的情况下才会探讨。这种被动的策略会阻碍组织执行整体的系统现代化和从中获益。

如果你的遗留系统面临着严峻的业务挑战，例如，安全合规问题，或者不能满足业务需求，你可以采用**大爆炸方法**。在大爆炸方法中，你从零开始构建一个新系统，然后关闭旧系统。这种方法是有风险的，但可以降低新业务需求对现有遗留系统的依赖。

另一种方法是**分阶段方法**，每次升级一个模块，并同时运行旧系统和新系统。分阶段方法风险较小，但耗时较长，而且可能更昂贵，因为你需要维护两个环境，同时还需要增加网络和基础设施带宽。

理解你的应用程序组合，确定各应用程序的优先级，并制定总体计划是第一步。当你使用云平台时，你可以设计一个新的操作模型，并最终确定工具组合。你可以使用第三方工具箱来满足你的需求。最后，你可以寻找一个咨询合作伙伴，以便更快速和更有效地完成迁移和现代化改造。

一旦完成了应用程序的现代化，采用这些方法中的任何一种都可以带来各种好处。

17.3.1 遗留系统的评估

一个组织中可能存在多个遗留系统，有数万至数百万行代码。在现代化改造方法中，对遗留系统的改造需要与业务战略保持一致，并控制初始投资成本。同时，有可能会复用其中的部分功能，或者完全从头开始编写，但是首先要进行评估，以更好地了解整个系统。在评估阶段，解决方案架构师需要让评估变得更容易、更快速，并做出明智的决策。评估可以在几天或几周内完成。在进行评估时，解决方案架构师需要关注以下方面：

- **技术评估**。作为解决方案架构师，你需要了解现有系统所使用的技术栈。如果当前使用的技术已经完全过时，并且缺乏供应商的支持，那么可能需要完全替换。如果该项技术有更新的版本，那么可以考虑升级。较新的版本通常支持向后兼容，所需的改动不大。
- **架构评估**。为了让架构能够与时俱进，你需要对它有整体的了解。可能会出现这样的情况：你决定在技术上进行小幅升级，但整体架构是单体的，无法伸缩。你应该从可伸缩性、可用性、性能和安全性等方面审视架构。你可能会发现只有对架构进行重大的变更，才能让系统满足业务需求。

- **代码和依赖性评估**。遗留系统通常有几十万行代码，处于单体环境中。各种模块之间相互牵扯，使得系统非常复杂。在某个模块中看似没有使用的代码如果没有经过仔细调查就被删除，可能会影响其他模块。这些代码可能是几十年前写的，很久没有进行定期重构和审查了。即使技术和架构看起来不错，也需要确定代码是否可升级、可维护。我们还需要了解是否需要进行与 UI 相关的升级，让用户获得更好的体验。

作为解决方案架构师，你要确定各模块和代码文件之间的依赖关系。模块可能会紧密耦合，你需要定义一种方法，在对整体架构进行现代化改造时进行同步升级。在评估过程中，你可能会发现以下模式：

首先，许多用户意识到他们的许多旧应用程序与未来的商业模式没有关系；这些应用程度可以被淘汰。10%～20% 的应用程序组合可以被淘汰。

其次，5～7 年前还没有成千上万的 SaaS 供应商；这些 SaaS 供应商可以取代许多本地应用程序。例如，大多数大客户已经将 Salesforce 作为一个 CRM 平台。向 SaaS 的转变缩减了由 IT 运营部门管理的运营投资组合；它仍然提供安全和身份识别工作，但运营成本更低。

在评估之后，你可以做出直接迁移的决定。在迁移过程中，重新构建操作系统、数据库或语言的平台，以降低成本，例如，从 Windows Server 迁移到 Linux，从 Oracle 迁移到 Postgres，以降低数据库许可成本。如果你选择现代化，你应该关注那些对你的业务具有真正差异化的应用程序。让我们看看遗留系统现代化的改造方法。

17.3.2 现代化改造方法

对于利益相关者来说，遗留系统的现代化改造可能无法获得直接的经济收益。因此，你需要选择最具成本效益的方法，并更快地交付成果。图 17-3 展示了遗留系统现代化改造的方法。

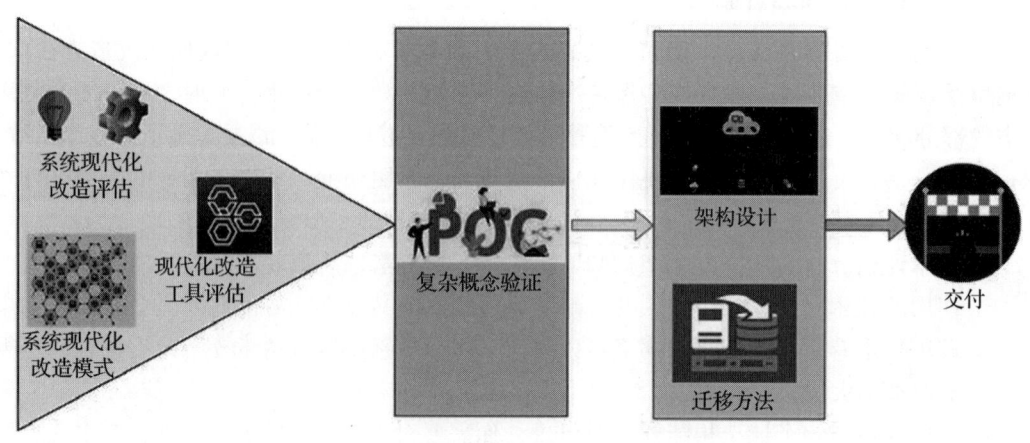

图 17-3　遗留系统现代化改造方法

在对系统进行评估后，你需要了解现有架构模式及其局限性。根据你的技术栈来评估迁移工具。例如，你可以选择使用仿真器进行大型机迁移，如果将应用程序重新托管到 VMware，则使用 vCenter。你可以选择各种现代化改造方法，并启动**概念验证**（Proof of Concept，POC）来识别其中的差距。常见的现代化改造方法如下：

- **架构驱动**。架构驱动方法需要追求最大的敏捷性。通常，架构调整会采用与语言无关和与平台无关的面向服务的架构模式，这为开发团队提供了更多创新空间和灵活性。如果评估后确定要采取重大架构调整，你可能会选择这种方法。首先开始实现最关键的功能，并建立 POC 来确定差距和所需的努力。根据系统的情况，采取微服务的方式能获得可伸缩性，并确保与其他系统更好地集成。
- **系统再造**。解决方案架构师需要深入了解遗留系统，并实施逆向工程，建立新的现代化应用程序。你需要确保所选的技术能帮助你创建与时俱进的系统。如果遗留系统过于复杂，需要规划长期项目，你可能需要采取这种方法。首先从应用程序现代化改造开始，然后分阶段进行，最后通过升级数据库来完成新旧切换。你需要建立一种机制，让遗留模块和升级模块同时存在，并能以混合方式进行通信。
- **迁移和增强**。如果现有系统运行得比较好，但存在硬件和成本限制，那么可以采取迁移和小范围的增强方法。例如，你可以将工作负载直接迁移上云，以提高基础设施的可用性，优化成本。除此之外，云供应商还提供了一些开箱即用的工具，帮助你更频繁地进行更改，并获得更高程度的自动化。迁移可以帮助你以较小的代价实现应用程序现代化改造，让系统能够与时俱进。然而，这种方法有其局限性，并不适用于所有系统。

当你的目标是系统迁移和实现现代化时，请确保考虑到需要重新设计和实现现代化的全部 IT 领域。这种现代化包括开发人员操作系统环境，因为它会影响补丁管理。接下来是安全性、网络和身份，它们为可伸缩性、弹性和降低成本提供了巨大的机会。之后是存储、备份和数据库工具，因为越来越多的应用程序需要迁移上云。此外，你需要使用现代化的监控工具和管理工具，这些工具的使用都需要培训和重新掌握技能。让我们看看使遗留系统实现现代化的各种技术。

17.4 遗留系统现代化改造技术

根据对现有应用程序的分析，你可以采取不同的方法来升级遗留系统。最直接的方法是迁移和重新托管，在这种情况下，你不需要对现有系统做很多改变。然而，简单的迁移可能无法解决长期问题并产生效益。

你可以采取更复杂的方法，例如，如果系统无法再满足业务需求，就可以重构或重新设计整个应用程序。图 17-4 说明了各种技术的影响。

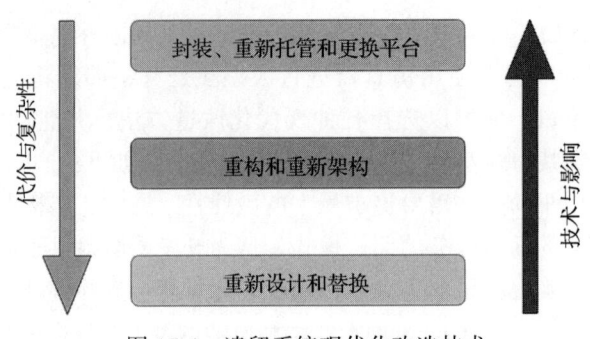

图 17-4 遗留系统现代化改造技术

我们来详细介绍图 17-4 所示的各种现代化改造技术。

17.4.1 封装、重新托管和更换平台

封装是最直接的技术，如果系统对业务很关键，并且需要与采用新技术的其他应用程序进行通信，那么你可以采取这种技术。封装需要围绕遗留系统构建 API 封装器，这将允许其他业务应用程序与遗留应用程序通信。使用 API 封装器是一种常见的方法，你可以将应用程序迁移上云，但是同时在本地数据中心保留应用程序，以便在后期进行现代化改造。如果遗留代码写得很好，维护得很好，你可以选择封装技术，但是，封装无法从更先进的技术和硬件灵活性中获益。

重新托管也是最直接的技术之一，借此，你可以将应用程序迁移到另一个硬件供应商中，如 AWS 云，而不对代码进行任何更改。与封装一样，由于供应商合同的原因，重新托管的方案可以节省一些成本，但可能无法让你享受先进技术和硬件灵活性的好处。

当组织需要快速脱离现有的合同时，往往会采取这种技术。例如，你可以在第一阶段迁移上云，在第二阶段再对遗留系统进行现代化改造。

更换平台比重新托管更加复杂，并能直接发挥新操作系统的优势。当服务器即将**寿命终止**（EOL），供应商不再支持和提供必要的安全补丁更新时，组织通常会选择这种技术。例如，如果 Windows Server 2008 即将被淘汰，你可能希望将操作系统升级到 Windows 2019 或 2022 版本。你需要使用新的操作系统重建二进制文件，并进行测试，以确保一切正常工作，但代码不会有很大变化。同样，与重新托管一样，更换平台可能无法让你享受先进技术的好处。但是，它会让你获得供应商的持续支持。

虽然前面三种技术是最简单的，但它们带来的好处有限。我们接着来看能使你充分发挥系统现代化改造优势的方法。

17.4.2 重构和重新架构

在**重构**技术中，你可以通过重构代码来适应新系统。在**重构**时，整体架构不会变化，只是升级代码使其更适合最新版本的编程语言和操作系统。你可以重构部分代码来实现自

动化或增强部分功能。如果当前技术依然适用，并且能够通过代码变化来适应业务需求，那么你可能会想采取这种技术。

在**重新架构**技术中，你会在改变系统架构的同时尽可能地复用现有代码。例如，你可能想把现有的单体架构演进成微服务架构。通过为每个模块构建 RESTful 接口，将模块逐个转换，最终将整体架构转化为面向服务的架构。重新架构可以帮助你实现所需的可伸缩性和可靠性，但是，由于重用了现有代码，整体性能可能一般。

17.4.3 重新设计和替换

重新设计最复杂，但能获得最大的效益。如果遗留系统已经完全过时，完全无法适应新的业务需求，则可以选择这种技术。在重新设计时，你需要在保持整体范围不变的情况下，从头开始构建整个系统。

图 17-5 所示为遗留大型机系统迁移上 AWS 云的情况。

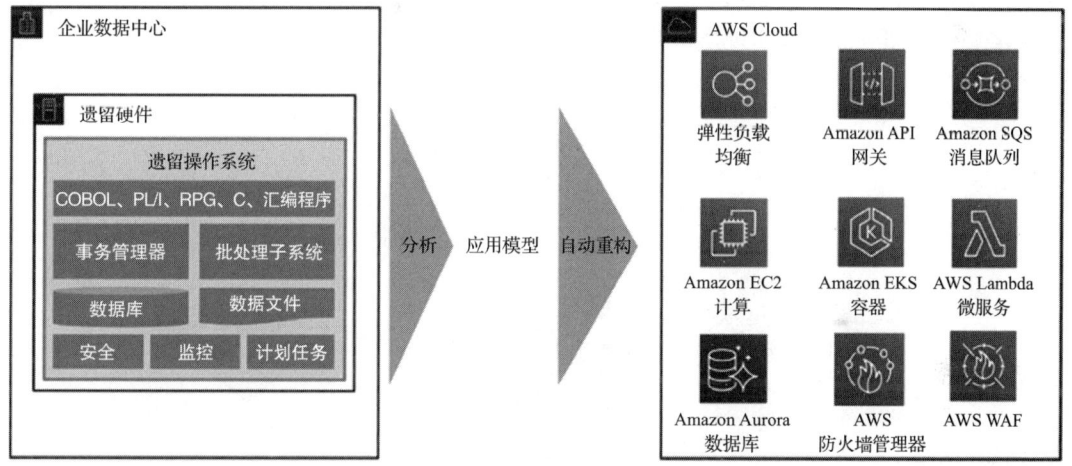

图 17-5　遗留大型机系统现代化迁移上云

在图 17-5 中，传统的大型机系统被重新架构和重构为云服务以完成对遗留系统的现代化改造。构建云原生应用程序有助于在可伸缩性、性能、可靠性和成本等方面充分利用云服务。它可以帮助团队在系统中适应快速变化的技术，从而使其更加敏捷和创新。

重新设计遗留系统是一项长期的工作，需要付出大量的努力和高昂的成本。在开始大规模的现代化改造之前，作为解决方案架构师，你应该仔细分析是否有任何 SaaS 产品或**商业成品软件**（Commercially Off-the-Shelf，COTS）能够以相对较低的成本满足业务需求。在进行重新设计之前，必须先进行重新设计与购买的**成本效益分析**（Cost Benefit Analysis，CBA）。

有时，用新的第三方软件替换现有的旧系统会更好。例如，组织的**客户关系管理**（CRM）系统运行了十多年，已经无法伸缩和提供所需的功能。你可以订阅 SaaS 产品（如 Salesforce

CRM）来取代遗留系统。SaaS 产品是基于订阅的，并按用户许可收费，所以如果用户数量较少，它们可以是很好的选择。对于拥有数千名用户的庞大企业来说，选择自建系统可能成本效益更高。在选择 SaaS 产品时，你应该通过成本效益分析来了解投资回报率。

17.5 遗留系统的云迁移策略

随着云越来越流行，越来越多的组织正在尝试将遗留系统迁移上云以完成现代化改造。云迁移技术请参见第 5 章。云让系统在保持低成本的同时具备可伸缩性，并让系统在保持应用程序安全的同时达到理想的性能、高可用性和可靠性。

AWS、Microsoft Azure 和 GCP 等云供应商提供了许多开箱即用的服务，可以帮助你实现系统的现代化改造。例如，你可以采取无服务器的方式，使用 AWS Lambda 函数和 Amazon API 网关构建微服务，并使用 Amazon DynamoDB 作为后端数据库。前一节讨论了遗留系统现代化改造的各种技术，以及在云迁移背景下的应用。图 17-6 所示的流程将帮助你决定是否使用云迁移来实现遗留系统现代化。

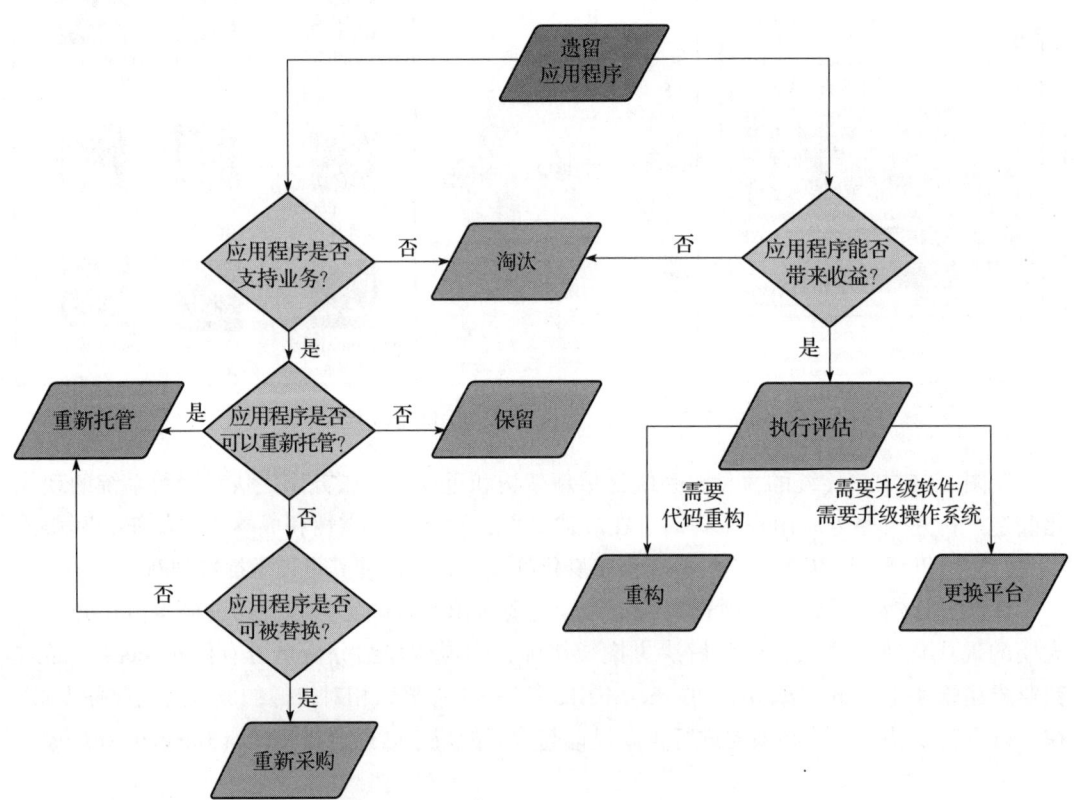

图 17-6　遗留系统现代化的云迁移路径

如图 17-6 所示，如果应用程序仍然被企业广泛使用，并且正在产生收入，你可能希望以最小的改动来进行现代化。在这种情况下，可以将应用程序重构到云上，如果服务器寿命终止，也可以将其更换平台到云上。

如果不想对现有应用程序进行任何改动来维持业务，但依然想整体迁移上云以节省和优化成本，那么就将遗留应用程序重新托管到云上。如果遗留应用程序是可以替换的，那么可以重新采购云原生 SaaS 产品，然后将遗留应用程序停用。如果由于业务依赖过多和兼容性问题而无法迁移上云，那么就将遗留系统保留在本地数据中心。

你应该分析**总拥有成本**（TCO），了解云迁移的优势。建议在开展整体项目之前，先挑选遗留系统中最复杂的模块，构建 POC 来确保整个系统都与云兼容。详尽的 POC 会涵盖关键业务场景，它将帮助你识别差距，显著降低迁移风险。

文档和支持

为了新系统能保持长期稳定并顺利迁移，请确保准备适当的文档和支持工作。为每个人都可以遵循的编码标准提供文档，这有助于使新系统保持最新。将架构文档作为工作工件，并随着技术趋势的变化保持更新。保持系统更新将确保你不会再次陷入需要进行遗留系统现代化改造的境地。

准备一个全面的运行手册，以支持新老系统。你可能希望将旧系统保留一段时间，直到新系统能够适应所有业务需求并令人满意地运行。更新运行手册，确保你不会因为员工流失而失去知识，并确保整个知识库不是以依赖人员的方式进行处理的。

跟踪系统依赖关系可以帮助你确定将来任何更改的影响。你将在下一章学到更多关于文档的知识。准备培训内容，培训员工使用新系统，确保他们在新系统出现运维问题时能够提供支持。

17.6 使用公有云进行大型机迁移

许多企业正在将大型机系统迁移上云，以降低成本、提高敏捷性、减少技术债务、提供数字化战略支持、减少对大型机维护技能的需求和帮助分析数据。大型机系统的迁移比基于 ×86 的系统更具挑战性，因为遗留大型机应用程序经常以紧耦合的方式开发和部署。例如，大型机应用程序可能包括由许多子系统使用或由其他应用程序直接调用的程序。在这些情况下，对底层程序所做的更改也会影响相关的子系统和应用程序。

对于遗留应用程序，你需要采用一种增量方法，其中迁移是按周期计划的，这是一种最佳实践。此方法有助于降低风险，因为你选择了紧密相关的应用程序，并对其划分了优先级。然而，这种方法有时对于大型机迁移不是那么简单，因为大型机应用程序代码可能有时间耦合（同步调用）或部署耦合（使用链接模块）。迁移耦合的应用程序代码会影响依赖的应用程序，因此会带来一些风险。为了减少这些风险，你可以在不影响相关应用程序的情况下解耦大型机应用程序代码。从代码迁移的角度来看，遗留大型机应用程序的两种主要类型是独立应用程序和具有共享代码的应用程序。让我们研究一下每个迁移模式的细节。

17.6.1 迁移独立应用程序

让我们假设有两个应用程序——应用程序 A 和应用程序 B，它们是独立的大型机应用程序。每个应用程序都由它专用的程序和子程序组成。

由于应用程序是自包含的，因此你可以根据应用程序对 COBOL 程序和子程序进行分组，以便进行代码重构，如图 17-7 所示。

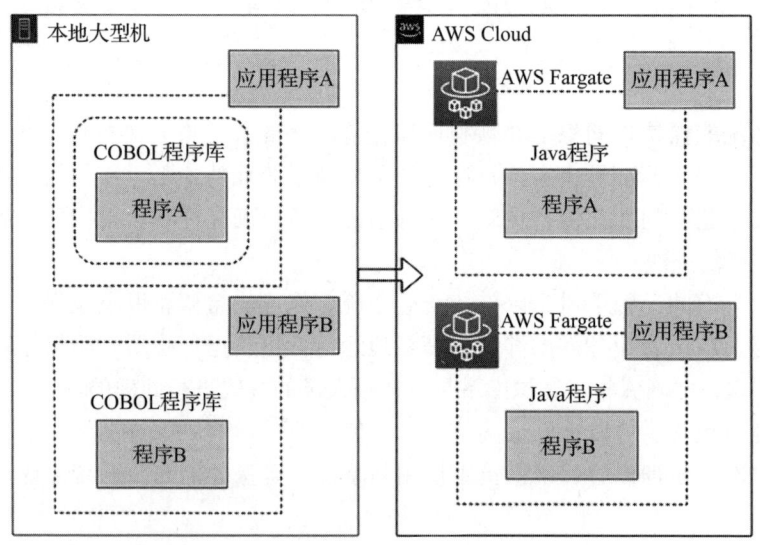

图 17-7　独立应用程序的大型机现代化

在图 17-7 中，大型机程序和子程序都是用 COBOL 编写的，改编成 Java 的同时迁移到 AWS 上。你可以将这些解耦模式与任何你选择的编程语言一起使用。这里的迁移模式是对遗留系统的自动化重构，其中代码、数据和依赖关系自动转换为现代语言、数据存储和框架，同时保证与相同业务功能等价。重构涉及使用自动化工具将大型机编程语言（如 COBOL）转换为现代编程语言（如 Java 或 .NET）。

重构的应用程序部署在由 AWS Fargate 提供和管理的容器上。Fargate 是一个用于容器的无服务器计算引擎，它可以与 Amazon Elastic Container Service（ECS）和 Amazon Elastic Kubernetes Service（EKS）一起工作。在这里，大型机数据库表和大型机文件随应用程序一起迁移。

在分组后，可以同时迁移应用程序 A 和应用程序 B，也可以先后迁移。无论在哪种情况下，对于每个应用程序，都要打包重构的现代组件，并将它们一起部署到运行时环境中。

在迁移后，停用本地部署的大型机应用程序及其组件。现在让我们看看更复杂的场景，其中代码由多个应用程序共享。

17.6.2 迁移具有共享代码的应用程序

让我们假设大型机应用程序 A 和应用程序 B 运行称为程序 AB 的共享代码。如果要同时迁移应用程序 A、应用程序 B 和应用程序 AB，需要对共享程序 AB 进行影响分析。在影响分析的基础上，确定相关应用程序使用共享程序的数量，比如，程序 AB 就是一个共享程序。你需要针对一个业务领域进行分析来确定是否可以将共享应用程序聚合为一个暴露 API 的领域服务。让我们看看在准备迁移时可以采用的解耦应用程序的一些方法。

1. 使用独立 API 的应用程序解耦

使用这种方法，你可以通过将共享 COBOL 程序 AB 转换为 Java 程序来实例化一个独立的 API。你可以使用自动重构工具为程序生成 API，以减少重构工作。当共享程序可以作为独立服务实例化时，可以采用这种方法。应用程序 A 和应用程序 B 的其余组件被整体重构为 Java 应用程序，并迁移上云。你可以同时迁移这些应用程序，如图 17-8 所示。

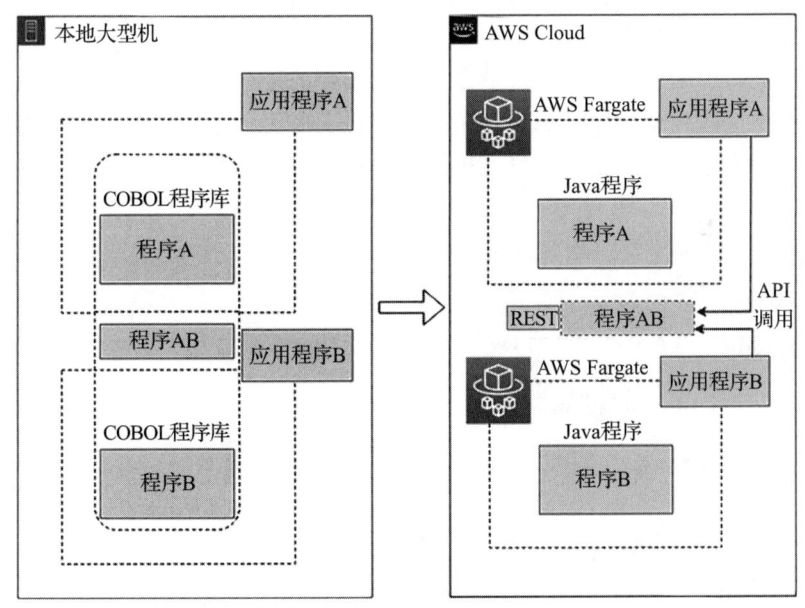

图 17-8　使用独立 API 迁移共享程序应用程序

在这种方法中，你需要用它们各自的程序重构两个应用程序，并将它们迁移上云。你需要使用分析阶段的影响分析报告来帮助开发人员和团队识别调用共享程序 AB 重构后的应用程序。使用网络 API 而不是程序内部调用的方式来调用共享程序 AB。在迁移后，停用内部大型机应用程序及其组件。

2. 使用共享库的应用程序解耦

在这种方法中，共享程序 AB 被转换为 Java 公共库，并与迁移应用程序打包。当共享程序是一个支持库而不是一个独立的服务时，你应该采用这种方法。应用程序 A 和应用程序 B 的其余组件被重构为 Java 程序并迁移上云。

这种方法将应用程序 A 和应用程序 B 及其相关程序重构为 Java，并将它们迁移上云。你应该在完全托管的源代码控制服务（如 AWS CodeCommit）中维护应用程序的源代码。使用共享程序的团队可以通过拉请求、分支和合并来协作并提交代码更改，并且可以控制对共享程序代码的更改。在迁移后，停用内部部署的大型机应用程序及其组件。

当应用程序太大而不能进行一次性迁移时，可以将它们分为多轮进行迁移，并在迁移期间保持服务连续性。使用这种方法，你可以分期更新应用程序，而无须将它们捆绑在一起。在不同的轮次中迁移应用程序可以使它们解耦，而不需要在大型机中对代码进行重大更改。

3. 使用消息队列解耦应用程序

在这种方法中，共享程序 AB 被转换为 Java 程序，并作为应用程序 A 的一部分迁移上云。消息队列被用作云中的重构应用程序与遗留本地应用程序之间的接口。使用这种方法，可以将紧耦合的大型机应用程序划分为生产者和消费者，并使它们更加模块化，以便独立发挥作用。另外一个优点是你可以以不同的方式迁移应用程序。

当大型机上的应用程序可以通过消息队列与云中的迁移应用程序通信时，可以采用这种方法。最好确保队列架构模式满足驻留在大型机上应用程序的业务需求，因为它涉及重新构建现有应用程序。如果整个迁移过程的周期较长（6 个月或更长时间），则应该采用消息队列方法。

当应用程序太大而不能一次性迁移时，你可以分批迁移它们，如图 17-9 所示，并在迁移期间保持服务连续性。

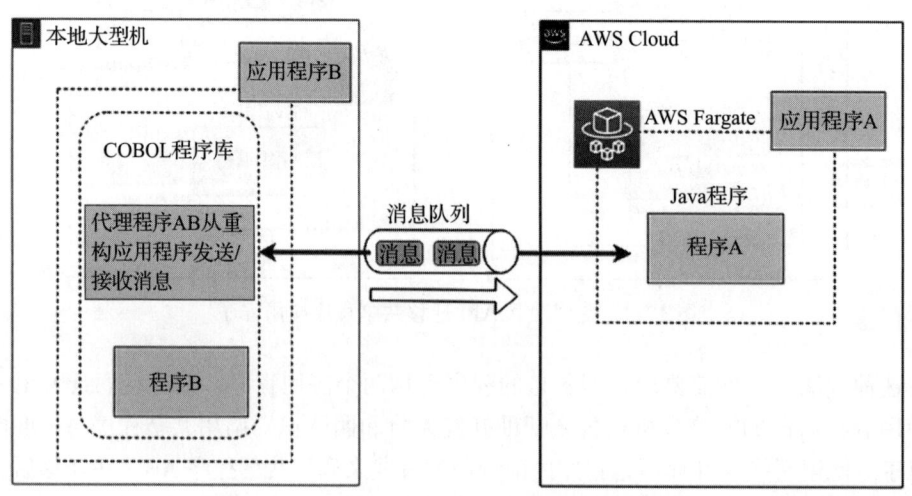

图 17-9　使用消息队列迁移共享程序应用程序

如图 17-9 所示，你需要按照以下步骤进行迁移：

1）将应用程序 A 及其关联的程序迁移（重构）上云，而应用程序 B 继续留在本地。
2）重构应用程序 A（上云），以便通过消息队列与应用程序 B（本地）通信。
3）重构本地部署的应用程序 B，用一个代理程序替换共享程序，该代理程序通过消息队列向应用程序 A 发送消息，并从应用程序 A 接收消息。
4）应用程序 A 迁移成功后，停用本地部署的应用程序 A 及其组件（包括共享程序）。应用程序 B 及其组件继续留在本地。
5）在下一轮迁移中，迁移应用程序 B 及其组件。松耦合的队列架构继续充当云中应用程序 A 和应用程序 B 之间的接口。这减少了应用程序 B 的重构工作，而不会影响应用程序 A。

代码分析作为一项最佳实践，为大型机应用程序生成依赖关系映射，并确定应用程序共享的程序列表。在此之后，将共享相同应用程序的应用程序放在一组进行迁移，以减少本地部署环境和云上环境之间的程序调用。

在计划阶段，运行影响分析，以识别与你计划迁移的应用程序共享程序的应用程序，并为应用程序迁移选择正确的解耦模式。如果可能的话，增量地执行大型机迁移，以减少复杂性和风险。通过执行增量迁移，迁移团队可以提供更快的迁移反馈，而企业可以使用这些反馈来优化内部流程，以加快迁移的速度。

17.7 小结

本章介绍了遗留系统面临的各种挑战，为什么必须实施遗留系统现代化改造，以及使用新技术升级应用程序带给组织的好处。系统现代化改造可能是一项复杂且充满风险的任务，但通常是值得的。

从升级中得到的成果取决于你投入的成本和精力。在确定遗留系统现代化改造方法之前，必须彻底了解遗留系统。你需要从技术、架构、代码等各个维度评估和了解目标系统。

在完成评估后，便要确定现代化改造方法。本章介绍了各种现代化改造方法，包括架构驱动、系统再造、迁移和增强。还介绍了系统现代化改造的多项技术，其中包括简单方法（封装和重新托管）以及复杂方法（重新架构和重新设计）。云服务能够提供巨大的价值，本章介绍了在云上进行现代化改造需要采取的策略。

到目前为止，我们专注于解决方案架构的各个技术层面，然而，文档是架构设计的关键要素之一，有助于保持系统长期可维护。下一章将介绍解决方案架构师为最大化业务价值需要准备、编写和维护的各种文档。

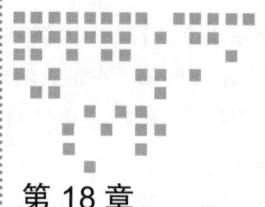

第 18 章

解决方案架构文档

在前面的章节中,你已经学习了解决方案架构设计和优化的各个方面。在解决方案架构师设计的过程中,为了成功地交付应用程序,与相关利益者保持一致的沟通是非常重要的。解决方案架构师需要将解决方案的设计传达给所有的技术利益相关者和非技术利益相关者。

解决方案架构文档(Solution Architecture Document,SAD)提供了应用程序的端到端视图,并帮助大家达成共识。在本章中,你将深入学习 SAD 的各个方面,它满足了与应用程序开发相关的所有利益相关者的需求。

你将了解 SAD 的结构,以及解决方案架构师需要考虑的其他类型的文档,如招标书,解决方案架构师需要为其提供输入,以便制定战略决策。学习本章可以加深你对解决方案架构所涉及文档的理解。

在本章结束时,你将了解 SAD、SAD 的结构以及文档中需要包含的各种详细信息,还将了解各种 IT 采购文档,例如,招标书(Request for Proposal,RFP)、信息请求(Request for Information,RFI)和报价申请书(Request for Quotation,RFQ),解决方案架构师需要参与其中并提供反馈。

18.1 解决方案架构文档的目的

对架构文档的需求经常会被忽略,造成团队在尚未了解架构的整体情况时就开始着手实施。而 SAD 提供了整体解决方案设计的广阔视野,让所有的利益相关者都能够全面地了解情况。

SAD 有助于实现以下目的:

- 向所有的利益相关者传达端到端的应用程序解决方案。
- 提供高层次架构和不同的应用程序设计视图，以满足应用程序的服务质量要求，如可靠性、安全性、性能和伸缩性。
- 提供解决方案对业务需求的可追溯性，并关注应用程序将如何满足所有的功能性需求和非功能性需求（Non-Functional Requirement，NFR）。
- 提供设计、构建、测试和实施解决方案所需的所有视图。
- 定义解决方案的影响，用于评估、规划和交付目的。
- 定义解决方案的业务流程、延续性和运维，以便系统上线后不间断运行。

SAD 不仅定义了解决方案的目的和目标，而且涵盖了解决方案限制条件、假设和风险等关键要素，而这些要素往往被实施团队忽略。解决方案架构师需要确保使用业务用户易于理解的语言来创建文档，并将业务上下文与技术设计结合起来。文档有助于保留知识以应对人员流失，并让整个设计过程不依赖于个人。

对于需要进行现代化改造的现有应用程序，SAD 呈现了当前及未来架构的抽象视图以及迁移计划。解决方案架构师充分了解现有系统的依赖关系，并将其记录下来，以便提前发现任何潜在的风险。迁移计划可以帮助企业了解处理新系统所需的工具和技术，并进行相应的资源规划。

解决方案架构师通过构建**概念验证**（Proof of Concept，POC）或市场调研进行各种评估。SAD 应该列出所有的架构评估及其影响，以及技术选择。SAD 展示了解决方案设计的当前状态和目标状态的概念视图，并保留了更改的记录。

18.2 解决方案架构文档的视图

解决方案架构师需要以业务人员和技术人员都能够理解的方式来创建 SAD。SAD 是业务人员和开发团队之间沟通的桥梁，可帮助他们了解整体应用程序的功能。捕捉所有利益相关者意见的最好方法是换位思考，从利益相关者的角度来看问题。解决方案架构师要对架构设计的业务和技术两方面进行评估，这样才能够了解所有技术用户和非技术用户的需求。

如图 18-1 所示，SAD 的整体视图包括从业务需求派生出的各种视图，以覆盖不同的方面。

解决方案架构师可以选择标准图来展示各种视图，如**统一建模语言**（UML）图表或

图 18-1　SAD 视图

Microsoft Visio 的框图。总的来说,图表应该对于所有业务和技术的利益相关者来说都是易于阅读和理解的。SAD 应当尽可能包括以下视图,以满足每个人的需求:

- **业务视图**。架构设计就是为了解决业务问题、明确业务目的的。业务视图显示了整体解决方案和产品的价值主张。为了简化起见,解决方案架构师可以选择识别出与业务相关的高级场景,并将其以用例图的形式展现出来。业务视图还描述了利益相关者和执行项目所需的资源。业务视图也可以被定义为用例图。

- **逻辑视图**。它展示了系统上的各种程序包,以便业务用户和设计人员可以理解系统的各种逻辑组件。逻辑视图提供了它所应当构建系统的时间顺序。它显示了系统的多个组件是如何连接的,以及用户如何与它们交互。例如,在银行应用程序中,用户首先需要使用安全组件进行身份认证和授权,然后使用账户组件登录账户,或者使用贷款组件申请贷款等,以此类推。在这里,每个组件都代表了不同的模块,并可以以微服务的形式来构建。

- **流程视图**。它呈现了更多细节,显示出系统的关键流程如何协同工作。它也可以用状态图来反映。如果想要展示更多的细节,解决方案架构师还可以创建时序图。在银行应用程序中,流程视图可以显示贷款或账户的审批情况。

- **部署视图**。它展示了应用程序如何在生产环境中运行,以及系统的不同组件(例如,网络防火墙、负载均衡器、应用服务器、数据库等)是如何连接的。解决方案架构师应当创建简单的框图,以便业务人员理解,还可以在 UML 部署图中添加更多细节,为技术人员(如开发和 DevOps 团队)展示各种节点组件及其依赖关系。部署视图可以展现出系统的物理布局。

- **实现视图**。这是 SAD 的核心,体现了架构和技术的选择。解决方案架构师需要将架构图放置在这里,例如,如果这是一个 3 层、N 层或事件驱动的架构,其背后的原因是什么。你还需要详细说明技术选型,例如,Java 与 Node.js 的对比,以及二者各自的利弊。你需要在实施视图中说明执行项目所需的资源和技能。开发团队使用实施视图来创建详细的设计(例如,类图),但这不需要作为 SAD 的一部分。

- **数据视图**。大多数应用程序都是数据驱动的,这使得数据视图变得尤为重要。数据视图描绘了数据如何在各个组件间流动以及如何存储。它还可以用来阐述数据安全和数据完整性。解决方案架构师可以使用实体关系图来展示数据库中不同表格和模式之间的关系。你将在 18.3.4 节中更深入地学习实体关系图。数据视图还可以阐释所需的报告和分析。

- **运维视图**。这个视图阐述了系统上线后如何进行维护。通常,它会定义服务水平协议(SLA)、告警与监控功能、灾难恢复计划,以及系统的支持计划。运维视图还会提供关于如何执行系统维护的细节,比如部署 bug 修复、打补丁、备份与恢复,以及处理安全事件等。

以上视图能确保 SAD 覆盖系统和利益相关者的所有方面。你可以根据每位利益相关者的需求来提供额外的视图，如物理架构视图、网络架构视图和安全（控制）架构视图等。作为一名解决方案架构师，你需要提供关于系统功能的全方位视图。下一节，让我们来详细探讨一下 SAD 的结构。

18.3　解决方案架构文档的结构

根据利益相关者的要求和项目的性质，SAD 的结构可以因项目而异。你的项目可能是从头开始创建一个新产品，也可能是对遗留应用程序进行现代化改造，或者是将整个系统迁移上云。对于每一个项目，SAD 文档可能都会有所不同，但是，总体而言，它应当顾及各方利益相关者的意见，并充分考虑必要的部分，如图 18-2 所示。

```
目录
1. 解决方案概述
   1.1 解决方案的目的
   1.2 解决方案的范围
       1.2.1 在范围内的
       1.2.2 超出范围的
   1.3 解决方案的假设
   1.4 解决方案的限制条件
   1.5 解决方案的依赖关系
   1.6 关键架构决策
2. 业务上下文
   2.1 业务功能
   2.2 关键业务需求
       2.2.1 关键业务流程
       2.2.2 业务利益相关者
   2.3 非功能性需求
       2.3.1 可伸缩性
       2.3.2 可用性和可靠性
       2.3.3 性能
       2.3.4 可移植性
       2.3.5 容量
3. 概念解决方案概述
   3.1 概念与逻辑架构
4. 解决方案架构
   4.1 信息架构
       4.1.1 信息组件
   4.2 应用程序架构
       4.2.1 应用程序组件
   4.3 数据架构
       4.3.1 数据流与上下文
   4.4 集成架构
       4.4.1 接口组件
   4.5 基础设施架构
       4.5.1 基础设施组件
   4.6 安全架构
       4.6.1 身份与访问管理
       4.6.2 应用程序威胁模型
5. 解决方案实施
   5.1 开发
   5.2 部署
   5.3 数据迁移
   5.4 应用程序停用
6. 解决方案管理
   6.1 运维管理
       6.1.1 监控和告警
       6.1.2 支持与事件管理
       6.1.3 灾难恢复
   6.2 用户入门
       6.2.1 用户系统需求
7. 附录
   7.1 开放项目
   7.2 概念验证结果
```

图 18-2　SAD 的结构

在 SAD 结构中，你可以看到不同的部分涵盖了解决方案架构和设计的多个方面。解决方案架构师可以根据项目需求选择添加额外的子章节或是删除某些小节。例如，你可以添加个引言部分，用来概述文档的目的。对于迁移项目，你可以添加一个小节来介绍现有的架构，并将其与目标架构进行比较。让我们来看看每个章节的详细信息。

18.3.1 解决方案概述

在解决方案概述部分，你需要用几段话对解决方案做一个简要介绍，并在一个相当高的层次上概括解决方案的功能及其不同的组件。最好通过一个高级框图，将各种组件集中展示出来。图 18-3 是某电子商务平台的解决方案概览。

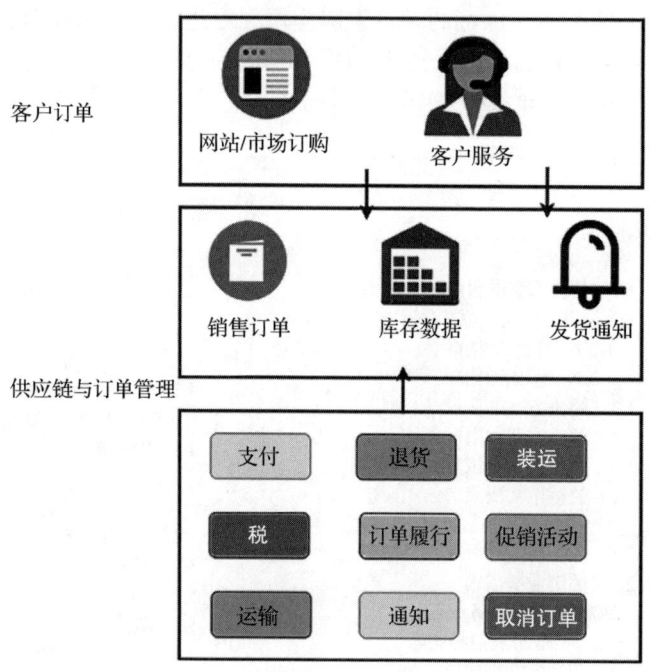

图 18-3　一家电子商务平台的解决方案概览

应当用简洁的语言对每个组件进行简要介绍，以便业务用户能够了解解决方案的整体工作情况。主要的子章节包括：

- **解决方案的目的**：提供解决方案所要解决的业务问题的简要介绍，以及建立特定解决方案的理由。
- **解决方案的范围**：对提出的解决方案所适用的业务范围进行说明。明确描述不在解决方案范围内的内容。
- **解决方案的假设**：列出解决方案架构师在设计解决方案时的所有假设，例如，最小网络带宽可获得性。
- **解决方案的限制条件**：列出所有的技术、业务和资源限制。在通常情况下，制约因素来自行业和政府的合规性，这些都需要在本章节中列出。此外，还可以强调风险和缓解计划。

- **解决方案的依赖关系**：列出所有上游和下游的依赖关系。例如，电子商务网站需要与诸如 UPS 或 FedEx 之类的运输系统进行通信，以便将包裹送达客户。
- **关键架构决策**：列出主要问题的说明和相应的解决方案建议。描述每个方案的优缺点、做出特定决策的原因及其背后的基本原理。

在给出解决方案概述后，还要将其与业务上下文联系起来。在下一节中，让我们更详细地查看业务上下文视图。

18.3.2 业务上下文

在业务上下文部分，解决方案架构师需要提供关于解决方案所支撑的业务能力和要满足的业务需求的高阶概述。这一部分仅包含需求的抽象视图。详细的需求应当包含在单独的需求文档中。但是，我们可以在这里提供需求文档的外部链接。这部分包括以下主要的子章节：

- **业务功能**：提供解决方案所设计的业务功能的简要描述。确保其中包括功能的优势，以及它们将如何满足客户需求。
- **关键业务需求**：列出解决方案要解决的所有关键业务问题。提供关键需求的高阶视图，并添加对详细需求文档的参考。

解决方案架构师应该使用业务流程文档来说明关键流程。图 18-4 展示了一个电子商务应用程序业务流程模型的简化视图。

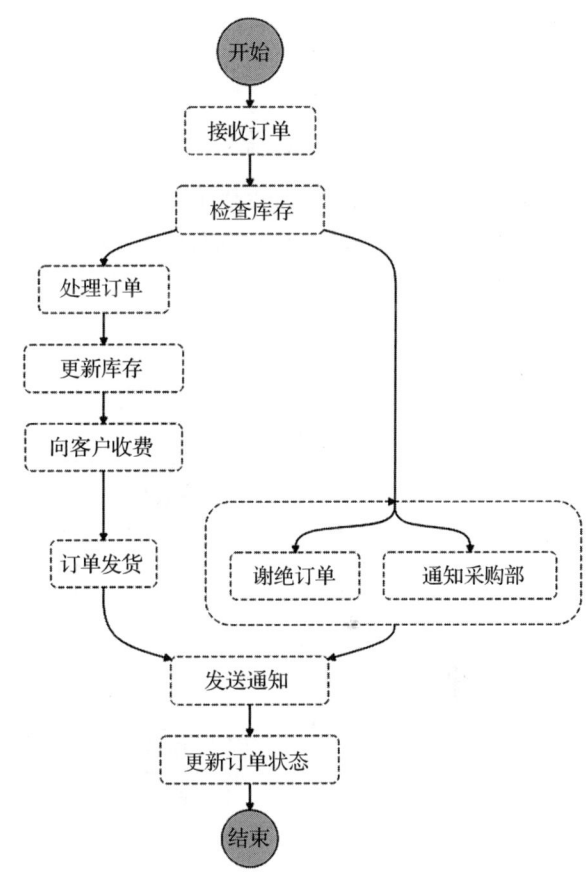

图 18-4　某电子商务平台的业务流程图

- **非功能性需求**（Non-Functional Requirement，NFR）：解决方案架构师需要更多地关注非功能性需求，因为它们往往会被业务人员和开发团队忽略。从总体上讲，非功能性需求应该包括以下几个方面：
- **可伸缩性**：随着工作负载的波动，应用程序应如何伸缩？（例如，在特定的一天或一个月内，从每秒 1000 次事务处理扩展到每秒 10 000 次事务处理）。
- **可用性和可靠性**：在系统可用性方面，可以接受多长的停机时间？（例如，99.99% 的可用性或每月 45min 的停机时间）。

- **性能**：系统的性能要求是什么？在不影响终端用户体验的前提下，系统可以承受多大的负载？（例如，目录页需要在 3s 内加载）。
- **可移植性**：应用程序能否在多个平台上运行而不需要任何额外的工作？（例如，移动应用程序需要在 iOS 和 Android 操作系统中运行）。
- **容量**：应用程序能处理的最大工作负载是多少？（例如，最大的用户数、请求数、预期响应时间和预期的应用程序负载等）。

架构的概念视图是一个可以为业务和技术利益相关者提供良好系统概述的最佳选择。让我们更详细地了解一下概念视图。

18.3.3 概念解决方案概述

概念解决方案概述部分提供了一个抽象图，可以捕捉到整个解决方案的全貌，包括业务和技术两个方面。它为分析和权衡利弊提供了基础，有助于充分详细地完善和优化解决方案架构，以支持解决方案的设计和实施。图 18-5 所示是一个电子商务平台的概念架构图。

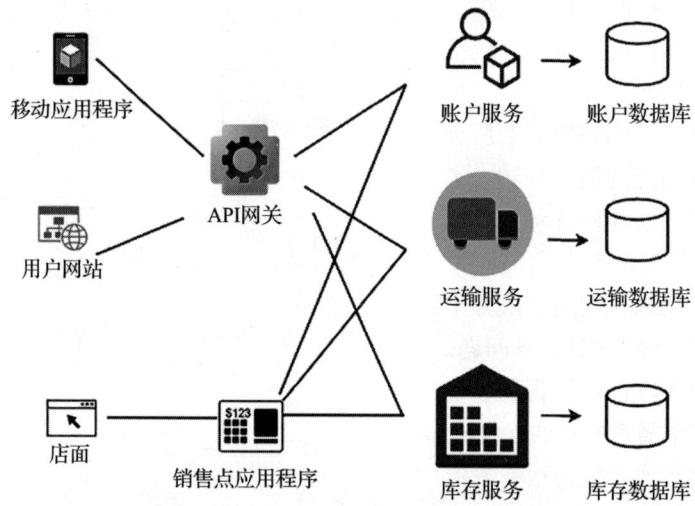

图 18-5　某电子商务平台的概念架构图

图 18-5 显示了系统的重要模块及它们之间信息流的抽象视图。概念架构为业务和技术人员提供了对整体架构的良好理解。然而，技术人员还需要更进一步深入架构。让我们在下一节深入研究解决方案架构。

18.3.4 解决方案架构

解决方案架构部分深入介绍了架构的每一个部分，并且提供了不同的视图。技术团队可以使用这些视图来创建详细设计并实施。这些视图可以针对不同的用户群体，如开发人员、基础设施工程师、DevOps 工程师、安全工程师、用户体验（UX）设计师等。

让我们进入下面的主要子章节来了解更多详细信息。

1. 信息架构

这一部分提供了应用程序的用户导航流程。在高层次上，解决方案架构师需要放置一个应用程序导航结构。如图 18-6 所示，对于电子商务网站来说，用户需要单击三次才能导航到所需要的页面。

解决方案架构师可以添加更多的详细信息，如网站导航、分类或高级的线框图（UX 设计师可以用它们来生成详细的线框图）。

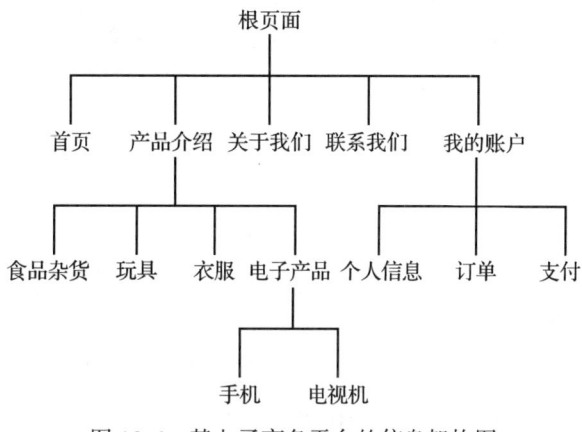

图 18-6　某电子商务平台的信息架构图

2. 应用程序架构

这一部分针对的是开发团队。它提供了更多的实现细节，软件架构师或开发团队可以在此基础上构建详细的设计。图 18-7 是某电子商务网站的应用程序架构，其中包括缓存、网络、内容分发、数据存储等技术构件。

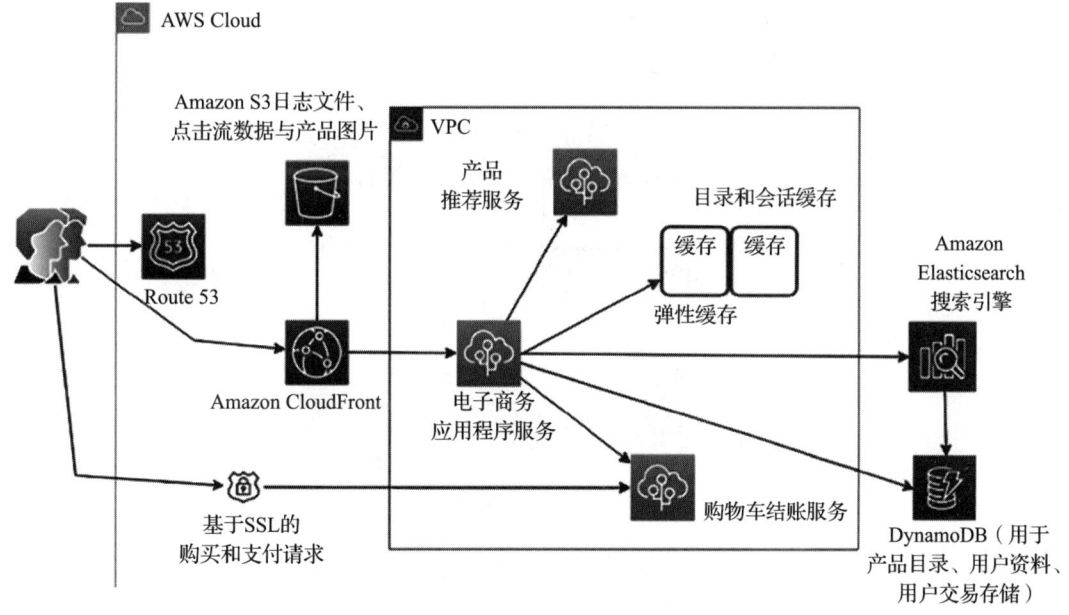

图 18-7　某电子商务平台的应用程序架构图

对于应用程序的现代化改造架构，本节列出了所有需要淘汰、保留、更换平台和转换的应用程序模块。

3. 数据架构

数据库管理员和开发团队主要利用这一部分来了解数据库的 Schema 以及表之间如何关联。在通常情况下，此部分包括一个**实体关系图**（ERD），显示存储在数据库中实体集之间的关系，如图 18-8 所示。

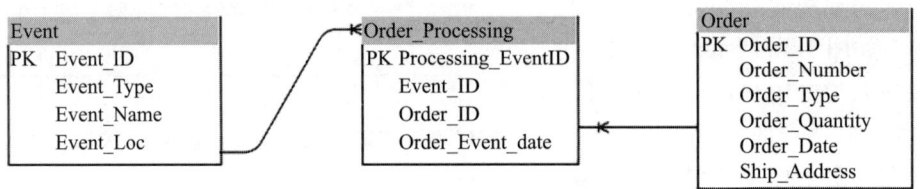

图 18-8　某电子商务平台的 ERD

该小节列出了应用程序开发过程中需要考虑的所有数据对象。

4. 集成架构

该部分主要针对供应商、合作伙伴和其他团队。例如，如图 18-9 所示，它显示了某电子商务应用程序与其他系统的所有集成点。

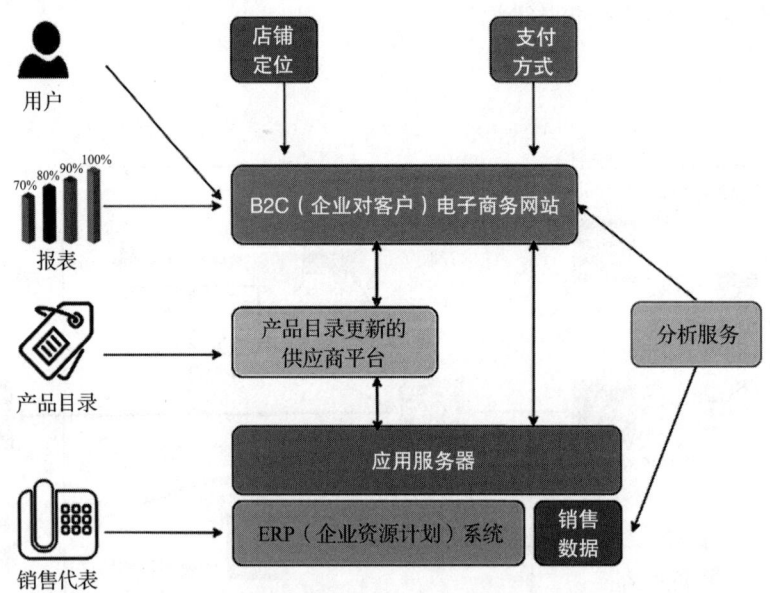

图 18-9　某电子商务平台的集成架构图

集成架构部分列出了与应用程序相关的所有上下游系统，以及它们之间的依赖关系。

5. 基础设施架构

这一部分主要针对基础设施团队和系统工程师。解决方案架构师需要将部署图包含在内，因为它可以给出服务器的逻辑位置及其依赖关系。例如，图 18-10 就是某电子商务应用程序的生产部署图。你也可以为其他环境生成单独的关系图，例如，开发、**质量保证**（QA）和**用户验收测试**（UAT）环境。

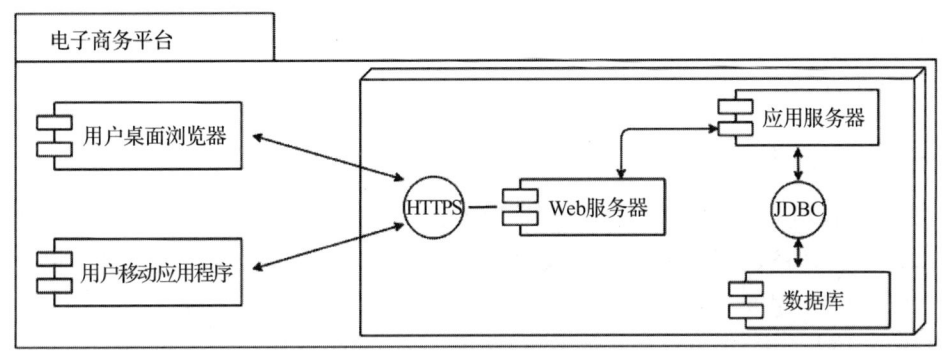

图 18-10 某电子商务平台的部署图

这一部分列出了用于部署应用程序的所有服务器配置、数据库、网络和交换机。

6. 安全架构

这一部分涵盖了应用程序所有安全性与合规性方面，包括：

- **身份与访问管理**（IAM），如**活动目录**（AD）、用户身份认证和授权管理等。
- **基础设施安全**，如防火墙配置、所需的**入侵防御系统**（IPS）/**入侵检测系统**（IDS），以及防病毒软件等。
- 应用程序安全，如 WAF 和**分布式拒绝服务**（DDoS）保护等。
- **数据安全**，在静态（存储）和传输中使用安全套接层（SSL）、加密算法、密钥管理等。

总体而言，解决方案架构师还可以将应用程序安全威胁模型包括在内，以识别任何潜在的漏洞，例如，**跨站点脚本**（XSS）、**SQL 注入**（SQLi）等，并规划如何保护应用程序免受任何安全威胁。

18.3.5 解决方案实施

这一部分包括开发和部署解决方案的基本注意事项。它可以由以下主要部分组成：

- **开发**。这一部分对开发团队来说至关重要。它讨论了开发工具、编程语言、代码存储库、代码版本控制和分支策略，以及选择依据。
- **部署**。本部分主要针对 DevOps 工程师，讲述了部署方式、部署工具、各种部署组件、部署清单，以及选择的依据。
- **数据迁移**。本部分帮助团队了解数据迁移和提取方式、数据迁移的范围、各种数据对象、使用的数据提取工具、数据来源和数据格式等。
- **应用程序停用**。这一部分列出了在**投资回报率**（ROI）没有实现的情况下，需要停用的现有系统及其退出策略。解决方案架构师需要提供旧系统停用的方法和时间表，并进行整体影响评估。

SAD 包含了应用程序开发的方法和工具。但是，它并未包括应用程序级的详细设计，如类图或伪代码，因为这些细节需要由软件架构师或高级开发人员记录在相应的软件应用程序详细设计文档中。在部署应用程序时，还需要在生产中对其进行管理。下面让我们来了解一下解决方案管理部分的细节。

18.3.6 解决方案管理

解决方案管理部分主要关注生产支持和跨其他非生产环境持续的系统维护。该部分主要针对运维管理团队，主要解决以下几个方面的问题：

- 运维管理，如系统补丁和开发、测试、预生产和生产环境的升级。
- 用于管理应用程序升级和新版本的工具。
- 用于管理系统基础设施的工具。
- 系统监控和告警；运维仪表盘。
- 生产支持、SLA 和事件管理。
- 灾难恢复和**业务流程延续**（BPC）。

在解决方案设计过程中，解决方案架构师需要通过研究并收集数据来验证解决方案的正确性。这一类的附加细节可以放在附录部分。让我们来了解 SAD 附录部分的更多细节。

18.3.7 附录

与商业计划书一样，SAD 也有一个附录部分，这个附录部分非常开放，可以放入支持你对整体架构和解决方案选择的任何数据。在附录部分，解决方案架构师可以将未解决的问题、任何研究数据（如 POC 的结果、工具对比数据、供应商和合作伙伴的数据等）都放在里面。

在这个主题中，你可以对 SAD 结构的不同部分做出很好的概述。SAD 必须包括前面提到的主要部分；但是，解决方案架构师可以根据组织和项目的要求，选择排除某些部分或添加额外的部分。与其他文档一样，继续对 SAD 进行迭代并寻找改进的机会是非常重要的。更健壮的 SAD 可以带来定义明确的实施指南，并且减少失败的风险。

SAD 是一个活文档，它在初始阶段被创建，并根据整个应用程序生命周期中的各种变化保持更新。除 SAD 外，解决方案架构通常还会涉及有特定要求的重要采购提案，这个提案被称为 x 请求（Request for x，RFx）文档。让我们来熟悉一下 RFx 文档。

18.4 解决方案架构的 IT 采购文档

IT 采购文档通常被称为 RFx 文档。这个术语包括了采购流程的不同阶段。当提到 RFx 时，它指的是正式的请求过程。RFx 文档可分为 RFP、RFI 或 RFQ 文档。

解决方案架构师经常会参与采购过程，以提供意见或给予指导。这些采购可能涉及外包、签约、采购软件（如数据库或开发工具）或购买 SaaS 解决方案。

由于这些文档可能具有高度的技术性以及长期广泛的影响，因此解决方案架构师需要提供自己的意见，或者响应采购需求并准备邀约。下面让我们来了解一下不同的 RFx 文档之间的区别。

- RFI。RFI 出现在采购流程的早期，买家邀请不同的供应商提供信息，以便在后期的采购选择中做出明智的决定。RFI 文档收集了关于不同供应商能力的信息，买方可以据此对所有供应商进行类似参数的比较，并与入围的供应商推动下一步的工作。
- RFP。在这一过程中，从 RFI 过程中入围的供应商可以获得更多关于项目产出的信息。RFP 文档比 RFI 文档更加开放，供应商可以为买方提供最佳的采购选项。供应商可以在文档中加入多种选择，以及每种选择的利弊。
- RFQ。在这个过程中，与 RFP 相比，买方缩小了工作需求范围，并列出工作、设备和物资的具体要求。供应商需要提供所列需求的成本，买方可以从中选择最好的报价来签订合同。

RFP 是最普遍的选择，因为通常为了加快进程，买方组织会选择只向潜在供应商索取 RFP 文件。在这种情况下，RFP 文档需要具备适当的结构，以便买方能够在能力、解决方案和成本方面对首选供应商进行清晰的比较，从而快速做出决定。

由于 IT 企业采购具备技术性，解决方案架构师在代表买方评估供应商的能力和方法，以及从供应商角度响应 RFP 文档方面都发挥了非常重要的作用。

18.5 小结

SAD 的目的是让所有的利益相关者保持一致，并就解决方案的设计和需求达成正式协议。由于利益相关者包括业务用户和技术用户，这就要求解决方案架构师必须了解 SAD 的各种视图。这包括针对非技术用户的视图，如业务、流程和逻辑视图，以及针对技术用户的视图，包括应用程序、开发、部署和运维等视图。

在本章，我们了解了 SAD 的详细结构。SAD 的各个部分囊括了解决方案概述、业务上下文和概念架构等详细信息。我们通过架构图，学习了各种架构视图，如应用程序、数据、基础设施、集成和安全性；还学习了解决方案交付的注意事项和运维管理等其他部分。

这是一次漫长的学习之旅。你已经快读到本书的结尾了，但在结束之前，你还需要学习一些解决方案架构师应当具备的技巧，并继续提高自己的知识水平。

最后一章你将学习各种软技能，如沟通风格、自主权意识、批判性思维和持续学习的技巧，从而帮助你成为一名更优秀的解决方案架构师。

第 19 章

学习软技能，成为更优秀的解决方案架构师

在前面的章节中，我们探讨了解决方案架构师如何才能满足所有利益相关者的需求。即使解决方案架构师的角色是技术性的，他们的工作也涉及组织中的不同角色——从高级管理层到开发团队。要成为一名成功的解决方案架构师，软技能是必不可少的关键因素。

解决方案架构师应该确保自己紧随当前的技术趋势，不断更新自己的知识，并始终对学习新事物充满好奇。通过不断地学习，才可以成为一名更好的解决方案架构师。在本章中，我们将了解学习新技术的方法，以及如何分享和回馈技术界。

解决方案架构师需要定义并提出整体的技术策略来解决业务问题，这需要出色的表达技能。解决方案架构师还需要跨业务和技术团队来协商最佳解决方案，这需要出色的沟通技能。

在本章的最后，我们会清楚地了解解决方案架构师成功担任该角色所需的各种软技能。其中包括获得战略技能（如售前技能、与高管沟通的技能）的方法、开发设计思维和个人领导力（如大局观和自主权意识）的技能，以及如何将自己打造成领导者，并不断自我提升。

19.1 掌握售前技能

售前是复杂技术采购的关键阶段，客户在此阶段收集详细信息，以做出购买决定。在客户组织中，解决方案架构师在售前阶段会从不同的供应商那里评估技术和基础设施资源。在供应商组织中，解决方案架构师需要响应客户的**招标书（RFP）**，并提出潜在的解决方案，为组织获取新的业务。售前需要一套独特的技能，将强大的技术知识与软技能相结合，包括以下方面：

- **沟通和谈判技能**。解决方案架构师需要具备优秀的沟通技能，以便让客户了解正确且最新的细节信息。呈现解决方案的精确细节以及行业相关性，有助于客户明了解决方案如何解决他们的业务问题。解决方案架构师是销售团队和技术团队之间的桥梁，这使得沟通和协调成为一项关键技能。解决方案架构师还需要通过与客户和内部团队的合作来达成协议，这就需要优秀的谈判技能。尤其是战略层面的决策对多个团队都有重大的影响，解决方案架构师需要在团队之间进行谈判，权衡取舍，并提出一个优化的解决方案。
- **倾听与解决问题的技能**。解决方案架构师需要具备强大的分析能力，以根据客户需求确定合适的解决方案。首要之事是通过提出恰当的问题，倾听并理解客户用例，从而制定优秀的解决方案。你需要理解客户面临的缺口，并开发出既能带来即时商业影响又能获得长期投资回报（ROI）的解决方案。对于某些客户来说，性能可能更为重要，而对于其他客户，基于其应用的用户基础，成本控制可能最重要。解决方案架构师需要根据客户的关键绩效指标（KPI）目标，提供最适合他们的解决方案。
- **面向客户的能力**。通常，解决方案架构师需要与内部团队及外部客户的团队合作。他们在所有层级上影响着利益相关者，从 C 级高管到开发工程师。他们向高级管理层展示解决方案并进行演示，而这些高管更多的是从商业角度审视提案。高管的支持和承诺总是能够促成解决方案的成功，这使得面向客户的能力变得极为重要。在限定时间的会议中，高管需要了解解决方案的细节，而解决方案架构师则需要充分利用分配的时间发挥其最大效用。在 19.2 节中，你将学到更多关于与高层对话的信息。
- **与团队合作**。解决方案架构师需要与业务团队和产品团队建立联系。为了构建最佳的应用程序，解决方案架构师必须与各个层级的业务团队和技术团队紧密合作。解决方案架构师应当是一名优秀的团队合作者，能够与多个团队协同工作，分享想法，并找到高效的合作方式。

上述提到的技能不仅适用于售前阶段，同样也适用于解决方案架构师履行日常职责。解决方案架构师通常出身于技术背景，在担任这一角色时，他们需要掌握与高管沟通的关键技能。接下来，我们将更深入地了解如何与高管进行高效的对话。

19.2 向 C 级高管汇报

解决方案架构师需要从技术和业务的角度应对各种挑战。然而，获得管理层的支持可能算得上最具挑战性的任务之一。**首席执行官**（CEO）、**首席技术官**（CTO）、**首席财务官**（CFO）和**首席信息官**（CIO）等高级管理人员被称为 C 级高管，因为他们的日程安排很紧，需要做出很多影响重大的决策。作为一名解决方案架构师，可能有很多细节需要进行演示，但是高管会议的时间限制是非常紧张的。因此，解决方案架构师需要在规定的时间段内，最大限度地发挥会议的价值。

首要的问题是：如何在有限的时间内获得高管的关注和支持？通常，在汇报过程中，人们往往会用一张总结性的幻灯片收尾，而对于高管会议来说，演示时间可能会根据他们的优先级和议程进一步减少。向高管演示的关键是在前5min内总结出主要观点。你应该做好这样的准备——即使演示时间从30min被压缩到5min，也要足够传达自己的观点，并获得下一步的支持。

应当在总结之前就对议程和会议结构进行说明。高管们会提出很多问题，从而使他们的时间得到恰当的利用，因此，议程的安排应该传达出他们将有机会提出澄清问题。根据与他们的行业和组织匹配的事实和数据来支持最后的总结，同时保留细节，以防他们想深入了解某个特定领域，还需要确保自己能够调出并展示所有的相关数据。

不要试图通过陈述那些从个人角度看来可能相关，但对高管来说可能没有太大意义的信息来展示所有细节。例如，作为解决方案架构师，你可能会更关注技术实施带来的效益，然而，高管更关注的是通过减少运营开销和提高生产力所带来的投资回报率。因此，应该准备好回答高管们更关心的以下问题：

- **所提出的解决方案将如何使我们的客户受益？** 业务围绕着客户展开，而管理层们则着眼于公司的发展，但这一切只有在客户满意的情况下才有可能实现。确保对他们的客户群体及需求进行深入的研究。对于要展示的收益，要准备好可靠的数据来支持。
- **你基于解决方案做出了哪些假设？** 在通常情况下，这些会议处于初始阶段，可能还没有足够的细节。解决方案架构师始终需要作出一些假设来确定解决方案的基准。在要点中列出这些假设，以及一个与之相关的预案，以防万一事情未按照假设进行。
- **我的投资回报率是多少？** 管理层总是通过确定**总拥有成本（TCO）来寻求ROI**。应当提供基于预估的拥有成本、解决方案维护成本、培训成本、总体成本节约等并准备好相关数据。
- **如果我们维持现状而不采取任何行动，会怎么样？** 高级管理层可能会进入极端的审查模式，以确定投资回报率。他们想知道投资是否值得。这就需要做好市场调研的准备，例如，技术趋势、客户趋势和竞争态势。
- **竞争对手对你的解决方案会有何反应？** 竞争无处不在，很多时候，高管们对此尤为担忧。他们希望了解你的解决方案是否具有创新性，能否击败竞争对手，从而为组织带来优势。最好提前做一些研究，加入与他们所在行业和客户群相关的竞争力数据。
- **你的建议是什么，我如何提供帮助？** 在给出建议的同时，你应该准备好一份清晰的行动项目清单作为下一步的指导。你需要从高管那里获得认可，并通过请求他们的协助让其参与其中。例如，你可以请首席信息官（CIO）为你引荐工程团队或产品团队，以便将整体解决方案推进到下一个阶段。

到目前为止，在本章中，我们已经讨论了各种软技能，如沟通、演示、倾听等。现在让我们更多地了解解决方案架构师作为组织的技术领导者应当具备的领导力技能。

19.3 掌握自主权并承担责任

掌握自主权，将自己定位为领导者，有助于以责任心赢得信任。自主权并不意味着需要独自执行任务，更为重要的是对组织的责任与担当，采取创新的举措并坚持下去。你可能会有一些想法，这些想法可以使组织在生产力、敏捷性、成本节约和扩大客户群方面受益。有时，你或许没有时间或资源来执行这些想法，但应该始终尝试把它们作为一个创新举措提出来，并让其他人参与执行。

承担责任就是要对推动结果负责。自主权和责任是相辅相成的，你不仅要主动提出想法，而且要努力取得结果。人们可以相信你能执行任何工作并获得成果。承担责任有助于与客户和团队建立信任，最终创造更好的工作环境并实现目标。作为一名解决方案架构师，当你掌握自主权时，它可以帮助你从客户和赞助商的角度看待问题。你会感到充满动力，这是你喜欢做并且有意义的事情。要确保定义并创建成功目标和关键成果。目标/目的应该由具体的关键成果来衡量，而且它们必须是有时效性的。下面让我们更多地了解**目标和关键结果**（OKR）。

19.4 用目标和关键结果来定义战略执行

战略执行是一项复杂而富有挑战性的工作。优秀的战略执行力对于实现组织的愿景、使命和目标至关重要。需要将理念转化为可操作的要素，使团队保持一致，每个人都朝着同一个方向前进。目标设定和目标管理是在组织中完成任务最行之有效的方法之一。

OKR 是目标设定的原则和实践（愿景和执行）。OKR 是以战略执行为核心的战略管理体系。OKR 是一个简单的框架，可以让你定义组织的主要战略及其优先级。目标是原则，关键结果是实践——这是组织愿景的**内容**和**方式**。OKR 基于四种超能力，如图 19-1 所示。

OKR 的超能力包括以下几种：

- **建立关注点**。从问题"我们的首要任务是什么？应该把精力集中

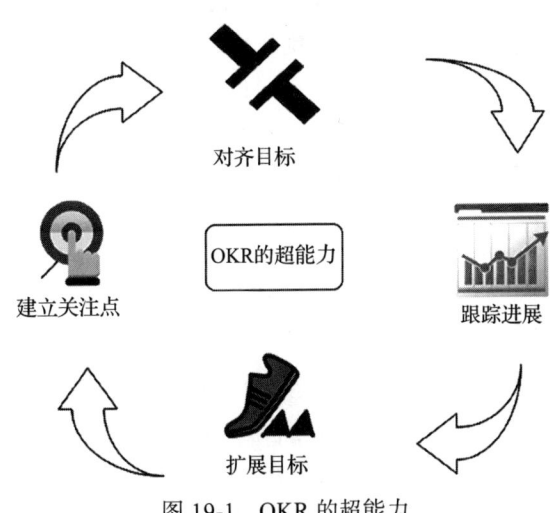

图 19-1　OKR 的超能力

在哪里？"入手，致力于真正重要的事情，并明确什么是必要的。
- **对齐目标**。将目标公开化、透明化。与团队保持联系，获得跨团队、自下而上和横向对齐。
- **跟踪进展**。直观地跟踪每个目标的关键结果，精确到百分点。
- **扩展目标**。创建远大的目标，以实现卓越的成就。扩展目标可以让人们重新设想、重新思考。

从执行发起人到团队等不同层级的所有利益相关者，OKR 均向他们呈现了可见性和有意义的结果。OKR 使组织的愿景和使命变得清晰。从事日常活动的团队成员需要对使命有清晰的了解，他们需要知道自己的日常工作是如何对组织使命产生影响的。OKR 框架使你可以定义这种联系，并让团队中的每个人都明确知晓并理解其意义。

19.5　着眼于大局

解决方案架构师应当有能力着眼于大局并具有前瞻性。解决方案架构师为团队奠定基础，团队在此基础上构建并发布产品。考虑到应用程序的长期可持续性，着眼于大局是解决方案架构师应该具备的关键技能之一。着眼于大局并不意味着必须设定非常不切实际的目标。它指的是你的目标应该足够高，具备足够的挑战性，让你走出舒适区。无论是在个人层面还是组织层面，着眼于大局都是成功的关键。

永远不要怀疑自己的能力，而应着眼于大局。起初，实现这一目标可能看起来很有挑战性，但当你开始朝向目标努力时，就会找到方法。相信自己，你会发现别人也开始支持和相信你。着眼于大局有助于激励周围的人成为你成功的一部分。设定一个长期目标，比如，你希望自己和组织在未来十年的发展方向是什么？然后，一步一个脚印，通过实现每一步的短期目标，最终实现长期目标。

一旦设定了具有挑战性的目标，它能够帮助你大展身手，探索新的挑战。然而，要想取得成果，还需要来自同行和团队的支持，他们可以为你提供正确的反馈，并在必要时提供帮助。要努力成为人们愿意去帮助的人；当然，这是双向的，要想获得别人帮助，你需要敞开心扉去帮助别人。适应性是解决方案架构师与他人合作的另一项关键技能，让我们来详细了解一下。

19.6　灵活性和适应性

灵活性和适应性是相辅相成的，你需要灵活地去适应新的环境、工作文化和技术。适应性意味着你始终对新的想法和与团队的合作持开放态度。团队可能会采用最适合它们的流程和技术。作为一名解决方案架构师，你需要在解决方案设计过程中灵活地适应团队的要求。

例如，在一个微服务架构中，每个服务都遵循标准的 RESTful API 规范并通过 HTTP

进行通信。不同的团队可以选择用不同的语言或工具来编写代码，如 Python、Java、Node.js、或 C#。唯一的要求是，团队需要安全地暴露它们的 API，以便整个系统可以利用它们为基础来建立。

你需要以一个不同的心态和角度来看待问题，以获得一个更具创新性的解决方案。鼓励团队快速试错并创新，有助于提高组织的竞争力。灵活性的个人特质表现在以下几个方面：

- 与团队一起思考各种解决问题的方案，并采取最好的方法。
- 帮助团队成员分担工作。
- 如果团队成员因个人工作原因需要请假数周，自愿填补职位空缺。
- 能够与跨不同地点、不同时区的团队进行有效协作。

你需要有开放的心态，并能适应技术和流程的变化。在给团队或组织带来变化时，你可能会面临阻力。你需要鼓励他人保持灵活，并传达变革的重要性。例如，当一个组织希望将其工作负载从内部部署转移上云时，它们往往会面临阻力，因为人们必须学习怎样用一个新的平台。你需要解释云体现的价值，以及它将如何帮助组织更灵活和更快地创新。

作为一名解决方案架构师，你需要适应执行多项任务，并设定正确的执行优先级。你应该有能力根据情况进行调整，在压力下工作。一个解决方案架构师需要有批判性的设计思维来创造一个创新的解决方案。让我们在下一节中进一步了解设计思维。

19.7 设计思维

解决方案架构师的主要职责是进行系统设计，因此设计思维是他们的一项基本技能。设计思维是各行业用以解决具有挑战性和不明确问题最成功的方法之一。设计思维有助于从不同的角度看待问题和解决方案，而这些问题和解决方案可能是你在第一时间没有考虑到的。设计思维更注重通过提供基于解决方案的方法来解决问题，从而交付结果。这有助于对几乎所有的问题、解决方案和相关风险提出质疑，从而得出最优化的策略。

设计思维通过设身处地地为终端用户和客户着想，帮助你以更加以人为本的方式重新定义问题。图 19-2 说明了设计思维的主要原则。

以下几点是一些设计思维原则：

- **强调以人为本**。收集不同用户的反

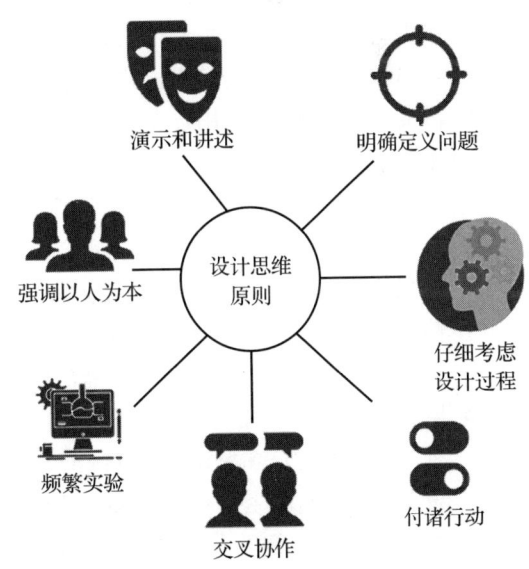

图 19-2 设计思维原则

馈,设身处地地从不同的角度去理解问题。
- **交叉协作**。让不同背景的人参与进来,以多元化的方式寻找问题,并确保解决方案能满足所有人的需求。
- **仔细考虑设计过程**。通过明确的目标和方法来理解整个设计过程。
- **演示和讲述**。以视觉化的形式将想法呈现出来,让在场的每个人都能轻松理解。
- **明确定义问题**。为给定的挑战创建清晰明确的愿景,这可以帮助其他人清楚地理解,并鼓励他们做出更大贡献。
- **频繁实验**。创建一个原型,以了解该想法在现实生活中的实施情况。采取快速失败的策略,更频繁地进行实验。
- **付诸行动**。最终的设计是提供解决方案,而不仅仅是思维。积极主动地推进工作,提出能够形成可行解决方案的行动。

设计思维具有坚实的基础,可以应用同理心,并针对给定的问题建立全局观。为了应用设计思维,硅谷设计学院(D.School,https://dschool.stanford.edu/resources/getting-started-with-design-thinking)提出了一个五阶段模型。它是教授和应用设计思维的先驱。图19-3说明了设计思维的五个阶段。

设计思维是一种需要不断发展的迭代方法。每个阶段的输出可以递归输入其他阶段,直到解决方案固化为止。以下是各阶段的简要概述:

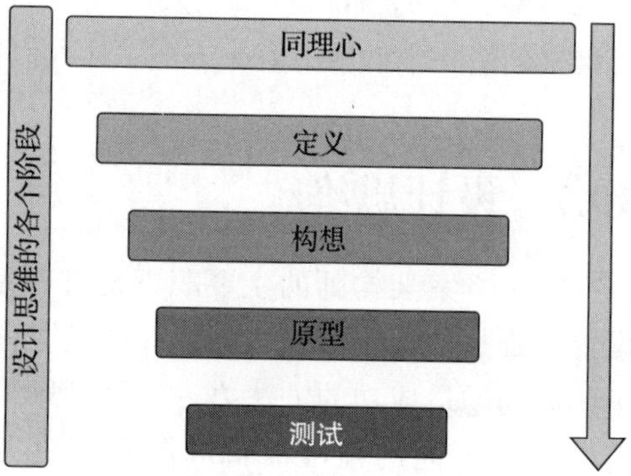

- **同理心**。同理心是在人文背景下设计的构件和基础。要产生共鸣,就应该观察用户的行为,并与他们接触,以了解实际问题。通过置身其中,尝试让自己沉浸在这个问题中,用心去体验。
- **定义**。当你体验到用户的需求和他们所面临的问题时,同理心有助于定义问题。在定义阶段,你可以充分运用自己的洞察力并清晰地定义问题,这样可以激发思路,从而找到创新而又简单的解决方案。
- **构想**。构想阶段是从问题过渡到解决方案的过程。通过与团队合作,利用具有挑战性的假设来找到各种替代解决方案。我们需要在头脑中找到一个显而易见的解决方案,并协同工作,找到所有可能的解决方案,从而实现创新。
- **原型**。在原型阶段有助于将构想转化为具体的解决方案。原型可以提供大量的学习机会,并通过演示**概念验证**(POC)来帮助解决分歧。它有助于找出偏差和风险。应该在还未大量投资的情况下快速地构建原型,这样可以更容易应对失败并积累经验。
- **测试**。测试阶段是为了获得解决方案的反馈,并进行相应的重复。测试阶段有助于重新定义解决方案,并进一步了解用户。

图 19-3 设计思维的五个阶段

设计思维涵盖了提出合乎逻辑和实际解决方案所需的所有阶段。在设计应用程序架构时，可以将设计思维的各个阶段和原则与现实生活联系起来。在此要特别强调原型设计，因为这是用数据和事实来固化提案和现有解决方案的唯一方法。解决方案架构师的主要工作是理解业务关注点，并使用团队可以实现的原型来创建技术解决方案设计。为了构建一个原型，解决方案架构师需要动手实践，亲自参与编码。让我们来更多地了解它。

19.8 做一个动手写代码的程序员

解决方案架构师是在实践中学习的构建者。一个原型胜过一千张图片。它有助于减少沟通不畅和形成解决方案的构想。呈现 POC 和原型是解决方案架构师角色中不可缺少的一部分。原型设计是解决方案的前期阶段，它有助于加深对应用程序设计和用户的理解，以及对多种解决方案路径的思考和构建。通过原型测试来演示你的愿景，并启发其他人，如团队、客户和投资者。

解决方案架构师是与开发团队紧密合作的技术领导者。在自治的敏捷开发团队中，解决方案架构师除要用 PowerPoint 做演示外，还需要展示 POC 代码。解决方案架构师不需要成为开发团队的一员，而是通过协同工作，用他们的语言向开发团队传达解决方案。只有当解决方案架构师能够理解解决方案的深层技术层面，并且亲身实践编写代码时，才有可能成功交付。

解决方案架构师通常被视为导师和球员兼教练；拥有一定的编码实践能力可以帮助他们建立可信度。一个解决方案架构师需要对团队应该使用哪些编程语言和工具做出战略决策。亲身实践的方法有助于找出可能不适合团队或解决方案需求的漏洞——始终学习新的技术有助于解决方案架构师代表组织做出更好的决定。让我们进一步了解更多关于持续学习的技能。

19.9 持续学习，不断进步

解决方案架构师需要不断吸收新的知识，提升自己的技能，以帮助组织做出更好的决策。持续学习有助于与时俱进并建立信心。它能开阔思维、改变前景。在全职工作和繁忙的家庭生活之余，学习可能是一个颇具挑战性的任务。持续学习就是要培养不断学习新事物的习惯，因此必须要有动力和纪律。首先，需要设定学习目标，并运用有效的时间管理来实现这些目标。在我们忙于日常工作时，往往会忽略这一点。

每个人都有自己的学习方式。有的人可能喜欢正规教育，有的人可能会阅读书籍，有的人可能想收听、观看教程。我们需要找到对自己最有效、最适合自己生活方式的学习方式。例如，可以选择在上下班途中听有声书和教程；可以在商务旅行的航班上读书；或者在健身房锻炼时观看视频教程。总的来说，你需要进行一些调整，从繁忙的工作生活中抽出时间来持续学习。以下是一些让自己不断学习的方法：

- **通过尝试来学习新技术、框架和语言。** 解决方案架构师是构建者，并随时准备亲自实践。作为一名成功的解决方案架构师，需要通过构建小型的 POC 来不断学习新技术。了解现代编程语言和框架将有助于为组织和团队提供最佳的技术选用建议。
- **通过阅读书籍和教程来学习新技能。** 在线学习带来了一场革命，使人们可以轻松地学习并深入任何知识领域。现在，庞大的知识库就掌握在我们手中，可以学习所有知识。像 Udemy 或 Coursera 这样的在线平台提供了成千上万个领域的视频教程课程，可以在线观看或下载到设备上进行离线学习。

同样，Kindle 中也有数百万本书籍可以随时随地阅读。Audible 和 Google Play 等有声读物平台可以供人们在通勤时听书。有这么多便捷的资源，我们没有理由不持续学习。

- **通过阅读网站和博客上的文章来紧跟技术新闻和发展。** 让自己跟上技术趋势的最好方法是订阅技术新闻和博客。可以在诸如 TechCrunch.com、Wired.com 和 Cnet.com 这样的一些流行的网站上获得最新的技术趋势。*CNBC* 或《纽约时报》、BBC 新闻和 CNN 频道等媒体都有技术文章，可以很好地洞察行业趋势；还可以订阅博客，获取相应技术领域的新知识。例如，对于云平台的学习，可以订阅 Amazon Web Services（AWS）的博客，其中有数千篇 AWS 云领域的文章和用例，其他公有云，如 Azure 和 Google Cloud Platform（GCP）也有类似的博客。
- **撰写博客、白皮书或书籍。** 分享知识是最好的学习方式，因为当你试图向他人介绍知识时，你会通过用例进行思考。在 medium.com、Blogger 和 linkedin.com 等流行的博客发布平台上发表博客和文章，可以帮助你分享自己的学习成果，同时也可以向别人学习。积极参与问答平台，有助于为任何特定问题找到可用的解决方案。一些流行的问答平台有 Quora、Reddit、Stack Overflow、Stack Exchange 等。
- **通过教导他人来巩固知识。** 教导他人可以帮助你进行协作，并从不同的角度了解自己的知识。通常，学员提出的用例会让你通过不同的方式来找到解决方案。举办一整天的研讨会，并进行实践性的实验室和概念构建，有助于巩固你的学习，并与他人一起学习。
- **参加在线课程。** 有时候，我们想进行正规的学习，以便更加规范，同时又希望兼具灵活性。在线课程提供了灵活性，可以有助于安排其他优先事项，并节省时间。在线课程可以提供一种有组织的、学习新技术的方式，并帮助你增长知识。
- **向队友学习。** 团队成员有着相同的背景，每天的大部分时间你都和他们在一起。与团队成员一起学习有助于加快学习速度。团队可以采取分而治之的策略，每个团队成员之间可以分享主题，并进行深入的午餐研讨会。午餐研讨会是许多组织用来在团队成员之间进行定期学习的标准方法。每个团队成员在每周的午餐研讨会中分享他们的新知识，每个人都能快速学习新的主题。
- **参加用户组、出席会议。** 所有大型的垂直行业和技术组织都会举办会议，以提供对新技术趋势的洞见和实践环节。出席行业会议和参加用户组会议有助于培养人脉，并了解技术趋势。一些来自行业领导者的大型技术会议包括 AWS re:Invent、Google Cloud Next、Microsoft Ignite、SAP SAPPHIRE、Strata Data 会议等。可以创建一个本地用户组，并在本地区域举行见面会，这将有助于你与各行业和组织的专业人士进行合作。

解决方案架构师扮演的是技术领导者的角色，一个好的领导者就应该培养更多像自己一样的领导者，这一点可以通过导师制来实现。解决方案架构师应当扮演球员兼教练的角色，并指导他人。让我们来详细了解这个方面。

19.10 成为他人的导师

导师制就是要帮助他人，并根据自己的学习和经验为他们建立成功的基础。建立一对一的导师/学员关系，是培养领导者的一种有效方式。要想成为一名优秀的导师，需要建立一种非正式的沟通方式，为学员建立一个舒适区。学员可以在多个领域寻求建议，比如，在职业发展或者个人方面，比如，在工作与生活的平衡方面。应当进行一个非正式的需求评估，并建立双方的共同目标和期望。

导师制更多涉及倾听。有时候，人们需要有人倾听他们的声音，并根据需要提供建议。你应该先认真倾听，了解他们的观点，以帮助他们做出自己的决定，因为这样会让他们觉得更有成就感。作为一名优秀的导师，在提供职业发展建议时，需要坦诚地提出最适合学员的建议，即使它不一定是最适合公司的。始终提供诚实的、建设性的反馈，以帮助他们找出差距，并缩短差距。

导师的关键特质是激发他人的能力。在通常情况下，如果人们在你身上看到了榜样，他们就会选择你作为导师。在不把你的观点提出来的情况下，帮助学员充分发挥他们的潜力，帮助他们实现他们之前从未想过的事情。作为导师是互惠互利的，你也可以从学员身上学到很多关于人的行为和成长的知识。成为他人的导师，最终会帮助你成为一个更好的领导者和更优秀的人。

19.11 成为技术布道者和思想领袖

技术布道者要成为专家，为技术和产品代言。一些拥有庞大产品数量基础的组织会单独推出一个技术布道者的角色，但在通常情况下，解决方案架构师需要在他们的工作中扮演布道者的角色。作为一个技术布道者，需要专注当前的技术趋势以理解现实世界中的问题，并主张用你的技术来解决业务问题。

技术布道者需要以公开演讲者的身份参加行业会议，并推广其代表的平台。它可以使你成为思想领袖和影响者，这样可以帮助组织提高其平台和产品的采用率。公开演讲是解决方案架构师所必需的关键技能之一，以便在各种公共平台上进行互动，并在众多观众面前进行演示。

布道者还会创建和发布内容，比如，博客文章、白皮书和微博，以此来宣传他们的产品。他们通过社交来提高产品的采用率，并与用户互动以了解他们的反馈。布道者从客户角度出发，将反馈信息传递给内部团队，帮助他们改进产品。随着时间的推移，作为一名布道者，你将精炼信息，使其符合组织的最大利益。

总的来说，解决方案架构师是一个身兼数职的角色，掌握更多的自主权将帮助你在职业生涯中取得更大的成功。

19.12 小结

在本章中，我们深入学习了解决方案架构师成功所需的各种软技能。解决方案架构师需要具备售前技能，如谈判、沟通、解决问题和倾听等，这些技能有助于为组织的售前周期提供支持，比如响应 RFP。我们还探讨了有关与高管对话和获得其认同所需的演示技能。我们了解了解决方案架构师必须具备为组织定义关键目标和结果所需的战略理解能力。为了在不同的层面上执行，解决方案架构师应该有大局观和灵活的适应能力。我们学习了解决方案架构师掌握自主权并承担责任的详细内容。

解决方案架构师角色的主要职责是架构设计。我们讨论了设计思维，以及它的原则和各个阶段；了解了持续学习的重要性，以及如何才能保持学习以紧跟市场趋势；还了解了解决方案架构师的其他职责——担任导师和布道者。

这是一段漫长的旅程，我们学习了关于解决方案架构师的相关知识，包括从他们的角色和职责，到解决方案设计和架构优化的不同方面。希望你有所收获，希望本书能帮助你发展成一名解决方案架构师，或者帮助你在当前的工作岗位上取得成功。

祝学习愉快！